Klett Studienbücher Physik

Astronomie I

Die Sonne und ihre Planeten

von Friedrich Gondolatsch
Gottfried Groschopf
und Otto Zimmermann

Ernst Klett Verlag

CIP-Kurztitelaufnahme der Deutschen Bibliothek

Gondolatsch, Friedrich
Astronomie / von Friedrich Gondolatsch, Gottfried
Groschopf u. Otto Zimmermann. – Stuttgart:
Klett.

NE: Groschopf, Gottfried:; Zimmermann, Otto:

1. Die Sonne und ihre Planeten. – 1. Aufl. –
1977.
   (Klett-Studienbücher: Klett-Studienbücher
   Physik)
   ISBN 3-12-983830-9

ISBN 3-12-983830-9

1. Auflage   1 9 8 7 6 5 | 1992 91 90 89 88

Alle Drucke dieser Auflage können im Unterricht nebeneinander benutzt werden,
sie sind untereinander unverändert. Die letzte Zahl bezeichnet das Jahr dieses Druckes.
© Ernst Klett Verlage GmbH u. Co. KG, Stuttgart 1978. Alle Rechte vorbehalten.

Druck: Zechnersche Buchdruckerei, Speyer

Inhaltsverzeichnis

Vorwort

Seit der Mitte dieses Jahrhunderts hat nicht nur die astronomische Forschung enorme Fortschritte gemacht; auch das Interesse der Öffentlichkeit für die Astronomie ist durch die weltweite Berichterstattung der Massenmedien über die Erforschung von Mond und Planeten durch bemannte und unbemannte Raumsonden rasch gewachsen. Im Gefolge dieser Entwicklung hat die Zahl der allgemeinverständlichen Darstellungen astronomischer Themen stark zugenommen. Da diese meist eine breite Leserschicht ansprechen sollen, können sie keine systematischen Lehrgänge durch die astronomische Wissenschaft bieten. Wer sich also intensiver mit der Astronomie beschäftigen wollte, ohne wissenschaftliche Fachliteratur studieren zu müssen, dürfte — wenigstens im deutschen Sprachbereich — bisher kaum ein geeignetes **einführendes Werk** vorgefunden haben.

Das vorliegende Buch macht den Versuch, diese Lücke auszufüllen. Es entstand im Anschluß an die Arbeiten zum Lehrplan für einen Grundkurs in Astronomie an den reformierten Oberstufen der Gymnasien in Baden-Württemberg. Das Buch soll für Lehrer und Schüler die dringend nötige Ergänzung und Arbeitsunterlage zu diesem Lehrplan sein.

Es wendet sich deshalb zunächst an die **Schüler**, die einen solchen Lehrgang besuchen. Entsprechend setzt es gewisse Grundkenntnisse in Physik, Mathematik und Chemie voraus, von denen erwartet werden darf, daß sie im Unterricht dieser Fächer bis zum Eintritt in die Oberstufe bereitgestellt worden sind. Soweit Kenntnisse benötigt werden, die im Schulunterricht gar nicht oder möglicherweise erst später behandelt werden, wurde versucht, diese an Ort und Stelle oder im Anhang zur Verfügung zu stellen.

Das Buch soll aber auch dem astronomisch nicht besonders vorgebildeten **Lehrer** die Möglichkeit geben, sich rasch und gründlich so tief in die Astronomie einzuarbeiten, daß er imstande ist, einen **Astronomiekurs** oder eine **Arbeitsgemeinschaft** zu leiten. In diesem Zusammenhang muß darauf hingewiesen werden, daß zwar die Gliederung des Stoffes weitgehend dem Baden-Württembergischen Lehrplan folgt, der Umfang jedoch über das hinausgeht, was etwa in einem zweisemestrigen Kurs mit je zwei Wochenstunden behandelt werden kann. Es wurde vielmehr Wert darauf gelegt, dem Lehrer eine möglichst umfassende Übersicht über den für den Schulunterricht erreichbaren Themenkreis zu bieten. Sie soll es ihm ermöglichen, im Hinblick auf die zur Verfügung stehende Unterrichtszeit, die besonderen Interessen der Schüler und seine eigenen Neigungen eine schwerpunktmäßige Stoffauswahl zu treffen.

Andererseits erhebt das Buch nicht den Anspruch, einen Überblick über die gesamte Astronomie zu liefern. Manche Bereiche, die sich für eine Behandlung im Unterricht weniger eignen, wurden bewußt ausgespart; dazu gehört z.B. die Kosmogonie des Planetensystems. Andere Themen, die wie etwa die Finsternisse oder die Planetenbewegungen zum Standardstoff des Physikunterrichts gehören, wurden entsprechend kurz behandelt.

Erfahrungsgemäß haben Leser, die mit astronomischer Fachliteratur noch nicht vertraut sind, oft Schwierigkeiten mit der dort verwendeten Schreibweise von Gleichungen und ungewohnten Einheiten. Um eine möglichst nahtlose Übertragung der im modernen Physikunterricht vermittelten Grundkenntnisse in die Astronomie zu ermöglichen, wurden deshalb alle Gleichungen als **Größengleichungen** geschrieben und ausschließlich **SI-Einheiten** verwandt.

Dieses Buch ist jedoch seiner ganzen Anlage nach nicht auf den speziellen Anwendungsbereich im Schulunterricht beschränkt. Es möchte allen anspruchsvolleren Interessenten eine Darstellung der Astronomie bieten, die **ohne großen physikalischen und mathematischen Aufwand** verständlich, aber **wissenschaftlich zuverlässig** ist. In diesem Zusammenhang sind besonders noch Studierende zu erwähnen, die sich der Astronomie zuwenden wollen; auch für sie mag das Buch als eine erste Einführung von Nutzen sein.

Stuttgart, im Dezember 1977 Die Verfasser

1. Der Forschungsbereich der Astronomie

Dieses Buch handelt von Sonne, Mond und Sternen. Auf die Sonne ist unsere ganze Existenz gegründet; in der Welt unserer Erlebnisse ist sie ein selbstverständlicher, allgegenwärtiger Bestandteil. Auch der Mond ist ein uns vertrautes Gestirn; wir können ihn ohne Mühe beobachten. Er ist groß und hell; wir sehen den Vollmond im Osten über den Horizont steigen, wenn die Sonne im Westen untergeht, und wir erleben den Wandel der Mondgestalten im Laufe eines Monats. Mit der Beobachtung der Sterne haben wir es schwerer. Wieviel wir in einer klaren, mondlosen Nacht vom Sternhimmel überhaupt sehen, hängt sehr stark von unserem Beobachtungsort ab. Die irdischen Lichter erhellen den Himmel und löschen die Sterne aus. Nur an einem Standort, der weitab von diesen störenden Lichtquellen liegt, können wir den Sternhimmel mit der ganzen Fülle der Lichtpunkte und der Vielfalt der Strukturen wahrnehmen. Der Stadtmensch, dem dieser Anblick nicht mehr vertraut ist, staunt über die Größe des Bildes, das sich seinen Augen darbietet.

Diese Welt erforschen die *Astronomen*. Die Sterne senden elektromagnetische Strahlung aus; sie ist die Brücke vom Himmelskörper zum Beobachter. Die Untersuchung dieser Strahlung vermittelt dem Astronomen Kenntnisse über die physikalische Natur, die Raumanordnung und die Bewegungen der Objekte, die er im Weltraum wahrnimmt. Alle Gestirne sind sehr weit entfernt; darin liegt die besondere Schwierigkeit der astronomischen Forschung. Die Fülle der Kenntnisse ist jedoch trotz dieser schweren Behinderung außerordentlich groß; in vielen Bereichen haben diese Kenntnisse auch einen sehr hohen Grad von Sicherheit. Andererseits ist im ganzen gesehen die Zahl der ungelösten Fragen immer noch groß gegenüber der Menge des schon erarbeiteten Wissens.

Von der Sphäre in den Raum

Ein Grundelement des astronomischen Forschens ist die Bestimmung von Entfernungen im Weltraum. Die Sterne zeigen sich als Lichtpunkte an der Himmelskugel. Wir nehmen bei ihrem Anblick die Richtung wahr, in der sie stehen, aber wir erfahren nichts über ihre Entfernungen von uns. Dieses Bild der an einer unendlich fernen Sphäre stehenden Himmelsobjekte erfährt eine völlige Veränderung, wenn die Entfernungen der Sterne bekannt sind. Sie zeigen dem Astronomen die Anordnung der Objekte im Weltraum und geben ihm die Möglichkeit, aus den Messungen der auf der Erde empfangenen Strahlungsleistungen die von den Sternen emittierten Leistungen zu berechnen.

Die Größe des mit Fernrohren und Radioteleskopen überschaubaren Beobachtungsraumes ist gewaltig. Einen der selbstleuchtenden Fixsterne sehen wir in unserer unmittelbaren kosmischen Nachbarschaft: unsere Sonne. Sie wird umkreist von den Planeten, zu denen auch die Erde gehört, und von vielen kleineren Körpern, die dem Sonnensystem angehören. In unserer weiteren Umgebung sehen wir sehr viele Fixsterne; sie bilden in ihrer Gesamtheit ein großes Sternsystem, das Milchstraßensystem. Der ganze Raum außerhalb des Milchstraßensystems ist — soweit wir ihn überhaupt überblicken können — erfüllt mit unzähligen ähnlichen Sternsystemen. Die Entfernung, in der wir die hellsten dieser Sternsysteme eben noch wahrnehmen können, bildet die Grenze unseres Beobachtungsraumes. Das Licht braucht von der Sonne zur Erde 8,3 Minuten, vom nächsten Fixstern zur Erde 4,3 Jahre, und vom entferntesten der beobachtbaren Sternsysteme bis zu uns 20 Milliarden Jahre.

Schwerpunkte und Methodik der astronomischen Forschung

Die Astronomie widmet sich allen Objekten, die sie in dem großen Beobachtungsraum entdecken kann. Sie findet Individuen und große Einheiten, denen die Individuen angehören; sie erforscht Zustände und Entwicklungen. Da in der Astronomie vorwiegend meßbare Eigenschaften der kosmischen Objekte betrachtet werden, gehört sie zu den exakten Naturwissenschaften. Sie nimmt jedoch sowohl in historischer als auch in methodischer Hinsicht eine Sonderstellung ein. Einerseits ist die Astronomie die älteste aller Naturwissenschaften. Ihre Wurzeln reichen bis in die Vorgeschichte zurück, und alle Hochkulturen Eurasiens und Amerikas haben bauliche oder literarische Zeugnisse für die astronomischen Kenntnisse ihrer Träger hinterlassen. Andererseits ist die Astronomie die einzige Naturwissenschaft, die — von wenigen Ausnahmen abgesehen — mit den Objekten ihrer Forschung nicht experimentieren kann. Experimente, zum Beispiel mit Raumsonden, können nur innerhalb des Sonnensystems durchgeführt werden; alle weiter entfernten Himmelskörper können nicht einmal durch irgendwelche Signale zu Reaktionen veranlaßt werden, von experimentellen Untersuchungen an Ort und Stelle ganz zu schweigen. Der Astronom ist also ausschließlich auf die Beobachtung der Strahlung angewiesen, die von den kosmischen Objekten zu uns gelangt. Dabei tritt an die Stelle des undurchführbaren Experimentes ein konzentriertes Wechselspiel zwischen Beobachtung, Theorie und neuer gezielter Beobachtung.

Um auf diesem Wege Informationen über die Quellen der Strahlung zu erhalten, arbeitet der Astronom — zunächst versuchsweise — mit der Annahme, dass die auf der Erde entdeckten physikalischen Gesetze auch im Kosmos überall und zu jeder Zeit gültig sind. In den Resultaten findet dieses Vorgehen seine Rechtfertigung. Durch das Zusammenwirken von Beobachtung und physikalischer Theorie gelingt es, die Zustände zu beschreiben, in denen sich die Materie im Weltall befindet, und die Vorgänge zu verstehen, die sich in dieser Materie abspielen. Die Wege zu sinnvollen und widerspruchsfreien Ergebnissen sind allerdings meist sehr lang und mühevoll.

Die Übermittlung und Verarbeitung der Informationen aus dem Weltall

Der wichtigste Träger der von den Himmelskörpern kommenden Informationen ist die elektromagnetische Strahlung; die Astronomen messen ihre Richtung, Intensität und spektrale Zusammensetzung. Das Spektrum der empfangenen Strahlung erstreckt sich vom langwelligen Bereich der Radiowellen über das Infrarot, den sichtbaren Spektralbereich, das Ultraviolett und die Röntgenstrahlen bis zur Gammastrahlung. Durch die spektrale Zerlegung wird der Informationsgehalt der Strahlung erschlossen. Je differenzierter diese Zerlegung möglich ist, desto größer ist die Menge der Informationen, die man aus einem Spektrum entnehmen kann.

Als Partikelstrahlung erreicht uns die sogenannte Kosmische Strahlung, die hochenergetische Atomkerne enthält. Für die Erforschung der Sonne spielt der Sonnenwind, der im wesentlichen aus Protonen und Elektronen besteht, eine wichtige Rolle. Neuerdings richtet sich das Interesse der Astronomen auch auf die Neutrinostrahlung der Sonne.

Die sehr komplizierte Wirklichkeit

Durch die Verarbeitung der von den kosmischen Objekten erhaltenen Informationen versucht der Astronom, zu Kenntnissen über die Sterne, die Sternsysteme und schließlich über das ganze Weltall zu gelangen. Dabei zeigt sich zweierlei. Einerseits erweist sich das erforschbare Weltall als völlig homogen in bezug auf die Eigenschaften der Materie und der Strahlung. Andererseits ergibt es sich, daß die Objekte der außerirdischen Welt höchst komplizierte Gebilde sind. Dies gilt für die Sterne, ihren Aufbau und ihre zeitliche Entwicklung, und in gleicher Weise für die interstellare Materie, für die Sternhaufen, die Sternsysteme und die Struktur des ganzen Weltalls.

Der Astronom versucht, sich mit den Mitteln seiner Physik und Mathematik an diese komplizierte Wirklichkeit heranzutasten. Er findet große Entfernungen, große Geschwindigkeiten und Massen, hohe Temperaturen, hohe und niedrige Drücke und Dichten — Zustände und Veränderungen der Materie, Wechselwirkungen zwischen Materie und Strahlung, die weit über das im irdischen Laboratorium Erfahrbare hinausgehen. Nur in schrittweise vorwärts getriebener Komplizierung der Modelle, Theorien und Beobachtungen ist es möglich, den sehr komplexen Zuständen und Vorgängen im Kosmos auf die Spur zu kommen.

Der Zugang zur Astronomie

Trotz der Schwierigkeiten, durch welche die Forschung sich hindurchkämpfen muß, um zu Aussagen über die außerirdische Welt zu gelangen, stehen dem Betrachter der Natur viele Tore als Zugänge zur Astronomie offen. Das Weltall ist um uns herum ausgebreitet; seine Objekte sind zwar fern, aber sie lassen sich beobachten und beschreiben. Sogar eine aktive Teilnahme an der Forschung ist für den naturwissenschaftlich interessierten Laien in der Astronomie möglich: er kann mit relativ geringer instrumenteller Ausrüstung auch heute noch wertvolle wissenschaftliche Arbeit leisten. Viele Gruppen von Amateuren führen große Überwachungsprogramme der Planetenoberflächen oder der Helligkeiten veränderlicher Sterne durch. Und bis heute kommen immer wieder Entdeckungen von Kometen oder Novae durch Sternfreunde vor, die zur abendlichen Erholung mit dem Fernglas einen „Spaziergang am Himmel" machten.

Ein großer Teil der Resultate der Astronomie ist in einer einfachen physikalischen Sprache beschreibbar. Auch das Charakteristische der astronomischen Methoden läßt sich für einen Leser mit elementaren physikalischen und mathematischen Kenntnissen verständlich machen. Dieses Studienbuch stellt einen Versuch dar, die ganze außerirdische Natur, soweit sie der gegenwärtigen Forschung zugänglich ist, beschreibend zu erfassen. Band I enthält als Hauptgegenstände Erde, Mond, Planeten, Sonne. Band II handelt von den Fixsternen und den Sternsystemen. Der Beginn des Gesamtwerkes liegt bei unserer Erde als dem Ort der Beobachtungen und unserem Standort im Weltall; die Darstellung endet mit den fernen Galaxien. Die Sonne gibt als Zentrum des Planetensystems und als typischer Fixstern die Verbindung zwischen den beiden Teilen I und II.

Kapitel 2 und 3. Das Planetensystem; Bewegungsvorgänge und physische Beschreibung. – Die Erde ist unser Beobachtungsort. Wir nehmen am Nachthimmel Sterne und Sternbilder wahr; dieser Anblick verändert sich schon innerhalb einer Nacht infolge der Umdrehung der Erde um ihre Achse. Die Jahresbewegung der Erde um die Sonne gibt uns die Möglichkeit, in den Nächten der aufeinander folgenden Wochen und Monate in einen großen Bereich des uns umgebenden Weltraums zu schauen.

Die Körper des Sonnensystems – Mond, Große Planeten und ihre Monde, Kleine Planeten, Kometen – werden in ihren Bewegungserscheinungen und in ihren physikalischen Eigenschaften beschrieben. Hier bieten sich gute Möglichkeiten, das Gebotene durch eigene Aktivität zu beleben und zu erweitern. Die mit bloßem Auge beobachtbaren geozentrischen Schleifenbewegungen des Mars öffnen das Tor zum Verständnis der Mechanik der Planetenbewegungen; Fernrohr-Beobachtungen von Mond, Jupiter mit seinen Monden, Saturn mit seinem Ring geben Hinweise auf die großen individuellen Unterschiede im Aufbau der einzelnen zum Planetensystem gehörenden Körper.

Kapitel 4. Die Sonne. – Wegen ihrer Nähe ist die Sonne für uns das weitaus ergiebigste Studienobjekt zur Erforschung der Eigenschaften von Fixsternen. Aus Messungen an der unzerlegten und der spektral zerlegten Lichtstrahlung der Sonne können zunächst die physikalischen Eigenschaften der Oberfläche dieses typischen Fixsterns, dann aber auch der innere Aufbau – Aggregatzustand, Stabilität, Verlauf von Temperatur, Druck und Dichte, Energieerzeugung – erschlossen werden. – Die

Sonnenflecken mit ihren Veränderungen und ihren Periodizitäten bilden die Basis für eine Behandlung der gesamten Sonnenaktivität und ihrer Wirkungen auf die Erde und ihre Umgebung.

Kapitel 5. Die Fixsterne. — Das Ziel dieses Kapitels ist es, den Leser mit einigen Ergebnissen der Forschung über den physikalischen Zustand der Sterne und über die Sternentwicklung bekannt zu machen. Es soll zunächst verstanden werden, wie die Astronomie durch Winkelmessungen, Helligkeitsmessungen und die Interpretation von Sternspektren zu einigen der wichtigsten Kennzeichnungen der Fixsterne gelangt, etwa zu ihren Entfernungen und Oberflächentemperaturen. In einem zweiten Schritt soll dann ein Überblick vermittelt werden über die physikalischen Sternzustände, die wir im Weltall vorfinden. Was ist allen Sternen gemeinsam, was bedingt und wie erforscht man ihre Vielfalt? Schließlich beschreibt ein dritter Schritt der Darstellung die zeitlichen Veränderungen, die in den Fixsternen vor sich gehen und die unter dem Kennwort Sternentwicklung erforscht werden.

Kapitel 6. Das galaktische Sternsystem. — Die von uns beobachtbare Materie im Weltall ist ganz überwiegend in Sternsystemen angeordnet; sie findet sich dort in Sternen konzentriert und in interstellarer Materie, die aus Gas sehr geringer Dichte und aus Staubteilchen in sehr feiner Verteilung besteht. Wir befinden uns mit Sonne und Planetensystem innerhalb eines solchen Sternsystems, im Milchstrassen- oder galaktischen System. In Kapitel 6 werden einzelne Ergebnisse aus der Erforschung unseres Sternsystems behandelt: Größe und Form des Systems, Erscheinungs- formen der interstellaren Materie, Bewegungen der Fixsterne, Bewegungszustand des ganzen Sternsystems (die galaktische Rotation).

Kapitel 7. Die außergalaktischen Sternsysteme. — Das ganze Weltall ist erfüllt von Sternsystemen; sie sind die wesentlichen Bestandteile des für unsere Fernrohre und Radioteleskope erreichbaren Weltraumes. In mehreren Stufen der Darstellung werden die Vielfalt der Typen dieser Systeme, die Möglichkeiten der Entfernungs- bestimmungen und die Kenntnisse über die Raumanordnung der Galaxien ange- sprochen. Im letzten Teil des Kapitels werden die weltweit beobachtete Rot- verschiebung der Spektrallinien der Sternsysteme, die aus diesen Beobachtungen abgeleitete Vorstellung von der Expansion des Weltalls, sowie die kosmologischen Fragen nach Ausdehnung, Struktur und zeitlicher Entwicklung des Weltalls behandelt.

2. Bewegungsvorgänge im Planetensystem

2.1 Die scheinbare tägliche Bewegung der Gestirne. Koordinatensysteme. Astronomische Beobachtungsinstrumente

2.1.1 Sterne und Sternbilder

Betrachtet man fern von störenden irdischen Lichtquellen in einer mondlosen Nacht den Himmel, so sieht man bereits mit dem bloßen Auge eine sehr große Anzahl von Sternen. Ihre Verteilung am Himmel zeigt keine auffällige Gesetzmäßigkeit. Die Sterne leuchten verschieden hell; nur einige wenige heben sich durch ihre große Helligkeit heraus, die Anzahl der schwach leuchtenden Sterne ist bedeutend größer als die Zahl der hellen Objekte. Wenn man die Beobachtungen durch die fortschreitende Nacht und während einiger weiterer Nächte fortsetzt, kann man zweierlei erkennen: Die gegenseitige Anordnung der Sterne bleibt unverändert; die einzelnen Sterngruppierungen verändern mit dem Fortschreiten der Nacht ihre Lage zum Horizont.

Einige wenige Sterne verändern langsam ihren Ort am Himmel in bezug auf die übrigen Sterne. Dies sind die Planeten oder Wandelsterne; ihre Bewegungen werden in Abschnitt 2.3 behandelt. Die Bewegung des Mondes wird am Anfang von Kapitel 3 besprochen.

Die große Zahl der übrigen Sterne sind „feste" Sterne oder *Fixsterne*. Wegen ihrer unveränderlichen gegenseitigen Anordnung kann man diese Fixsterne auf Sternkarten eintragen. Eine *Sternkarte* entsteht durch eine Abbildung (im Sinne der Mathematik) der Himmelskugel auf eine Ebene. Auch die Fotografie eines Himmelsausschnittes stellt eine Sternkarte dar (Abb. 2.1). Auf einer solchen Fotografie bilden sich die Sterne je nach ihrer Helligkeit als mehr oder weniger große Lichtflecke ab.

In einer gezeichneten Sternkarte werden die Sterne durch größere oder kleinere Kreisflächen oder Sternchen dargestellt, um ihre unterschiedliche Helligkeit zu kennzeichnen. Außerdem versieht man die Sternkarten mit den Linien eines Koordinatennetzes (S. 20f) und gegebenenfalls mit besonderen Hinweisen, etwa Helligkeitsangaben oder Bezeichnungen für Objekte, bei denen es sich nicht um „normale" Sterne handelt. Der Orientierung am Himmel und auf den Sternkarten dient die Zusammenfassung der Fixsterne zu Sternbildern; die ältesten dieser Zusammenfassungen stammen aus der Frühgeschichte der Menschheit. Menschen,

Abb. 2.1 Fotografische Aufnahme des Sternbildes Orion (feststehende Kamera, Belichtungszeit 2 Minuten)

Abb. 2.2 Figürliche Darstellung des Sternbildes Orion

Tiere und Geräte sollten in ihnen dargestellt sein. Zu den bekanntesten Sternbildern gehören der Große Bär (Ursa major), dessen Hauptsterne auch als großer Wagen bezeichnet werden, und Orion, der große Jäger der griechischen Sage. Religiöse und mythologische Ideen haben bei ihrer Entstehung mitgewirkt; eine figürliche Ähnlichkeit von Sternanordnung und Gegenstand des Sternbildes war weniger wichtig (Abb. 2.2).

Das Aufsuchen zunächst der markantesten, dann der weniger auffälligen Sternbilder bietet die beste Möglichkeit, den Sternhimmel und die einzelnen hellen Fixsterne kennenzulernen. Einige Hinweise sind in der hier folgenden Aufgabe, Seite 15, und im Abschnitt 2.2.1 „Der wechselnde Anblick des Himmels im Jahreslauf", Seite 49, gegeben.

Die *Sternbilder-Grenzen* sind 1928 so festgelegt worden, daß der ganze Himmel von 88 Sternbildern lückenlos überdeckt wird und daß als Begrenzungslinien nur Parallelen zu den Koordinatenlinien verwendet werden (Abb. 2.3).

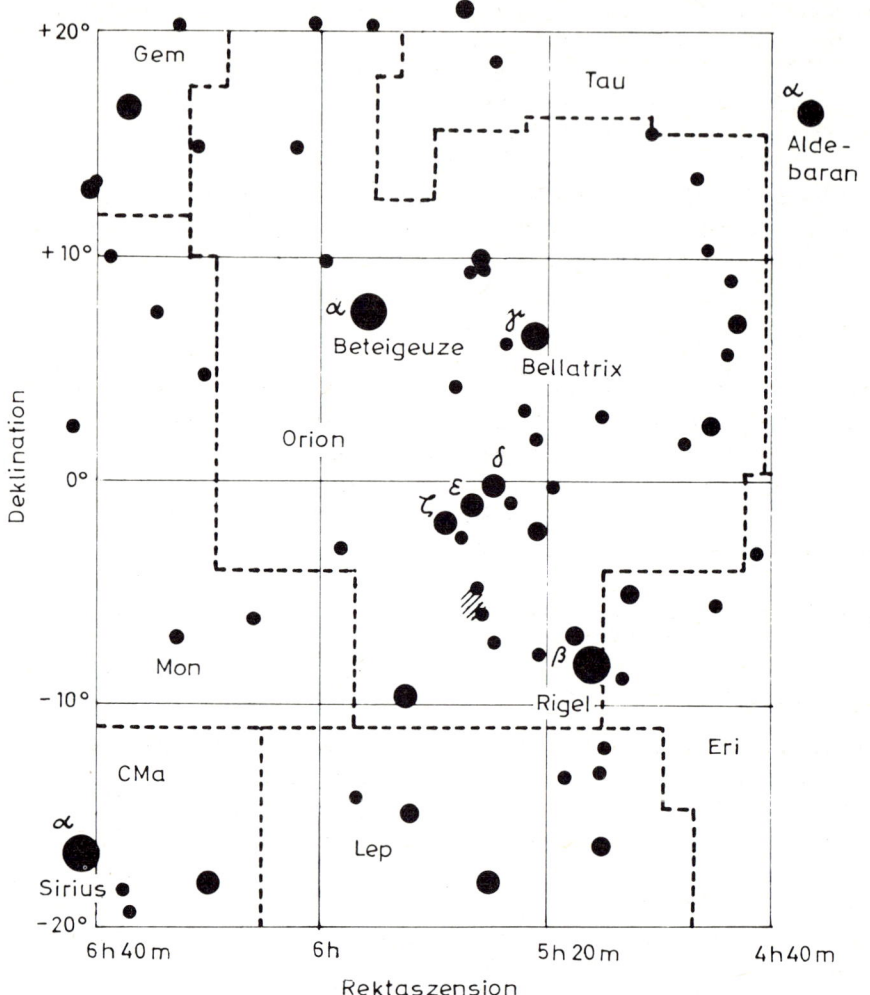

Abb. 2.3 Ausschnitt aus einer Sternkarte mit dem Sternbild Orion

In den Sternbildern bezeichnet man die hellen Sterne mit kleinen griechischen Buchstaben, die dem lateinischen Namen des Sternbildes (im Genitiv) vorangestellt werden. Im allgemeinen heißt der hellste Stern α und die in der Helligkeit folgenden β, γ, . . . Besonders helle Fixsterne haben auch noch Eigennamen. Diese stammen meist aus dem Griechischen, Lateinischen oder Arabischen. Häufig gehen sie noch auf babylonische oder sumerische Ursprünge zurück. Als Beispiele seien genannt: Sirius, Name des hellsten Fixsterns. Er stammt aus dem Griechischen, Σείριος, „Der Versengende". Dieser Stern heißt in der Fachsprache der Astronomen α Canis Majoris; das heißt, er ist der Stern Alpha im Sternbild Großer Hund. Für die

14

lateinischen Namen der Sternbilder hat sich eine raumsparende Dreibuchstaben-Abkürzung eingebürgert; Sirius = α CMa. Rigel, arabisch, Rijl al-Jauzā′ al-Yusrā, „Orions linker Fuß" = β Ori = β Orionis = der Stern Beta im Sternbild Orion. Bellatrix, lateinisch „Die Kriegerische" (Beiname der Minerva) = γ Ori = γ Orionis = der Stern Gamma im Sternbild Orion.

Eine Liste der Sternbilder mit ihren lateinischen und deutschen Namen und ein Verzeichnis der hellsten Fixsterne finden sich im Anhang, Tab. 1 und Tab. 2.

Aufgabe

Versuchen Sie durch wiederholten Vergleich des Sternhimmels mit einer Sternkarte, z.B. mit einer drehbaren Sternkarte, sich die markantesten Sternbilder und die hellsten Sterne so einzuprägen, dass Sie diese auch ohne Sternkarte finden können. Zum Gebrauch der drehbaren Sternkarte siehe Seite 28. Die in den verschiedenen Jahreszeiten für die anfängliche Orientierung geeigneten Gruppierungen der hellsten Sternbilder sind im folgenden angegeben.

Im Nordbereich des Himmels, zu jeder Jahreszeit sichtbar: Großer Bär, Kleiner Bär (mit dem Polarstern), Kassiopeia.

Abendhimmel im Frühjahr.
Südosten: Bootes; der Hauptstern Arktur ist in der Verlängerung des Deichsel-bogens des Großen Wagens leicht zu finden. Jungfrau, Hauptstern Spica.
Süden: Löwe, mit Regulus.
Südwesten: Zwillinge (Kastor, Pollux). Hauptstern Prokyon im Kleinen Hund.

Nachthimmel im Sommer.
Südosten: Schwan, Leier, Adler mit dem „Sommerdreieck" Deneb, Wega, Atair.
Tief im Süden: Skorpion, Hauptstern Antares.
Südwesten: Bootes, Jungfrau.

Abendhimmel im Herbst.
Von Nordost über Ost nach Süd (hoch): Fuhrmann (Kapella) — Perseus — Andromeda.
Tiefer im Osten: Stier (Aldebaran, Plejaden).
Süden: Pegasus.
Südwesten: Schwan, Leier, Adler.

Abendhimmel im Winter.
Südosten: Zwillinge; Prokyon im Kleinen Hund.
Süden: Orion (das in allen Wintermonaten zur Orientierung sehr geeignete Stern-

bild). Links unter Orion: Sirius im Großen Hund. Rechts über Orion: Aldebaran und Plejaden im Stier.
Über den Plejaden, hoch: Perseus. Links von Perseus: Fuhrmann (Kapella). Rechts von Perseus (Südwest bis West): Andromeda; darüber Kassiopeia.

2.1.2 Der wechselnde Anblick des Himmels während der Nachtstunden. Die scheinbare tägliche Bewegung der Gestirne

Beobachtet man Sterne im Osten oder Westen in Horizontnähe, so kann man schon nach wenigen Minuten feststellen, daß sie sich im Osten vom Horizont entfernt und im Westen dem Horizont genähert haben. Wählt man sich einen festen Standort und südlich davon eine Richtmarke (Baum, Hauswand oder ähnliches), so läßt sich auch für Sterne im Süden eine scheinbare Ortsveränderung feststellen und zwar von links nach rechts, also von Osten nach Westen.

Am schönsten sieht man diese Bewegung auf fotografischen Aufnahmen, die mit feststehender Kamera und mit Belichtungszeiten von einigen Minuten bis zu einigen Stunden gemacht worden sind (Abb. 2.4 und Abb. 2.5).

Abb. 2.4 Fotografische Aufnahme des Osthimmels mit dem Sternbild Löwe; Belichtungszeit 15 Minuten

Abb. 2.5 Fotografische Aufnahme der Gegend um den Himmelsnordpol; Belichtungszeit 3 Stunden

Aus den Beobachtungen am Himmel und aus solchen fotografischen Aufnahmen erkennt man, daß die Sterne am östlichen Horizont aufgehen und auf Kreisbögen nach Süden wandern. Dort erreichen sie den höchsten Punkt ihrer Bahn; man nennt ihn den *oberen Kulminationspunkt.* Dann gehen sie auf einem zur Meridianebene (Nord-Süd-Ebene) symmetrischen Kreisbogen nach Westen zu ihrem Untergangspunkt. Je weiter im Süden ein Stern aufgeht, desto kürzer ist der Bogen zwischen Aufgangs- und Untergangspunkt. Dieser Bogen heißt *Tagbogen* des Gestirns (und zwar gleichgültig, ob er während des Tages oder der Nacht durchlaufen wird). Die unter dem Horizont liegende Ergänzung des Bahnkreises heißt entsprechend *Nachtbogen.*

Je weiter im Norden ein Stern aufgeht, desto größer wird der Winkel, den er auf seinem Tagbogen durchläuft, bis der Tagbogen sich schließlich zu einem Kreis um den Nordpol des Himmels schließt (für nördliche geographische Breiten; Pole s.u.). Dieser Kreis wird innerhalb eines Tages durchlaufen. Sterne, bei denen dies der Fall ist, befinden sich für den Beobachtungsort immer über dem Horizont; man nennt sie *Zirkumpolarsterne.* Sie kreuzen den vom Nordpunkt des Horizontes über den nördlichen Himmelspol und den Zenit zum Südpunkt des Horizontes sich spannenden Großkreis an der Sphäre, den *Himmelsmeridian,* zweimal: in der oberen Kulmination von Osten nach Westen laufend den Abschnitt zwischen Nordpol und Südpunkt und in der unteren Kulmination von Westen nach Osten laufend den Abschnitt zwischen Nordpunkt und Nordpol. In Mitteleuropa gehören die Sterne des großen Wagens zu den Zirkumpolarsternen. Sie sind zu jeder Jahreszeit am Nachthimmel aufzufinden.
Schon der griechische Philosoph und Naturforscher Herakleides vom Pontos (geb. um 390 v.Chr., gest. um 310 v.Chr.) war der Überzeugung, daß diese Fixsternbewegung durch eine Rotation der Erde um ihre Achse mit der Drehrichtung von Westen über Süden nach Osten vorgetäuscht werde, während die Fixsterne in Wirklichkeit fest stehen. Tatsächlich ist der an den Sternen beobachtete Bewegungsvorgang eine Spiegelung der Erdrotation; er heißt *scheinbare tägliche Bewegung der Gestirne.*

Wir beobachten demnach den Aufgang eines Sterns, wenn unsere Horizontebene unter den Stern hinabtaucht. Ein Stern geht für uns unter, wenn unsere Horizontebene über ihn hochsteigt (s. Abb. 2.6).

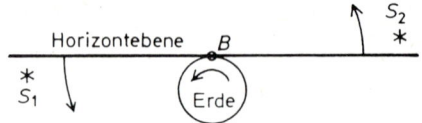

Abb. 2.6 Das Aufgehen und Untergehen von Sternen. *B* Beobachter;
S_1 aufgehender Stern; S_2 untergehender Stern

Die verlängerte Erdachse durchstößt die Himmelskugel in den *Himmelspolen.* Im Abstand von etwa einem Grad vom Himmels nordpol steht der *Polarstern* (α UMi). Man findet ihn leicht, wenn man die beiden hinteren Sterne des großen Himmelswagens verbindet und auf der Verlängerung dieser Linie die Entfernung der beiden Sterne fünfmal abträgt (s. Abb. 2.7). In der Nähe des Südpols des Himmels steht kein heller Stern.

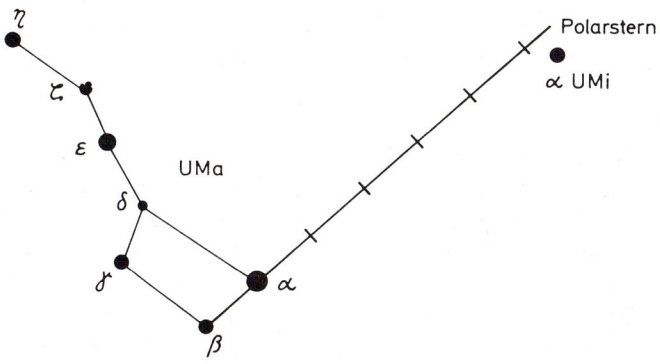

Abb. 2.7 Das Auffinden des Polarsterns (α UMi) vom Großen Wagen (α und β UMa) aus

Für die Achsendrehung der Erde gibt es einige physikalische, von astronomischen Beobachtungen unabhängige Beweise. Am bekanntesten ist der *Foucaultsche Pendelversuch* (Léon Foucault, 1851). Dieser Versuch macht von der Tatsache Gebrauch, dass bei einem frei schwingenden und zu einer ebenen Schwingung angeregten Pendel die ursprüngliche Richtung der Schwingungsebene im Raum beibehalten wird, solange keine Kräfte außer der Gewichtskraft vorhanden sind. Das Experiment läßt sich so ausführen, daß man beobachten kann, wie die Erde (der Fußboden des Experimentierraumes) sich unter der Ebene des schwingenden Pendels dreht. Der Betrag dieser Drehung relativ zur Erde ist dem Sinus der geographischen Breite φ proportional. In einer Stunde erfolgt eine Drehung um den Winkel $15° \cdot \sin \varphi$. Der Effekt beträgt also an den Polen der Erde $360°$ in 24 Stunden; am Äquator tritt keine Drehung auf.

Aufgabe

Fertigen Sie selbst fotografische Aufnahmen von verschiedenen Teilen des Nachthimmels an mit feststehender Kamera und mit unterschiedlichen Belichtungszeiten (so wie Abb. 2.4 und 2.5). Sie können dazu auch Farbfilme verwenden und Dias herstellen.

2.1.3 Astronomische Koordinatensysteme

Um die Bewegungen der Himmelskörper beschreiben zu können, muß man ihre *Örter* und die *Zeitpunkte,* zu denen sie diese einnehmen, angeben können. Das geschieht durch Koordinaten- und Zeitmessungen.

Der Ort eines Himmelskörpers im Raum ist durch die Angabe der *Richtung,* in der er steht, und durch seine *Entfernung* vom Beobachter eindeutig bestimmt. Die Entfernung läßt sich nicht direkt messen. Die Richtung im Raum kann durch die Angabe von zwei Winkeln festgelegt werden. Man denkt sich die Sterne auf eine Kugel, *Himmelskugel* oder *Sphäre* genannt, projiziert; Projektionszentrum und Beobachter befinden sich im Kugelmittelpunkt. Die wahre Entfernung der Sterne wird dabei nicht berücksichtigt. Die Sphäre ist eine mathematische Hilfsfläche, die nicht mit dem sichtbaren „Himmelsgewölbe" übereinstimmt.

Die zur Bestimmung der Örter der Gestirne an der Sphäre verwendeten Koordinatensysteme müssen jederzeit leicht am Himmel auffindbar sein und eine sichere Messung der Koordinaten durch Instrumente gestatten. Diesen beiden Anforderungen wird durch die Kombination zweier Systeme Genüge getan, die durch die Natur selbst dargeboten werden: durch ein *System der Schwere* (oder des Horizontes) und durch ein *System der Erdrotation* (oder des Äquators).
Als Grundlage jedes solchen Koordinatensystems wählt man zunächst eine geeignete Bezugsebene durch den Kugelmittelpunkt; sie schneidet die Sphäre in einem Großkreis. Auf diesem wählt man einen Punkt als Nullpunkt. Die Festlegung des Ortes eines Gestirns geschieht dann ebenso wie bei den Orten auf der Erdoberfläche durch die Angabe von zwei Winkeln als Koordinaten. Die eine Koordinate ist der senkrechte Winkelabstand des Gestirns von der Bezugsebene; ihr entspricht im äquatorialen Koordinatensystem der Erde die geographische Breite. Die zweite Koordinate ist der Winkel zwischen den beiden Großkreisebenen, die senkrecht auf der Bezugsebene stehen und durch den Nullpunkt, beziehungsweise durch das Gestirn gehen; ihr entspricht auf der Erde die geographische Länge.

Wegen der großen Entfernungen der Fixsterne von der Erde unterscheiden sich die Richtungen vom Beobachter zum Stern und vom Erdmittelpunkt zum Stern nicht merklich. Nur bei nahegelegenen Objekten treten meßbare Unterschiede auf. Dann muß man zwischen topozentrisch (vom Beobachter aus) und geozentrisch (vom Erdmittelpunkt aus) gemessenen Koordinaten unterscheiden.

a) Das Horizontsystem (s. Abb. 2.8)
Als Bezugsebene verwendet man die Horizontalebene durch den Beobachter. Sie schneidet die Himmelskugel in einem Großkreis, dem *mathematischen* oder *wahren Horizont.* Von diesem ist der natürliche Horizont zu unterscheiden, der durch

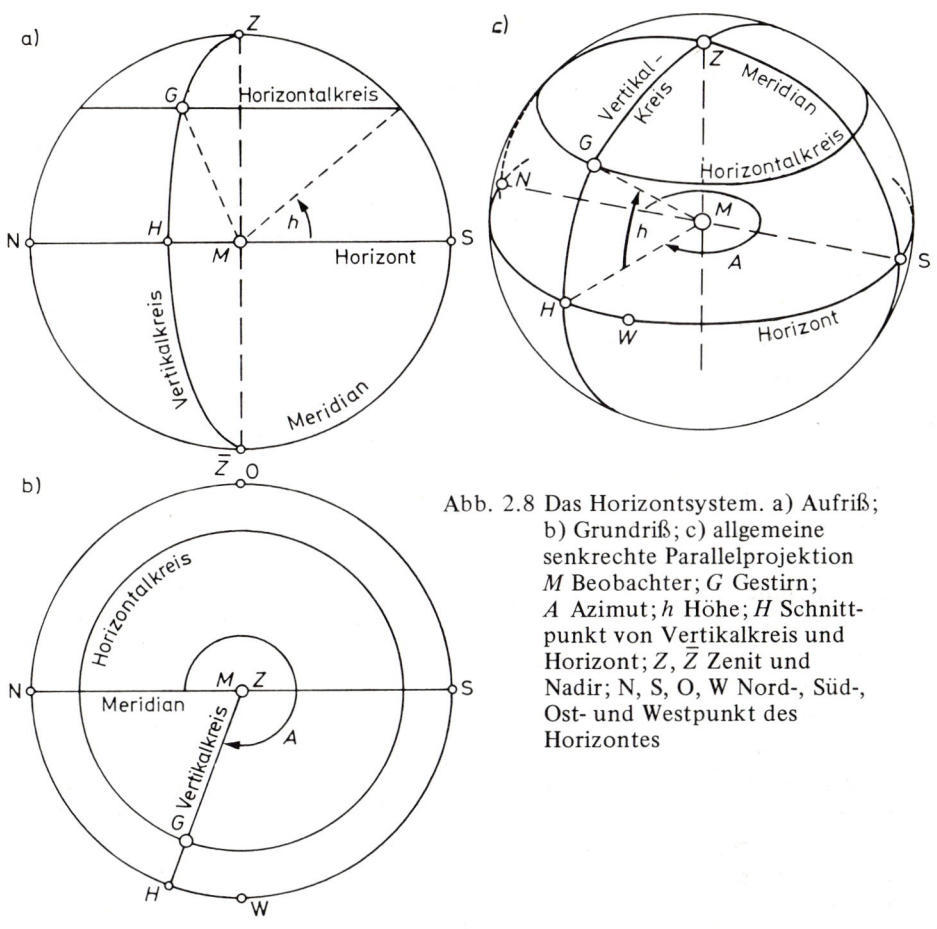

Abb. 2.8 Das Horizontsystem. a) Aufriß;
b) Grundriß; c) allgemeine
senkrechte Parallelprojektion
M Beobachter; G Gestirn;
A Azimut; h Höhe; H Schnitt-
punkt von Vertikalkreis und
Horizont; Z, $\bar{Z}$ Zenit und
Nadir; N, S, O, W Nord-, Süd-,
Ost- und Westpunkt des
Horizontes

Berge, Häuser, Bäume usw. gebildet wird. Wenn im folgenden kurz von Horizont die
Rede ist, soll stets der mathematische gemeint sein. Der Nullpunkt auf dem
Horizont ist der Nordpunkt.

Alle Ebenen, die durch das Zentrum gehen und senkrecht auf der Horizontebene
stehen, schneiden sich in der Lotlinie oder Scheitellinie, die den Beobachter mit
dem höchsten Punkt der Sphäre, dem *Zenit Z* und seinem Gegenpunkt, dem *Nadir*
$\bar{Z}$, verbindet. Scheitellinie und Horizont sind durch die Richtung der Schwerkraft
im Beobachtungsort definiert. Die Ebenen durch die Scheitellinie schneiden die
Himmelskugel in Großkreisen, die *Vertikal-* oder *Scheitelkreise* genannt werden.
Einer von ihnen ist die Projektion des geographischen Meridians des Beobachtungsortes an die Himmelskugel. Dieser Großkreis heißt *Himmelsmeridian*; er schneidet
den Horizont im Nordpunkt N und im Südpunkt S. Die Parallelebenen zum

Horizont schneiden die Himmelskugel in einer Schar von Kleinkreisen, die *Horizontalkreise* genannt werden. Durch jeden Stern geht ein Vertikalkreis und ein Horizontalkreis (außer wenn er in Z oder $\bar{Z}$ steht).

Der Winkel zwischen Meridianebene und Ebene des Vertikalkreises durch den Stern heißt *Azimut A*. Das Azimut wird nach internationaler Vereinbarung vom Nordpunkt aus über Osten, Süden und Westen von $0°$ bis $360°$ gezählt (früher begann die Zählung am Südpunkt). In Abb. 2.8 ist das Azimut dargestellt durch den Winkel NMH oder durch den Bogen $\overset{\frown}{NOSWH}$.

Der Winkelabstand des Sterns vom Horizont heißt *Höhe h*. Die Höhe wird vom Horizont zum Zenit positiv von $0°$ bis $+90°$, zum Nadir negativ bis $-90°$ gezählt. In Abb. 2.8 ist die Höhe durch den Winkel *HMG* oder durch den Bogen $\overset{\frown}{HG}$ dargestellt.

Die Abbildungen 2.8 a), b) und c) sind senkrechte Parallelprojektionen. Sie unterscheiden sich lediglich durch die Lage der Projektionsebene. a) ist eine Aufrißdarstellung; die Projektionsebene steht parallel zur Meridianebene, b) ist eine Grundrißdarstellung; die Projektionsebene liegt parallel zur Horizontebene, c) ist eine senkrechte Parallelprojektion, bei der die Projektionsebene mit der Scheitellinie einen Winkel von z.B. $30°$ bildet; außerdem verläuft die Nord-Süd-Linie nicht parallel zur Projektionsebene. Diese Darstellung ist am anschaulichsten.

Im Horizontsystem ändert ein Stern seine beiden Koordinaten von Augenblick zu Augenblick. Für Beobachter an verschiedenen Orten hat ein und derselbe Stern auch zur gleichen Zeit verschiedene Koordinaten. Jedoch kann man durch Angabe von Azimut und Höhe für einen bestimmten Ort zu einer bestimmten Zeit diejenige Stelle am Himmel angeben, an der man einen gesuchten Stern finden kann. Für die Festlegung von Sternen in einer Sternkarte braucht man andere Koordinaten.

b) Das feste Äquatorsystem (s. Abb. 2.9)

Es gibt zwei Äquatorsysteme. Sie stimmen in der Bezugsebene überein, unterscheiden sich jedoch in ihren Nullpunkten. Bei beiden Systemen dient die Äquatorebene als Bezugsebene. Der *Himmelsäquator* ist die Projektion des Erdäquators vom Erdmittelpunkt aus auf die Himmelskugel. Die verlängerte Erdachse schneidet als Weltachse die Himmelskugel in den *Himmelspolen P* und $\bar{P}$. Das Koordinatennetz wird gebildet durch die Schar der Großkreise durch die Himmelspole — sie heißen *Stundenkreise* —, und die Schar der *Parallelkreise* — sie tragen diesen Namen, da ihre Ebenen parallel zum Himmelsäquator liegen. Auch der beim Horizontsystem definierte, durch den Zenit des betreffenden Erdortes gehende Himmelsmeridian ist einer der Stundenkreise. Der Meridian (Mittagskreis) eines Beobachtungsortes enthält also immer die Punkte: Nordpunkt des Horizontes, Himmelsnord- und südpol, Zenit, Nadir, Südpunkt des Horizontes.

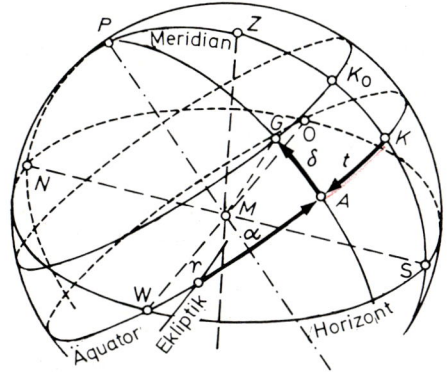

Abb. 2.9 Die Äquatorsysteme
M Beobachter; *Z* Zenit;
P Himmelsnordpol;
♈Frühlingspunkt; *K* Schnitt-
punkt von Meridian und
Äquator; K_0 obere Kulmi-
nation; *PGA* Stundenkreis;
GK_0 Parallelkreis; δ Dekli-
nation, *t* Stundenwinkel,
α Rektaszension (s. auch
Abb. 2.8)

Beim festen Äquatorsystem wird vom Meridian aus die eine der beiden Koordinaten, der *Stundenwinkel t,* gemessen, als Winkel zwischen den Ebenen von
Meridian und Stundenkreis. In Abb. 2.9 ist der Stundenwinkel der Winkel *KMA*
oder der Bogen $\overset{\frown}{KA}$. Die andere Koordinate ist der Winkelabstand des Gestirns vom
Äquator. Sie heißt *Deklination* δ und wird entsprechend der geographischen Breite
auf der Erde von 0° bis ± 90° gezählt. In Abb. 2.9 ist die Deklination dargestellt
durch den Winkel *AMG* oder durch den Bogen $\overset{\frown}{AG}$.

Ein Fixstern bleibt bei seiner scheinbaren täglichen Bewegung im wesentlichen auf
einem und demselben Parallelkreis. Seine Deklination verändert sich dabei nur sehr
wenig (S. 99); dagegen wächst sein Stundenwinkel gleichmäßig mit der Zeit.
Man mißt ihn deshalb im Zeitmaß, wobei der Zeit 24 Stunden der Winkel 360°
entspricht (1 Stunde $\hat{=}$ 15°; 1° $\hat{=}$ 4 Minuten). Die Zählung des Stundenwinkels
beginnt mit 0 h an dem für den Beobachter sichtbaren Schnittpunkt von Meridian und
Äquator und geht im Sinne der täglichen Bewegung bis 24 h. Da der Anfangspunkt
dieser Zählung fest mit dem Beobachtungsort verbunden ist, spricht man vom
festen Äquatorsystem.

c) Das bewegliche Äquatorsystem (s. Abb. 2.9)

Das bewegliche Äquatorsystem benutzt — wie der Name sagt — als Bezugsebene
ebenfalls die Ebene des Himmelsäquators; deshalb ist die eine Koodinate wie beim
festen Äquatorsystem die Deklination. Als Nullpunkt wird jedoch hier ein Punkt
des Himmelsäquators benutzt, der am scheinbaren täglichen Umschwung des Himmels-
gewölbes teilnimmt. Es ist derjenige Punkt der Sphäre, an dem sich die Sonne im
Augenblick des Frühlingsanfangs befindet; daher nennt man ihn den *Frühlingspunkt*. Er wird mit dem Zeichen ♈ des Tierkreiszeichens „Widder" gekennzeichnet.
Der Frühlingspunkt ist demnach der Schnittpunkt des Himmelsäquators mit der
Ekliptik, also demjenigen Großkreis an der Sphäre, auf dem sich die Sonne während
eines Jahres um die Erde zu bewegen scheint (S. 53). Die auf dem Himmelsäquator vom Frühlingspunkt aus gezählte Koordinate heißt *Rektaszension* (gerade

23

Aufsteigung) und wird meist mit dem Buchstaben α bezeichnet; sie entspricht der geographischen Länge auf der Erde. Die Rektaszension wird wie der Stundenwinkel in Stunden gemessen; die Zählung erfolgt entsprechend der Erdrotation bzw. entgegen der scheinbaren täglichen Bewegung der Gestirne von 0 h bis 24 h. Sie wird in Abb. 2.9 durch den Winkel ♈ MA oder durch den Bogen ♈ A dargestellt. Das bewegliche Äquatorsystem mit den Koordinaten Rektaszension α und Deklination δ ist das wichtigste Koordinatensystem der praktischen Astronomie; es beruht auf der Richtung der Erdachse und der Lage der Ekliptik. Rektaszension und Deklination sind die Koordinaten, die in Sternverzeichnissen und Sternkarten verwendet werden; sie sind von der scheinbaren täglichen Bewegung ganz unabhängig. Die α- und δ-Werte der Fixsterne haben sehr kleine zeitliche Änderungen; diese Veränderungen kommen teils von den eigenen Bewegungen der Gestirne, teils von der Bewegung des Koordinatensystems. Die langsame Verlagerung des Koordinatensystems wird auf S. 99 besprochen; die eigenen Bewegungen der Fixsterne werden im Kapitel 6, Abschnitt 3, behandelt. Die Tabelle 2.1 gibt eine Übersicht über die drei besprochenen Koordinatensysteme. Der Grundkreis ist der Großkreis, in dem die Bezugsebene die Himmelskugel schneidet. Der Nullpunkt ist der Anfangspunkt der Winkelzählung auf dem Grundkreis.

Im Gegensatz zu den bisher behandelten Koordinatensystemen, in denen die Koordinaten astronomischer Objekte auf einfache und sichere Art gemessen werden können, müssen die Koordinaten in anderen Koordinatensystemen berechnet werden. Zwei solche Systeme sollen hier kurz erwähnt werden. Es handelt sich um das Ekliptik-System, das als Bezugselemente die Ebene der Ekliptik und den Frühlingspunkt verwendet, und um das System der galaktischen Koordinaten, das in Kapitel 6, Abschnitt 1 eingeführt wird.

d) Anwendungen: Der Anblick des Himmels in verschiedenen geographischen Breiten

Bei Benutzung der astronomischen Koordinatensysteme lassen sich einige Fragen ohne große Mühe klären.

Wo findet ein Beobachter den Himmelspol?

Am einfachsten ist es für einen Beobachter am Nord- oder Südpol der Erde (s. Abb. 2.10, S. 26). Da der Himmelspol die Projektion des Erdpols von der Erdmitte aus ist, befindet er sich genau über dem Beobachter im Zenit. Horizont- und Äquatorsystem fallen zusammen. Der Äquator liegt im Horizont, die täglichen Sternbahnen verlaufen in immer gleichen Höhen, es sind Horizontalkreise. Der Beobachter kann nur die eine Hälfte des Himmels übersehen.

Tab. 2.1 Die Koordinatensysteme des Horizontes und des Äquators

Name des Systems	Definierende Richtung	Grundkreis	Polpunkte	Nullpunkt	Bezeichnung der Kreise senkrecht auf dem Grundkreis	Bezeichnung der Kreise parallel zum Grundkreis	Koordinaten
Horizontsystem	Richtung der Schwerkraft	Horizont	Zenit Nadir	Nordpunkt des Horizontes	Vertikalkreise	Horizontalkreise	Azimut A Höhe h
Festes Äquatorsystem	Richtung der Rotationsachse der Erde	Himmelsäquator	nördlicher und südlicher Himmelspol	Sichtbarer Schnittpunkt von Äquator und Meridian	Stundenkreise	Parallelkreise	Stundenwinkel t Deklination δ
Bewegliches Äquatorsystem				Frühlingspunkt			Rektaszension α Deklination δ

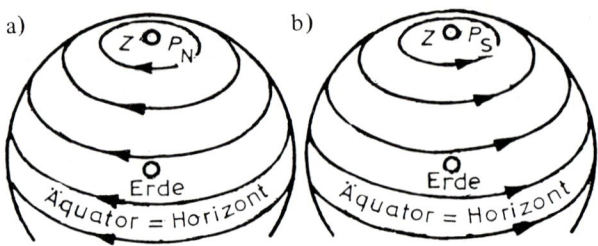

Abb. 2.10 Die Himmelskugel für einen Beobachter a) am Nordpol,
b) am Südpol der Erde (Ansicht von außen)

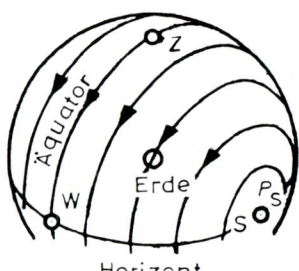

Abb. 2.11 Die Himmelskugel für einen Beobachter am Äquator
der Erde (Ansicht von außen)

Für einen Beobachter am Äquator der Erde geht der Himmelsäquator durch den
Zenit, er steht senkrecht auf dem Horizont, die Himmelspole liegen im Nord-
und Südpunkt des Horizonts (Abb. 2.11). Die Sterne steigen im Osten senkrecht
über den Horizont herauf und tauchen im Westen senkrecht unter ihn hinab. Daraus
erklärt sich die kurze Dauer der Dämmerung in den Tropen. Der Beobachter kann
die nördliche und die südliche Hälfte der Himmelskugel übersehen.

Ein Beobachter an einem Ort der geographischen Breite φ weiß zunächst einmal,
daß der Pol auf dem Himmelsmeridian liegen muß, da auch die Pole der Erde auf
dem Meridian des Beobachters liegen. Die Weltachse verläuft also in der vertikalen
Nord-Süd-Ebene des Beobachters. Unter welchem Winkel sie gegen die Horizontebene geneigt ist, ergibt sich aus Abb. 2.12. Es gilt nämlich

$$\measuredangle\, AMB \;=\; \varphi$$

$$\measuredangle\, PMB \;=\; 90° - \varphi$$

$$\measuredangle\, P'BZ \;=\; 90° - \varphi$$

$$\measuredangle\, P'BN \;=\; \varphi.$$

$\measuredangle\, P'BN$ ist aber der Winkelabstand des Pols vom Nordpunkt des Horizonts. Damit
ergibt sich die wichtige Beziehung:

Polhöhe h = geographische Breite φ.

Ein Stern der Deklination $\delta = 0$ durchläuft als Folge der Achsendrehung der Erde im Laufe eines Tages scheinbar den Himmelsäquator. Im Ostpunkt O geht er auf, kulminiert im Süden am Schnittpunkt von Äquator und Meridian in der Höhe $h = 90° - \varphi$ und geht im Westpunkt W unter. Er befindet sich genau gleich lange über dem Horizont, wie er unter ihm unsichtbar ist; sein Tagbogen ist gleich seinem Nachtbogen.

Ist die Deklination δ größer Null, so rücken Aufgangs- und Untergangspunkt auf dem Horizont gegen Norden; der Tagbogen ist dann größer als der Nachtbogen. Der Winkelabstand von Aufgangspunkt und Ostpunkt heißt Morgenweite, derjenige von Untergangspunkt und Westpunkt Abendweite.

Wenn die Deklination δ kleiner als Null ist, rücken Aufgangs- und Untergangspunkt nach Süden; der Tagbogen ist kleiner als der Nachtbogen.

Für die Höhe der oberen bzw. unteren Kulmination eines Sterns der Deklination δ gilt

$$h_0 = \delta + (90° - \varphi)$$

bzw. $\quad h_u = \delta - (90° - \varphi).$

Ein Stern ist an einem Ort der geographischen Breite φ dann zirkumpolar, wenn $h_u > 0°$ ist, wenn also $\delta > 90° - \varphi$ ist. Er ist nie sichtbar, wenn $h_0 < 0°$ ist, wenn also $\delta < \varphi - 90°$ ist (s. Abb. 2.13).

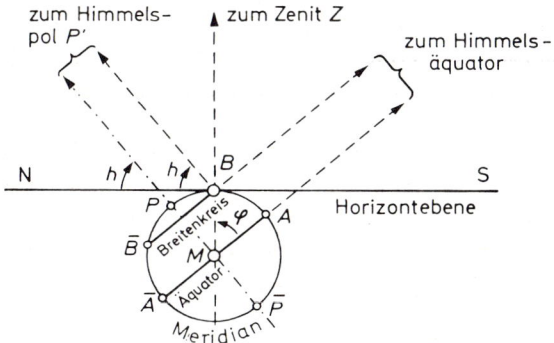

Abb. 2.12 Für einen Beobachter auf der geographischen Breite φ gilt: Polhöhe h gleich geographische Breite φ

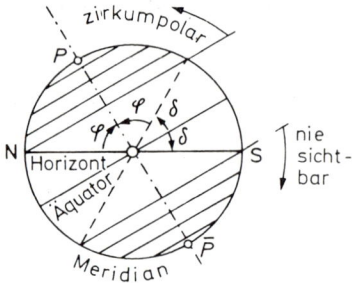

Abb. 2.13 Zirkumpolarsterne $(\delta > 90° - \varphi)$ und Sterne, die nie sichtbar sind $(\delta < \varphi - 90°)$

e) Der Gebrauch einer drehbaren Sternkarte

Eine drehbare Sternkarte besteht aus einer *Grundscheibe* und einer *Deckscheibe* oder *Maske,* die drehbar auf der Mitte der Grundscheibe befestigt ist.

Die Grundscheibe trägt eine Sternkarte, die für Beobachtungsorte einer bestimmten geographischen Breite φ, z.B. für $\varphi = +50°$ gezeichnet ist. Sie enthält die hellen Sterne und die Sternbilder, die im Laufe eines Jahres in dieser Breite über den Horizont heraufkommen, und außerdem die Ekliptik. Sie läßt sich ohne große Fehler auch an Orten mit etwas anderen geographischen Breiten verwenden. Der Himmelspol (für $\varphi > 0$ der Nordpol) liegt in der Mitte der Karte im Drehpunkt. Am Rande befindet sich eine Skala für die Rektaszension α, die im Uhrzeigersinn von 0 h bis 24 h läuft, sowie eine Kalendereinteilung mit dem gleichen Umlaufssinn. Auch die Ekliptik trägt eine Datumseinteilung. Als Linien gleicher Deklination δ sind konzentrische Kreise um den Pol eingezeichnet. Bei manchen Karten ist auch eine drehbare Deklinationsskala angebracht.

Mit Hilfe der Koordinatenlinien oder mit Randskala und drehbarer Skala können die Koordinaten Rektaszension α und Deklination δ von Sternen abgeschätzt werden. Andererseits lassen sich so Objekte mit bekannten Koordinaten auf der Karte lokalisieren.

Die Deckscheibe trägt einen ovalen Ausschnitt, dessen Rand den Horizont darstellt. Der jeweils beobachtbare Himmelsausschnitt liegt innerhalb dieses Ovals. An der Horizontlinie sind die Himmelsrichtungen (Azimute) markiert. Am Rand der Scheibe, über der Datumsskala der Grundscheibe, verläuft eine Zeitskala (von 0 h bis 24 h im Gegenuhrzeigersinn). Manchmal sind im Horizontausschnitt Vertikalkreise eingezeichnet, die sich im Zenit schneiden, sowie Horizontalkreise.

Um die Sternkarte für eine Beobachtung vorzubereiten, stellt man die Beobachtungszeit auf der Drehscheibe über das Beobachtungsdatum auf der Grundscheibe. Wenn man nun an Hand der Karte Sterne am Himmel aufsuchen will, müßte man die

Karte eigentlich so über den Kopf halten, daß der Zenitpunkt oben ist und die Beschriftungen des Horizontes mit den Himmelsrichtungen übereinstimmen. Das wäre unbequem. Will man z.B. am Südhimmel beobachten, so hält man deshalb die Karte so vor sich hin, daß der Südpunkt des Horizontausschnittes auf den Beobachter zu zeigt. Nun lassen sich die Südsternbilder der Karte leicht auf den Himmel übertragen.

Genäherte Auf- und Untergangszeiten von Sternen ermittelt man, indem man die Maske so dreht, daß der betreffende Stern auf den Ost- bzw. Westteil des Horizontes zu liegen kommt. Über allen Daten (Grundscheibe) lassen sich dann die zugehörigen Auf- oder Untergangszeiten (Deckscheibe) ablesen.

Die Stellung der Sonne zwischen den Fixsternen findet man, wenn man das gewünschte Datum zwischen die Kalenderangaben auf der Ekliptik einpaßt. Danach kann man wie oben die Auf- und Untergangszeiten ermitteln.
Entsprechend bestimmt man auch die Zeitpunkte der oberen oder der unteren Kulminationen für die Sonne oder für einen Fixstern, indem man die Sonne oder den Fixstern auf den südlichen bzw. nördlichen Meridianbogen einstellt.
Alle diese Zeiten sind „mittlere Ortszeiten" (S. 60). Um Mitteleuropäische Zeiten zu erhalten, muß man den Zeitunterschied zwischen Ortszeit des Beobachters und Ortszeit des Mittelmeridians der Zeitzone berücksichtigen. Für jeden Längengrad, um den der Beobachtungsort westlich des Mittelmeridians liegt, sind zur Ortszeit 4 Minuten zuzuzählen.
Entnimmt man einem Sternkalender die Koordinaten α und δ für den Mond oder für einen Planeten, so kann man diese auf der Karte eintragen und das Objekt (bei richtig eingestellter Sternkarte) am Himmel aufsuchen. Meist genügt es, die Rektaszension zu benützen, da sich Mond und Planeten stets in der Nähe der Ekliptik aufhalten.

Aufgaben

1. Markieren Sie zu einem bestimmten Zeitpunkt den Schatten, den die Spitze eines lotrecht stehenden Stabes (Gnomon) auf einen waagerecht liegenden Zeichenbogen wirft und bestimmen Sie daraus die Höhe der Sonne zu dieser Zeit. Ermitteln Sie außerdem mit einem Kompaß ihr Azimut.
Markieren Sie ferner für mehrere Zeitpunkte vor und nach Mittag (etwa von Stunde zu Stunde) den Schatten der Gnomonspitze und zeichnen Sie eine Schattenkurve. Bestimmen Sie aus dieser die Richtung des Meridians des Beobachtungsortes und die Kulminationshöhe der Sonne für den betreffenden Tag! Anleitung: Die Schattenkurve ist symmetrisch zum Meridian. Beschreiben Sie konzentrische Kreise um den Fußpunkt des Gnomons, die die Schattenkurve schneiden, und bestimmen Sie mit deren Hilfe die Nord-Süd-Richtung als Symmetrieachse der Schattenkurve.

2. Entnehmen Sie einer Sternkarte Rektaszension α und Deklination δ der Sterne Deneb (α Cyg) und Sirius (α CMa).
Beachten Sie die Dreibuchstaben-Abkürzungen der lateinischen Sternbildernamen und die Liste der Fixsterne im Anhang

3. Verfolgen Sie auf einer drehbaren Sternkarte die scheinbare tägliche Bewegung der folgenden Sterne: Beteigeuze (α Ori), Deneb (α Cyg), Kapella (α Aur) und Fomalhaut (α PsA).
Bestimmen Sie für das heutige Datum die Aufgangs- und Untergangszeiten, sowie die Kulminationszeitpunkte.

4. Warum und wie hängt die Dämmerungsdauer von der geographischen Breite φ des Beobachtungsortes und von der Deklination der Sonne $\delta_\odot$ ab?
Anleitung: Unter der Länge der „bürgerlichen Dämmerung" versteht man den Zeitraum, in dem die Sonne sich weniger als $6°$ unter dem Horizont befindet. Während der „astronomischen Dämmerung" ist ihr Horizontabstand kleiner als $18°$.
Welche Erscheinungen treten in hohen geographischen Breiten auf?

5. Untersuchen Sie die Abhängigkeit der Anzahl der Zirkumpolarsterne von der geographischen Breite φ des Beobachtungsortes.
Sind die Sterne Wega (α Lyr), Sirius (α CMa) und Kanopus (α Car) an den folgenden Orten zirkumpolar: Kiel ($\varphi = +54°$), München ($\varphi = +48°$), Melbourne, Australien ($\varphi = -38°$)?

2.1.4 Astronomische Beobachtungsinstrumente

Wer sich intensiver mit astronomischen Beobachtungen beschäftigt, empfindet bald die Leistungsgrenzen seines Auges als Hindernis. Er sieht zwar mit dem bloßen Auge Strukturen auf der Mondoberfläche, kann aber nicht erkennen, worum es sich handelt. Sein Auge zeigt ihm die Planeten nur als Lichtpunkte wie die Sterne, aber er kennt von Bildern den Ring des Saturn, die Äquatorstreifen und die Monde des Jupiter und weiß von ihren Bewegungen. Er möchte Sterne sehen, die für die Beobachtung mit dem bloßen Auge zu lichtschwach sind. Zur Verfolgung der Planetenbewegungen sollte er Winkelmessungen und Richtungsbestimmungen durchführen können.

Dazu benötigt er astronomische Beobachtungsinstrumente. Sie ermöglichen es ihm, astronomische Objekte größer, schärfer, heller als mit bloßem Auge zu sehen und ihren Ort genauer festzulegen. Die wichtigsten dieser Instrumente sind die optischen Teleskope; sie verbessern die Beobachtungsmöglichkeiten gleichzeitig in verschiedener Hinsicht. Im folgenden soll eine kurze Einführung gegeben werden in die

Grundlagen ihres Aufbaus und ihrer Wirkungsweise, ihrer Montierungen und einiger Zusatzgeräte. Den Schluß dieses Abschnitts bildet eine Behandlung der wichtigsten Eigenschaften von Radioteleskopen.

Die optischen Teleskope; Refraktor und Reflektor

Bei einem optischen *Teleskop* wird durch ein *Objektiv* ein reelles Bild des zu beobachtenden entfernten Gegenstandes erzeugt. Als Objektive werden Sammellinsen oder Hohlspiegel verwendet. Linsenfernrohre heißen *Refraktoren*, Spiegelfernrohre *Reflektoren*. Beispiele für solche Fernrohre zeigen die Abb. 2.14 und 2.15a.

Abb. 2.14 Refraktor von J. Fraunhofer mit 25 cm Objektivöffnung. Mit diesem Instrument entdeckte J.G. Galle 1846 den Planeten Neptun; es steht heute im Deutschen Museum in München

Abb. 2.15 a) Reflektor der Firma Carl Zeiss, Oberkochen. 1,2 m Spiegelteleskop des Max-Planck-Instituts für Astronomie auf dem Calar Alto in Südspanien

b) Kuppelbau des 1,2 m Teleskops auf dem Calar Alto

Die Objektivlinse eines Refraktors soll parallel einfallende Lichtstrahlen in einem Punkt der Brennebene sammeln. Dies gelingt bei weißem Licht nicht vollständig, da die Brennweite für rotes Licht etwas größer ist als für blaues (s. Abb. 2.16a).

a)

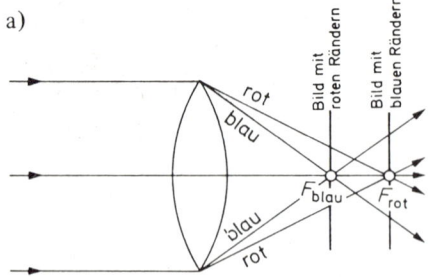

Abb. 2.16 a) Bei einer gewöhnlichen Linse fallen die Brennpunkte für rotes und blaues Licht nicht zusammen: Sie hat einen Farbfehler (chromatische Aberration)

Die Bilder haben deshalb störende Farbränder. Diesen Farbfehler (chromatische Aberration) kann man weitgehend beseitigen, indem man das Objektiv aus einer Kronglas-Sammellinse und einer Flintglas-Zerstreuungslinse zusammensetzt (s. Abb. 2.16b). Solche Objektive heißen *Achromate.*

b)

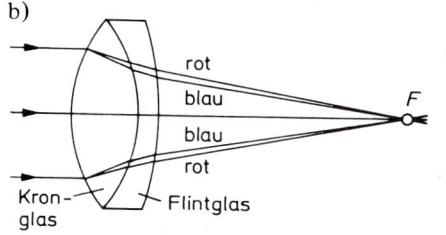

Abb. 2.16 b) Bei einer achromatischen Linsenkombination wird der Farbfehler der Kronglaslinse (Sammellinse) durch die Flintglaslinse (Zerstreuungslinse) weitgehend ausgeglichen

In der Brennebene des Objektivs entsteht ein reelles umgekehrtes Bild des Gegenstandes; dieses Bild wird durch das *Okular,* das ebenfalls eine Sammellinse ist und als Lupe wirkt, betrachtet. Ein solches Fernrohr heißt *Keplersches* oder *astronomisches Fernrohr.* Es liefert, wie auch andere in der Astronomie verwendete Fernrohrtypen, umgekehrte Bilder; auf die Herstellung eines aufrechten Bildes wird verzichtet, um den Intensitätsverlust zu vermeiden, der beim Durchgang des Lichts durch ein zusätzliches Linsensystem eintreten würde.

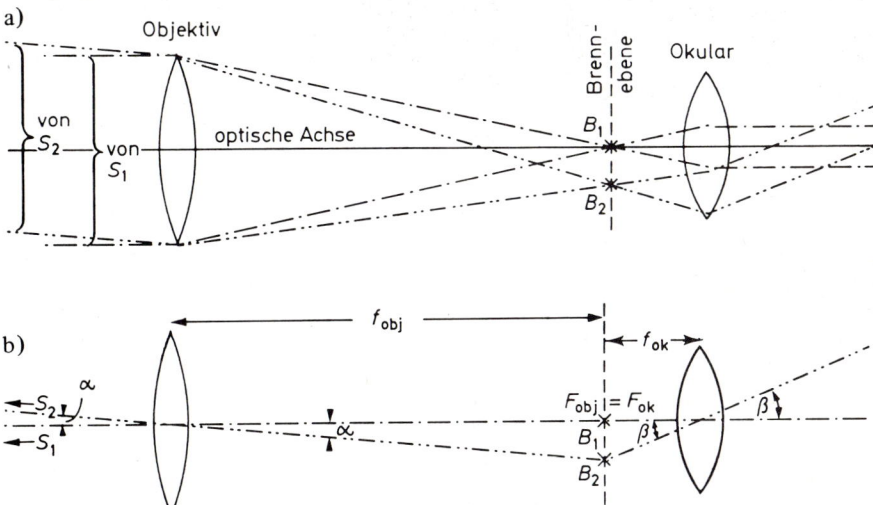

Abb. 2.17 a) Strahlengang im Keplerschen Fernrohr für zwei weit entfernte Sterne S_1 und S_2. B_1 und B_2 sind die reellen Zwischenbilder

b) Nur die Hauptstrahlen sind gezeichnet. α Sehwinkel ohne, β Sehwinkel mit Instrument.

$$\text{Vergrößerung } V = \frac{\tan \beta}{\tan \alpha} = \frac{f_{\text{obj}}}{f_{\text{ok}}}$$

Die Abb. 2.17a läßt erkennen, daß die Zwischenbilder B_1 und B_2, die von zwei Sternen S_1 und S_2 in der Brennebene des Objektivs entstehen, umso weiter voneinander getrennt sind, je größer die Objektivbrennweite f_{obj} ist. Aus dem Okular sollen die Strahlen, die von einem Stern kommen, als Parallelstrahlenbündel austreten, damit man mit auf Unendlich akkommodiertem Auge beobachten kann. Die Zwischenbilder B_1 und B_2 müssen also in der Brennebene des Okulars liegen, woraus folgt, daß die einander zugekehrten Brennebenen von Objektiv und Okular zusammenfallen müssen. Damit das Auge $\overline{B_1 B_2}$ unter einem möglichst großen Sehwinkel sieht, muß die Okularbrennweite möglichst klein sein. Fernrohre müssen also zur Erzielung starker Vergrößerungen *langbrennweitige Objektive* und *kurzbrennweitige Okulare* haben.

Unter *Vergrößerung* versteht man das Verhältnis $V = \tan\beta / \tan\alpha$, wo α der Sehwinkel ohne, β derjenige mit Instrument ist. Für kleine Winkel ist $V \approx \beta/\alpha$. Der Abb. 2.17b entnimmt man die Beziehung

$$\text{Vergrößerung } V = \frac{f_{obj}}{f_{ok}} = \frac{\text{Objektivbrennweite}}{\text{Okularbrennweite}} \cdot$$

Beim *Spiegelteleskop* werden achsenparallele Lichtstrahlen durch den Objektivspiegel in einem Punkt, dem Primärfokus, vereinigt. Damit dies auch für solche Strahlen exakt der Fall ist, die weiter von der optischen Achse des Spiegels entfernt verlaufen, muß der Spiegel die Form eines Rotationsparaboloids haben (s. Abb. 2.18). Da die Reflexion unabhängig von der Lichtfarbe ist, tritt hier kein Farbfehler auf. Dies ist einer der Vorteile der Spiegelteleskope. Der wichtigste Vorteil besteht jedoch in der Möglichkeit, Spiegel mit viel größeren Durchmessern herstellen zu können, als das bei Linsen der Fall ist. Ein Nachteil des Reflektors liegt darin, daß Parallelstrahlen, die schief zur optischen Achse einfallen, nicht genau in einem Punkt gesammelt werden. Sterne, die seitlich von der Achse des Teleskops stehen, bekommen dadurch Lichtschwänze, Koma genannt.

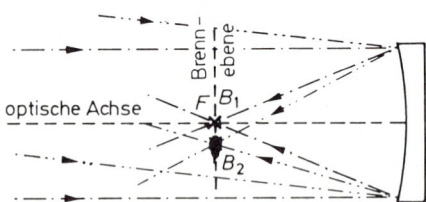

Abb. 2.18 Sammlung von Parallelstrahlen durch einen Parabolspiegel. Das Bild B_2 zeigt eine Koma

Beim Spiegelteleskop liegen Objekt und Bild auf der gleichen Seite des Spiegels. Wie beim Keplerschen Fernrohr betrachtet man auch hier das reelle Zwischenbild mit einem Okular wie mit einer Lupe. Dies kann nur bei ganz großen Spiegelteleskopen direkt am *Primärfokus* geschehen, indem man dort, in der Mitte des

Rohres, eine Zelle anbringt, in der ein Beobachter arbeiten kann. Bei anderen Fernrohren muß das Zwischenbild $B_1 B_2$ aus dem Hauptstrahlengang herausgenommen werden. Dazu gibt es verschiedene Möglichkeiten. Beim *Newtonschen Spiegelteleskop* werden die Strahlen durch einen ebenen Fangspiegel zur Seite abgelenkt (s. Abb. 2.19a). Man blickt dann am vorderen Ende von der Seite her in das Newton-Teleskop.

Beim *Cassegrain*-Typ wird der Hauptspiegel durchbohrt und der Strahlengang mit Hilfe eines konvexen Hilfsspiegels durch diese Öffnung geleitet (s. Abb. 2.19b). Der Hilfsspiegel ist hyperbolisch geschliffen und befindet sich im Lichtweg vor der

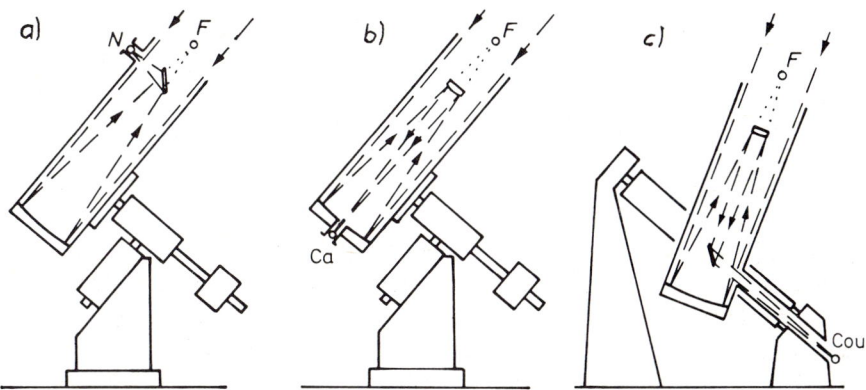

Abb. 2.19 a) Strahlengang in einem Newton-Spiegelteleskop; *F* Primärfokus, *N* Newton-Fokus
b) Cassegrain-Strahlengang; Ca Cassegrain-Fokus
c) Coudé-Strahlengang; Cou Coudé-Fokus

Vereinigung der Strahlen im Primärfokus. Er verlängert die Objektiv-Brennweite des Systems.

Eine weitere bedeutende Vergrößerung der Brennweite erreicht man durch die *Coudé-Anordnung* (vom Französischen coudé geknickt, s. Abb. 2.19c); bei diesem Fernrohrtyp wird das Licht durch einen Planspiegel, der sich im Schnittpunkt der Fernrohrachsen befindet, in der Stundenachse nach unten geleitet. Da diese dauernd parallel zur Erdachse bleibt, besitzt das austretende Lichtbündel bei jeder Lage des Fernrohrs die gleiche Richtung. Dadurch wird die Untersuchung des Sternlichts mit hochauflösenden Spektralapparaten möglich, die wegen ihrer Größe nicht am Fernrohrtubus angebracht werden könnten. Zu diesem Zweck leitet man das Licht von der Stundenachse in einen Raum, in dem die Spektrographen fest aufgestellt sind und dessen Temperatur sorgfältig konstant gehalten wird.

Fallen die Brennpunkte von Okular und Objektiv zusammen, so ist auch für Spiegelteleskope die Vergrößerung gleich dem Quotienten von Objektiv- und Okularbrennweite. Aus dieser Beziehung könnte man schließen, daß mit einem Fernrohr jede beliebige Vergrößerung zu erreichen wäre, wenn man nur Okulare mit genügend kleinen Brennweiten herstellen könnte. Es zeigt sich jedoch, daß bei fortschreitender Verkleinerung der Okularbrennweite schließlich nur noch „leere Vergrößerungen" erzielt werden, d.h. Vergrößerungen, bei denen keine neuen und kleineren Einzelheiten mehr erkennbar werden. Der Grund dafür liegt in der Natur des Lichts. Dies wird anschließend im Abschnitt über das Auflösungsvermögen eines Fernrohrs näher erläutert. Bei großen Fernrohren kann man mit 700-facher bis 1000-facher Vergrößerung arbeiten. Für Amateurinstrumente ist die förderliche Vergrößerung ungefähr gleich der Maßzahl des in Millimetern gemessenen Objektivdurchmessers. (Lit: W. Jahn im Handbuch für Sternfreunde 2. Aufl. Springer-Verlag 1967, S. 6 ff.)

Das Winkelauflösungsvermögen

Eine wichtige Eigenschaft, die ein Fernrohr besitzen soll, ist ein gutes *Winkelauflösungsvermögen*. Dies ist ein Maß für die Fähigkeit des Fernrohrs, zwei Gegenstandspunkte an der Sphäre noch getrennt abzubilden. Die Begrenzung des Auflösungsvermögens ist in der Beugung des Lichtes begründet. Die Beugung ist eine Folge der Welleneigenschaften des Lichtes. Wenn ein Lichtbündel durch eine Öffnung, z.B. durch die Objektivöffnung hindurchgeht, dringt es hinter dieser ein wenig über die geometrische Bündelbegrenzung hinaus in den Schattenraum ein. Die Grenze zwischen Licht und Schatten stellt also niemals eine scharfe Linie dar. Das Bild eines Lichtpunktes, z.B. eines Fixsterns, ist deshalb nicht ein mathematischer Punkt, sondern ein kleines helles Scheibchen, *Beugungsscheibchen* genannt, das von farbigen Ringen umgeben ist.

In Abb. 2.20 sind die Kreuze durch helle Sterne Beugungserscheinungen, die durch die Fangspiegelhalterung des Teleskops hervorgerufen werden. Die Beugungsringe, die die Sterne als punktförmige Lichtquellen erzeugen, sind nicht zu sehen; sie gehen in den durch die Luftunruhe und den fotografischen Prozeß erzeugten Sternscheibchen unter. Die auffallenden Ringe um helle Sterne entstehen durch Reflexion des Lichtes an der Plattenrückseite.

Zwei fast in der gleichen Richtung stehende Fixsterne oder zwei nahe beieinander liegende Einzelheiten auf einer Planetenoberfläche lassen sich erfahrungsgemäß dann noch getrennt wahrnehmen, wenn der Mittelpunkt des einen Beugungsscheibchens auf den Rand des anderen (oder noch weiter außerhalb) zu liegen kommt. Bei der Beugung am Spalt wird im Lehrbuch der Physik für das erste Beugungsminimum die Beziehung $\sin \rho \approx \rho = \lambda/D$ (s. Abb. 2.21; λ Lichtwellenlänge; D Spaltbreite) hergeleitet. Bei der Beugung an einer runden Öffnung tritt für den Winkelhalbmesser ρ des ersten Beugungsminimums, den man auch als Halbmesser des Beugungsscheibchens verwendet, noch der Zahlenfaktor 1,22 hinzu,

Abb. 2.20 Sternfeld im Einhorn mit dem Kegel-Nebel. Die Kreuze durch helle Sterne entstehen durch Beugung an der Fangspiegelhalterung, die hellen Ringe durch Lichtreflexion an der Plattenrückseite

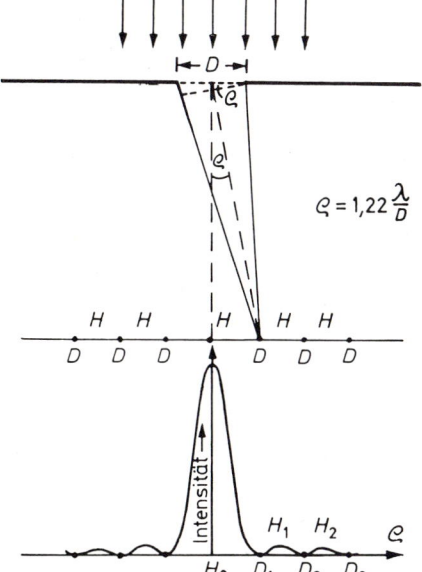

$$\varrho = 1{,}22 \frac{\lambda}{D}$$

Abb. 2.21 Beugung des Lichtes an einer kreisrunden Öffnung

sodaß sich für den kleinsten noch auflösbaren Winkelabstand $\rho = 1{,}22 \cdot \lambda/D$ (D Objektivdurchmesser) ergibt. Das Auflösungsvermögen ist also umso besser, je größer die Objektivöffnung (Eintrittsblende) ist.

Das Seeing

Die Eigenschaft, mehr und schärfere Einzelheiten zu zeigen, gehört zu den Vorteilen, die Fernrohre mit größeren Objektiven gegenüber kleineren Instrumenten bieten. Jedoch kann bei den großen Teleskopen das theoretisch mögliche Winkelauflösungsvermögen nicht voll ausgenutzt werden. Das wirkliche Auflösungsver-

37

mögen wird vielmehr durch die *Luftunruhe* bestimmt. Durch Bewegungen in der Luft entstehen kleine Dichteschwankungen, die das Licht ein wenig aus seiner Richtung ablenken, so daß ein Stern etwas hin und her zu schwanken scheint. Das ist der Grund für das Flimmern (Szintillieren) der Fixsterne. Die Farben, die dabei manchmal zu beobachten sind, kommen von der verschieden starken Brechung der Bestandteile des Lichtes. Man spricht von gutem oder schlechtem „*Seeing*", je nachdem, ob die Luftunruhe klein oder groß ist. Auch bei gutem Seeing erhält man von einer außerhalb der Atmosphäre gelegenen punktförmigen Lichtquelle am Erdboden ein Abbild von etwa einer Bogensekunde Durchmesser. Beugungsscheibchen und Luftunruhe bestimmen damit bei visuellen Beobachtungen die Grenze für die Anwendung starker Vergrößerungen. (Siehe auch Aufg. 2, S. 46).

Die Lichtstärke des Fernrohrs

Eine weitere wichtige Aufgabe eines Fernrohrs ist es, möglichst viel Licht zu sammeln, um Objekte geringer Helligkeit der Beobachtung zugänglich zu machen. Die *Lichtstärke I* eines Fernrohrs ist um so größer, je mehr Licht einer bestimmten Quelle auf einer Sinneszelle unserer Augennetzhaut vereinigt wird. Nimmt man zur Vereinfachung an, daß der ins Objektiv des Fernrohrs einfallende Lichtstrom Φ verlustlos das Okular verläßt und ins Auge eintritt, so wird bei punktförmigen Lichtquellen und nicht zu starker Vergrößerung der ganze Lichtstrom auf ein nahezu punktförmiges Bildchen auf der Netzhaut konzentriert und erzeugt einen punktförmigen Lichteindruck, dessen Helligkeit ausschließlich vom einfallenden Lichtstrom, also durch die Querschnittsfläche des Objektivs bestimmt wird (Abb. 2.22a). Ist D der Objektivdurchmesser, so ist demnach die *Lichtstärke* des Fernrohrs bei *punktförmigen Objekten* $I_P \sim D^2$.

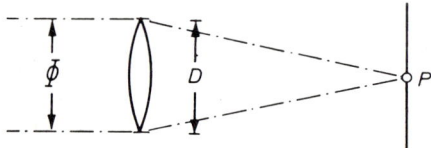

Abb. 2.22 Die Lichtstärke *I* eines
Fernrohrs
a) Punktförmiges Objekt
$I_P \sim D^2$

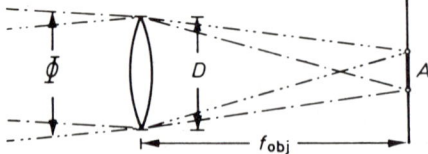

b) Flächenhaftes Objekt $I_F \sim \left(\dfrac{D}{f_{obj}}\right)^2$

Bei flächenhaften Lichtquellen verteilt sich der einfallende Lichtstrom über die Fläche des Bildes A (Abb. 2.22b). Für die auf eine Sinneszelle entfallende Strahlungsleistung ist also die Beleuchtungsstärke $E = \Phi/A$ maßgebend. Auch hier ist der einfallende Strahlungsstrom proportional zur Objektivfläche, die Bildfläche aber proportional zum Quadrat der Vergrößerung, also zum Quadrat der Objektivbrennweite f_{obj}. Damit ergibt sich für die Beleuchtungsstärke des Netzhautbildes $E \sim (D/f_{obj})^2$. Für die *Lichtstärke bei flächenhaften Objekten* gilt also $I_F \sim (D/f_{obj})^2$. Das Verhältnis D/f_{obj} heißt *Öffnungsverhältnis* des Fernrohrs. Bei Refraktoren liegen die Öffnungsverhältnisse in dem Bereich von $1:20$ bis $1:10$, bei Reflektoren zwischen $1:8$ und $1:3$. In besonderen Fällen geht man bis $1:0,6$. Mit großen Objektiven erreicht man große Lichtstärken. Dies ist der entscheidende Grund für den Bau großer Spiegelteleskope. Durch die Möglichkeit, immer lichtschwächere Objekte wahrzunehmen, erschließen sich damit dem Beobachter immer weitere Tiefen des Raumes.

Die Herstellung und Verwendung großer Linsen für Refraktoren hat ihre Grenze bei einem Durchmesser von etwa 1 Meter. Sehr große Glaskörper haben nicht mehr die erforderliche optische Homogenität, die Linsen erleiden im Fernrohr durch ihr eigenes Gewicht eine Verformung, und schließlich ist bei dicken Linsen die Lichtabsorption im Glas so stark, dass jeder durch Durchmesservergrößerung erzielte Gewinn an Lichtstärke wieder kompensiert wird. Der größte bisher gebaute Refraktor wurde im Jahre 1897 in Betrieb genommen; das Objektiv hat einen Durchmesser von 102 cm und eine Brennweite von 19,4 m. Das Instrument steht im Yerkes Observatorium in Williams Bay, Wisconsin, USA. Bei Spiegelteleskopen kann man viel größere Öffnungen erreichen. Das größte amerikanische Instrument ist zur Zeit das Hale Teleskop auf dem Mount Palomar in Californien, USA, mit 508 cm freier Öffnung. Ein 6-Meter-Spiegelteleskop ist 1976 von der UdSSR im Nord-Kaukasus in Betrieb genommen worden. Die älteren Spiegel sind aus Glas oder Quarz hergestellt; jetzt wird ein Werkstoff Glaskeramik verwendet, dessen thermischer Ausdehnungskoeffizient praktisch gleich Null ist. Auf die in der Form eines Rotationsparaboloids geschliffene Spiegeloberfläche wird Aluminium als reflektierende Schicht aufgedampft. Ein an der Rückseite des Spiegelkörpers angreifendes System von Unterstützungen sorgt dafür, dass bei Veränderungen der Fernrohrlage die Spiegelfläche keinerlei Verformungen erleidet.

Montierungen und Schutzbauten

Zu einem Fernrohr gehört eine stabile Aufstellung in einem geeigneten *Schutzbau*. Der Schutzbau ist meist ein Kuppelbau, dessen Kuppel einen Spalt hat, der in jede gewünschte Himmelsrichtung gedreht werden kann. Der Bau soll nicht nur das Instrument und seine Hilfsgeräte aufnehmen und Arbeitsstätte sein, er soll das Teleskop auch schützen und, was bei großen Fernrohren sehr wichtig ist, die Innentemperatur der während der Beobachtung zu erwartenden Außentemperatur angleichen, damit die optischen und mechanischen Teile des Instruments sich nicht durch Temperaturänderungen verformen (s. Abb. 2.15b).

Die Halterung des Teleskops wird *Montierung* genannt. Sie soll dem Teleskop einen sicheren Stand geben und die Möglichkeit schaffen, das Rohr nach jedem Punkt der Himmelskugel auszurichten und es der scheinbaren täglichen Bewegung der Gestirne nachzuführen. Dazu muß das Rohr um zwei Achsen drehbar sein. Liegt die eine davon lotrecht, die andere waagerecht und steht die optische Achse des Fernrohrs senkrecht auf der zweiten Achse, so spricht man von einer *azimutalen Montierung* (s. Abb. 2.23a). Bei dieser muß man, um einen Stern verfolgen zu können, gleichzeitig um beide Achsen drehen. Das ist wegen der wechselnden Drehgeschwindigkeiten nicht leicht zu steuern.

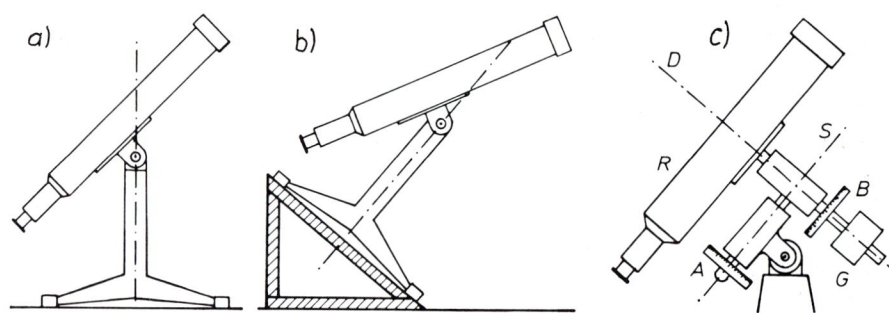

Abb. 2.23 a) Schematische Darstellung einer azimutalen Montierung
b) Umwandlung einer azimutalen in eine parallaktische Montierung
c) Parallaktische Montierung. *S* Stundenachse, *D* Deklinationsachse, *A* Stundenkreis, *B* Deklinationskreis; *R* Fernrohr, *G* Gegengewicht. In der Abb. ist das Rohr nach dem Himmelspol ausgerichtet

Legt man die eine Achse (Stundenachse) parallel zur Erdachse, die zweite Achse (Deklinationsachse) senkrecht dazu und die optische Achse des Fernrohrs senkrecht zur Deklinationsachse, so spricht man von einer *parallaktischen Montierung* (s. Abb. 2.23b, c).

Die Neigung der Stundenachse gegen den Horizont ist bei dieser Montierung also abhängig von der geographischen Lage des Orts. Nachdem man einen Stern einmal eingestellt und seine Deklination fixiert hat, genügt die Drehung des Fernrohrs um die Stundenachse, um die scheinbare Bewegung der Sterne infolge der Erdrotation zu kompensieren. Bei automatischer Nachführung verwendet man dazu einen Motor, der die Stundenachse mit der gleichen Winkelgeschwindigkeit dreht, mit der die Erde rotiert, jedoch im entgegengesetzten Drehsinn.
Die Stellung des Fernrohrs kann an zwei Teilkreisen abgelesen werden, die auf den Fernrohrachsen montiert sind und Winkeleinteilungen tragen. Mit ihrer Hilfe kann das Fernrohr auf bestimmte Sterne oder andere Objekte an der Sphäre eingestellt werden, wenn deren Deklination und Stundenwinkel bekannt sind.

Je größer ein Fernrohr, desto aufwendiger und technisch komplizierter ist seine Montierung. Aber auch bei kleinen Amateurfernrohren darf die Montierung nicht vernachlässigt werden, weil sonst die Leistungsfähigkeit des Fernrohrs nicht ausgenützt werden kann. Im allgemeinen sollte auch der Amateur für die Montierung etwa ebensoviel ausgeben wie für das Fernrohr selbst.

Die großen Refraktoren mit langer Brennweite verwendet man vorzugsweise zu visuellen Beobachtungen und Messungen. Dagegen werden die großen Reflektoren fast ausschließlich für fotografische, spektrographische und photoelektrische Beobachtungen eingesetzt.

Astrokameras

Aus einem Fernrohr wird eine *Astrokamera,* wenn man im Objektiv-Brennpunkt die Halterung für eine Fotoplatte anbringt. Man benützt also nur das Objektiv des Fernrohrs. Das Bild eines flächenhaften Objekts ist um so größer, aber auch lichtschwächer, je größer die Objektivbrennweite ist. Im Gegensatz zur Aufnahme des Lichtes durch das menschliche Auge werden in der Emulsion der fotografischen Platte die Lichteffekte summiert. Mit zunehmender Belichtungszeit bilden sich auf der Platte immer lichtschwächere kosmische Objekte ab. Der größte Teil der Fixsterne und Galaxien, die auf einer mit einem großen Teleskop erhaltenen langbelichteten Aufnahme zu sehen sind, kann mit dem Auge — auch in Verbindung mit dem lichtstärksten Fernrohr — nie wahrgenommen werden.

Der Schmidt-Spiegel

Bei Spiegelteleskopen kann man nur kleine Gebiete nahe der optischen Achse ausnützen, da die Randgebiete störende Verzeichnungen (Koma) aufweisen. Der Reflektor der Sternwarte Hamburg-Bergedorf (Spiegeldurchmesser 1 m, Öffnungsverhältnis 1:3) hat einen Bildfelddurchmesser von 10 bis 15 Bogenminuten. Der Wunsch nach komafreien Reflektoren mit großem Gesichtsfeld und großer Lichtstärke wurde durch eine geniale Erfindung von Bernhard Schmidt (1879 bis 1935) erfüllt. Schmidt erkannte, daß ein Kugelspiegel komafrei ist, wenn die eintretenden Parallelstrahlenbündel durch eine Eintrittsblende am Ort des Krümmungsmittelpunktes des Spiegels gehen. Denn — wenn man sich zunächst auf schmale Bündel beschränkt — jeder Strahl fällt in Richtung eines Halbmessers senkrecht auf den Spiegel. Bündel mit großen Querschnitten geben allerdings wegen der sphärischen Aberration keine scharfen Bilder. (Dies ist der Grund dafür, daß man bei gewöhnlichen Reflektoren Parabolspiegel und keine Kugelspiegel verwendet). Schmidts Idee war es nun, diesen Kugelfehler durch eine dünne *asphärisch geschliffene Korrektionsplatte* am Ort der Eingangsblende zu beseitigen (s. Abb. 2.24).

Da der Vereinigungspunkt der Zentralstrahlen weiter vom Spiegel entfernt liegt, als derjenige der Randstrahlen, muß die Korrektionsplatte in der Mitte als schwache Sammellinse, am Rand als schwache Zerstreuungslinse wirken. Schmidt fand auch eine Möglichkeit, solche Korrektionsplatten zu schleifen. Er deformierte eine ebene Glasplatte während des Schleifens durch ein Vakuum auf ihrer Unterseite und erhielt nach dem Aufhören der Spannung die gewünschte Form. Die Brennfläche

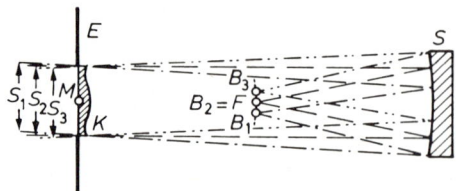

Abb. 2.24 Schematische Darstellung einer Schmidt-Kamera. Die
Größenverhältnisse entsprechen dem 48″-Schmidt-Spiegel
auf dem Mount Palomar.
E Eintrittsblende; K Korrektionsplatte (Durchmesser 1,22 m);
die Niveauunterschiede der Platte sind stark übertrieben
gezeichnet.
S Kugelspiegel (Durchmesser 1,83 m; Krümmungsradius
6,14 m). M Krümmungsmittelpunkt; F Brennpunkt (Brennweite 3,07 m). B_1, B_2, B_3 sind die Bilder der Sterne S_1, S_2,
S_3 auf der gekrümmten Brennebene

Abb. 2.25 Das Radioteleskop des Max-Planck-Instituts für Radioastronomie in Effelsberg (Eifel)

eines Schmidt-Spiegels ist gewölbt, weshalb man die fotografische Platte ebenfalls
wölben muß. Schmidt-Spiegel werden nur zur Astrofotografie verwendet. Sie haben
große Öffnungsverhältnisse (1:3, 5 bis 1:2, 5), sind lichtstark und haben Gesichts-
felddurchmesser bis zu $7°$ (Super-Schmidt-Kameras zur Meteorfotografie 1:0, 65;
$55°$).

Das von Zeiss-Jena gebaute Spiegelteleskop des Karl-Schwarzschild-Observatoriums in Tautenburg bei Jena ist wahlweise als Reflektor oder als Schmidt-Teleskop verwendbar. Mit einer Spiegelöffnung von 200 cm und einer Korrektionsplatte mit 134 cm Durchmesser ist dieses Fernrohr das größte Instrument vom Schmidt-Typus.

Komafreie Spiegel-Linsen-Fernrohre werden heute in vielerlei Abwandlungen verwendet. Auch für Amateure gibt es handliche und sehr leistungsfähige Ausführungen.

Ein speziell in der Sonnenforschung verwendeter Fernrohrtyp ist der *Koronograph*; er wird im Abschnitt 4.3.3, S. 246 beschrieben.

Zusatzgeräte

Die wichtigsten Zusatzgeräte zu astronomischen Fernrohren sind Fadenkreuze und Winkelmesser zur Positionsbestimmung, Photometer zur Helligkeitsmessung, Spektralapparate zur Zerlegung des Lichtes in seine Farben.

Objektivprismen und Spektrographen

Die spektrale Zerlegung des Lichtes kann mit Prismen oder mit Beugungsgittern durchgeführt werden. Für Übersichtsuntersuchungen an Sternfeldern braucht man nur kurze Spektren (etwa 5 mm lang). Diese erreicht man mit einem *Objektivprisma*, einem Prisma mit kleinem brechendem Winkel, das vor dem Objektiv des Fernrohrs angebracht wird. Statt durch einen Bildpunkt wird jeder Stern durch ein kleines Spektrum abgebildet. Einem solchen Spektrum können nur wenig Einzelheiten entnommen werden; es genügt jedoch meist, wenn die Spektralklasse der Sterne daraus abzulesen ist (s. 5.1.4). Der große Vorzug des Arbeitens mit dieser spaltlosen Spektralapparatur besteht darin, dass mit einer einzigen Aufnahme Informationen über eine größere Anzahl von Sternen erhalten werden können.

Spektren großer linearer Dispersion werden mit Spaltspektrographen erzeugt. Sie enthalten als dispergierendes Element Prismen oder Beugungsgitter; der Spalt befindet sich meist im Cassegrain- oder Coudé-Fokus des Fernrohrs. Die *lineare Dispersion* gibt an, wieviel nm Wellenlängenunterschied 1 mm im Spektrum entsprechen; hochauflösende Spektrographen besitzen eine lineare Dispersion von rund 0,1 nm/mm.

Die Belichtungszeiten für die Aufnahme von Spektren hoher Dispersion sind bei lichtschwachen Sternen sehr groß; sie liegen in der Größenordnung von mehreren Stunden.

Auswertungsgeräte

Zu den am Fernrohr verwendeten Hilfsgeräten kommt noch eine Vielzahl von Auswertungsgeräten, z.B. Koordinatenmeß-Apparate, Komparatoren (Vergleich von

Sternaufnahmen zur Feststellung von Eigenbewegungen, s. 6.3) und Photometer-Anordnungen. Zur Auswertung des Beobachtungsmaterials und für Modellrechnungen benötigt man leistungsfähige Großrechenanlagen.

Ballon- und Satellitenteleskope

Die Erdatmosphäre behindert durch ihre Absorption und durch ihre Unruhe (Seeing, s. S. 37) die Arbeit der Astronomen erheblich. Kurzwelliges Licht (Ultraviolett mit Wellenlängen unter 300 nm, Röntgen- und Gammastrahlen) und ebenso langwelliges Licht (Infrarot mit etwa 1000 nm bis zu einigen mm) kann nur mit Hilfe von *Ballonteleskopen* oder *Satellitenteleskopen,* die in Erdumlaufbahnen gebracht wurden, untersucht werden. Ballonteleskope haben Öffnungen bis zu 90 cm. Bei den Satellitenteleskopen setzt man große Hoffnungen auf das LST-Programm der USA (Large Space Telescope), das mit einem 3 m-Spiegel ausgerüstet das Auflösungsvermögen des Mount-Palomar-Teleskops um mehr als das 10fache verbessern soll.

Radioteleskope

Der Bereich des elektromagnetischen Spektrums mit Wellenlängen zwischen 1 mm und 20 m kann von der Erde aus mit *Radioteleskopen* erschlossen werden. Strahlung kürzerer Wellenlängen wird in der Erdatmosphäre absorbiert, längere Wellen werden von der Ionosphäre reflektiert.

Radioteleskope sind große Parabolspiegel, in deren Brennpunkt sich ein Empfänger für Radiowellen befindet. Nach entsprechender Verstärkung werden die empfangenen Signale in Abhängigkeit von der Zeit aufgezeichnet oder digital gespeichert. Das größte voll bewegliche Instrument (azimutale Montierung) ist das Radioteleskop des Max-Planck-Instituts für Radioastronomie, Bonn, in Effelsberg (Eifel) mit 100 m Spiegeldurchmesser (s. Abb. 2.25, S. 42). Der Spiegel besteht aus einer Stahlkonstruktion, die bis zu einem Radius von 85 m mit Aluminiumblech, in den äußeren 15 m mit einem engmaschigen Drahtnetz ausgekleidet ist.

Wegen der geringen Intensität der von kosmischen Objekten kommenden radiofrequenten Strahlung müssen die Empfangsflächen der Radioteleskope sehr groß sein. Mit zunehmendem Spiegeldurchmesser wächst auch das Auflösungsvermögen; da aber die Wellenlängen der Radiofrequenzstrahlung, die auf der Erde empfangen werden kann, mindestens 1000 mal so groß sind wie die des sichtbaren Lichts, während die Spiegeldurchmesser der größten Radioteleskope nur rund das 20 fache derjenigen der größten Lichtteleskope sind, bleibt das Auflösungsvermögen der Radioteleskope hinter dem der Lichtteleskope weit zurück. Deshalb verwendet man in der Radioastronomie zur Steigerung des Auflösungsvermögens Systeme von mehreren Empfängern und überlagert die von ihnen empfangenen Signale; derartige Empfängersysteme bezeichnet man als *Interferometeranlagen.*

Das Interferometerprinzip wird in verschiedenen Varianten angewandt. Immer werden mehrere, an verschiedenen Stellen stehende Radioteleskope so zu einer Einheit zusammengefügt, daß sie als Teilflächen einer einzigen sehr großen Empfängerfläche wirken. Darauf beruht die Steigerung des Auflösungsvermögens. Da die beobachtenden Teleskope aber eben nur kleine Teile der Gesamtfläche sind, sind die Informationen über die aus dem betrachteten Gebiet an der Sphäre kommende Radiostrahlung nicht vollständig. Man versucht deshalb, das Bild von der Helligkeitsverteilung der Strahlung dadurch zu vervollständigen, dass man die gegenseitige Lage der Teleskope schrittweise verändert und außerdem den Effekt ausnutzt, dass sich durch die Rotation der Erde die Orientierung des ganzen aus mehreren Teleskopen bestehenden Beobachtungssystems relativ zur Strahlungs-quelle ändert. Dieses Verfahren heißt *Apertur-Synthese;* es ergibt großartige Resultate über die Feinstruktur der Strahlungsverteilung in weit entfernten Radio-quellen. Andererseits ist jedoch der Aufwand an Beobachtungszeit für jedes Einzelobjekt sehr hoch.

Um die Winkelauflösung weiter zu steigern, wendet man das Interferometerprinzip auf Antennen an, die sehr weit voneinander entfernt sind; die Instrumente können in verschiedenen Ländern oder auch auf verschiedenen Kontinenten stehen. An die Stelle der Zusammenschaltung durch Kabel tritt eine Korrelierung der Beobach-tungsdaten. Die – gleichzeitig, aber unabhängig gemachten – Strahlungsmessungen der Einzelteleskope werden zunächst auf Magnetbändern gespeichert und nach-träglich in einer Rechenanlage zur Interferenz gebracht. Mit diesem Verfahren kann nur dann ein Resultat erhalten werden, wenn die empfangenen Signale äußerst präzise synchronisiert werden können. Dies wird durch Zeitmarken auf den Magnet-bändern ermöglicht; als Zeitgeber benutzt man dabei Atomuhren.

Mit einer *interkontinentalen Interferometeranordnung,* deren Stationen in Green Bank (USA) und in Parkes (Australien) und damit 0,95 des Erddurchmessers auseinander liegen, lassen sich Positionsmessungen mit einer Genauigkeit von $0,001''$ ausführen. Das ist etwa das Tausendfache der Genauigkeit bei optischen Messungen.

Aufgaben

1. Die freie Objektivöffnung eines Fernrohrs, durch die Licht eintreten kann, heißt Eintrittspupille; die Öffnung, durch die der eintretende Lichtstrom das Okular verläßt, heißt Austrittspupille.
   a) Zeigen Sie, daß folgende Beziehung gilt:

   $$\text{Vergrößerung } V = \frac{\text{Durchmesser der Eintrittspupille } D}{\text{Durchmesser der Austrittspupille } d}.$$

b) Bestimmen Sie mit dieser Beziehung die Vergrößerung eines Feldstechers. Die Austrittspupille können Sie sehen und ausmessen, wenn Sie den Feldstecher gegen eine helle Fläche richten und aus einiger Entfernung auf das Okular blicken.

2. Vergleichen Sie die Auflösungsvermögen in Bogensekunden für folgende Instrumente:
a) Amateur-Spiegelteleskop für visuelle Beobachtung ($\lambda = 529$ nm), Spiegeldurchmesser 15 cm,
b) Hale-Teleskop auf dem Mt. Palomar für fotografische Beobachtung ($\lambda = 425$ nm), Spiegeldurchmesser 5 m,
c) Radioteleskop in Effelsberg (Eifel) für $\lambda = 21$ cm, Spiegeldurchmesser 100 m.

Infolge der Luftunruhe (Seeing) hat das fotografische Bild eines Fixsterns einen Winkeldurchmesser von mindestens $1''$. Was folgt daraus für die Sichtbarkeit von Beugungsringen bei a) und b)?

Zusammenfassung zu Abschnitt 2.1, ,,Die scheinbare tägliche Bewegung der Gestirne.Koordinatensysteme. Astronomische Beobachtungsinstrumente"

Die *Fixsterne* verändern ihre gegenseitige Lage nur sehr wenig. Ihre Anordnung an der *Himmelskugel* oder *Sphäre* läßt sich durch Abbildung auf *Sternkarten* übertragen. Seit alters werden Gruppen von Sternen zu *Sternbildern* zusammengefaßt. Heute dienen 88 Sternbilder, die die Sphäre lückenlos überdecken, zur leichteren Orientierung am Himmel und auf Sternkarten.
Helle Fixsterne haben Eigennamen (z.B. Sirius). Sie werden außerdem durch einen kleinen griechischen Buchstaben vor dem Genitiv des lateinischen Sternbild-Namens bezeichnet. Diese Namen werden durch drei Buchstaben abgekürzt (für Sirius: α CMa). Schwächere Sterne bezeichnet man durch Buchstaben oder Zahlen oder man gibt ihre Koordinaten an.

Im Laufe eines Tages beschreiben die Gestirne als Spiegelung der Erdrotation an der Sphäre Kreise um die Himmelsachse (verlängerte Erdachse). Diese Bewegung heißt *scheinbare tägliche Bewegung*. Die höchsten und tiefsten Punkte der Bahnkreise liegen auf dem *Himmelsmeridian* (Projektion des Meridians des Beobachtungsortes an die Sphäre). Diese Punkte werden bei der *oberen* bzw. bei der *unteren Kulmination* durchlaufen. Liegt die untere Kulmination oberhalb des Horizontes, so ist das Gestirn *zirkumpolar*.

Astronomische Koordinatensysteme

Zur Angabe des Ortes, den ein Himmelskörper an der Sphäre einnimmt, genügen *zwei Winkel*. Dadurch wird die *Richtung,* in der er steht, festgelegt; über seine

Entfernung wird nichts ausgesagt. Die drei wichtigsten *astronomischen Koordinatensysteme* sind mit ihren definierenden Elementen in Tab. 2.1, S. 25, zusammengestellt. Es handelt sich um:
a) Das *Horizontsystem* mit den Koordinaten *Azimut* und *Höhe*.
b) Das *feste Äquatorsystem* mit den Koordinaten *Stundenwinkel* und *Deklination*.
c) Das *bewegliche Äquatorsystem* mit den Koordinaten *Rektaszension* und *Deklination*.

Der Himmelspol liegt in der vertikalen Nord-Süd-Ebene des Beobachters (Meridianebene); für seine Höhe gilt: *Polhöhe gleich geographische Breite*.

Ein nützliches Gerät zur Orientierung am Himmel und zur näherungsweisen Lösung vieler Probleme ist die *drehbare Sternkarte*.

Astronomische Beobachtungsinstrumente

Bei astronomischen Teleskopen wird durch ein Objektiv ein reelles Bild des Gegenstandes erzeugt, das durch ein Okular als Lupe betrachtet wird. Ist das Objektiv eine Linse (Linsenkombination), so nennt man das Fernrohr einen *Refraktor*; ist es ein Spiegel, so heißt es *Reflektor*.

Für die Vergrößerung gilt die Beziehung: *Vergrößerung gleich Objektivbrennweite durch Okularbrennweite*. Die ausnützbare Vergrößerung ist durch die Beugung des Lichtes und durch die Luftunruhe (Seeing) begrenzt.

Das *Winkelauflösungsvermögen* eines Teleskops ist die Fähigkeit, Gegenstandspunkte, die fast in der gleichen Richtung liegen, getrennt abzubilden. Es ist umso besser, je größer der Objektivdurchmesser ist. Auch die *Lichtstärke* wächst mit dem Objektivdurchmesser.

Jedes astronomische Fernrohr benötigt eine geeignete *Montierung* (Halterung), größere Teleskope auch *Schutzbauten*. Die *azimutale Montierung* besteht aus einer lotrechten und einer waagerechten Achse; die Fernrohrachse steht senkrecht auf der zweiten Achse. Bei der *parallaktischen Montierung* liegt die Stundenachse parallel zur Erdachse, die Deklinationsachse dazu senkrecht und die Fernrohrachse wieder senkrecht zur Deklinationsachse. Befindet sich ein Stern im Gesichtsfeld des Fernrohrs, so braucht man nur noch um die Stundenachse mit der Winkelgeschwindigkeit der Erde, jedoch im Gegensinn, zu drehen, um sein Auswandern infolge der scheinbaren täglichen Bewegung auszugleichen.

Ein Fernrohr wird zur *Astrokamera*, wenn man in seiner Objektivbrennebene eine Fotoplatte anbringt.

Mit *Ballon-* und *Satellitenteleskopen* kann man im Bereich des sichtbaren Lichtes beobachten, ohne durch die Erdatmosphäre gestört zu werden. Außerdem ermöglichen sie Untersuchungen in Spektralbereichen, die von der Erdatmosphäre absorbiert werden (Infrarot-, Ultraviolett- und Röntgenbereich).

Radioteleskope empfangen elektromagnetische Wellen mit Wellenlängen zwischen 1 mm und 20 m. Ihr Auflösungsvermögen kann wesentlich gesteigert werden, indem man mehrere Radioteleskope zu *Interferometeranordnungen* mit großer Basislänge vereinigt.

2.2 Die scheinbare jährliche Bewegung der Gestirne. Die astronomische Zeitrechnung

2.2.1 Der wechselnde Anblick des Himmels im Jahreslauf

Am nächtlichen Sternhimmel beobachtet man im Laufe einer Nacht mit dem Fortschreiten der Zeit die scheinbare tägliche Bewegung der Gestirne. Sie ist eine Spiegelung der Rotation der Erde um ihre Achse. Mit ihr haben wir uns im Abschnitt 2.1 beschäftigt.
Beobachtet man an aufeinander folgenden Tagen, welche Sterne jeweils um dieselbe Uhrzeit kulminieren, so findet man eine weitere langsame Veränderung des Himmelsanblicks. An jedem folgenden Tag kulminieren Sterne, die am Vortag etwa 1° östlich des Meridians gestanden sind. Im Verlauf eines Monats rückt ein Sternbild dadurch um etwa 30° nach Westen. Die Sphäre scheint sich — jeweils zur gleichen Tageszeit beobachtet — mit der Periode von einem Jahr von Osten über Süden nach Westen zu drehen. Man nennt diesen Vorgang die *scheinbare jährliche Bewegung der Gestirne*. Dieser Wechsel ist eine Folge des Jahresumlaufs der Erde um die Sonne. Die Erdumlaufsbewegung spiegelt sich in einer scheinbaren Bewegung der Sonne vor dem Hintergrund der Fixsterne. Eine direkte Beobachtung dieses Vorganges ist nicht möglich, weil die Sterne nicht sichtbar sind, wenn die Sonne am Himmel steht. Der Grund für diese Auslöschung des Sternlichtes ist die Erhellung der Erdatmosphäre durch die Streuung des Sonnenlichtes an den Luftmolekülen. Nur mit lichtstarken Fernrohren können einige sehr helle Fixsterne am Tage beobachtet werden; auch während der kurzen Minuten einer totalen Sonnenfinsternis kann man die Sterne sehen und damit den Ort der Sonne am Sternhimmel bestimmen.

Der Vorgang, an dem sich die scheinbare Wanderung der Sonne vor dem Sternhintergrund einfach und mühelos verfolgen läßt, ist der jahreszeitliche Wechsel der am Nachthimmel sichtbaren Sternbilder. Die Sonne steht mittags im Süden und um Mitternacht im Norden, für den mitteleuropäischen Beobachtungsbereich unter dem Horizont. Wenn wir um Mitternacht nach Süden an den Sternhimmel blicken, sehen wir in einer bestimmten Höhe über dem Horizont diejenigen Sterne, die der Sonne an der Sphäre genau gegenüber stehen. Wenn wir diese Beobachtung in der Folge von Wochen und Monaten wiederholen, sehen wir den Wechsel der Sternbilder, die um Mitternacht im Süden ihren Höchststand erreichen; wir nehmen dadurch indirekt die Ortsveränderung der Sonne wahr, die eine Spiegelung des Jahresumlaufs der Erde ist.

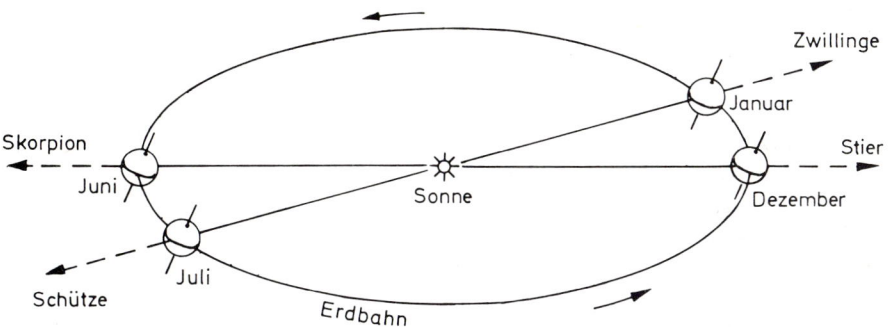

Abb. 2.26 Die Jahresbewegung der Erde um die Sonne

Die Abb. 2.26 zeigt ein Beispiel dieser Vorgänge. Die Erde bewegt sich in einer kreisähnlichen Bahn um die im Zentrum stehende Sonne. Die Zeichnung zeigt die Erdbahn in starker perspektivischer Verkürzung; die Bahnebene soll nahezu senkrecht auf der Bildebene stehen. Weit außerhalb des Bildes stehen die Fixsterne im Weltraum; sie projizieren sich in den Sternbildern an den unendlich fernen Hintergrund. Wenn wir Anfang Juni um Mitternacht nach Süden blicken, sehen wir das Sternbild Skorpion; es erreicht um diese Stunde seine größte Höhe über dem Horizont. Die Sonne befindet sich im gleichen Zeitpunkt im Norden, für uns unsichtbar unter dem Horizont; sie steht Anfang Juni im Sternbild Stier, das dem Skorpion an der Himmelskugel gegenüber liegt. Um am Sternhimmel den Beobachtungsbefund zu erhalten, aus dem der Jahresumlauf der Erde abgelesen werden kann, müssen wir immer um die gleiche Nachtstunde in die gleiche Himmelsrichtung blicken. Durch Abb. 2.26 — besser natürlich durch eigene Beobachtungen in Verbindung mit einer Sternkarte — wird deutlich: Anfang Juli, also einen Monat nach unserer ersten Beobachtung, kulminiert um Mitternacht im Süden das Sternbild Schütze. Die Sonne projiziert sich, von der Erde aus gesehen, in das Sternbild Zwillinge; die Erde hat sich von Anfang Juni bis Anfang Juli um etwa 30° weiterbewegt.

Der am Beispiel der Abb. 2.26 gezeigte Wechsel der am nächtlichen Himmel sichtbaren Bilder ist ein langsamer, kontinuierlicher Vorgang; aber schon innerhalb weniger Wochen sind die Veränderungen deutlich wahrnehmbar. Die Bewegung der Erde um die Sonne ermöglicht es dem Betrachter des Sternhimmels, im Laufe eines

Jahres einen großen Teil des uns umgebenden Weltalls zu beobachten. Beispielsweise sieht man im Sommer in den frühen Nachtstunden die Sterne des großen Sommerdreiecks, Wega, Deneb und Atair, während der Sternhimmel an Winterabenden vom Sternbild des Orion und dem dieses Sternbild umgebenden Kranz von hellen Sternen (Aldebaran, Kapella, Kastor und Pollux, Prokyon, Sirius) beherrscht wird.

Die beschriebenen Veränderungen des Fixsternhimmels lassen an sich nicht erkennen, dass es die Erde ist, die sich um die Sonne bewegt. Der Sinnenschein deutet vielmehr auf den umgekehrten Vorgang hin; die Beobachtungen scheinen anzuzeigen, dass die Erde als Zentralgestirn von der Sonne umkreist wird. Dies war ja auch tatsächlich im Altertum und Mittelalter die herrschende Meinung. Erst Kopernikus entdeckte bei seinen Bemühungen, die von der Erde aus beobachteten verschlungenen Planetenbahnen in einfache Bewegungsvorgänge aufzulösen, dass die Sonne das Zentrum ist, um das die Planeten — und mit ihnen die Erde — kreisen. Im Abschnitt 2.3 werden die Bewegungen der Planeten behandelt. Dort ist am Anfang, Seite 69, der Übergang vom geozentrischen zum heliozentrischen Weltbild kurz geschildert.

Die großen Fortschritte, die im 18. und 19. Jahrhundert in der Entwicklung der astronomischen Meßgeräte erzielt wurden, machten es möglich, zwei Typen von sehr kleinen Ortsveränderungen der Fixsterne an der Sphäre mit Jahresperiode aufzufinden: die jährliche Aberration und die jährliche Parallaxe der Fixsterne. Beide Effekte sind direkte Beweise dafür, dass die Erde um die Sonne — und nicht umgekehrt die Sonne um die Erde — kreist.

Aufgaben

1. Stellen Sie auf einer drehbaren Sternkarte die 20-Uhr-Marke der Maske für den beobachtbaren Himmelsausschnitt auf das Datum des 1. Januar: Prokyon und Sirius sind gerade aufgegangen, Atair geht unter.
   Stellen Sie nun die 20-Uhr-Marke der Reihe nach auf die folgenden Monatsersten und verfolgen Sie, wie sich der Himmelsanblick für 20 Uhr im Laufe eines Jahres verändert.

2. An welchem Datum kulminiert Sirius um 20 Uhr, an welchem Datum geht er um diese Zeit unter?
   An welchen Daten erscheint, kulminiert, verschwindet Arkturus um 20 Uhr?

2.2.2 Die Umlaufsbewegung der Erde um die Sonne

a) Die jährliche Parallaxe der Fixsterne

Der Umlauf der Erde um die Sonne spiegelt sich in kleinen Ortsveränderungen der Fixsterne an der Sphäre. Für den irdischen Beobachter beschreiben die Sterne im Laufe eines Jahres Ellipsen um die Stelle, an der sie für einen Beobachter auf der Sonne stehen würden (s. Abb. 5.1). Dieser parallaktische Effekt ist außerordentlich klein; er hängt von der Entfernung des Sternes ab und ist überhaupt nur für eine beschränkte Anzahl naher Fixsterne meßbar. Bei dem uns am nächsten stehenden Stern, Alpha Centauri, beträgt der Durchmesser der parallaktischen Ellipse 1,5 Bogensekunden. Die *jährliche Parallaxe* und ihre Verwendung zur Entfernungsbestimmung der Fixsterne werden in Kapitel 5, Abschnitt 1, ausführlich behandelt.

b) Die jährliche Aberration der Gestirne

In den Jahren um 1725 entdeckte der englische Astronom James Bradley (1692 bis 1762) bei Beobachtungen, mit denen er eigentlich hoffte, Fixsternparallaxen messen zu können, einen neuen Effekt: die *jährliche Aberration* der Gestirne. Diese Aberration ist eine kleine scheinbare Ortsveränderung mit Jahresperiode, der die Koordinaten aller himmlischen Objekte unterworfen sind. Der Effekt entsteht durch das Zusammenwirken zweier Bewegungen: die Erde bewegt sich in ihrem Jahresumlauf um die Sonne, und das beobachtete Licht breitet sich mit endlicher Geschwindigkeit aus. Die Verbindung dieser beiden Vorgänge bringt eine scheinbare Änderung der Visierrichtung hervor: der Stern wird in einer anderen Richtung beobachtet als er wirklich steht. Jedes Gestirn scheint im Laufe eines Jahres eine Ellipse zu durchlaufen. Grenzfälle: ein Stern am Pol der Ekliptik beschreibt einen Kreis; ein in der Ekliptik stehender Stern führt eine pendelnde Bewegung auf einer geraden Linie aus. Die großen Achsen der Aberrationsellipsen liegen bei allen Sternen parallel zur Ekliptik und haben die gleiche Größe; die große Halbachse A beträgt 20,5 Bogensekunden. Die Größe A heißt *Aberrationskonstante* (s. Abb. 2.27). Die schon von Bradley 1728 richtig gedeutete Erscheinung der jährlichen Aberration ist ein besonders klarer direkter Nachweis der Jahresbewegung der Erde um die Sonne. Die Aberration läßt sich durch ein mechanisches Beispiel verdeutlichen: Wenn man im Regen steht und die Tropfen lotrecht niederfallen, so muß man den Regenschirm genau über den Kopf halten, um nicht naß zu werden. Wenn man aber im Regen geht oder läuft, bewegt man sich mit den

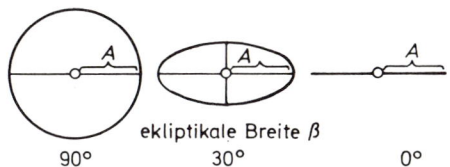

Abb. 2.27 Jährliche Aberrationsellipsen; Aberrationskonstante $A = 20,5''$

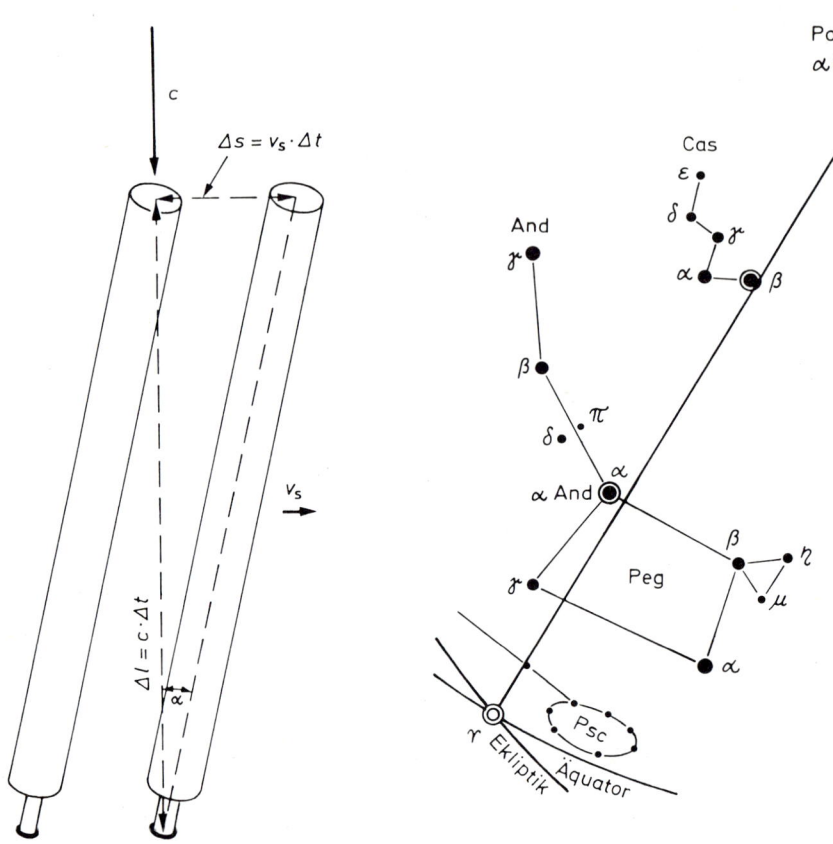

Abb. 2.28 Die Entstehung der jähr-   Abb. 2.29 Auffinden des Frühlings-
lichen Aberration der   punktes und Abschätzen der
Gestirne.   Sternzeit

$$\tan \alpha \approx \alpha = \frac{v_s}{c}$$

Beinen in die fallenden Tropfen hinein. Um dies zu vermeiden, muß man den Schirm
etwas vorhalten. Entsprechend ist es beim Licht. Würde man bei feststehender Erde
sein Fernrohr auf einen Stern so einstellen, daß er in der Mitte des Gesichtsfeldes
stünde, so würde dieser Stern bei bewegter Erde nach rückwärts auswandern. Um
ihn wieder in die Mitte zu bringen, muß man das Fernrohr gemäß Abb. 2.28 um ein
Stück Δs vorhalten. Wenn Δt die Zeit ist, die das Licht braucht, um die Strecke
Δl mit der Lichtgeschwindigkeit c zurückzulegen, so daß also $\Delta l = c \cdot \Delta t$ ist, so muß
das Fernrohrobjektiv um das Stück $\Delta s = v_s \cdot \Delta t$ vor dem Okular liegen, damit das
Licht nicht an die Wand des Fernrohrs stößt, während sich die Erde mit der
Geschwindigkeit v_s quer zum Lichtstrahl bewegt.

Der Aberrationswinkel α ergibt sich aus der Abb. 2.28 zu $\tan \alpha \approx \alpha = \frac{v_s}{c}$. Da
die Lichtgeschwindigkeit $c = 300\,000$ km/s und die Bahngeschwindigkeit der Erde

$v = 30\,\text{km/s}$ beträgt, ist der Maximalwert des Aberrationswinkels (Aberrationskonstante)

$$A = \frac{1}{10\,000}\,\text{rad} \approx 20.5''.$$

Das ist gerade der beobachtete Wert; er ist 27-mal so groß wie die größte beobachtete jährliche Fixsternparallaxe.

2.2.3 Die Ekliptik

a) Die Lage der Ekliptik an der Sphäre

Bei den Angaben über das äquatoriale Koordinatensystem wurde die *Ekliptik* als derjenige Großkreis eingeführt, den die Ebene der Erdbahn an der Sphäre ausschneidet. Längs dieses Kreises führt die Sonne, von der Erde aus gesehen, ihren scheinbaren jährlichen Lauf in der Richtung von Westen nach Osten aus. Diese Bewegungsrichtung an der Sphäre heißt „*rechtläufig*", der von der Sonne an einem Tag zurückgelegte Weg beträgt etwa 1°, das ist das Doppelte des scheinbaren Durchmessers der Sonne. Der Name Ekliptik leitet sich aus der Tatsache her, dass sich auf diesem Großkreis die Eklipsen, das sind die Sonnen- und Mondfinsternisse, ereignen.

Die Bestimmung der Lage der Ekliptik an der Sphäre geschieht durch die Messung von Zenitdistanzen, Deklinationen und Rektaszensionen der Sonne in Verbindung mit der Beobachtung einiger sehr heller Fixsterne, die im Fernrohr auch am Tageshimmel zu sehen sind. Himmelsäquator und Ekliptik sind auf den meisten Sternkarten eingezeichnet. Die beiden Großkreise schneiden sich in zwei Punkten. Einmal im Frühlings- oder Widderpunkt ♈ , in dem die Sonne am 21. März den Äquator von Süden nach Norden überquert. Dieser Punkt wurde als Ausgangspunkt für die Zählung der Rektaszensionen längs des Äquators gewählt. Der zweite Schnittpunkt ist der Herbstpunkt ♎ (Waagepunkt), in dem die Sonne den Äquator am 23. September in der entgegengesetzten Richtung kreuzt. Ekliptik und Äquator schneiden sich unter einem Winkel von 23,5°; dieser Winkel heißt *Schiefe der Ekliptik.* Die meisten Erdgloben zeigen diese Schiefe der Ekliptik als Winkel zwischen der schräg gerichteten Rotationsachse der Erde und der Senkrechten. Die durch den Mittelpunkt der Kugel gehende Senkrechte zeigt die Richtung zum Pol der Ekliptik an. – Im Abstand von 90° vom Frühlings- und Herbstpunkt befinden sich auf der Ekliptik die Punkte, an denen die Sonne in den Zeitpunkten der Sommer- und Wintersonnenwende steht. In diesen Punkten hat die Sonne die Extremwerte ihrer Deklination (Abstand vom Äquator) von rund $+23.5°$ und $-23.5°$.

Durch eigene Beobachtungen kann man sich nur eine genäherte Kenntnis der Lage der Ekliptik am Sternhimmel verschaffen. Der Mond hat im Zeitpunkt der

Vollmondphase einen Rektaszensionsabstand von der Sonne von 12 Stunden oder 180°; Mond und Sonne stehen sich am Himmel gegenüber. Jede Position des Vollmondes gibt ungefähr den Punkt an, an dem die Sonne ein halbes Jahr später stehen wird. Dies stimmt allerdings nicht sehr genau, da die Ebene der Mondbahn um einen Winkel von etwa 5° gegen die Ekliptik geneigt ist.

Genauer könnte man die scheinbare Sonnenbahn bekommen, wenn man jeden Tag um Mittag mit einem Theodoliten die Kulminationshöhe der Sonne feststellen und dann um Mitternacht nachsehen würde, welcher Stern in derselben Höhe kulminiert. Bestimmt man dann Rektaszension und Deklination dieses Sternes, so kann man auch die äquatorialen Koordinaten seines Gegenpunktes, also der Sonne, angeben..

b) Die Sternbilder des Tierkreises und die Tierkreiszeichen

In ihrem scheinbaren Lauf um die Erde durchwandert die Sonne während eines Jahres zwölf Sternbilder. Die Gesamtheit dieser längs der Ekliptik angeordneten Sternbilder heißt *Tierkreis*; auch die aus der griechischen Sprache stammende Bezeichnung Zodiakus ist gebräuchlich. In der Tabelle 2.2 sind die zwölf Sternbilder des Tierkreises angegeben. Jedes folgende Bild schließt östlich an das vorhergehende an; in dieser Ordnung werden sie von der Sonne durchlaufen.

Tab. 2.2   Die Sternbilder des Tierkreises

Tierkreis-bild	Lateinischer Name	Abkür-zung	Ausdehnung in ekliptikaler Länge
Widder	Aries	Ari	25°
Stier	Taurus	Tau	37
Zwillinge	Gemini	Gem	28
Krebs	Cancer	Cnc	20
Löwe	Leo	Leo	36
Jungfrau	Virgo	Vir	44
Waage	Libra	Lib	23
Skorpion	Scorpius	Sco	25
Schütze	Sagittarius	Sgr	33
Steinbock	Capricornus	Cap	28
Wassermann	Aquarius	Aqr	24
Fische	Pisces	Psc	37

Die letzte Spalte der Tabelle zeigt, dass die Ausdehnung der zwölf *Bilder* in ekliptikaler Länge verschieden groß ist.

Eine Teilung der Ekliptik in zwölf gleichgroße Abschnitte wurde schon im zweiten vorchristlichen Jahrtausend in Babylonien eingeführt. Diese Abschnitte heißen *Tierkreiszeichen;* sie wurden gebraucht, um die Positionen und Bewegungen von

Sonne, Mond und Planeten durch Zahlenangaben zu kennzeichnen. Beispiel: der Mond sei gestern abend an der Stelle 27° im Zeichen Jungfrau gestanden, heute stehe er um die gleiche Zeit 10° in der Waage; dann hat er sich also an einem Tag um 13° in ekliptikaler Länge bewegt.

Tierkreisbilder und Tierkreiszeichen unterscheiden sich aber nicht nur durch ihre Ausdehnung längs der Ekliptik. Auch ihre Lage an der Sphäre stimmt gegenwärtig nicht mehr überein; *Bilder* und *Zeichen* sind um etwa 30° gegeneinander verschoben. Infolgedessen deckt sich heute z.B. das Sternbild Fische weitgehend mit dem Tierkreiszeichen Widder. Der Grund für diese Erscheinung liegt darin, dass der Frühlingspunkt – der Anfangspunkt der Zählung von Rektaszension und ekliptikaler Länge – relativ zu den Fixsternen nicht feststeht; er wandert im Laufe der Zeit langsam die Ekliptik entlang. Dieser Vorgang wird auf S. 97 unter dem Stichwort Präzession behandelt.

In Abb. 2.41 (S. 75) und 2.42 (S. 76) stellen die beiden äußeren Ringe die Lage von Tierkreisbildern und Tierkreiszeichen längs der Ekliptik dar. Bei den Bildern sieht man, daß die Ekliptik auch durch einen Teil des Sternbildes Schlangenträger (Ophiuchus, Oph) geht. Dieses Sternbild wird nicht zu den Tierkreisbildern gerechnet. Es bekam Anteil an der Ekliptik durch eine spätere Änderung der Sternbildergrenzen.

Aufgaben

1. Verfolgen Sie auf einer Sternkarte den Verlauf der Ekliptik. Suchen Sie die Ekliptik-Sternbilder auf.

2. Welche Koordinaten (Rektaszension und Deklination) hat der nördliche Ekliptikpol? („Pole" eines Großkreises liegen an der Sphäre auf der Senkrechten zur Großkreisebene durch den Mittelpunkt).

2.2.4 Die astronomische Zeitrechnung

a) Die Erde als Uhr

Als Grundlage unserer Zeitmessung dient ein periodisch ablaufender Naturvorgang: die tägliche Drehung der Erde um ihre Achse. Zur Zeiteinheit wählt man die Dauer einer solchen Rotation, den Tag, und bestimmt den Zeitmoment durch die augenblickliche Phase der Rotation. Die an der Erduhr ausgeführte Zeitmessung ist also eine Winkelmessung. Um diese Uhr ablesen zu können, braucht man Markierungen sowohl auf der Erde als auch an der Sphäre. Als Index auf der Erde benutzt man die Meridianebene des Ortes, an dem die Zeitmessung vorgenommen wird. Diese

Meridianebene schneidet die Sphäre in einem Großkreis, der durch die Pole der
Erdrotation und durch den Zenitpunkt des Beobachtungsortes geht. Mit der
rotierenden Erde überstreicht dieser Meridian die Sphäre in der Richtung von
Westen nach Osten. Als Markierungen an der Sphäre werden wechselweise zwei
Punkte verwendet: der Frühlingspunkt ♈ und der Mittelpunkt der Sonne. Die
Zeit zwischen zwei aufeinanderfolgenden Durchgängen des Frühlingspunktes durch
den Ortsmeridian ist ein Sterntag; die Zeit zwischen zwei Durchgängen der Sonne
ist ein Sonnentag. Beide Zeiteinheiten werden in Stunden, Minuten und Sekunden
eingeteilt; dadurch ergeben sich Zeitangaben in „Sternzeit" und in „Sonnenzeit".
Warum beide Zeitmaße gebraucht werden, wird im folgenden deutlich werden.

b) Sternzeit

Die Namen Sterntag und Sternzeit rühren davon her, daß die Zeiteinheit 1 Sterntag
gleich einer Umdrehung der Erde um 360°, bezogen auf die Sphäre der Fixsterne,
ist. Die Sternzeit-Winkelmessungen werden auch tatsächlich an Sternen vorgenommen. Als Markierung an der Sphäre wird jedoch nicht ein bestimmter Stern,
sondern der Frühlingspunkt gewählt. Der Frühlingspunkt ist dadurch ausgezeichnet,
daß er – im Gegensatz zu den Fixsternen – keine Eigenbewegung hat (zur Eigenbewegung von Fixsternen s. Abschnitt 6.3).

Ein Sterntag beginnt für einen bestimmten Ort mit dem oberen Durchgang des
Frühlingspunktes durch den Meridian des betreffenden Ortes; er endet mit dem
nächstfolgenden Meridian-Durchgang des Frühlingspunktes. Wegen des Fort-
schreitens der Sonne in der Ekliptik von West nach Ost ist der Sterntag etwas kürzer
als der Sonnentag: gemessen in Sonnenzeit ist ein Sterntag gleich 23 h 56 m 4,09 s.

Der Winkel zwischen dem Meridian des Beobachtungsortes und der Richtung zu
einem Punkt des Himmelsäquators heißt Stundenwinkel dieses Punkts (vgl. S. 23).
Unter der *Ortssternzeit* versteht man den *Stundenwinkel des Frühlingspunkts.*
Zur Ortssternzeit 0 Uhr, also am Beginn des Sterntages, befindet sich demnach der
Frühlingspunkt auf dem Ortsmeridian, d.h. er kulminiert gerade. Der Unterschied
der Ortssternzeiten zweier Meridiane ist gleich der Differenz der geographischen
Längen $\Delta\lambda$ der Orte im Zeitmaß; der weiter östlich gelegene Ort hat die um $\Delta\lambda$
größere Ortszeit. Es gilt also die wichtige Regel: Sternzeit ist der Stundenwinkel des
Frühlingspunkts.

Will man nachts den ungefähren Wert der Sternzeit abschätzen, so sucht man
zunächst den Stundenkreis des Frühlingspunktes (s. Abb. 2.29, S. 52). Dieser
Stundenkreis mit der Rektaszension 0 h verläuft vom Polarstern zum „letzten"
Stern der Kassiopeia (β Cas), dem Stern, an dem man beim Schreiben des Himmels-W
den Bleistift absetzen würde. β Cas ist etwa 30° vom Polarstern entfernt. Nach
weiteren 30° in der gleichen Richtung kommt man zum hellsten Stern der
Andromeda (α And), der gleichzeitig eine Ecke des großen Pegasus-Vierecks ist.
Geht man auf diesem Großkreis noch einmal um 30° weiter, so ist man in der Nähe

des Frühlingspunktes angelangt. Dort, im Sternbild der Fische (Psc), steht allerdings kein auffälliger Fixstern. Nun schätzt man den Winkel zwischen Meridian und Stundenkreis des Frühlingspunktes von Süden aus in Richtung der täglichen Bewegung, also über Westen, Norden nach Osten. Teilt man diesen Winkel durch 15, so erhält man einen ungefähren Wert der Sternzeit in Stunden.

Die Bedeutung des Begriffes Sternzeit für die messende Astronomie leuchtet sofort ein, wenn man sieht, dass ein ganz enger Zusammenhang zwischen Rektaszension und Sternzeit besteht. Beide Größen, Rektaszension und Sternzeit, werden vom Frühlingspunkte aus auf dem Äquator in den gleichen Einheiten gezählt. Daher kann die Sternzeit Θ durch jedes Gestirn bestimmt werden, dessen Rektaszension α bekannt und dessen Stundenwinkel t gemessen ist; es ist

$$\textit{Sternzeit } \theta \; = \; \textit{Stundenwinkel } t + \textit{Rektaszension } \alpha$$

(s. Abb. 2.9, S.23 und Abb. 2.30). Ist $t = 0\,\text{h}$, das heißt wird in dem Moment beobachtet, in dem der Meridian über das Gestirn hinweggeht, so wird für diesen Zeitpunkt $\Theta = \alpha$; das bedeutet: durch die Rektaszension eines durch den Ortsmeridian gehenden Gestirns ist die für diesen Moment gültige Sternzeit direkt gegeben.

c) Wahre Sonnenzeit

Die Zeit zwischen zwei unteren Meridiandurchgängen der Sonne (zu Mitternacht, unter dem Horizont) heißt ein wahrer Sonnentag. Das aus dieser Definition resultierende Zeitmaß ist die *wahre Sonnenzeit*. Die ersten Zeitmeßgeräte waren die Sonnenuhren; sie zeigten die wahre Sonnenzeit an. Eine einfache Sonnenuhr erhält man, wenn man einen Schattenstab (Gnomon) parallel zur Erdachse stellt und als Zifferblatt eine Ebene parallel zur Äquatorebene — also senkrecht zum Schattenstab — verwendet. (s. Abb. 2.31). In einem Sonnentag durchläuft die Sonne scheinbar einen vollen Kreis um den Schattenstab. In einer Stunde legt die Sonne und auch der Schatten (soweit er sichtbar ist) einen Winkel von $15°$ zurück. Bei der Kulmination der Sonne markiert der Schatten die 12 Uhr-Linie. Von dort haben die einzelnen Stundenstriche Winkelabstände von jeweils $15°$. Die wahre Sonnenzeit läßt sich jedoch heute in der Praxis nicht mehr als Zeitmaß verwenden, weil die Länge des wahren Sonnentages veränderlich ist. Die beiden Gründe für diese Veränderlichkeit bestehen darin, dass erstens die scheinbare Bewegung der Sonne nicht im Äquator, sondern in der Ekliptik erfolgt und zweitens diese jährliche Bewegung in der Ekliptik wegen der Exzentrizität der Erdbahn ungleichförmig ist.

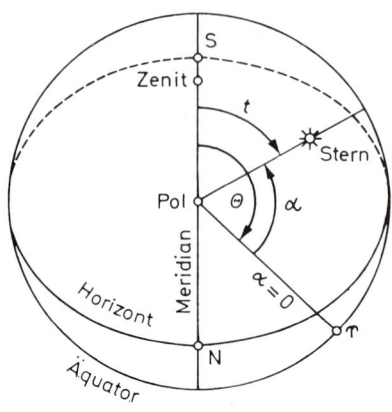

Abb. 2.30 Sternzeit Θ = Stundenwinkel t + Rektaszen-
sion α (s. auch Abb. 2.9)

Abb. 2.31 Äquatoriale Taschen-
sonnenuhr aus Augsburg
(um 1750)

d) Mittlere Sonnenzeit

Man hat daher die Vorstellung einer fiktiven mittleren Sonne eingeführt: in der
gleichen Zeit, in der sich die wahre Sonne mit ungleichmäßiger Geschwindigkeit auf
der Ekliptik einmal herum bewegt, also in einem Jahr, vollendet die angenommene
mittlere Sonne einen Umlauf mit gleichförmiger Geschwindigkeit im Äquator.
Demnach wird der Mittelwert aller ungleich langen wahren Sonnentage, die ein Jahr
enthält, ein *mittlerer Sonnentag* genannt. Er dauert von einem unteren Meridian-
durchgang der mittleren Sonne bis zum nächsten Meridiandurchgang und wird in
24 Stunden eingeteilt; die in dieser Zeiteinheit gemessene Zeit ist die mittlere
Sonnenzeit. Im bürgerlichen Leben wird ganz allein dieses künstliche, aber gleichförmige Sonnen-Zeitmaß „*mittlere Sonnenzeit*" angewandt; die im folgenden
erklärten Begriffe Ortszeit, Zonenzeit, Weltzeit sind spezielle Unterbegriffe dieser
mittleren Sonnenzeit.

Der Unterschied zwischen den beiden Arten von Sonnenzeit im Sinne der Differenz
„*Wahre Zeit minus Mittlere Zeit*" wird *Zeitgleichung* genannt; sie ist gleich dem
Unterschied zwischen der Rektaszension der wahren und der mittleren Sonne. Die
Zeitgleichung geht viermal im Jahr durch den Wert Null hindurch; ihr größter
Betrag ist ungefähr ± 15 Minuten. In den Sonnenephemeriden der großen astro-
nomischen Jahrbücher wird die Zeitgleichung für 0 Uhr Weltzeit eines jeden Tages
mitgeteilt; dadurch ist die Umrechnung aus wahrer Sonnenzeit in mittlere und
umgekehrt möglich.

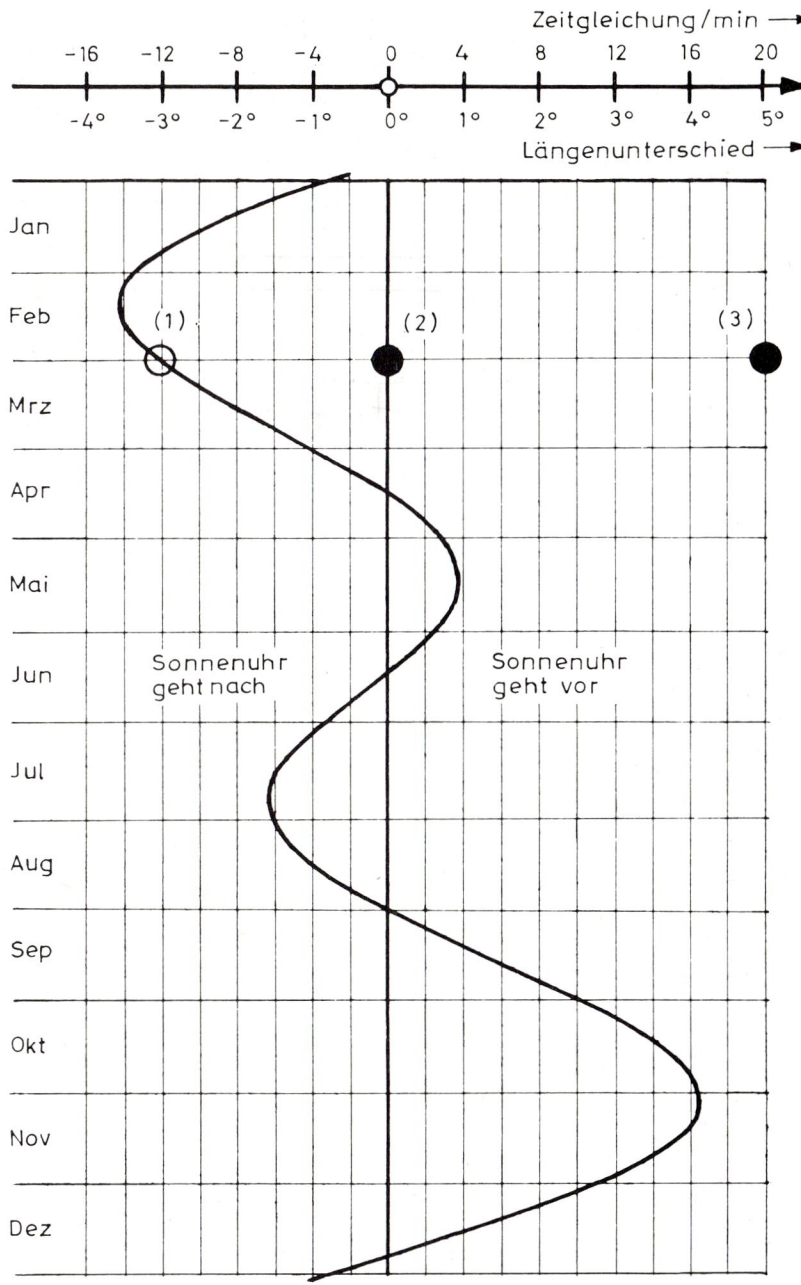

Abb. 2.32 Zeitgleichung gleich Wahre Zeit minus Mittlere Zeit

In Abb. 2.32 (S.59) ist die Zeitgleichung dargestellt. Das Datum als unabhängige Variable ist ausnahmsweise nach unten, die Zeitgleichung als abhängige Variable waagerecht abgetragen. Einem Winkel von 1° oder einer Zeit von 4 Minuten entspricht auf der waagerechten Achse die Strecke 1 cm. Hält man die Zeichnung in 57,3 cm Entfernung so vor das Auge, daß der Zeitgleichungspunkt für das jeweilige Datum zur Sonne zeigt (z.B. Punkt (1) für den 1. März), so gibt der Punkt (2) an, wo sich in diesem Augenblick die mittlere Sonne auf dem Äquator befinden müßte. Liegt die Zeitgleichungskurve links von der senkrechten Achse (Zgl < 0), so geht die Sonnenuhr nach, liegt sie rechts davon, so geht sie vor.

e) Ortszeit, Zonenzeit, Weltzeit

Bei ihrer scheinbaren täglichen ost-westlichen Wanderung um die Erde kreuzt die Sonne alle Längengrade (Meridiane) der Erdkugel zu verschiedenen Zeiten; infolgedessen haben alle Orte, die nicht gerade genau nord-südlich voneinander liegen, zu verschiedenen Zeiten Mittag (höchster Stand der Sonne im Süden für den betreffenden Ort), sie haben überhaupt jeweils an den Meridian gebundene Zeit. Man nennt diese Zeit *Ortszeit;* es ist die an sich natürlichste Form der täglichen Zeitmessung. Im Gemeinschaftsleben der Menschen ist diese Ortszeit jedoch wegen der von Ort zu Ort wechselnden Uhrenstellung nicht zu brauchen.

Um diesen Übelstand zu vermeiden, hat man auf der ganzen Erde *Einheits-* oder *Zonenzeiten* eingeführt, die jeweils für ein größeres Gebiet Gültigkeit haben. Jede solche Zonenzeit ist als Ortszeit eines bestimmten Längengrades definiert; diese Meridiane sind so gewählt, dass die einzelnen Zonenzeiten sich immer um eine Anzahl ganzer Stunden von der auf der Sternwarte Greenwich gültigen Ortszeit unterscheiden.

In Europa sind drei Zonenzeiten gebräuchlich: die Westeuropäische Zeit (gleich der Ortszeit des durch die Sternwarte Greenwich gehenden Null-Meridians der Erde), die Mitteleuropäische Zeit (Ortszeit des Meridians 15° östliche Länge) und die Osteuropäische Zeit (Ortszeit des Meridians 30° östl.). In Deutschland hat die Mitteleuropäische Zeit (MEZ) Gültigkeit; dies ist also die Zeit, die unsere Uhren zeigen. Die Westeuropäische Zeit (Zeit des Meridians von Greenwich) hat dadurch besondere Bedeutung, dass sie in der Arbeit des Astronomen sehr ausgedehnte Verwendung findet. Es ist bei wissenschaftlichen Beobachtungen und Berechnungen notwendig, alle Zeitangaben in einer für die ganze Erde gleichen Zeit zu machen. Man hat dafür die Ortszeit der Sternwarte Greenwich gewählt und ihr in der astronomischen Praxis den Namen Weltzeit gegeben. Es ist also 0 Uhr Westeuropäische Zeit = 0 Uhr Weltzeit = Mitternacht in Greenwich. Die Mitteleuropäische Zeit ist der Westeuropäischen Zeit um 1 Stunde voraus; es ist 1 Uhr MEZ = 0 Uhr Westeuropäische Zeit = 0 Uhr Weltzeit. Die Osteuropäische Zeit ist der Mitteleuropäischen Zeit um 1 Stunde, der Westeuropäischen Zeit um 2 Stunden voraus.

Im Schaubild von Abb. 2.32 kann auch die Zonenzeit gezeigt werden. Ist der Unterschied der geographischen Längen von Beobachtungsort und Mittelmeridian der Zeitzone $\Delta\lambda = \lambda - \lambda_M$, so muß für westlich vom Mittelmeridian liegende Orte dieser Längenunterschied nach rechts, für östlich liegende nach links abgetragen werden. Beobachtet man z.B. in Kiel oder in Ulm, so ist $\lambda = -10°$ und $\Delta\lambda = 5° \triangleq 20$ Minuten. Der Punkt (3) in Abb. 2.32 würde diejenige „Sonne" (auf dem Äquator) darstellen, welche die Mitteleuropäische Zeit anzeigen würde.

f) Sternzeit und Mittlere Sonnenzeit

Die Sternzeit ist das primär der rotierenden Erde entnommene Zeitmaß; die Realisierung dieses Zeitmaßes geschieht durch ständig von neuem vorgenommene Ablesungen an der Erduhr. Diese Zeitbestimmungen bestehen in der Beobachtung von Meridiandurchgängen von Fixsternen, deren Rektaszension bekannt ist; sie liefern den Stundenwinkel des Frühlingspunktes, der als Ortssternzeit bezeichnet wird.

Aus dieser Ortssternzeit wird die Mittlere Ortssonnenzeit abgeleitet. Die Beziehung zwischen Sternzeit und Sonnenzeit wird aus den folgenden Definitionen und Zusammenhängen verständlich. Entsprechend der schon gegebenen Definition

Sternzeit = Stundenwinkel des Frühlingspunktes

gelten die Definitionen

Wahre Sonnenzeit = Stundenwinkel der wahren Sonne + 12 h

Mittlere Sonnenzeit = Stundenwinkel der mittleren Sonne + 12 h

Das additive Glied 12 h tritt hier auf, weil der Stundenwinkel eines Objektes vom oberen Durchgang durch den Meridian gemessen wird; der Tagesbeginn unserer Zeitzählung ist jedoch die Mitternacht, also die Zeit des unteren Meridiandurchgangs der Sonne.

Die ebenfalls schon gegebene Beziehung

Sternzeit = Stundenwinkel + Rektaszension

gilt für jedes Gestirn, also auch für die wahre und die mittlere Sonne. Daraus folgt, zusammen mit den Sonnenzeit-Definitionen:

Sternzeit = wahre Sonnenzeit + Rektaszension der

wahren Sonne − 12 h

= mittlere Sonnenzeit + Rektaszension der

mittleren Sonne − 12 h

Die Umkehrung der letzten dieser Beziehungen

$$\text{Mittlere Sonnenzeit} = \text{Sternzeit} - \alpha_m + 12\,h$$

zeigt, wie die mittlere Sonnenzeit aus Sternzeit erhalten wird. α_m ist die Rektaszension der (fingierten) Mittleren Sonne; α_m ist streng definiert und kann aus den in den astronomischen Ephemeridenwerken gegebenen Tabellen für jeden Zeitpunkt entnommen werden. Wichtig: Mittlere Sonnenzeit wird aus der durch die Zeitbestimmung gegebenen Sternzeit durch eine vollständig bekannte, jederzeit zahlenmäßig scharf angebbare Beziehung erhalten.

Die Ungleichförmigkeit der Erdrotation und der Begriff Atomzeit kommen auf S. 95 unter dem Stichwort „Gezeitenreibung und Erdrotation" zur Sprache.

Aufgabe

Suchen Sie am Nachthimmel die Lage des Frühlingspunktes auf! Schätzen Sie aus der Lage des Stundenkreises mit der Rektaszension $\alpha = 0°$ die ungefähre örtliche Sternzeit des Beobachtungsortes!

2.2.5 Die Zeitrechnung nach Jahren

a) Das Jahr als Zeiteinheit

Außer der Einteilung der Zeit in Tage, die durch die Rotation der Erde gegeben ist, gibt es die größere Zeiteinheit, das Jahr. Es ist die Zeitspanne, während der die Erde einen Bahnumlauf um die Sonne ausführt, und umfaßt den einmaligen Wechsel der in regelmäßiger Aufeinanderfolge stets wiederkehrenden Jahreszeiten.

Die Zeit, in der die Sonne in ihrer scheinbaren Bewegung an der Sphäre den vollen Umlauf von 360° vom Frühlingspunkt bis wieder zum Frühlingspunkt durchläuft, heißt *ein tropisches Jahr.* Diese Definition gilt sowohl für die wirkliche als für die fiktive mittlere Sonne. Es ist

$$1 \text{ tropisches Jahr} = 365,242\,199 \text{ mittlere Sonnentage}$$

$$= 366,242\,199 \text{ Sterntage}.$$

Der Name „tropisches Jahr" rührt daher, dass die alten Astronomen seine Länge nach dem Eintritt der Sonne in die Wendekreise bestimmten, bei denen die Mittagshöhe der Sonne ihren größten und kleinsten Wert erreicht; griechisch tropos = die Wendung.

Unser *Kalenderjahr* besteht — im Gegensatz zum tropischen Jahr — aus einer Anzahl von ganzen Tagen. Dies wird dadurch erreicht, dass man das Jahr mit dem 365. Tage abschließt und die Summe der überschießenden Stunden, Minuten und Sekunden im Februar jedes vierten Jahres als 366. Tag (*Schalttag, Schaltjahr*) hinzufügt. Um ein Auseinanderlaufen von tropischem und Kalenderjahr auch auf lange Zeit zu verhindern, ist bei der durch Papst Gregor XIII. veranlaßten Kalenderreform vom Jahre 1582 eine weitere differenzierte Schaltregel eingeführt worden. Nach dieser Regel fällt der Schalttag in allen durch 100 ohne Rest teilbaren Jahren aus mit Ausnahme derjenigen Jahre, die durch 400 ohne Rest teilbar sind. Diese letzteren Jahre behalten den Schalttag; das Jahr 2000 ist also ein Schaltjahr.

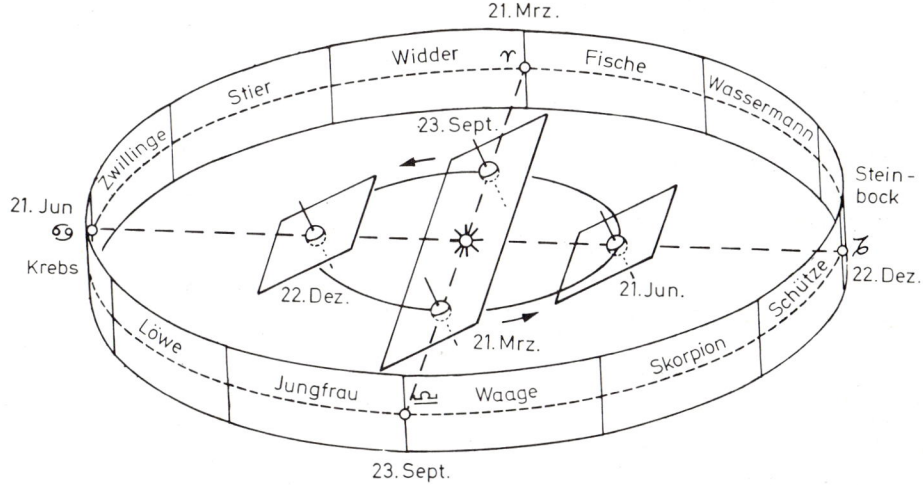

Abb. 2.33 Die Einteilung des Jahres. Tierkreiszeichen (äußerer Ring);
Tag- und Nachtgleichen (21. März und 23. September);
Sonnenwenden (21. Juni und 22. Dezember). Die
Äquatorebene der Erde ist jeweils hervorgehoben

b) Die Jahreszeiten

Der *Wechsel der Jahreszeiten* tritt ein, weil die Rotationsachse der Erde nicht senkrecht auf der Ebene der Erdbahn steht und die Erde bei ihrem Jahresumlauf um die Sonne ihre Achsenrichtung im Raum beibehält. Abb. 2.33 zeigt, daß die Äquatorebene der Erde zweimal im Jahr so liegt, daß sie durch den Sonnenmittelpunkt geht. Zu diesen Zeitpunkten steht die Sonne von der Erde aus gesehen in den Schnittpunkten von Himmelsäquator und Ekliptik, also im Frühlingspunkt ♈ und im Herbstpunkt ♎. Die Sonne hat hier die Deklination 0°. Dies sind die Zeiten der Tag- und Nachtgleichen (Äquinoktien), der 21. März (Frühlingsanfang) und der 23. September (Herbstanfang). Vom Frühlingspunkt aus entfernt sich die Sonne immer weiter vom Äquator; sie steigt in der Ekliptik zu größeren Deklinationen, bis sie auf dem zu ♈ ♎ senkrechten Durchmesser der Ekliptik ihren höchsten Punkt mit einer Deklination von etwa + 23,5° erreicht (s. Abb. 2.34). Dann nähert sie sich wieder dem Äquator, sinkt unter ihn hinunter und erreicht am anderen Ende dieses Durchmessers ihren tiefsten Punkt mit der Deklination − 23,5°. Dies ereignet sich zur Zeit der Sonnenwenden (Solstitien), nämlich am 21. Juni (Sommeranfang) und am 22. Dezember (Winteranfang). Zu diesen Zeiten kulminiert die Sonne für Beobachter auf dem nördlichen bzw. südlichen Wendekreis im Zenit. Die Wendekreise sind dem Erdäquator parallele Kreise auf der Erdkugel mit den geographischen Breiten ± 23,5°. Sie heißen Wendekreis des Krebses und Wendekreis des Steinbocks. Die Tierkreiszeichen, von denen diese Namen abgeleitet sind, haben die Symbole Krebs ♋ und Steinbock ♑ . Die angegebenen Daten der Äquinoktien und der Solstitien können sich − wegen der unterschiedlichen Länge von Kalenderjahr und tropischem Jahr − im Kalender um einen Tag verschieben.

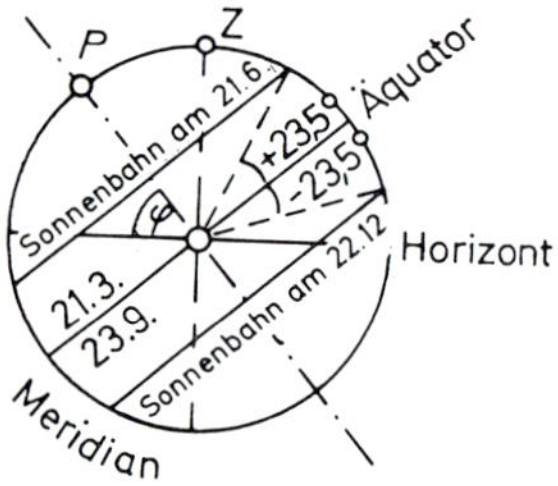

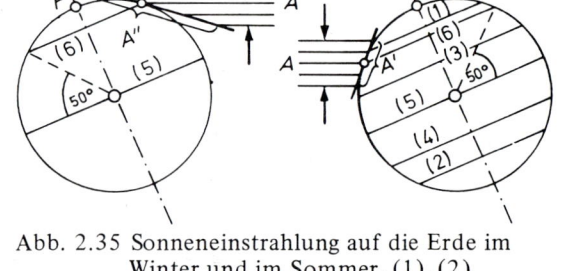

Abb. 2.34 Scheinbare Sonnenbahnen zu den
Zeiten der Tag- und
Nachtgleichen und
der Sonnenwenden

Abb. 2.35 Sonneneinstrahlung auf die Erde im Winter und im Sommer. (1), (2) Polarkreise, Grenze der Gebiete mit Mitternachtssonne bzw. Polarnacht; (3), (4) Wendekreise des Krebses und des Steinbocks; hier kann die Sonne noch im Zenit kulminieren; (5) Äquator; (6) Breitenkreis $\varphi = 50°$ (Mainz)

Die Abb. 2.34 zeigt, daß die obere Kulminationshöhe der Sonne an einem Ort der geographischen Breite φ zwischen

$$h_1 = 90° - \varphi + 23,5° = 113,5° - \varphi \quad \text{und}$$

$$h_2 = 90° - \varphi - 23,5° = 66,5° - \varphi \quad \text{liegen kann.}$$

Die Auswirkungen der Schwankung der Kulminationshöhe der Sonne auf die Sonneneinstrahlung zeigt Abb. 2.35. Im Hochsommer verteilt sich ein Strahlenbündel der Querschnittsfläche A auf der Erdoberfläche in 50° geographischer Breite um Mittag auf die Fläche $A' = \dfrac{A}{\sin 63,5°} = 1,12\,A$, im Winter auf die

Fläche $A'' = \dfrac{A}{\sin 16,5°} = 3,52\,A$. Ein waagerechtes Stück der Erdoberfläche erhält also im Winter weniger als ein Drittel der Strahlungsleistung, die es im Sommer bekommt.

Die Anfänge der vier Jahreszeiten sind, wie oben gezeigt wurde, durch die Stellung der Erdachse zur Richtung Erde – Sonne bestimmt. Sie haben mit der elliptischen Form der Erdbahn (s. S. 73) nichts zu tun. Jedoch ist damit die verschiedene Länge von Sommerhalbjahr (Frühling und Sommer) und Winterhalbjahr (Herbst und Winter) zu erklären. Das Perihel (sonnennächster Punkt) der Erdbahn liegt in der Nähe des Winteranfangs (s. Abb. 2.36). Deshalb teilt das Achsenkreuz ($\text{\Aries} \text{\Libra}$) und ($\text{\Cancer} \text{\Capricorn}$) die Erdbahn in zwei ungleich lange Teile: Ein längeres Stück vom 21.3. über den 21.6. zum 23.9. und ein kürzeres vom 23.9. über den 22.12. zum 21.3. Das längere Teilstück wird wegen des zweiten Keplerschen Gesetzes mit kleinerer Geschwindigkeit durchlaufen als das andere. Daher ist das Sommerhalbjahr um etwa 7,5 Tage länger als das Winterhalbjahr (Nordhalbkugel der Erde).

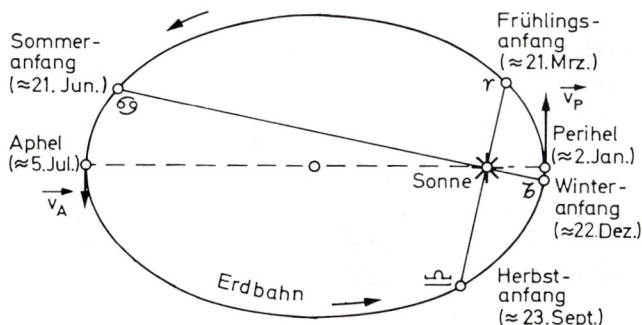

Abb. 2.36 Die unterschiedliche Länge von Sommer- und Winterhalbjahr. Der Bogen ($\widehat{\text{\Aries} \text{\Cancer} \text{\Libra}}$) ist größer als der Bogen ($\widehat{\text{\Libra} \text{\Capricorn} \text{\Aries}}$); die Geschwindigkeit v_P ist größer als die Geschwindigkeit v_A. Die Exzentrizität der Erdbahn ist stark übertrieben gezeichnet

Aufgabe

In Aufgabe 2.2.1, 1 wurde untersucht, wie sich der Himmelsanblick im Laufe eines Jahres verändert, wenn man immer zur gleichen Uhrzeit beobachtet. Untersuchen Sie nun, welche Veränderungen auftreten, wenn man ein Jahr lang jeweils am Monatsanfang 2 Stunden nach Sonnenuntergang beobachtet! Anleitung: Die nachfolgende Tabelle liefert die Sonnenuntergangszeiten (geographische Breite + $50°$) für die Monatsersten. Verwenden Sie eine drehbare Sternkarte und trennen Sie den Einfluß der Umlaufbewegung der Erde von demjenigen, der durch die Neigung der Erdachse gegen die Bahnebene erzeugt wird.

Jan	Feb	Mrz	Apr	Mai	Jun	Jul	Aug	Sep	Okt
16.08	16.53	17.41	18.30	19.17	20.00	20.13	19.44	18.45	17.40

Nov	Dez
16.38	16.00

Zusammenfassung zu Abschnitt 2.2, „Die scheinbare jährliche Bewegung der Gestirne. Die astronomische Zeitrechnung"

Die *scheinbare jährliche Bewegung* der Gestirne entsteht durch die Umlaufsbewegung der Erde um die Sonne. Der Erdumlauf bewirkt das scheinbare Wandern der Sonne auf der Ekliptik um täglich etwa 1° in der Richtung von Westen nach Osten. Dies können wir nicht direkt verfolgen, jedoch sehen wir, wenn wir stets zur gleichen Nachtstunde und in derselben Richtung beobachten, daß die Sternbilder täglich um etwa 1° – in einem Monat um etwa 30° – von Osten über Süden nach Westen wandern. Daß es sich dabei um eine Bewegung der Erde und nicht der Sonne handelt, erhellt aus der Tatsache, daß nahe Fixsterne eine jährliche *Parallaxen-Ellipse* und alle Fixsterne jährliche *Aberrations-Ellipsen* durchlaufen, deren große Halbachsen gleich groß sind (Aberrationskonstante).

Die *Ekliptik* ist ein Großkreis an der Sphäre, der den Himmelsäquator im *Frühlingspunkt* (Υ) und im *Herbstpunkt* ($\simeq$) schneidet und dessen Ebene mit der Äquatorebene einen Winkel von ungefähr 23,5° bildet (*Schiefe der Ekliptik*). Die Ekliptik geht durch unterschiedlich lange Abschnitte von 12 Sternbildern, *Tierkreissternbilder* genannt. Unter *Tierkreiszeichen* versteht man eine vom Frühlingspunkt ausgehende gleichmäßige Einteilung der Ekliptik in 12 Teile. Beide, *Bilder* und *Zeichen*, tragen zwar dieselben Namen; außer durch ihre verschiedene Längenausdehnung längs der Ekliptik unterscheiden sie sich in ihrer Lage: gleichnamige Gebilde sind um etwa 30° gegeneinander verschoben; das Sternbild liegt ungefähr östlich (links) anschließend an das gleichnamige Zeichen.

Die astronomische Zeitrechnung

Die Grundlagen unserer *Zeitrechnung* sind die *Drehung der Erde* um ihre Achse und der *Umlauf der Erde* um die Sonne. Die Achsendrehung liefert als Zeiteinheit den *Tag*, der in Stunden, Minuten und Sekunden unterteilt wird. Die Umlaufsbewegung liefert die größere Zeiteinheit ein *Jahr*. Die Zeitmessung geschieht durch eine Winkelmessung, nämlich durch die Messung des *Phasenwinkels* der Rotation oder des Umlaufs. Bei der Erdrotation wird die Phase gemessen als Winkel zwischen dem Meridian des Beobachters und dem Stundenkreis des Frühlingspunktes oder demjenigen der Sonne.

Im folgenden sind wichtige Begriffe und Beziehungen zusammengestellt:
a) Die *Sternzeit* ist der Stundenwinkel des Frühlingspunktes.
b) Für jedes Gestirn gilt: *Sternzeit* gleich *Stundenwinkel* plus *Rektaszension*.
c) Bei der *oberen Kulmination* eines Gestirns gilt: *Sternzeit gleich Rektaszension*.
d) Die $\genfrac{}{}{0pt}{}{\text{wahre}}{\text{mittlere}}$ Sonnenzeit ist der Stundenwinkel der $\genfrac{}{}{0pt}{}{\text{wahren}}{\text{mittleren}}$ Sonne plus 12 h.

Die fiktive „*mittlere Sonne*" läuft auf dem Himmelsäquator mit konstanter Geschwindigkeit und vollendet einen Umlauf in genau derselben Zeit wie die wahre Sonne.

e) Die Beziehung zwischen wahrer und mittlerer Zeit ist gegeben durch: *Zeitgleichung gleich Wahre Zeit minus Mittlere Zeit.*

f) *Ortszeit:* Orte auf verschiedenen Längenkreisen haben auch unterschiedliche Ortszeiten.

g) *Zonenzeit:* Alle Orte einer Zeitzone verwenden die Ortszeit des Mittelmeridians. Die Mittelmeridiane werden so gewählt, daß sich ihre Ortszeiten um eine Anzahl ganzer Stunden von der Ortszeit des Nullmeridians (Meridian von Greenwich) unterscheiden. Die *Greenwich-Zeit* heißt *Westeuropäische Zeit* (WEZ) oder *Weltzeit* (WZ). Die *Mitteleuropäische Zeit* (MEZ) geht ihr gegenüber um eine Stunde vor.

h) Die Mittlere Sonnenzeit erhält man aus der Beziehung: *Mittlere Sonnenzeit gleich Sternzeit minus Rektaszension der mittleren Sonne plus 12 Stunden.*

i) Ein *tropisches Jahr* ist die Zeitspanne, während der die Erde einen Umlauf um die Sonne von Frühlingspunkt zu Frühlingspunkt ausführt. Das *Kalenderjahr* besteht aus 365, in Schaltjahren aus 366 ganzen Tagen.

j) Der *Wechsel der Jahreszeiten* tritt ein, weil die Richtung der Erdachse zwar raumfest, aber nicht senkrecht zur Ebene der Ekliptik ist.

2.3 Planetenbewegungen

2.3.1 Geozentrisches und heliozentrisches Weltbild

In diesem Abschnitt werden Geometrie und Mechanik der Planetenbewegungen dargestellt. Die Voraussetzung für eine physikalische Behandlung des Problems der Planetenbahnen schuf Nikolaus Kopernikus durch den Übergang vom geozentrischen zum heliozentrischen Weltsystem. *Geozentrisch* bedeutet: *Gaea,* die Erde, steht im Mittelpunkt; *heliozentrisch: Helios,* die Sonne, ist die Weltmitte. Die Lösung des Problems gelang Johannes Kepler durch die Ableitung der nach ihm benannten Gesetze der Planetenbewegungen.

a) Beobachtungstatsachen

Die große Zahl der Fixsterne bietet sich uns stets in der gleichen gegenseitigen Anordnung dar, obwohl wir zu verschiedenen Zeiten und in verschiedenen Jahreszeiten immer wieder andere Ausschnitte der Himmelskugel zu sehen bekommen. Aber es gibt auch Objekte, die sich in bezug auf die Fixsterne bewegen: die Sonne, der Mond, die Großen Planeten mit ihren Satelliten, die Kleinen Planeten, die Kometen und die Meteore. Im folgenden werden zunächst die Bewegungen der Großen Planeten behandelt. Die Bewegungen der anderen genannten Objekte werden in Kapitel 3 untersucht.

Im Laufe einer Nacht machen die Großen Planeten die scheinbare Bewegung des Fixsternhimmels im wesentlichen mit. Ihre Ortsveränderung relativ zu den Fixsternen ist klein. Um sie zu erkennen, muß man über längere Zeiträume beobachten. Man findet die Großen Planeten — wie Sonne und Mond — stets in einem der zwölf Tierkreisbilder. Ihre Bewegung verläuft meist von rechts nach links, also von Westen nach Osten. Diese östliche Bewegungsrichtung heißt „rechtläufig" (S. 53). Nur zu gewissen Zeiten verlangsamt ein Planet seine Bewegung, bleibt stehen und kehrt für einige Zeit seine Bewegungsrichtung um. Man sagt dann, er sei „rückläufig". Anschließend daran wird er wieder rechtläufig. Keiner der Planeten bewegt sich, von der Erde aus gegen den Fixsternhintergrund gesehen, in einer dauernd rechtläufigen Bahn, wie der Mond es tut. Die Abweichungen von der rechtläufigen Bewegung erfolgen bei allen Planeten in ähnlicher Weise; die überwiegend von Westen nach Osten verlaufenden Bahnbewegungen werden von Schleifen oder S-förmigen Kurvenstücken unterbrochen. Der Planet Mars ist das geeignetste Objekt für die Beobachtung dieser Bewegungsanomalien. Zwei Beispiele aus der Bahnbewegung des Mars sind in Abb. 2.37a und b wiedergegeben. Auch bei Jupiter und Saturn sind die Schleifenbildungen gut beobachtbar; die Winkelausdehnung der Schleifen an der Sphäre ist jedoch geringer als beim Mars. Die Dauer der rückläufigen Bewegung liegt bei Mars zwischen 62 und 81 Tagen; sie beträgt bei Jupiter 120, bei Saturn 141 Tage. Bei Merkur und Venus bieten sich die Bahnschleifen weniger eindrucksvoll dar. Die schnellsten Ortsveränderungen innerhalb der rückläufigen Phase fallen hier gerade in die Zeit, in der diese Planeten einen sehr geringen Winkelabstand von der Sonne haben; der irdische Beobachter kann also diesen Teil der Bahn nicht am Nachthimmel gegen den Hintergrund der Fixsterne wahrnehmen. Abb. 2.37c zeigt eine Schleife, die Venus im Jahre 1975 im Sternbild Löwe beschrieben hat. Die Örter von Sonne und Venus für den Zeitpunkt, in dem sich Venus in der Mitte des rückläufigen Kurvenstückes befindet, sind eingezeichnet.

a)

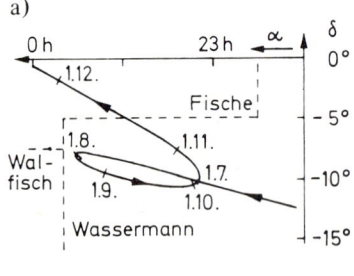

b)

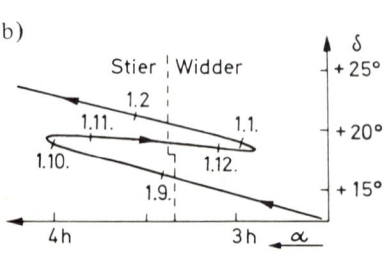

Abb. 2.37 a), b) Oppositions-
schleifen des Planeten Mars
in den Jahren 1956 bzw.
1958/59

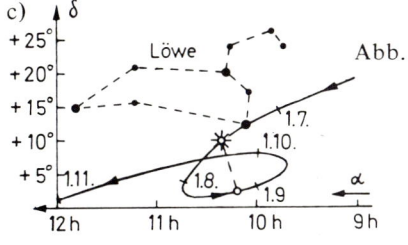

c)

Abb. 2.37 c) Venusschleife des Jahres 1975 im Sternbild Löwe; die Stellungen von Sonne und Venus zur Zeit der unteren Konjunktion sind eingezeichnet

b) Geozentrische Deutung

Die Erklärung der Planetenbewegungen war das Hauptproblem der Astronomie bis ins 18. Jahrhundert; erst um diese Zeit konnten sich die Astronomen auch den Fixsternen zuwenden, die Jahrtausende hindurch nur den unerforschlich fernen, passiven Hintergrund für die Aktivität der Planetenbewegungen gebildet hatten. Das astronomische Weltbild, das vom Ausgang des Altertums bis in die Zeit des Kopernikus eine beherrschende Stellung einnahm, ist gekennzeichnet durch die Lehren zweier Männer: *Aristoteles* (um 350 v.Chr.) und *Claudius Ptolemäus* (um 150 n.Chr.). Aristoteles unterscheidet zwei Grundformen der Bewegung: Die vollkommene himmlische Bewegung ist die gleichförmige Kreisbewegung; die unvollkommene, auf der Erde stattfindende dagegen die geradlinige Bewegung. Dem 500 Jahre nach Aristoteles lebenden Ptolemäus gelang es durch die quantitative Ausarbeitung seines Zweikreis-Mechanismus (Epizykeltheorie), die beobachteten Planetenbewegungen weitgehend mit den apriorischen Aristotelischen Prinzipien zur Deckung zu bringen. Dieser geozentrische Himmelsmechanismus des Ptolemäus blieb durch anderthalb Jahrtausende als wesentlicher Teil des Gesamtweltbildes bestehen.

c) Heliozentrische Erklärung

Im dritten vorchristlichen Jahrhundert versuchte der griechische Astronom *Aristarch aus Samos* (etwa 320 bis 250 v. Chr.) die Bewegungen von Sonne, Mond und Planeten durch ein heliozentrisches Weltsystem zu erklären. Damit war Aristarch seiner Zeit weit voraus; sein Weltbild versank vor dem herrschenden geozentrischen Weltbild, dessen Prinzipien von Aristoteles entwickelt worden waren.

Im 16. Jahrhundert kam *Nikolaus Kopernikus* (1473 bis 1543) auf neuen, eigenen Wegen zu den gleichen Erkenntnissen wie Aristarch. Er leitete damit eine geistige, weltanschauliche und astronomische Revolution größten Ausmaßes ein.

Die erste Grundannahme des Kopernikus war die Rotation der Erde um ihre Achse, aus der er die scheinbare tägliche Bewegung der Gestirne erklärte. Diese wurde in 2.1.2 behandelt.

Die zweite Grundannahme war die Behauptung, dass die Sonne im Mittelpunkt der (damals bekannten) Welt fest stehe und dass die Planeten einschließlich der Erde die Sonne umlaufen.

Auch die heliozentrische Theorie des Kopernikus brachte noch keine Steigerung der Voraussagegenauigkeit, da Kopernikus noch an den konstanten Bahngeschwindig- keiten festhielt. Jedoch ermöglichte sie eine gegenüber der komplizierten Epizykel- theorie des Ptolemäus wesentlich vereinfachte Betrachtungsweise und eine ein- leuchtende Erklärung für die in den Planetenbewegungen beobachteten Rückläufig- keiten und Schleifen. Die geistesgeschichtliche Bedeutung der kopernikanischen Theorie liegt in der Überwindung des mittelalterlichen Standpunktes, dass Mensch und Erde die Mitte der Welt bilden. Zwar ging damit die einmalige Mittelpunkts- stellung des Menschen verloren. Dafür wurde eine weltoffene, durch Dogmen nicht beengte Anschauung des Kosmos ermöglicht.

Erst *Johannes Kepler* (1571 bis 1630) kam nach langen und mühsamen Aus- wertungen der Marsbeobachtungen *Tycho Brahes* (1546 bis 1601) zu dem Ergebnis, dass die Planetenbahnen weder kreisförmig sein können, noch dass sie mit kon- stanter Bahngeschwindigkeit durchlaufen werden. Ein Leitgedanke bei diesen Forschungen war für Kepler die Überzeugung, dass die Bewegungen der Planeten eine physikalische und nicht nur eine geometrische Ursache haben müssen. Die Herleitung der Gesetze der Planetenbewegungen aus allgemein gültigen physi-- kalischen Gesetzen gelang erst *Newton* (Philosophiae naturalis principia mathematica, 1687).

Aufgabe

a) Entnehmen Sie einem Sternkalender Rektaszensionen und Deklinationen des Planeten Venus (oder Merkur) und des Planeten Mars (oder Jupiter) und zeichnen Sie die Bahnen dieser Planeten für einige Monate in eine Sternkarte ein (oder in einen mit einem Kartenstempel hergestellten Himmelsausschnitt mit den Ekliptiksternbildern).
b) Welche Beziehung besteht zwischen der Rektaszension der Sonne und den Rektaszensionen der Planeten, wenn diese eine Schleife durchlaufen?
c) Zeichnen Sie solche Schleifen in eine Sternkarte (Stempeldruck) ein!

2.3.2 Die räumliche Anordnung der Planeten

In der Tab. 3 des Anhangs sind einige *Bahndaten der neun Großen Planeten* angegeben. Die Anordnung erfolgt nach wachsender Entfernung von der Sonne. Die fünf Planeten Merkur, Venus, Mars, Jupiter und Saturn können mit bloßem Auge gesehen werden; Uranus wurde 1781, Neptun 1846 und Pluto 1930 entdeckt.

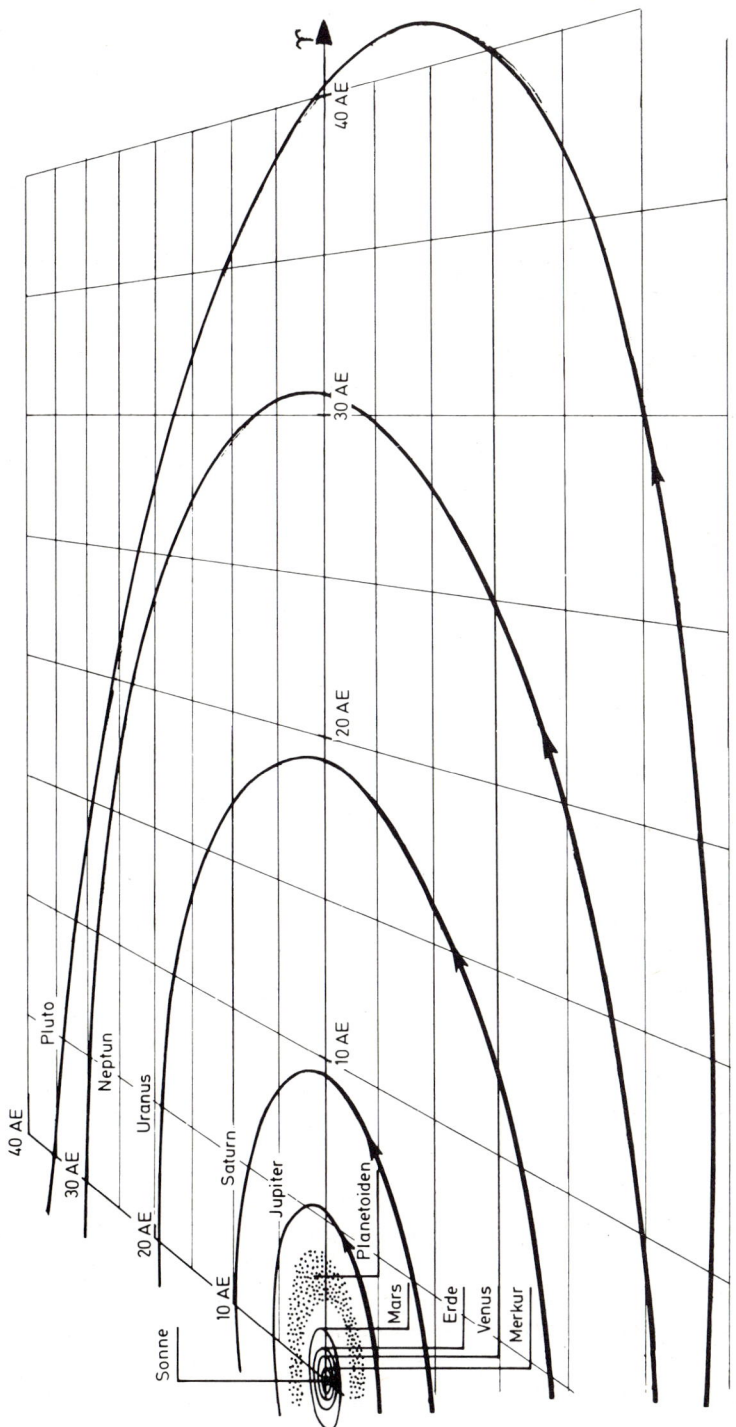

Abb. 2.38 Die Planetenbahnen. Perspektivische Ansicht, wie sie ein von Norden her schräg in die Ekliptikebene schauender Beobachter haben würde

71

Die Abkürzung AE in Spalte 2 der Tab. 3 bedeutet Astronomische Einheit. 1 AE
ist gleich der großen Halbachse der Erdbahn; dies ist die für Entfernungsangaben
im Planetensystem gebräuchliche Einheit (weiteres im Anhang, S. 310). a ist die
große Halbachse, e die numerische Exzentrizität der Bahnellipse

$$e = \frac{\sqrt{a^2 - b^2}}{a},$$

dabei ist b die kleine Halbachse der Ellipse. Mit a und e sind die Dimensionen einer
Ellipse vollständig bestimmt. Die kleinste Entfernung des umlaufenden Körpers
vom Zentralkörper ist gleich a $(1 - e)$; die größte Entfernung ist a $(1 + e)$. Der Wert
der großen Halbachse a ist also das Mittel aus Maximal- und Minimal-Abstand.
Daher ist für a auch die Bezeichnung „mittlere Entfernung" gebräuchlich. Weiteres
zur Geometrie der Ellipse im folgenden Abschnitt über die Kepler-Gesetze.

Die Lichtzeit t ist die Zeit, in der das Licht die Strecke a von der Sonne zu dem
betreffenden Planeten durchläuft ($t = a/c$; c = Lichtgeschwindigkeit). Zum
Vergleich: Lichtzeit für die Entfernung Erde-Mond 1,3 Sekunden, für den Abstand
des nächsten Fixsterns Alpha Centauri 4,3 Jahre.

T ist die wahre Umlaufsdauer der Planeten um die Sonne; sie heißt siderische
Umlaufsdauer. Weiteres siehe 2.3.3.

i ist die Neigung der Ebene der Planetenbahn gegen die Ebene der Ekliptik.
Die Abb. 2.38 zeigt ein perspektivisches Bild der Planetenbahnen.

2.3.3 Die Keplerschen Gesetze der Planetenbewegungen

a) Die Keplerschen Gesetze

Die drei Keplerschen Gesetze der Planetenbewegungen lauten (s. Physik-Lehrbuch):

1. Die Planetenbahnen sind Ellipsen, in deren einem Brennpunkt die Sonne steht.
2. Der von der Sonne zum Planeten gezogene Fahrstrahl überstreicht in gleichen
   Zeiten gleiche Flächen (Flächensatz).
3. Die Quadrate der siderischen Umlaufsdauern zweier Planeten verhalten sich wie
   die dritten Potenzen ihrer mittleren Entfernungen von der Sonne.

Die ersten beiden Gesetze wurden 1609 in Keplers Werk „Astronomia Nova seu
Physica coelestis" („Neue Astronomie oder Physik des Himmels") ausgesprochen.
Beide machen Aussagen über die Eigenschaften der Bahn eines bestimmten
Planeten. Das dritte Keplersche Gesetz, das erst in dem 1619 veröffentlichten Werk
„Harmonices Mundi" („Weltharmonik") enthalten ist, stellt einen Zusammenhang
her zwischen Bahngrößen und Umlaufsdauern für die verschiedenen Planeten eines
Planetensystems.

b) Die Geometrie der Planeten-Ellipsen

Ellipsen kann man erzeugen, indem man mit dem Licht einer punktförmigen Lichtquelle auf einer Auffangebene den Schatten einer Kreisscheibe erzeugt. Sind Kreisscheibe und Auffangebene parallel, so ist der Schatten kreisförmig. Dreht man nun die Kreisscheibe um einen Durchmesser, so entsteht eine ganze Schar von Schattenellipsen.

Ellipsen (s. Abb. 2.39, S.74) sind zweifach symmetrische ebene Kurven. Die große Symmetrieachse (der Durchmesser, um den gedreht wurde) heißt Hauptachse, die kleine heißt Nebenachse. Der Achsenschnittpunkt ist der Mittelpunkt M. Die Enden der Achsen heißen Hauptscheitel A_1 und A_2, bzw. Nebenscheitel B_1 und B_2.
$\overline{MA_1} = \overline{MA_2} = a$ heißt große Halbachse, $\overline{MB_1} = \overline{MB_2} = b$ heißt kleine Halbachse.
Man kann Ellipsen aber auch erzeugen, indem man zwei Stecknadeln in ein Brett steckt, einen Faden an beiden festbindet und einen Bleistift so führt, daß der Faden stets gespannt ist. Der Bleistift zeichnet eine Ellipse (Gärtnerkonstruktion). Die Nadeln stehen in den Brennpunkten F_1 und F_2. Die Ellipse ist nach dieser Konstruktion der geometrische Ort aller Punkte, deren Entfernungssumme von den Brennpunkten konstant und zwar $2a$ ist.
Die Brennpunkte F_1 und F_2 liegen auf der Hauptachse. Sie haben die Entfernung a von den Nebenscheiteln. Mit $\overline{MF_1} = \overline{MF_2} = e_L$ gilt die Beziehung $e_L^2 = a^2 - b^2$;
e_L ist die lineare Exzentrizität der Ellipse. Je flacher eine Ellipse ist, desto größer ist e_L im Verhältnis zu a. Unter der numerischen Exzentrizität versteht man das Verhältnis $e = e_L/a$. Bei astronomischen Angaben findet nur diese numerische Exzentrizität e Anwendung.
Die Erdbahn ist eine Ellipse, deren große Halbachse ungefähr $150 \cdot 10^6$ km und deren Exzentrizität $e = 0{,}017$ beträgt. Die große Halbachse ist die Astronomische Längeneinheit 1 AE (S. 72 und Anhang S. 310).

Um eine anschauliche Vorstellung von der Form der Erdbahn zu erhalten, verkleinern wir sie im Maßstab $1 : 1{,}5 \cdot 10^{12}$. Die große Halbachse mißt dann 10 cm. Mit $e_L = ea$ und $b = \sqrt{a^2 - e_L^2} = a\sqrt{1 - e^2}$ ergibt sich $b = 9{,}9986$ cm. Der Unterschied der beiden Halbachsen ist also sehr klein: $a - b = 0{,}014$ mm! Trotzdem ist die Entfernung der Brennpunkte vom Mittelpunkt merklich, nämlich $e_L = ea$ $= 1{,}7$ mm. Man kann die Erdbahn also ohne nennenswerten Fehler durch einen Kreis darstellen. Allerdings steht die Sonne nicht im Kreismittelpunkt, sondern in einem der Brennpunkte, also bei dem oben gewählten Maßstab 1,7 mm daneben. Der andere Brennpunkt hat keine physikalische Bedeutung. Auch die Bahnen der anderen Planeten sind kreisähnlich. Würde man mit einem Zirkel einen Kreis mit 10 cm Halbmesser zeichnen und die Planetenbahnen entsprechend verkleinern, so würden die Bahnellipsen längs ihres ganzen Umfangs innerhalb der Dicke des Bleistiftstriches liegen. Nur bei Merkur und Pluto würde es kleine Abweichungen geben. Kleinplaneten, Kometen und künstliche Satelliten laufen allerdings zum Teil auf stark elliptischen Bahnen.

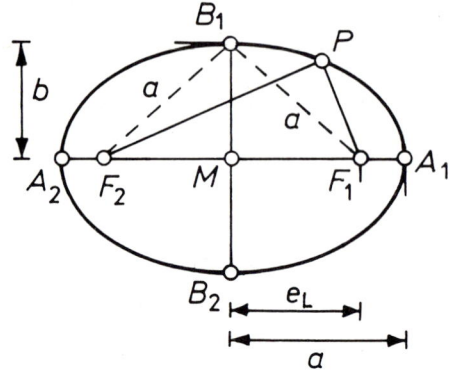

Abb. 2.39 Ellipse. Große Halbachse
$a = \overline{MA}_{1,2} = \overline{B_{1,2}F}_{1,2}$;
kleine Halbachse
$b = \overline{MB}_{1,2}$; lineare Exzentrizität $e_L = \overline{MF}_{1,2}$; numerische
Exzentrizität $e = e_L/a$. Für
jeden Ellipsenpunkt P gilt
$\overline{F_1P} + \overline{PF_2} = 2a$

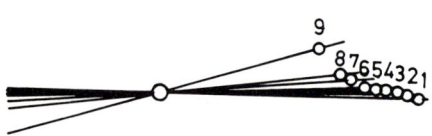

Abb. 2.40a) Neigung i der Planetenbahnen gegen die Erdbahnebene. 1 Erde;
2 Uranus; 3 Jupiter;
4 Neptun; 5 Mars;
6 Saturn; 7 Venus;
8 Merkur; 9 Pluto

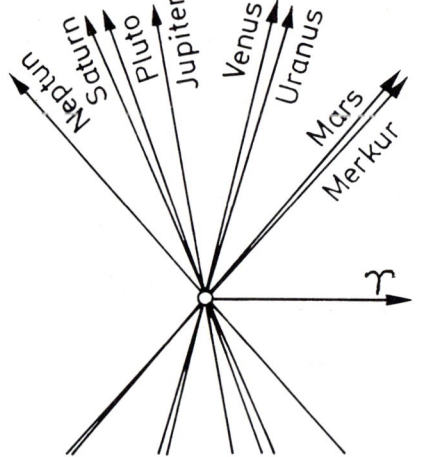

(Frühlingspunkt)

Abb. 2.40b) Die Knotenlinien der
Planetenbahnen (die
Pfeile zeigen zu den
aufsteigenden Knoten)

c) Bahnebenen und Ekliptik

Es wurde schon oben erwähnt, daß die Planeten sich immer in der Nähe der Ekliptik aufhalten. In Abb. 2.40a sind zum Vergleich die Winkel i dargestellt, die die Bahnebenen gegen die Erdbahnebene bilden. Die Schnittgeraden der Bahnebenen mit der Erdbahnebene sind in Abb. 2.40b eingezeichnet. Die Pfeile zeigen zum „aufsteigenden Knoten ☊", d.h. zu dem Punkt, an dem ein Planet von Süden nach Norden durch die Erdbahnebene hindurchgeht.

Wegen der geringen Bahnneigungen bekommt man eine gute Annäherung an die wirklichen Verhältnisse, wenn man die Planetenbahnen in die Ekliptikebene einzeichnet. Dies ist in den Abb. 2.41 und 42 geschehen. Dabei ist der Maßstab von Abb. 2.42 der 25. Teil desjenigen von Abb. 2.41 (vergleiche dazu auch Tab. 3 im Anhang).

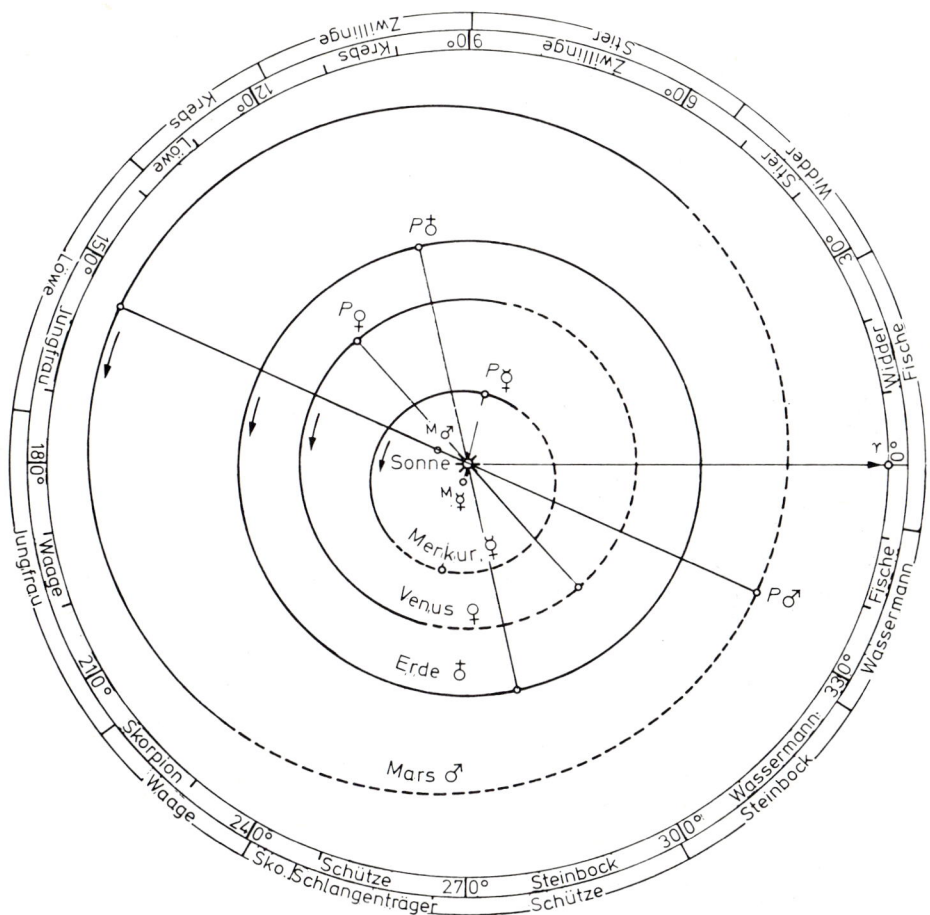

Abb. 2.41 Karte der Bahnen der inneren Planeten im Maßstab $1:5 \cdot 10^{12}$. Für jede Bahn sind Hauptachse mit Perihel P, für Merkur und Mars auch die Bahnmittelpunkte M eingezeichnet. Die südlich der Ekliptik liegenden Teile der Bahnen sind gestrichelt

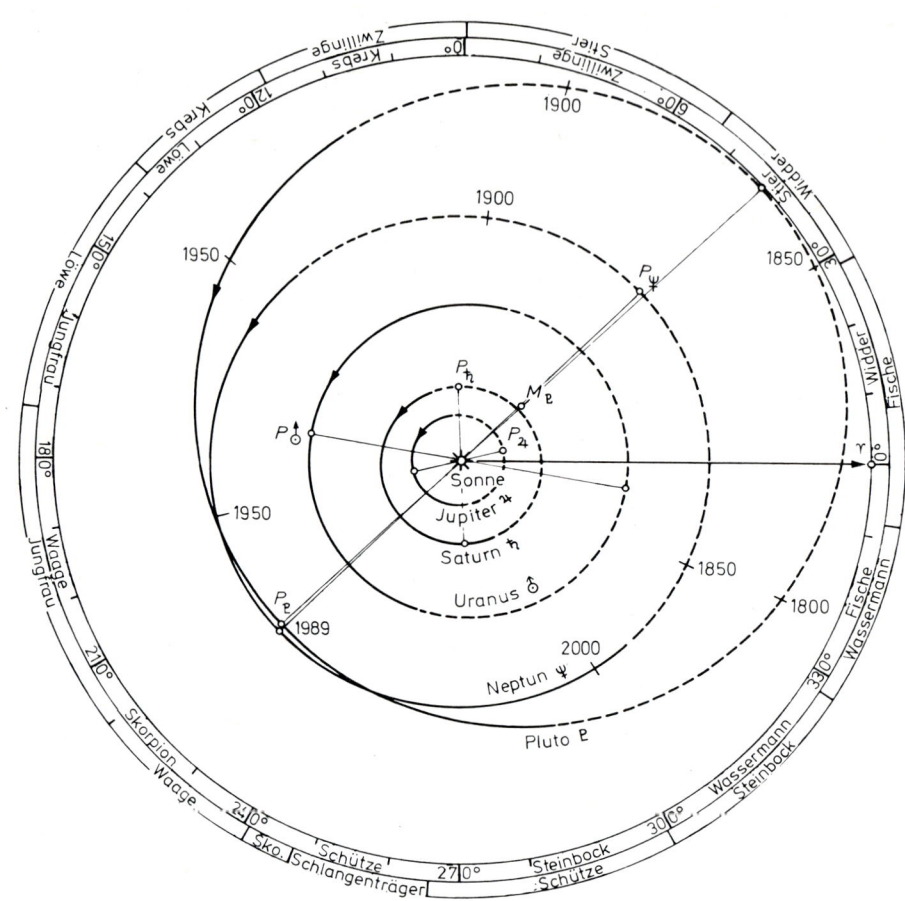

Abb. 2.42 Karte der Bahnen der äußeren Planeten im Maßstab $1 : 1,25 \cdot 10^{14}$ ($\frac{1}{25}$ des Maßstabes von Abb. 2.41). Für jede Bahn sind Hauptachse mit Perihel P, für Pluto auch der Bahnmittelpunkt M eingezeichnet. An den Bahnen von Neptun und Pluto sind die Zeitpunkte einiger Positionen angegeben. Die südlich der Ekliptik liegenden Teile der Bahnen sind gestrichelt

d) Innere und äußere, untere und obere Planeten

Die Planeten Merkur (☿), Venus (♀), Erde (⊕) und Mars (♂) bilden eine sonnennahe Gruppe. Man nennt sie die *inneren Planeten*, während die weiter außen liegende Gruppe *äußere Planeten* heißt. Es sind dies die Planeten Jupiter (♃), Saturn (♄), Uranus (♅), Neptun (♆) und Pluto (♇). Es wird sich zeigen, daß diese durch die Größe der Bahnen gegebene Gruppeneinteilung auch für die Werte der Massen und der mittleren Dichten der Planeten Gültigkeit hat.

Für die von der Erde aus zu beobachtenden Erscheinungen ist es wichtig, ob ein Planet innerhalb oder außerhalb der Erdbahn umläuft. Die innerhalb der Erdbahn liegenden Planeten Merkur und Venus nennt man *untere Planeten,* die außerhalb der Erdbahn umlaufenden Planeten heißen *obere Planeten.* Die Verschiedenheit zwischen den unteren und oberen Planeten trat schon hervor, als die Planetenschleifen und die Möglichkeiten, diese Vorgänge zu beobachten, geschildert wurden; Seite 68.

untere Planeten	Merkur $\yen$	
	Venus ♀	innere
	Erde $\oplus$	Planeten
	Mars ♂	
	Jupiter ♃	
obere Planeten	Saturn ♄	äussere
	Uranus ♅	Planeten
	Neptun ♆	
	Pluto ♇	

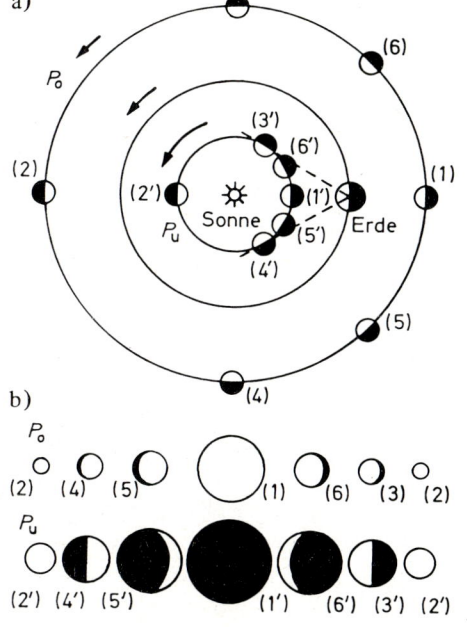

a)

Abb. 2.43 a) Konstellationen eines oberen Planeten P_o und eines unteren Planeten P_u (schematisch)

b)

b) Anblick der Planetenscheibchen von der Erde aus
P_o: (1) Opposition;
(2) Konjunktion;
P_u: (1'), (2') untere bzw. obere Konjunktion
(3'), (4') größte Elongationen

77

In Abb. 2.43 (S. 77) sind die Erdbahn und die Bahnen je eines unteren und eines oberen Planeten schematisch gezeichnet. Die Erde werde zunächst als ruhend betrachtet. Der obere Planet kann von der Erde aus gesehen in jedem beliebigen Winkelabstand von der Sonne stehen. In (1) steht er der Sonne gegenüber, er steht in *Opposition.* Hier ist er der Erde am nächsten. Wenn die Sonne im Westen untergeht, geht der Planet im Osten auf. Er ist die ganze Nacht über am Himmel zu sehen. Beim Erreichen der Stellung (2), der *Konjunktionsstellung,* verschwindet der Planet in den Strahlen der Sonne.

Der untere Planet kann nie in Oppositionsstellung zur Sonne kommen. Dagegen hat er zwei Konjunktionen, in denen er nicht sichtbar ist. (1′) nennt man seine *untere Konjunktion.* Hier ist er der Erde am nächsten. (2′) ist seine *obere Konjunktion.* In (3′) und (4′) hat der Planet seinen größten Winkelabstand — seine *größte Elongation* — von der Sonne. Wegen der Exzentrizität der Bahnen kann die größte Elongation je nach der Stellung der Erde unterschiedlich sein.

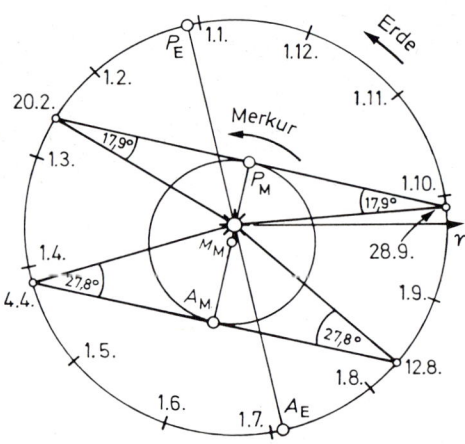

Abb. 2.44 Die Bahnen von Merkur und Erde und die Extremwerte der
größten Merkur-Elongationen

In Abb. 2.44 sind die Bahnen von Merkur und Erde gezeichnet. P_M und A_M bzw.
P_E und A_E sind die Endpunkte der großen Achsen der Bahnellipsen. Sie werden mit
Perihel (sonnennächster Punkt) und Aphel (sonnenfernster Punkt) bezeichnet.
Auf der Erdbahn sind die Positionen der Erde zu den Monatsanfängen eingetragen.
Ein Maximum bzw. ein Minimum der größten Merkur-Elongation tritt ein, wenn
Merkur im Aphel A_M bzw. im Perihel P_M und gleichzeitig die Erde auf der zugehörigen Tangente an die Merkur-Bahn steht. Dies kann zu vier Zeitpunkten eintreten: am 4. April und am 12. August ergeben sich Maxima, am 28. September und
am 20. Februar Minima der größten Elongation.

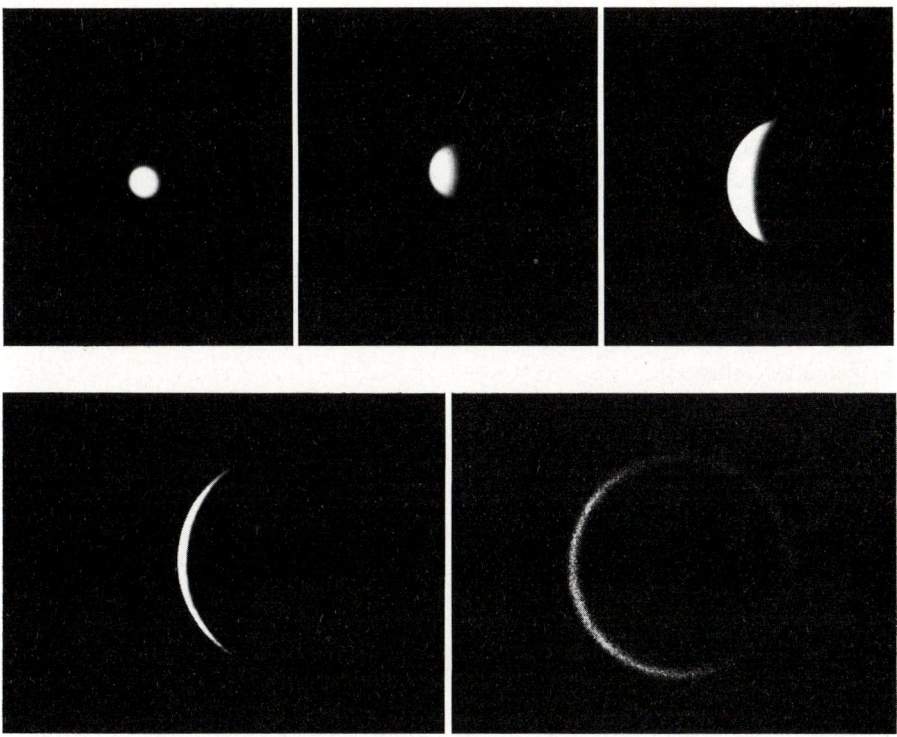

Abb. 2.45 Der Planet Venus in verschiedenen Entfernungen von der
Erde und in verschiedenen Phasen. Der helle die Sichel
schließende Lichtbogen im Bild unten rechts stammt von
Sonnenlicht, das in der Venusatmosphäre gestreut und
gebrochen wird

Für die genannten Zeitpunkte im August und im Februar steht die Sonne von der
Nordhalbkugel der Erde aus gesehen rechts vom Merkur. Das bedeutet, daß die
Sonne am Westhorizont bereits untergegangen ist, während Merkur noch am Abendhimmel sichtbar ist. Für die beiden anderen Zeitpunkte liegt eine Morgensichtbar-
keit vor.

Man könnte nun meinen, daß die abendliche Beobachtungsmöglichkeit des Merkur
im August wegen des größeren Sonnenabstandes günstiger sei als im Februar. Im
August bildet die Ekliptik bei Sonnenuntergang jedoch einen kleinen Winkel mit
dem Horizont, im Februar einen großen. Aus diesem Grunde steht Merkur — trotz
des kleineren Sonnenabstandes — im Februar bei Sonnenuntergang höher über dem
Horizont als im August. Man sieht dies sofort, wenn man auf einer drehbaren

Sternkarte die Untergangszeiten der Sonne über die entsprechenden Daten stellt (für 50° geographische Breite geht die Sonne am 20.2. um 17 h 25 m unter, am 12.8. um 19 h 20 m).

Für den Planeten Venus verlaufen die Überlegungen ganz entsprechend: Vor Erreichen der unteren Konjunktion ist er am Abendhimmel sichtbar, nach deren Überschreiten am Morgenhimmel. So erklärt es sich, daß Merkur und Venus sowohl als Abendsterne als auch als Morgensterne beobachtet werden können, daß beide jedoch nie mitten in der Nacht zu sehen sind. Wenn in der poetischen oder wissenschaftlichen Literatur vom Morgen- oder Abendstern die Rede ist, so ist stets der Planet Venus gemeint. Venus strahlt, im Gegensatz zu Merkur, in starker auffallender Helligkeit.

Den Abbildungen 2.43 und 2.44 (S. 77 und 78) läßt sich entnehmen, daß ein Planet sehr unterschiedliche Entfernungen von der Erde haben kann. Das wirkt sich stark auf die Größe des beobachtbaren Planetenscheibchens und auf die Helligkeit des Planeten aus. Außerdem müssen die unteren Planeten Phasen haben wie der Mond. Dies wurde 1609 von Galilei beobachtet und als Beweis für die Richtigkeit des Kopernikanischen Weltsystems gewertet. Die Abb. 2.45 (S. 79) zeigt die Venus in verschiedenen Entfernungen von der Erde und in verschiedenen Phasen. Bei den oberen Planeten sind die Phasen wenig auffällig (s. Abb. 2.43).

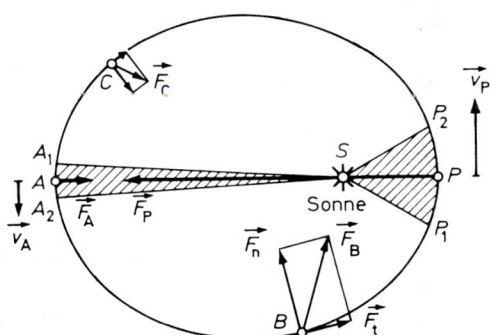

Abb. 2.46 Perihelgeschwindigkeit und Aphelgeschwindigkeit eines Planeten. Änderung der Gravitationskraft längs der Bahn

e) Die Geschwindigkeit der Erde in ihrer Bahn

Aus dem Umfang der Erdbahn und aus der Umlaufdauer der Erde läßt sich ihre *mittlere Bahngeschwindigkeit* $\bar{v}$ berechnen. Die siderische Umlaufdauer ist $T = 1a = 31{,}6 \cdot 10^6$ s. Ersetzt man die Ellipsenbahn durch einen Kreis mit $r = 150 \cdot 10^6$ km Halbmesser, so ergibt sich

$$\bar{v} = \frac{2\pi r}{T} = 29{,}8 \, \frac{\text{km}}{\text{s}} \, .$$

Nach dem zweiten Keplerschen Gesetz müssen die Flächenstücke SP_1P_2 und SA_1A_2 in Abb. 2.46 flächengleich sein, wenn die Bögen $\overset{\frown}{P_1P_2}$ und $\overset{\frown}{A_1A_2}$ in gleichen Zeiten Δt durchlaufen werden. Der längere Perihelbogen $\overset{\frown}{P_1P_2}$ muß also mit größerer Geschwindigkeit durchlaufen werden als der kürzere Aphelbogen $\overset{\frown}{A_1A_2}$. Um das Verhältnis der *Perihelgeschwindigkeit* v_P zur *Aphelgeschwindigkeit* v_A zu berechnen, ersetzt man die Ellipsenbögen durch Kreisbögen mit den Halbmessern $\overline{SP} = a - e_L$ und $\overline{SA} = a + e_L$, was ohne nennenswerten Fehler geschehen kann, wenn die Zeit Δt hinreichend klein ist.

Die Kreisausschnittsflächen sind angenähert Dreiecksflächen

$$SP_1P_2 = \tfrac{1}{2}(a - e_L) \cdot v_P \cdot \Delta t \quad \text{und} \quad SA_1A_2 = \tfrac{1}{2}(a + e_L) \cdot v_A \cdot \Delta t.$$

Nach dem Flächensatz ist also

$$\tfrac{1}{2}(a - e_L)\, v_P\, \Delta t = \tfrac{1}{2}(a + e_L)\, v_A\, \Delta t,$$

oder mit $e_L = ea$

$$\frac{v_P}{v_A} = \frac{a + e_L}{a - e_L} = \frac{1 + e}{1 - e}.$$

Für die Erdbahn ist $e = 0{,}017$. Damit wird $v_P/v_A = 1{,}035$.

Die Erde erreicht Anfang Januar ihre größte Bahngeschwindigkeit mit $v_P = 30{,}3\,\text{km/s}$ und Anfang Juni ihre kleinste mit $v_A = 29{,}3\,\text{km/s}$. (vgl. S. 65 und Abb. 2.36).

f) Die Bestimmung der großen Halbachsen der Planetenbahnen mit dem dritten Keplerschen Gesetz

Das dritte Keplersche Gesetz besagt, daß sich für zwei beliebige Planeten die Quadrate der Umlaufdauern T_1 und T_2 verhalten wie die dritten Potenzen der großen Halbachsen a_1 und a_2 der Bahnellipsen:

$$\frac{T_1^2}{T_2^2} = \frac{a_1^3}{a_2^3} \quad . \tag{2-1}$$

Für mehr als zwei Planeten gilt

$$\frac{T_1^2}{a_1^3} = \frac{T_2^2}{a_2^3} = \frac{T_3^2}{a_3^3} = \ldots = C.$$

Das heißt allgemein, daß T^2 und a^3 proportional sind, oder

$$T^2 = C \cdot a^3 \quad . \tag{2-2}$$

Die Proportionalitätskonstante C ist eine für alle Planeten eines Systems gemeinsame Konstante.

Die Größe T bedeutet im dritten Keplerschen Gesetz stets die siderische Umlaufsdauer; darunter versteht man diejenige Zeitspanne, während der ein Beobachter auf der Sonne einen vollen Umlauf des betreffenden Planeten in bezug auf die Fixsternsphäre wahrnehmen würde.

Das dritte Kepler-Gesetz bot seit seiner Entdeckung bis in die Mitte des 20. Jahrhunderts die einzige Möglichkeit, die Halbachsen a der Planetenbahnen mit genügender Genauigkeit zu bestimmen; erst seit innerhalb des Planetensystems Entfernungsmessungen mit Radar durchgeführt werden können, hat sich dies — allerdings nur für die der Erde benachbarten Planeten — geändert. Nach wie vor ist aber die Methode des dritten Keplerschen Gesetzes unentbehrlich. Da die Umlaufsdauern T der Planeten durch genügend lange Beobachtungsreihen mit hoher Genauigkeit ermittelt werden können, liefert das dritte Kepler-Gesetz sehr genaue Werte für die Bahnhalbachsen der Planeten. Werte der beiden Größen a und T sind in Tab. 3 im Anhang angegeben.

Will man nach Gl. (2-2) aus der siderischen Umlaufsdauer die große Bahnhalbachse eines Planeten bestimmen, so benötigt man dazu den Wert der Konstanten C. Man erhält ihn am besten, indem man in (2-2) die Größen a und T für die Umlaufsbewegung der Erde um die Sonne einsetzt, also

$$a_E = 1 \text{ AE (Astronomische Einheit)}$$

$$T_E = 1 \text{ a}_s \text{ (siderisches Jahr)}.$$

Damit folgt aus Gleichung (2-2)

$$C = 1 \frac{a_s^2}{AE^3} \ .$$

In (2-2) eingesetzt ergibt sich dann die Zahlenwertgleichung

$$\left(\frac{T}{a_s}\right)^2 = \left(\frac{a}{AE}\right)^3 \tag{2-3}$$

und daraus

$$\left(\frac{a}{AE}\right) = \left(\frac{T}{a_s}\right)^{\frac{2}{3}} \ . \tag{2-4}$$

Man erhält damit den Zahlenwert der großen Halbachse der Planetenbahn (in AE), wenn man die siderische Umlaufsdauer (in siderischen Jahren) zur Potenz $\frac{2}{3}$ erhebt.

Meist verwendet man als Zeiteinheit für die Umlaufsdauer der Planeten nicht das siderische Jahr, sondern den mittleren Sonnentag. Ein siderisches Jahr, also die Dauer eines vollen Umlaufs der Erde um die Sonne relativ zum Fixsternhimmel, entspricht 365,256 360 42 mittleren Sonnentagen. Wegen der — im folgenden unter

Präzession (S.99f) behandelten – rückläufigen Bewegung des Frühlingspunktes ist das siderische Jahr 20 Minuten länger als das bereits eingeführte tropische Jahr (Umlauf von Frühlingspunkt zu Frühlingspunkt; S. 62).

Da auf beiden Seiten der Gleichung (2-4) reine Zahlen stehen, kann sie logarithmiert werden:

$$\lg\left(\frac{a}{AE}\right) = \frac{2}{3}\lg\left(\frac{T}{a_s}\right). \tag{2-5}$$

Diese Beziehung ist in dem Schaubild der Abb. 2.47 mit zweifach logarithmischen Koordinaten dargestellt. Man erhält eine Gerade mit der Steigung $\frac{2}{3}$. Aus diesem Nomogramm kann man ohne Rechnung die großen Halbachsen der Planetenbahnen entnehmen, die zu gegebenen siderischen Umlaufsdauern gehören.

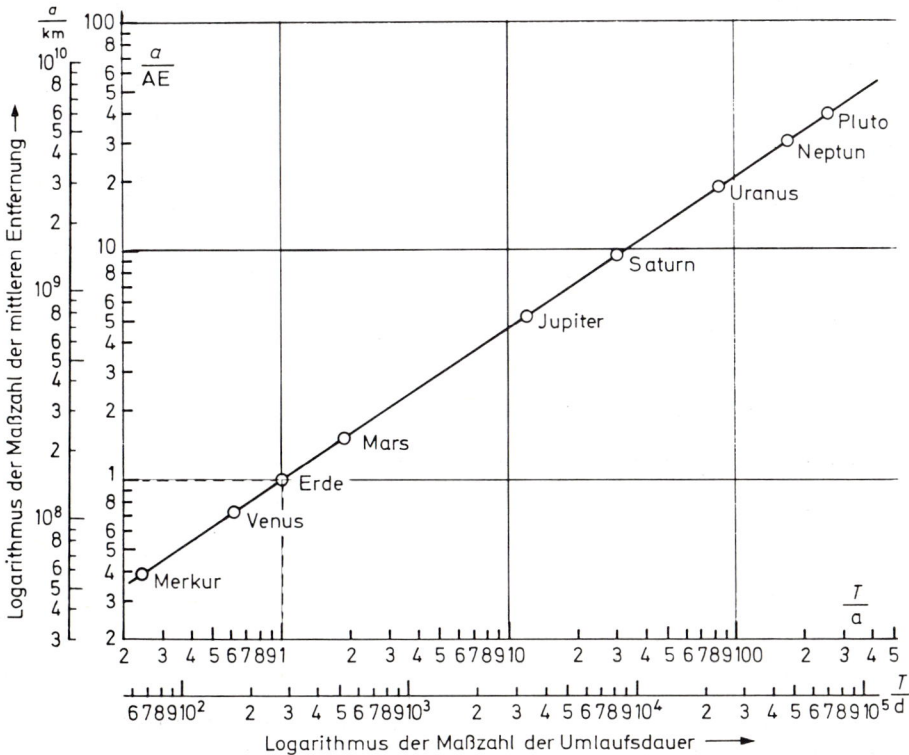

Abb. 2.47 Nomogramm zum 3.Keplerschen Gesetz in zweifach logarithmischen Koordinaten

g) Siderische und synodische Umlaufsdauer

Die *siderischen Umlaufsdauern T* der Planeten können durch Beobachtungen von der Erde aus nicht direkt gemessen werden. Sie lassen sich aber aus den beobachtbaren *synodischen Umlaufsdauern S* berechnen. Die synodische Umlaufsdauer *S* eines Planeten ist seine Umlaufsdauer in bezug auf die Richtung Sonne-Erde, zum Beispiel das Intervall zwischen zwei aufeinanderfolgenden Konjunktionen oder Oppositionen. Zu Beginn und nach Ablauf eines synodischen Umlaufs hat der Planet — von der Erde aus gesehen — die gleiche Stellung zur Sonne.

Zwischen der siderischen und der synodischen Umlaufsdauer eines Planeten besteht ein einfacher Zusammenhang; wir untersuchen ihn am Beispiel eines oberen Planeten. ω_E und ω_0 seien die mittleren Winkelgeschwindigkeiten von Erde und oberem Planet; T_E und T_0 seien die entsprechenden siderischen Umlaufsdauern. Dann gilt

$$\omega_E = \frac{2\pi}{T_E} \qquad \text{und} \qquad \omega_0 = \frac{2\pi}{T_0} \ .$$

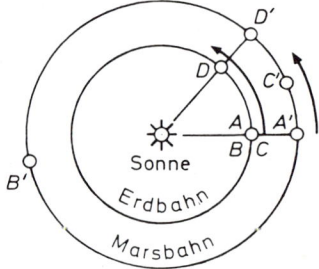

Abb. 2.48 Siderische und synodische Umlaufsdauer eines oberen Planeten (Mars). $A, A', \ldots, D, D'$ sind gleichzeitig eingenommene Positionen. Es gilt $\dfrac{1}{S} = \dfrac{1}{T_E} - \dfrac{1}{T_0}$

In Abb. 2.48 sind die Verhältnisse für Mars als oberen Planeten dargestellt. Mit A, $A', \ldots, D, D'$ sind von Erde und Mars gleichzeitig eingenommene Positionen gekennzeichnet. A' ist eine Oppositionsstellung. Die nächste erfolgt nach einem synodischen Marsumlauf bei D'. In diesem Zeitintervall S hat die Erde gerade einen Umlauf um die Sonne *mehr* gemacht als der obere Planet. Für die in der Zeit S von den Fahrstrahlen überstrichenen Winkel gilt

$$\omega_E \cdot S = \omega_0 \cdot S + 2\pi$$

oder $\qquad \dfrac{2\pi}{T_E} \cdot S = \dfrac{2\pi}{T_0} \cdot S + 2\pi$

$$\frac{1}{T_E} = \frac{1}{T_0} + \frac{1}{S}$$

also $\qquad \dfrac{1}{S} = \dfrac{1}{T_E} - \dfrac{1}{T_0}$. $\hfill$ (2-6)

Für einen unteren Planeten ergibt sich entsprechend

$$\frac{1}{S} = \frac{1}{T_u} - \frac{1}{T_E} . \hspace{4cm} (2\text{-}7)$$

Mit den Gleichungen (2-6) und (2-7) lassen sich aus beobachteten synodischen Umlaufsdauern S die siderischen Umlaufsdauern T berechnen, die zur Bestimmung der großen Halbachsen der Planeten nach Gleichung (2-4) gebraucht werden.

Beispiel: Für den Planeten Mars wird die synodische Umlaufsdauer $S_{Mars} = 779{,}95$ Tage gemessen. Mit der siderischen Umlaufsdauer der Erde $T_E = 365{,}26$ Tage erhält man aus Gleichung (2-6) die siderische Umlaufsdauer $T_{Mars} = 686{,}98$ Tage.

h) Ergänzungen

Die Gleichungen (2-2) und (2-4) müssen noch durch zwei Zusätze ergänzt werden: Angabe der Entfernungen in Kilometern; korrekte Form des dritten Kepler-Gesetzes.

Mit Gleichung (2-4) erhält man aus den siderischen Umlaufsdauern T die mittleren Entfernungen a der Planeten von der Sonne zunächst in Astronomischen Einheiten. Wenn aber die Entfernung der Erde von der Sonne, also die Astronomische Einheit, in Kilometern bekannt ist, können die Entfernungen aller anderen Planeten in dieser terrestrischen Längeneinheit angegeben werden. Bis zur Einführung der Radar-Entfernungsmessungen in die Astronomie in der Mitte des 20. Jahrhunderts beruhten alle Versuche zur Bestimmung der Entfernung Erde-Sonne in Kilometern auf Methoden, deren Genauigkeit zwar immer mehr gesteigert wurde, aber selbst bei den modernsten Messungen noch unbefriedigend ist. Durch Radarmessungen wurde die Meßgenauigkeit zwar erhöht, ist aber noch nicht optimal. Man arbeitet heute mit der Relation $1\,\text{AE} = 1{,}496 \cdot 10^8$ km. — Näheres zur Bestimmung der Astronomischen Einheit in km im Anhang S. 310.

Bei der Behandlung des Newtonschen Gravitationsgesetzes auf S. 91 wird sich zeigen, daß das dritte Gesetz in der von Kepler gefundenen Form (2-2) nicht ganz korrekt ist; es fehlt ein Faktor, der von der Masse des Planeten abhängt. Bezeichnet man mit m_p die Planetenmasse und mit $m_\odot$ die Sonnenmasse, so ist das

Massenverhältnis $\mu = m_{\mathrm{p}}/m_{\odot}$ eine reine Zahl, mit der das dritte Kepler-Gesetz die korrekte Form erhält

$$T^2(1 + \mu) = C \cdot a^3 .$$ (2-8)

Da die Planetenmassen alle sehr klein gegenüber der Sonnenmasse sind, ist $\mu \ll 1$, so daß auch Gl. (2-2) schon eine sehr gute Näherung darstellt.

Aufgaben

1. Zeichnen Sie Ellipsen mit gleichen Hauptachsen und verschiedenen Exzentrizitäten mit Hilfe der Fadenkonstruktion (Gärtnerkonstruktion)!

2. Berechnen Sie den günstigsten und den ungünstigsten Wert der größten Elongation des Planeten Venus.
   Die Venusbahn darf als vollkommene Kreisbahn mit dem Halbmesser 0,723 AE angesehen werden.
   Die Erdbahn hat den mittleren Sonnenabstand 1 AE und die Exzentrizität $e = e_{\mathrm{L}}/a = 0{,}017$.
   Zu welchen Zeitpunkten können die Extremwerte der größten Elongation auftreten?

3. Der Kleinplanet Ceres hat die synodische Umlaufsdauer 1,28 Jahre. Berechnen Sie seine siderische Umlaufsdauer und ermitteln Sie seine mittlere Entfernung von der Sonne aus der Abb. 2.47 (S. 83).

4. Berechnen Sie die synodischen Umlaufsdauern (in Jahren) für die Planeten Merkur und Venus als untere, für Mars und Saturn als obere Planeten (Entnehmen Sie die siderischen Umlaufsdauern der Tabelle 3 im Anhang).
   Überlegen Sie, welche synodischen Umlaufsdauern Planeten hätten, deren mittlere Sonnenentfernungen
   a) wenig kleiner oder wenig größer als diejenige der Erde wären.
   Wie wäre es bei Planeten, deren mittlere Entfernungen
   b) sehr viel größer,
   c) sehr viel kleiner,
   als diejenige der Erde wären?

5. Am 18.6. 1975 erreichte Venus ihre größte östliche Elongation.
   a) War sie zu diesem Zeitpunkt Morgen- oder Abendstern?
   b) In welchem Sternbild stand sie?
   c) In welchem Sternbild stand sie bei der nächstfolgenden größten östlichen Elongation? (Berechnen Sie dazu den zeitlichen Abstand zweier solcher maximaler Elongationen und berücksichtigen Sie, daß die Sonne sich täglich um etwa $1°$ auf der Ekliptik weiterbewegt).

Nehmen Sie als Winkel für die größte Elongation 45°. Die siderische Umlaufsdauer der Venus ist 225 d, diejenige der Erde kann gleich 365 d gesetzt werden. Verwenden Sie eine drehbare Sternkarte.

6. Der Halleysche Komet kommt der Sonne auf 0,6 AE nahe. Seine größte Sonnenentfernung beträgt 35,4 AE. Wie groß ist seine siderische Umlaufsdauer?

7. Stellen Sie sich vor: Von der Erde würde ein Geschoß mit einer Geschwindigkeit abgeschossen, die gleich der Bahngeschwindigkeit der Erde, dieser jedoch entgegengesetzt gerichtet wäre. Dieses Geschoß würde einen Augenblick lang relativ zum Sonnensystem still stehen. Dann würde es sich beschleunigt auf die Sonne zu bewegen.
Wie lange würde es dauern, bis es die Sonne erreicht hätte?
Anleitung: Fassen Sie die Bahn des Geschoßes auf als die eine Hälfte einer Kepler-Ellipse, die dadurch zu einer Strecke entartet ist, daß ihre Brennpunkte in die Hauptscheitel gerückt sind. Entnehmen Sie die „Umlaufsdauer" zu der entsprechenden „mittleren Entfernung" der Abb. 2.47, S. 83.

8. Das dritte Keplersche Gesetz gilt auch für die Satellitensysteme der Planeten. Allerdings besitzt in Gleichung (2-2) jeder Zentralkörper eine eigene für ihn charakteristische Konstante C. In einer Darstellung in zweifach logarithmischen Koordinaten nach Abb. 2.47 (S. 83) hat jeder Planet deshalb sein eigenes a, T-Schaubild.
Fertigen Sie für die Satellitensysteme der Planeten Mars, Jupiter, Saturn, Uranus und Neptun derartige Schaubilder des 3. Keplerschen Gesetzes in einem zweifach logarithmischen Koordinatensystem an. Tragen Sie auch den Erdmond ein. Die siderischen Umlaufsdauern und die mittleren Entfernungen entnehmen Sie der Tabelle 6 im Anhang.
Bei geeigneter Wahl des Maßstabes lassen sich mit Hilfe einer derartigen Darstellung für die Erde als Zentralkörper die mittleren Entfernungen von künstlichen Erdsatelliten ermitteln, wenn deren Umlaufsdauern bekannt sind oder umgekehrt.

2.3.4 Das Newtonsche Gravitationsgesetz und die Keplerschen Gesetze der Planetenbewegungen

a) Die Bahnformen

Newton war der Überzeugung, daß die Kraft, die einen Apfel vom Baum fallen läßt, die gleiche sei, die auch den Mond auf seiner Bahn um die Erde oder einen Planeten auf seiner Bahn um die Sonne hält und daß diese Kraft nicht nur von Himmelskörpern ausgehe, sondern daß sie zwischen allen Körpern wirksam sei.

Für die Kraft zwischen zwei kugelsymmetrisch aufgebauten Körpern formulierte er 1687 das *Gravitationsgesetz* (siehe Physik-Lehrbuch)

$$F = G\frac{m_1 \cdot m_2}{r^2}$$

(2-9)

F Massenanziehungskraft
m_1, m_2 Massen der Körper
r Entfernung der Massenmittelpunkte beider Körper
G Gravitationskonstante ($G = 6{,}672 \cdot 10^{-11}\,\text{m}^3\,\text{kg}^{-1}\,\text{s}^{-2}$).

Newton wendete die von ihm entdeckten allgemeinen Gesetze der Mechanik, die zunächst an Vorgängen auf der Erde erprobt worden waren, auf die Bewegungen der Himmelskörper an und schuf so die *Himmelsmechanik*. Bei gegebenen Anfangsbedingungen (Ort und Geschwindigkeit z.B. eines Planeten) und bei bekanntem Kraftgesetz (Gravitationsgesetz) läßt sich die Bahnform und die Bewegungsart des Körpers berechnen.

Als Ergebnis dieser Rechnungen konnte Newton die Keplerschen Gesetze deduktiv herleiten und noch verallgemeinern. Sie gelten nicht nur für die Sonne und ihre Planeten, sondern allgemein für die Bewegung zweier Massenpunkte, zwischen denen eine Kraft wirkt, die mit dem Quadrat der Entfernung abnimmt. Diese Kraft kann die Massenanziehungskraft sein, oder auch die elektrostatische Anziehungs- oder Abstoßungskraft zweier elektrisch geladener Körper.

Aus Newtons Rechnungen folgte, daß die Bahnkurven stets Kegelschnitte sind. Außer den von Kepler gefundenen Ellipsen sind auch Hyperbel- und Parabelbahnen möglich. Durch diese Feststellung wurde das erste Gesetz erweitert, das von Kepler nur für geschlossene Bahnen ausgesprochen worden war.

Das zweite Keplersche Gesetz, der Flächensatz, gilt allgemein für jede Zentralbewegung (siehe Physik-Lehrbuch).

b) Punktweise Berechnung von Planetenbahnen

Der rechnerische Nachweis, daß die Planetenbahnen Kegelschnitte sind, ist etwas mühsam. Jedoch kann man schon mit einem programmierbaren Taschenrechner solche Bahnen punktweise mit guter Näherung berechnen.

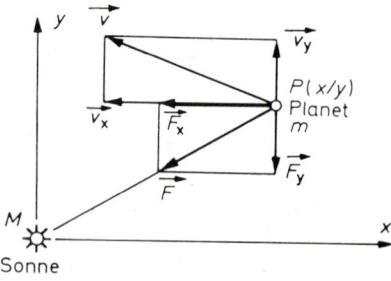

Abb. 2.49 Zerlegung von Kraft und Geschwindigkeit bei einem iterativen Verfahren zur punktweisen Berechnung von Planetenbahnen

In einem rechtwinkeligen Koordinatensystem, in dessen Ursprung die Sonne (Masse $m_\odot$) steht, sei der Ort des Planeten (Masse m) zu einem Zeitpunkt t gegeben durch den Punkt $P(x/y)$. Seine Geschwindigkeit v sei festgelegt durch die Komponenten v_x und v_y (s. Abb. 2.49). Seine Sonnenentfernung ist $r = \sqrt{x^2 + y^2}$. Die Gravitationskraft ist $F = G\dfrac{m_\odot m}{r^2}$; sie hat in Richtung der Koordinatenachsen die Komponenten $F_x = -F\dfrac{x}{r}$ und $F_y = -F\dfrac{y}{r}$. Der Planet bekommt dadurch die Beschleunigungskomponenten

$$a_x = \frac{F_x}{m} = -G\frac{m_\odot x}{r^3}$$

$$\text{(2-10)}$$

und $\qquad a_y = \dfrac{F_y}{m} = -G\dfrac{m_\odot y}{r^3}.$

In einer hinreichend kleinen Zeitspanne Δt kann man die Bahn des Planeten näherungsweise als geradlinige gleichmäßig beschleunigte Bewegung ansehen.

Bei der Rechnung geht man aus vom Ort $P_0(x_0/y_0)$ des Planeten zur Zeit $t_0 = 0$ und der Geschwindigkeit v_0 mit den Komponenten v_{x_0} und v_{y_0} und berechnet den Ort P_1 und die Geschwindigkeit v_1 des Planeten zur Zeit $t_1 = t_0 + \Delta t$, kurz: $t_1 = \Delta t$ durch die Gleichungen

$$x_1 = x_0 + v_{x_0} \cdot \Delta t; \quad y_1 = y_0 + v_{y_0} \cdot \Delta t;$$

$$v_{x_1} = v_{x_0} - Gm_\odot\frac{x_0}{r_0^3} \cdot \Delta t; \quad v_{y_1} = v_{y_0} - Gm_\odot\frac{y_0}{r_0^3} \cdot \Delta t. \qquad \text{(2-11)}$$

Für den Zeitpunkt $t_1 = \Delta t$ werden nun die Beschleunigungskomponenten berechnet und daraus wieder Ort P_2, Geschwindigkeit v_2 und Entfernung r_2 für den Zeitpunkt $t_2 = 2\Delta t$ usf.

Man nennt dies ein Iterationsverfahren mit den Gleichungen

$$r_n = \sqrt{x_n^2 + y_n^2}, \qquad \text{(2-12)}$$

$$x_{n+1} = x_n + v_{x_n} \cdot \Delta t; \quad y_{n+1} = y_n + v_{y_n} \cdot \Delta t; \qquad \text{(2-13)}$$

$$v_{x_{n+1}} = v_{x_n} - Gm_\odot\frac{x_n}{r_n^3} \cdot \Delta t; \quad v_{y_{n+1}} = v_{y_n} - Gm_\odot\frac{y_n}{r_n^3} \cdot \Delta t. \qquad \text{(2-14)}$$

Nach diesem Verfahren sind in Abb. 2.50 je eine genäherte Kreis-, Ellipsen- und Hyperbelbahn gezeichnet worden. Die Anfangspunkte und die Zeitabschnitte Δt sind für alle Bahnkurven gleich. Dagegen sind die Anfangsgeschwindigkeiten verschieden. Die Anfangsgeschwindigkeit ist für die Kreisbahn am kleinsten, für die Hyperbelbahn am größten. An den verschieden großen Entfernungen aufeinanderfolgender Bahnpunkte, die stets in gleichen Zeiten zurückgelegt werden, erkennt

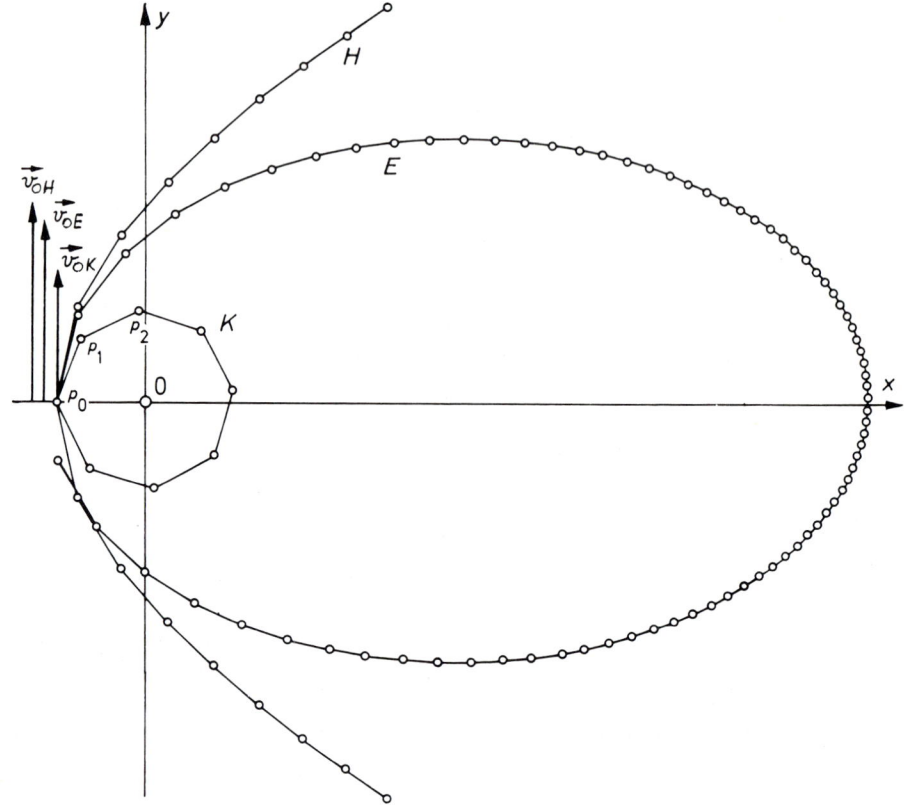

Abb. 2.50 Punktweise berechnete Planetenbahnen:
K Kreis, E Ellipse, H Hyperbel. Die Anfangsgeschwindig-
keiten stehen im Verhältnis $v_{oK} : v_{oE} : v_{oH} = 1 : 1{,}375 : 1{,}5$.
Für alle Bahnen ist $\Delta t = \frac{1}{80}\, T_K$ (T_K Umlaufsdauer auf
der Kreisbahn; nur jeder zehnte Wert ist eingezeichnet)

man unmittelbar die Verschiedenheit der Bahngeschwindigkeiten bei gleichen
Flächengeschwindigkeiten.

c) Wechselnde Bahnkrümmung und Bahngeschwindigkeit

Die auf einen Planeten wirkende Gravitationskraft $\vec{F}$ kann man auch in eine
Normalkomponente $\vec{F}_n$ und eine *Tangentialkomponente* $\vec{F}_t$ zerlegen (s. Abb. 2.46,
S. 80).
Die Normalkomponente krümmt die Bahn. Die Bahnkrümmung ist bei einer Ellipse
am größten in den Hauptscheiteln, da dort die Anziehungskraft senkrecht zur Bahn
steht. Zwischen Aphel A und Perihel P beschleunigt die Tangentialkomponente
den Planeten (Abb. 2.46, B). Er erreicht seine größte Geschwindigkeit im Perihel.
Zwischen Perihel und Aphel wird er durch die Tangentialkomponente gebremst
(Abb. 2.46, C). Am langsamsten läuft er im Aphel. Dies ist der Grund, warum dort
die kleinere Anziehungskraft die gleiche Bahnkrümmung erzeugen kann wie die
größere Anziehung im Perihel.

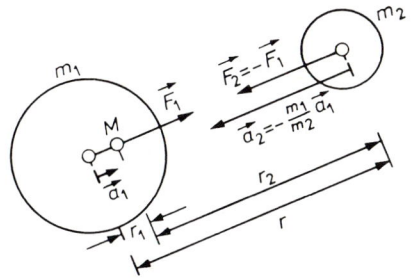

Abb. 2.51 Die Gravitationskräfte $\vec{F}_1$ und $\vec{F}_2 = -\vec{F}_1$ zweier Körper mit den Massen m_1 und m_2 und die durch sie erzeugten Beschleunigungen $\vec{a}_1$ und $\vec{a}_2 = -\dfrac{m_1}{m_2} \cdot \vec{a}_1$. Für den Massenmittelpunkt M gilt $m_1 r_1 = m_2 r_2 \,; r = r_1 + r_2$

d) Die korrekte Form des 3. Keplerschen Gesetzes

Nach dem Newtonschen Prinzip von actio und reactio sind die Kräfte, die zwei Körper mit den Massen m_1 und m_2 aufeinander ausüben, betragsgleich, aber entgegengesetzt orientiert (Abb. 2.51). Wenn beide Körper zunächst in Ruhe sind und dann ohne Einwirkung anderer Kräfte der Wirkung der Gravitationskraft überlassen werden, bewegen sie sich beschleunigt aufeinander zu. Zwar sind die Kräfte betragsgleich, doch erzeugen sie verschiedene *Beschleunigungen a_1 und a_2*:

$$a_1 = \frac{F_1}{m_1} = G\frac{m_2}{r^2} \quad \text{und} \quad a_2 = \frac{F_2}{m_2} = G\frac{m_1}{r^2}, \qquad (2\text{-}15)$$

also ist $\qquad \dfrac{a_1}{a_2} = \dfrac{m_2}{m_1}. \qquad\qquad\qquad\qquad\qquad\qquad\qquad (2\text{-}16)$

Die Beschleunigungen verhalten sich umgekehrt wie die Massen der Körper.
Soll dagegen der Abstand r der beiden Körper stets gleich bleiben, so darf die auf sie wirkende Gravitationskraft nur Zentripetalbeschleunigungen zur Folge haben. Die Bahngeschwindigkeiten beider Körper müssen also in jedem Zeitpunkt senkrecht zur Verbindungslinie der beiden Mittelpunkte gerichtet sein; dies ist nur möglich, wenn sie beide mit gleicher Winkelgeschwindigkeit ω Kreise um ein festes Zentrum beschreiben, das zwischen ihnen auf der Verbindungslinie ihrer Mittelpunkte liegt. Sind r_1 und r_2 die Radien dieser Kreise, so müssen die beiden Zentripetalkräfte

$$F_1 = m_1\omega^2 r_1 \quad \text{und} \quad F_2 = m_2\omega^2 r_2 \qquad\qquad (2\text{-}17)$$

nach dem Gegenwirkungsprinzip in jedem Augenblick gleiche Beträge haben. Daraus folgt

$$m_1 r_1 = m_2 r_2. \qquad\qquad\qquad\qquad\qquad\qquad (2\text{-}18)$$

Der gemeinsame Bahnmittelpunkt ist also der Massenmittelpunkt des Systems.

Aus der Gleichung (2-18) ergibt sich mit $r = r_1 + r_2$

$$r_1 = \frac{m_2}{m_1 + m_2} r \quad \text{und} \quad r_2 = \frac{m_1}{m_1 + m_2} r \tag{2-19}$$

Da für den hier betrachteten Spezialfall von Kreisbahnen die Gravitationskraft stets gleich der Zentripetalkraft ist, erhält man aus Gl. (2-9) und (2-17) mit (2-19)

$$G\frac{m_1 m_2}{r^2} = \frac{m_1 m_2}{m_1 + m_2} \omega^2 r \ .$$

Nach dem 2. Kepler-Gesetz ist aber auf Kreisbahnen die Winkelgeschwindigkeit konstant; deshalb kann man mit $\omega = 2\pi/T$ die Umlaufsdauer einführen und erhält damit schließlich

$$\frac{T^2}{r^3} = \frac{4\pi^2}{G(m_1 + m_2)} \ . \tag{2-20}$$

Dies ist die Herleitung des korrekten 3. Kepler-Gesetzes für eine Kreisbahn. Für elliptische Bahnen hat das Gesetz die gleiche Gestalt. An die Stelle der Entfernung r der beiden Körper tritt die große Halbachse a der Bahnellipse.

Es sei nun $m_1 = m_\odot$ die Sonnenmasse und $m_2 = m_P$ die Masse eines Planeten; außerdem sei $\mu = \dfrac{m_P}{m_\odot}$ (wie auf S. 86), dann läßt sich die Gleichung (2-20) folgendermaßen umformen

$$(1 + \mu)T^2 = \frac{4\pi^2}{Gm_\odot} \cdot a^3 \ . \tag{2-21}$$

Damit hat sie die gleiche Form wie die Gleichung (2-8)(S. 86).
Der Zusammenhang zwischen den Konstanten C und $4\pi^2/Gm_\odot$ wird im Anhang „Die Gravitationskonstanten der Physik und Astronomie und die Astronomische Einheit" behandelt (s.S. 309).

e) Absolute und relative Bahnen

Die Beobachtungen liefern nicht die *absolute Bahn* eines Planeten um den Massenmittelpunkt des Systems Sonne-Planet, sondern die *relative Bahn* des Planeten um den Mittelpunkt der Sonne. Relative und absolute Bahn sind bezüglich ihrer Form geometrisch ähnlich; die relative Bahn ist etwas größer als die absolute. Ihre Halbachse ist das $(m_\odot + m_P)/m_\odot$-fache der Halbachse der absoluten Bahn. Die Massen m_P der Planeten sind klein gegen die Sonnenmasse. Daher liegen die Faktoren in jedem Fall nahe bei 1. Für das Zweikörpersystem Sonne-Erde beträgt der Abstand zwischen Sonnenmittelpunkt und Massenmittelpunkt des Systems 450 km; der entsprechende Wert für das System Sonne-Jupiter ist 740 000 km (der Radius der Sonne ist 700 000 km).

f) Die Gleichung für die Bahngeschwindigkeit; Rechtläufigkeit und Rückläufigkeit von Planeten

Die Bewegung eines Planeten (Masse m_P) sei eine Kreisbahn um die Sonne (Masse $m_\odot \gg m_P$) mit dem Halbmesser r und der Geschwindigkeit v. Die Gravitationskraft erzeugt die für die Kreisbahn erforderliche Zentripetalkraft. Es gilt also

$$\frac{m_P v^2}{r} = G \frac{m_\odot m_P}{r^2}$$

oder $\qquad v^2 = G m_\odot \cdot \frac{1}{r} \,,$ $\qquad\qquad\qquad$ (2-22)

d.h. $\qquad v \sim \sqrt{\frac{1}{r}} \,.$ $\qquad\qquad\qquad$ (2-23)

Diese Beziehung ist eine andere Form des 3. Keplerschen Gesetzes. Sie gilt, wenn man unter v die mittlere Bahngeschwindigkeit des Planeten versteht, auch für elliptische Bahnen.

Die mittlere Bahngeschwindigkeit ist demnach umgekehrt proportional zur Wurzel aus der mittleren Sonnenentfernung.

Umlaufsbewegungen, bei denen $v \sim r^{-1/2}$ ist, werden allgemein als Keplerbewegungen, die durchlaufenen Bahnen als Keplerbahnen bezeichnet. Der Typ der Keplerbewegung tritt auch außerhalb unseres Planetensystems, bei Doppelsternen und in der Außenzone von rotierenden Sternsystemen, auf.

Bei einer Planetenbahn mit der Halbachse a lautet die Gleichung für die Bahngeschwindigkeit v in der Entfernung r von der Sonne

$$v^2 = G(m_\odot + m_P) \cdot \left(\frac{2}{r} - \frac{1}{a} \right) \,.$$ $\qquad\qquad\qquad$ (2-24)

Mit der Beziehung (2-23) läßt sich die Rückläufigkeit der Planeten in ihrer erdnächsten Stellung erklären. Auf Grund seiner größeren Bahngeschwindigkeit überholt der sonnennähere Planet den weiter außen laufenden.

In Abb. 2.52 a sind die Erde und ein oberer Planet dargestellt. Der Einfachheit halber beziehen wir uns auf Kreisbahnen. Die Pfeile auf den Bahnkreisen sind die Bögen, die jeweils in gleichen Zeitabschnitten Δt zurückgelegt werden. Die gestrichelten Strahlen sind Sehstrahlen, die den Planeten an die Himmelskugel

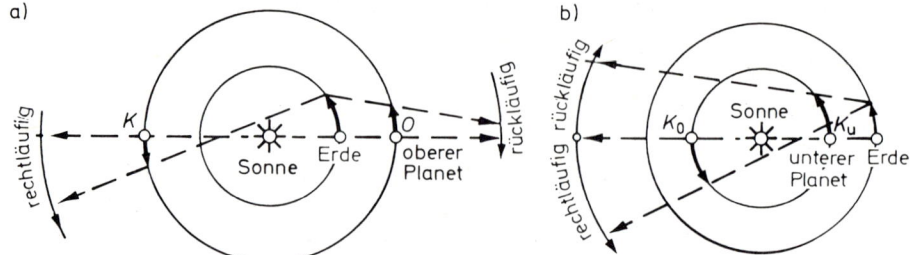

Abb. 2.52 Rechtläufigkeit und Rückläufigkeit von Planeten.
a) Oberer Planet; O Opposition, K Konjunktion
b) Unterer Planet; K_u untere, K_o obere Konjunktion

projizieren. In der Konjunktionsstellung K bewegt sich der Sehstrahl während der Zeit Δt von rechts nach links, also rechtläufig in östlicher Richtung, während er in der Oppositionsstellung O von links nach rechts läuft, also rückläufig ist und die Oppositionsschleife erzeugt.

Abb. 2.52 b zeigt die Verhältnisse für einen unteren Planeten. In der oberen Konjunktion K_0 ist der Planet rechtläufig, in der unteren Konjunktion K_u kommt es zur Rückläufigkeit.

Aufgaben

1. Berechnen Sie die Erdmasse unter der Annahme, daß das Gewicht eines Körpers ausschließlich durch die Gravitationskraft der Erde erzeugt wird (d.h. unter Vernachlässigung der Erdrotation).
   Erdradius $R = 6370$ km; Fallbeschleunigung an der Erdoberfläche
   $g_0 = 9,81 \text{ m} \cdot \text{s}^{-2}$.

2. Berechnen Sie die Sonnenmasse aus der siderischen Umlaufsdauer des Planeten Merkur und seiner mittleren Entfernung von der Sonne.

   $$T_M = 87,97 \text{ d}; \quad a_M = 57,9 \cdot 10^6 \text{km}.$$

3. In 2.3.3, Aufgabe 8, haben Sie ein Schaubild für das 3. Keplersche Gesetz angefertigt.
   Vervollständigen Sie dieses Schaubild, indem Sie für verschiedene Zentralkörper Linien gleicher Masse eintragen.
   Verwenden Sie dazu Gleichung (2-20), setzen Sie $m_2 \ll m_1$ und nehmen Sie beispielsweise die Massen 10^{23} kg, 10^{26} kg, ..., 10^{38} kg.

2.3.5 Gezeitenreibung und Erdrotation; Atomzeit

a) Die Gezeitenreibung

Sonne und Erde, Erde und Mond üben Gravitationskräfte aufeinander aus. Eine leicht zu beobachtende Folge dieser Kräfte sind die *Gezeiten,* die an den Küsten der Ozeane einen Wechsel von Ebbe (ablaufendem Wasser) und Flut (auflaufendem Wasser) erzeugen. Die dazwischen liegenden Extremwerte des Wasserstandes nennt man Niedrigwasser und Hochwasser. Die Entstehung zweier Flutberge auf gegenüberliegenden Seiten der Erde, die in etwa 24 Stunden 50 Minuten die Erde umlaufen, wird im Physik-Lehrbuch erklärt.

Die Gezeitenwirksamkeit der Sonne ist — obwohl ihre Masse sehr viel größer ist als die des Mondes — nur knapp halb so groß (45%) wie die des Mondes, da die Sonne sehr viel weiter von der Erde weg ist als der Mond. Auch in der Lufthülle und in der festen Erdkruste entstehen Gezeiten. Diese sind allerdings nicht so leicht feststellbar wie beim Wasser.
Bei der Bewegung der Wassermassen durch die Gezeitenkräfte werden große Mengen mechanischer Energie, die aus der Rotationsenergie der Erde stammen, in Wärme umgewandelt. Dabei erfolgt der größte Energieverbrauch bei der äusseren Reibung der Gezeitenströme gegen den Meeresboden; dieser Effekt ist besonders stark in flachen, von Küsten eng umschlossenen Randmeeren. Infolge der Umwandlung von Rotationsenergie in Wärmeenergie nimmt die Rotationsgeschwindigkeit der Erde langsam, aber kontinuierlich ab. Dieser Vorgang spiegelt sich in den beobachteten Bewegungen aller Körper des Planetensystems, die relativ nahe sind; er macht sich am stärksten beim Mond, aber auch bei der Sonne bemerkbar. Der Beobachtungs-effekt besteht in einer *Schein-Beschleunigung* der Bahnbewegung des betreffenden Himmelskörpers. Der Erdrotation entnehmen wir die astronomische Zeit und damit die Fixierung der zu den Beobachtungen gehörenden Zeitpunkte. Infolge der *Verlangsamung der Erdrotationsgeschwindigkeit* dehnt sich diese astronomische Zeitskala; ein Tag ist immer länger als der vorhergehende. Den Vorausberechnungen der in den Ephemeriden-Werken tabulierten Örter von Mond und Sonne liegt dagegen ein gleichförmiger Zeitablauf zugrunde. Infolge dieser Diskrepanz der beiden in Theorie und Beobachtung verwendeten Zeitmaße eilen die beobachteten Positionen der benachbarten Himmelskörper den nach der Theorie zu erwartenden Positionen voraus.

Im Jahre 1693 fand *Halley* bei der Untersuchung der Mondörter, die sich aus antiken, arabischen und neuzeitlichen Beobachtungen von Finsternissen ergeben, dass in den rund 2000 Jahren, die von diesen Beobachtungen überdeckt werden, die Winkelgeschwindigkeit des Mondes in seiner Bahn zugenommen haben mußte.
Die Theorie der Gezeitenreibung und der durch diese Reibung bewirkten Effekte im System Erde-Mond wurde von *G. H. Darwin* 1880 aufgestellt. Die zwei von Darwin gefundenen Effekte bestehen in der Verlangsamung der Rotations-

geschwindigkeit der Erde und in einer Verlangsamung der Bahngeschwindigkeit des Mondes; dieser letztere Vorgang wird im Abschnitt 1 des 3. Kapitels bei der Bahnbewegung des Mondes behandelt (s.S. 117).

b) Die ungleichförmig rotierende Erde

Die durch die Gezeitenreibung bewirkte ständige Vergrößerung der Tageslänge beträgt pro Tag $4,5 \cdot 10^{-8}$ s, oder in einem Jahrhundert 0,0016 s. Der Effekt ist also an sich sehr gering; er summiert sich jedoch in langen Zeiträumen stark auf.

Die Analyse der Beobachtungen von Mond, Sonne, Merkur und Venus hat im Anfang des 20. Jahrhunderts zur Entdeckung einer zweiten Art von Änderungen in der Rotationsgeschwindigkeit der Erde geführt. Diese Änderungen sind unregelmäßig, sie heißen *Fluktuationen* und bestehen in positiven und negativen Beschleunigungen der Rotationsgeschwindigkeit. Die im Erdinneren zu suchenden ursächlichen Ereignisse sind wahrscheinlich Massenverlagerungen. Mit Hilfe von genauen Mondbeobachtungen, vor allem von Sternbedeckungen durch den Mond, kann man die Fluktuationen bis etwa zum Jahre 1680 zurückverfolgen. Die größten als Folge dieser Fluktuationen bisher beobachteten Abweichungen der Tageslänge vom Mittelwert der letzten 250 Jahre betragen $-0,005$ s und $+0,002$ s. Der Effekt summiert sich auf und verursacht Zeitdifferenzen zwischen der Erduhr und einer gleichförmigen Zeitskala, die schnell auf mehrere Sekunden anwachsen können.

Schließlich ist in den Jahren 1934 bis 1937 mit Quarzuhren eine dritte Art der Veränderlichkeit der Rotationsgeschwindigkeit der Erde entdeckt worden; diese Veränderungen haben Jahresperiode und werden durch meteorologische Vorgänge verursacht. Die Abweichungen der Tageslänge vom Jahres-Mittelwert betragen maximal im März $+0,001$ s, im August $-0,001$ s. Es handelt sich also um einen in der Größenordnung den Fluktuationen ähnlichen Vorgang; doch tritt bei den *jahreszeitlichen Schwankungen* wegen des vergleichsweise kurzperiodischen Charakters keine große Summierung des Effektes auf.

c) Atomzeit und mittlere Sonnenzeit

Die drei genannten Arten der Ungleichförmigkeit in der Rotationsgeschwindigkeit der Erde sind die Ursache dafür, dass die mittlere Sonnenzeit ein ungleichförmiges Zeitmaß ist; die Weltzeitsekunde ist keine unveränderliche Zeiteinheit. Quarzuhren haben eine Genauigkeit von 0,1 ms pro Tag; bei Atomuhren ist die Genauigkeit 0,1 μs pro Tag. Diese sehr große Genauigkeit legte es nahe, die Zeiteinheit nicht mehr astronomisch, sondern physikalisch durch Atomschwingungen zu definieren. Im Jahre 1967 wurde festgelegt, dass 1 *Atomsekunde* gleich der Dauer von 9 192 631 770 Perioden der Strahlung ist, die dem Übergang zwischen den beiden Hyperfeinniveaus des Grundzustandes von Caesium-133-Atomen entspricht. Der Faktor 9 192 631 770 wurde so bestimmt, dass eine möglichst gute Anpassung der Atomsekunde an den Mittelwert der Weltzeitsekunde der letzten 200 Jahre erreicht wurde.

Vor 100 Jahren drehte sich die Erde noch etwas schneller als jetzt; dies bewirkt, daß die Atomsekunde um etwa $4 \cdot 10^{-8}$ s kürzer ist als die jetzige Weltzeitsekunde. Aus dieser Differenz ergibt sich für die Gegenwart eine Zeitverschiebung zwischen Atomzeit und Weltzeit von etwa 1 Sekunde pro Jahr.

In der Bundesrepublik Deutschland ist die Atomsekunde entsprechend der oben gegebenen Definition die gesetzliche Sekunde. Die Atomzeit besteht aus einer Folge solcher Sekunden von völlig gleicher Länge. Dies ist die amtliche Zeit, die in den Zeitsignalen der Fernseh- und Rundfunkanstalten erscheint. Normalerweise hat ein Atomzeit-Tag 86 400 Atomsekunden. Um aber den Zusammenhang mit dem Naturvorgang der – zwar ungleichförmig, aber sehr zuverlässig – rotierenden Erde aufrechtzuerhalten, werden in die ausgestrahlte Atomzeit nach Bedarf *Schalt-sekunden* eingefügt. Ein Atomzeit-Tag, an dem dies geschieht, hat dann 86 401 Atom-Sekunden. Die Häufigkeit, mit der diese Einschaltungen vorgenommen werden müssen, hängt von der durch die Gezeitenreibung bewirkten Verlangsamung der Erdrotation und von dem Auftreten der unregelmäßigen Erdereignisse ab, durch die die Fluktuationen verursacht werden. Die Erduhr läuft gegen die Atomuhr zunehmend langsamer. Gegenwärtig muß etwa pro Jahr ein positiver Sprung (Einschaltung einer Atomsekunde) vorgenommen werden; negative Sprünge (Auslassung von Sekunden) könnten nur notwendig werden, wenn die Fluktuationen für längere Zeit eine stark verkürzte Rotationsdauer der Erde bewirken würden.

2.3.6 Die Präzession der Erdachse und des Frühlingspunktes

a) Die Präzession der Rotationsachse der Erde

Die Erdrotation bewirkt, daß die Erde nicht kugelförmig, sondern abgeplattet ist. Grob vereinfacht kann man sich die Erde als eine Kugel mit einem aufgesetzten *Äquatorwulst* von maximal 21,5 km Dicke vorstellen. Da die Erdachse nicht senk-recht auf der Erdbahnebene steht, liegt auch der Äquatorwulst nicht in dieser Ebene. Sonne und Mond versuchen deshalb durch ihre Anziehungskräfte den Äquatorwulst in die Ekliptikebene bzw. die dagegen wenig geneigte Ebene der Mondbahn hineinzukippen und damit die Erdachse senkrecht zu diesen Ebenen zu stellen. Da die Erde ein großer Kreisel ist, weicht ihre Achse einem solchen Kippmoment seitlich aus, genau so wie die Achse eines schräg stehenden Kinder-kreisels dem Kippmoment des Gewichtes ausweicht. Beide Achsen bewegen sich auf je einem Kegelmantel; beim Kinderkreisel steht die Achse dieses Kegelmantels lotrecht (Abb. 2.53 a, S. 98), bei der Erde senkrecht auf der Ekliptikebene (Abb. 2.53 b, S. 98). Diese – durch die Gravitationswirkung von Mond und Sonne auf das Erdsphäroid verursachte – kontinuierliche Lageänderung der Erdachse im Raum heißt *Lunisolar-Präzession*. Der Präzessionskegel (Abb. 2.53 b) hat einen halben Öffnungswinkel von $23,5°$; die Erdachse braucht fast 26 000 Jahre, um den Kegel einmal zu durchlaufen. Diesen Zeitraum nennt man ein *Platonisches Jahr*. Der Um-laufsinn ist dabei rückläufig, also entgegen der scheinbaren jährlichen Bewegung der Sonne.

a)

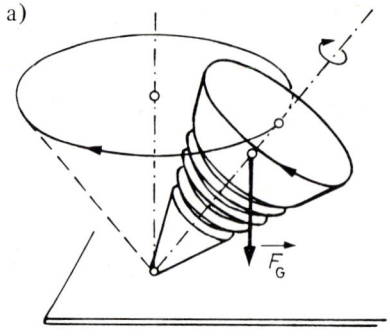

F_G

Abb. 2.53 a) Präzession eines Spiel-
kreisels unter dem Einfluß
der Gewichtskraft

b)

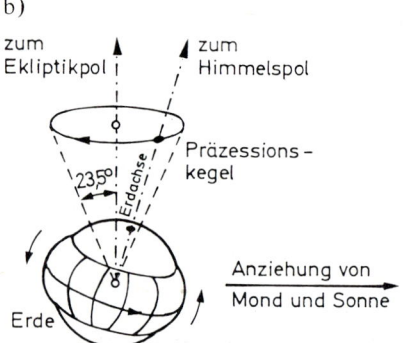

zum Ekliptikpol

zum Himmelspol

Präzessions-kegel

23,5°

Erdachse

Anziehung von Mond und Sonne

Erde

b) Präzession der Erdachse
durch die Kippwirkung
von Sonne und Mond auf
den Äquatorwulst

Die langperiodische Umlaufsbewegung ist überlagert von kleinen kurzperiodischen
Schwankungen der Erdachse um ihre Mittellage. Diese kurzperiodischen
Verlagerungen heißen *Nutationen*; auch sie werden durch die Gravitationswirkungen von Sonne und Mond hervorgerufen. Der Haupteffekt der Nutation hat
eine Periode von 9,3 Jahren. Der ursächliche Vorgang ist die durch eine Drehung
der Mondbahnebene im Raum bewirkte periodische Änderung der Neigung der
Mondbahnebene gegen die Äquatorebene der Erde; der Vorgang ist auf S. 114 bei
der Bewegung des Mondes beschrieben. Die astronomische Verwendung des Wortes
Nutation ist nicht identisch mit der Bedeutung dieses Begriffes in der Physik.

Die Anziehungskräfte der Planeten auf die Erde bewirken keine merkbaren Lage-
änderungen von Äquator und Äquatorpol; sie verursachen jedoch eine langsame,
fortschreitende Verlagerung der Ebene der Ekliptik und des Ekliptikpoles. Dieser
Vorgang heißt *planetare Präzession*. Die Summe der beiden Effekte Lunisolar- und
planetare Präzession heißt *allgemeine Präzession*.

Die Präzessionsbewegung der Erdachse zeigt sich an der Sphäre als Wanderung des
Himmelsnord- und -südpols relativ zu den Fixsternen. Der Himmelsnordpol beschreibt

in einem platonischen Jahr näherungsweise den in Abb. 2.54 eingezeichneten Kreis mit 23,5° Halbmesser um den Pol der Ekliptik. Zur Zeit liegt der Polarstern (α UMi) etwa 1° vom Himmelsnordpol entfernt. Bis zum Jahr 2100 verkleinert sich der Abstand auf etwa 0,5°. Dann wird die Entfernung wieder größer. In 12 000 Jahren wird der Stern Wega (α Lyr) „Polarstern" sein.

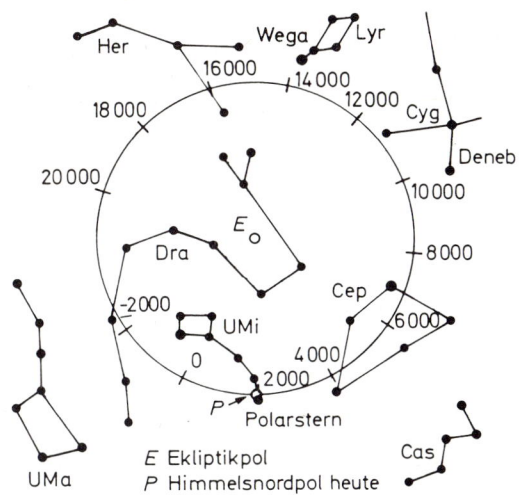

Abb. 2.54 Die Wanderung des Himmelsnordpols um den Ekliptikpol in einem Platonischen Jahr

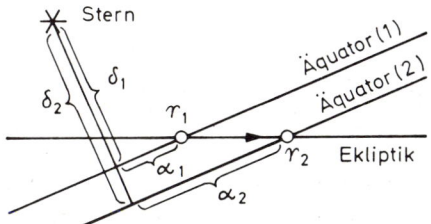

Abb. 2.55 Änderung von Rektaszension und Deklination infolge der Präzession des Frühlingspunktes

b) Die Präzession des Frühlingspunktes

Zur Verlagerung der Himmelspole an der Sphäre gehört eine entsprechende Bewegung des Himmelsäquators. Er verändert seine Lage relativ zu den Sternen und zum Ekliptik-Großkreis. Der Frühlingspunkt ist der Schnittpunkt von Himmelsäquator und Ekliptik; er ist der Anfangspunkt der Zählung der Koordinate Rektaszension im äquatorialen Koordinatensystem. Die Präzessionsbewegung des Äquators bewirkt eine Wanderung des Frühlingspunktes auf der Ekliptik in westlicher, rückläufiger Richtung: die *Präzession des Frühlingspunktes*. Dieses, lange vor dem Auffinden der Ursachen entdeckte, Fortschreiten des Frühlingspunktes auf der Ekliptik hat zur Namengebung Präzession geführt; lateinisch praecedere = vorangehen. Der Winkel, um den sich der Frühlingspunkt verschiebt, die allgemeine Präzession in Länge, beträgt 50,26 Bogensekunden in einem Jahr. Die Lunisolarpräzession allein ist gleich 50,37$''$. Gegen diesen Betrag der Lunisolarpräzession ist die planetare Präzession sehr klein; die Verlagerung der Ekliptik verursacht eine nach Osten gerichtete Verschiebung des Frühlingspunktes von jährlich nur 0,11$''$. Durch die Verlagerung des Äquators und die Verschiebung des Anfangspunktes der Zählung befindet sich das Koordinatennetz der Rektaszensionen und Deklinationen gegenüber den Objekten an der Sphäre in einer kontinuierlichen Bewegung. Durch diesen Effekt wurde die Präzession des Frühlingspunktes schon von dem griechischen Astronomen Hipparch 130v. Chr. entdeckt, als er seine eigenen Positionsbestimmungen mit denen älterer Astronomen verglich.

Abb. 2.55 (S. 99) zeigt, wie der Frühlingspunkt von einem Zeitpunkt 1 zu einem Zeitpunkt 2 auf der Ekliptik gewandert ist, wie dabei der Äquator mitgenommen wurde und sich Rektaszension und Deklination verändert haben. Aus diesem Grund muß man stets angeben, auf welche Lage des Frühlingspunktes sich Sternkoordinaten beziehen. In Sternkatalogen und Sternkarten finden sich daher Angaben wie „Bezogen auf das Äquinoktium 1975,0". Bei Bedarf muß man solche Koordinaten auf andere Zeitpunkte umrechnen.

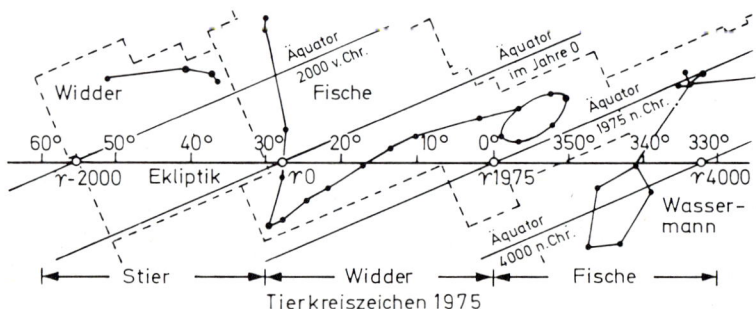

Abb. 2.56 Die Wanderung von Frühlingspunkt ♈ und Äquator durch die Tierkreissternbilder (oben) als Folge der Präzession.
Die Gradzahlen längs der Ekliptik und die Tierkreiszeichen (unten) gelten für 1975; sie wandern mit dem Frühlingspunkt auf der Ekliptik

Der auf S. 54 erwähnte Unterschied zwischen der Lage der *Tierkreisbilder* und *Tierkreiszeichen* an der Sphäre kann jetzt, mit Abb. 2.56, verstanden werden. Sterne und *Sternbilder* behalten ihre Lage an der Sphäre; aber das äquatoriale

Koordinatensystem verschiebt sich — als Folgeerscheinung der Verlagerung der Raumorientierung der Erdachse. Die zwölf *Tierkreiszeichen* sind Abschnitte auf der Ekliptik von je 30°; ihre Zählung beginnt mit dem ersten Zeichen, Widder, vom Frühlingspunkt aus. Dadurch machen die Tierkreiszeichen die Wanderung des Frühlingspunktes entlang der Ekliptik mit; sie verschieben sich immer mehr gegen die Tierkreisbilder gleichen Namens, mit denen sie in den letzten vorchristlichen Jahrhunderten in Deckung waren.

2.3.7 Das Mehrkörperproblem

a) Die Störungen der Planetenbahnen

Das Newtonsche Gravitationsgesetz bestimmt bei gegebenen Anfangsbedingungen die Bewegungen *zweier* Körper vollständig. Es lassen sich, wenn keine anderen Kräfte wirken, nicht nur die Bahnen, sondern auch die Weg-Zeit-Gesetze und die Geschwindigkeits-Zeit-Gesetze der beiden Körper angeben, so daß man aus dem gegenwärtigen Zustand die Orte und Geschwindigkeiten der beiden Körper für beliebige Zeitpunkte der Vergangenheit und der Zukunft berechnen kann. Das Zweikörperproblem ist also exakt lösbar.

Im Planetensystem gibt es jedoch eine Vielzahl von Körpern, die alle durch Gravitationskräfte wechselweise aufeinander einwirken. Nicht einmal für drei Körper läßt sich das Problem der Bahnkurven und der Bewegungsgesetze in „geschlossener mathematischer Form" lösen. Das heißt, es lassen sich keine Gleichungen mehr aufstellen, aus denen z.B. der Ort eines Planeten in Abhängigkeit von der Zeit berechnet werden könnte. Bei den Großen Planeten überwiegt allerdings die Gravitationswirkung der Sonne die Wirkungen der übrigen Mitglieder des Planetensystems so sehr, daß die Bahnen im wesentlichen durch die Sonne bestimmt werden.

Die Einwirkungen der übrigen Körper, außer der Sonne, auf eine Planetenbahn können als Veränderungen der als erste Näherung gültigen Kepler-Ellipse behandelt werden; diese Veränderungen heißen *Störungen* der elliptischen Bewegung. Da die Massen der störenden Körper klein sind, sind auch die Störungen klein. Sie treten in zwei Arten auf: als säkulare und als periodische Störungen. Die periodischen Störungen haben überwiegend kurze Perioden und kleine Amplituden; sie stellen Schwingungen um mittlere Zustände der Bahnen dar. Die säkularen Störungen bewirken sehr langsam mit der Zeit fortschreitende Veränderungen der Orientierung der Planetenbahnen im Raum und kleine Änderungen der Exzentrizitäten. Die Dimensionen der Bahnen, und damit die gegenseitigen Distanzen der Planeten, werden durch die säkularen Störungen nicht verändert. Obwohl es nicht möglich ist, Lösungen in geschlossener Form anzugeben, kann man die gestörten Bewegungen mit jeder gewünschten Genauigkeit durch Reihenentwicklungen berechnen oder dadurch, daß man aus einem gegebenen Zustand auf den Zustand im nächsten Augenblick und daraus wieder auf einen folgenden Zustand weiterrechnet usf., ähnlich wie dies bei dem Iterationsverfahren auf S. 88 gemacht worden ist. Störungen wirken sich besonders stark aus, wenn die Masse des störenden Körpers groß ist. So wird die Bahn des Mondes um die Erde durch die Sonne gestört. Die genaue Bahnform ist deshalb recht kompliziert (s.S. 111ff).

Andererseits treten bei engen Umlaufbahnen merkliche Störungen auf, wenn der Zentralkörper keine homogene Massenverteilung besitzt, insbesondere, wenn er nicht kugelförmig ist. Satelliten, die die Erde oder den Mond umlaufen, reagieren auf ungleiche Massenverteilungen des Zentralkörpers. Aus den Abweichungen von den vorausberechneten Bahnen lassen sich Angaben über die genaue Form des Erdkörpers und über Ungleichförmigkeiten der Massenverteilung im Erdinneren machen (s. auch S. 142). So fand man z.B., daß die Äquatordurchmesser der Erde sich in verschiedenen Richtungen um bis zu 95 m unterscheiden. Das ist zwar wenig, verglichen mit dem Längenunterschied von mittlerem Äquatordurchmesser und Poldurchmesser, der 42 772 m beträgt. Es macht aber deutlich, wie empfindlich diese Methode ist. Auch beim Mond konnten durch Beobachtung des Umlaufs künstlicher Satelliten Gebiete mit besonders großer Gravitationswirkung festgestellt werden (s.S. 127).

b) Die Stabilität des Planetensystems

Die großen Halbachsen der Planetenbahnen erleiden durch die gegenseitigen Störungen keine fortschreitenden, sondern nur periodische Veränderungen. Auf die Wichtigkeit dieser Feststellung hat zuerst *Laplace* 1773 hingewiesen. Alle Arten von Störungen wirken sich so aus, dass das Planetensystem nur Schwankungen um einen mittleren Zustand ausführt; seine Gesamtstruktur wird dabei sehr wenig verändert.

Die drei wichtigsten Ursachen für die Stabilität des Systems sind:
1. Die Umlaufbewegungen aller Planeten um die Sonne finden im gleichen Sinne statt.
2. Die Exzentrizitäten der Bahnellipsen und die Neigungswinkel der Bahnebenen gegen die Ekliptik sind klein.
3. Das Verhältnis der Umlaufsdauern zweier Planeten um die Sonne läßt sich nicht als Verhältnis zweier kleiner ganzer Zahlen (z.B. 2:3) angeben. Wäre dies der Fall, so würden immer an den gleichen Stellen der Bahnen gleichartige Störungen auftreten, deren Summation dann schließlich zu Bahnänderungen führen müßte.

Bei den Bahnen der Kleinen Planeten und der Kometen liegen die Verhältnisse anders als bei den Großen Planeten; durch Störungen, besonders durch den massereichen Jupiter, können die Bahnen entscheidend verändert werden.

c) Die Entdeckung der Planeten Uranus, Neptun und Pluto

Die Störungsrechnungen haben zur Auffindung der Planeten Neptun und Pluto geführt. Der Planet Uranus, als der erste nicht mit bloßem Auge sichtbare Planet, wurde 1781 von *W. Herschel* (1738 bis 1822) bei einer Durchmusterung des Himmels entdeckt. In der Folgezeit bemerkte man bei Uranus-Beobachtungen Abweichungen zwischen berechnetem und tatsächlichem Standort, die zunächst nicht erklärt werden konnten.

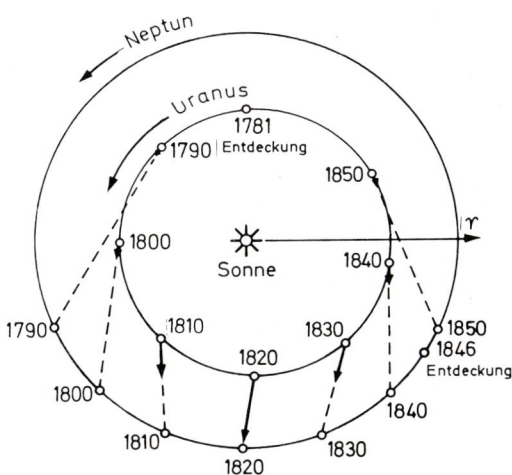

Abb. 2.57 Störungen der Bewegung des Planeten Uranus durch Neptun

Der Abb. 2.57 läßt sich entnehmen, daß die Bewegung des Uranus in dem Zeitraum von 1790 bis etwa 1815 durch die Neptun-Anziehung beschleunigt, von da an jedoch, verglichen mit den ungestörten Werten, verzögert erfolgen mußte. Die Störungen mußten bei dem Vorübergang des Uranus am Neptun besonders groß ausfallen (man vergleiche die eingezeichneten Kraftpfeile). Das läßt sich nachträglich leicht übersehen. Jedoch ist es eine bewundernswerte Leistung von *J. C. Adams* (1819 bis 1892) und *U. J. J. Leverrier* (1811 bis 1877), die unabhängig voneinander lediglich aus Beobachtungsdaten, durch die Anwendung mechanischer Gesetze den Ort des unbekannten Planeten vorauszuberechnen in der Lage waren. Adams schloß seine Berechnungen 1845 ab, Leverrier 1846. Neptun wurde dann 1846 aufgrund der Angaben von Leverrier durch den Berliner Astronomen *J. G. Galle* (1812 bis 1910) aufgefunden. Die Abb. 2.14 auf S. 31 zeigt das Entdeckungsfernrohr.

Auch die Bahn des Pluto wurde in mühsamer Arbeit aus kleinen Reststörungen der Bewegungen von Uranus und Neptun durch P. Lowell (1855 bis 1916) vorausberechnet (1915). Die Auffindung gelang erst 1930 auf fotografischem Wege

(C. Tombaugh). Heute muß man allerdings bezweifeln, ob die kleine Masse des Pluto die bei der Rechnung benutzten Störungen überhaupt verursachen konnte. Die Auffindung ist deshalb wohl eher ein Erfolg der fotografischen Himmelsüberwachung als der Berechnungen.

Aufgabe

Entnehmen Sie Abb. 2.57 die größte und die kleinste Entfernung von Uranus und Neptun (in beliebigen Längeneinheiten) zwischen 1790 und 1850 und berechnen Sie das Verhältnis der gegenseitigen Gravitationskräfte für diese Zeitpunkte.

Zusammenfassung zu Abschnitt 2.3, „Planetenbewegungen"

Die Großen Planeten verändern ihre Orte relativ zu den Fixsternen nur langsam. Sie bewegen sich stets in der Nähe der Ekliptik und zwar meist *rechtläufig* (von Westen über Süden nach Osten). Nur für gewisse Zeiten werden sie *rückläufig* (entgegengesetzte Bewegungsrichtung). Dabei beschreiben sie auf dem Hintergrund des Fixsternhimmels *Schleifen* oder *S-Kurven*.

Der Übergang vom *geozentrischen* (Erde im Mittelpunkt der Welt) zum *heliozentrischen Weltsystem* (Sonne im Mittelpunkt) wurde von *Nikolaus Kopernikus* (1473 bis 1543) vollzogen. Die Gesetze der Bewegung der Planeten im Raum entdeckte *Johannes Kepler* (1571 bis 1630). Die Herleitung dieser Gesetze aus allgemeinen mechanischen Prinzipien erfolgte durch *Isaak Newton* (1643 bis 1727).

Die drei **Keplerschen Gesetze** lauten:

(1) Die Planetenbahnen sind Ellipsen, in deren einem Brennpunkt die Sonne steht.
(2) Der von der Sonne zum Planeten gezogene Fahrstrahl überstreicht in gleichen Zeiten gleiche Flächen (Flächensatz).
(3) Die Quadrate der siderischen Umlaufsdauern zweier Planeten verhalten sich wie die dritten Potenzen ihrer mittleren Entfernungen von der Sonne.

Zu (1): Die Formen der Bahnen weichen bei den Großen Planeten nur wenig von der Kreisform ab.

Einteilung der Großen Planeten:
Innere Planeten: Merkur, Venus, Erde, Mars
Äußere Planeten: Jupiter, Saturn, Uranus, Neptun, Pluto
Untere Planeten: Merkur, Venus
Obere Planeten: Mars, Jupiter, Saturn, Uranus, Neptun, Pluto.

Konstellationen:

Opposition: Die Erde steht zwischen Sonne und Planet. Dies ist nur bei oberen Planeten möglich. Der Planet ist während der ganzen Nacht sichtbar.

Obere Konjunktion: Die Sonne steht zwischen Erde und Planet. Der Planet ist unsichtbar.

Untere Konjunktion: Der Planet steht zwischen Sonne und Erde. Dies ist nur bei unteren Planeten möglich. Der Planet ist unsichtbar.

Obere Planeten können jeden Winkel mit der Linie Sonne-Erde bilden. Bei unteren Planeten gibt es eine *größte östliche* oder *westliche Elongation.* Östliche Elongationen ergeben Abendsichtbarkeiten, westliche ergeben Morgensichtbarkeiten.

Zu (2): Im *Perihel* (sonnennächster Punkt) sind die Bahngeschwindigkeiten der Planeten am größten, im *Aphel* (sonnenfernster Punkt) am kleinsten.

Zu (3): Mit bekannten siderischen Umlaufsdauern und mit der bekannten mittleren Entfernung *eines* Planeten lassen sich mit Hilfe des 3. Keplerschen Gesetzes die mittleren Entfernungen der anderen Planeten berechnen.

Die *siderischen Umlaufsdauern T* lassen sich aus den *synodischen Umlaufsdauern S* (Umlaufsdauer in bezug auf die Richtung Sonne-Erde) und der siderischen Umlaufsdauer der Erde T_E (ein siderisches Jahr) berechnen nach den Gleichungen (2-6) und (2-7) auf S. 85.

Nach dem *Newtonschen Gravitationsgesetz* üben zwei kugelsymmetrische Körper mit den Massen m_1 und m_2, deren Massenmittelpunkte die Entfernung r haben, aufeinander eine Gravitationskraft vom Betrag

$$F = G\frac{m_1 \cdot m_2}{r^2} \quad \text{aus} \ (G \ \text{Gravitationskonstante}).$$

Aus einem $1/r^2$-Gesetz für die Kraft folgt, daß die Bahnen Kegelschnitte sind. In Erweiterung des 3. Keplerschen Gesetzes sind außer Ellipsen auch Parabel- und Hyperbelbahnen möglich.

Bei einer Ellipse beschleunigt die *Tangentialkomponente* der Gravitationskraft den Planeten zwischen Aphel und Perihel; zwischen Perihel und Aphel wird er durch sie verzögert. Die *Normalkomponente* krümmt die Bahn und zwar am stärksten in den Hauptscheiteln.

Nach dem Newtonschen Prinzip von actio und reactio wirkt die Gravitationskraft wechselseitig. Während aber die wirkenden Kräfte betragsgleich sind, verhalten sich die durch sie erzeugten Beschleunigungen umgekehrt wie die Massen. Die

Keplersche Form des 3. Gesetzes gilt nur, wenn die Masse des Zentralkörpers sehr groß ist gegenüber der Satellitenmasse. Die *korrekte Form des 3. Gesetzes* lautet

$$(1 + \mu)\,T^2 = \frac{4\pi^2}{Gm_\odot} \cdot a^3,$$

wo $m_\odot$ und m_P die Massen von Sonne bzw. Planet sind und $\mu = m_P/m_\odot$ das Massenverhältnis darstellt.

Aus dieser Gleichung folgt auch, daß beide Körper als Bahnen ähnliche Kegelschnitte um den Massenmittelpunkt beschreiben.

Mond und Sonne üben Gravitationskräfte auf die Erde aus. Diese erzeugen *Gezeitenerscheinungen.* Auf der Erde werden dadurch große Wassermassen in Bewegung gesetzt und wieder abgebremst. Dabei wird durch Reibung Rotationsenergie der Erde in Wärme umgewandelt. Das bewirkt eine *Verlangsamung der Erdrotation,* was zu einer *Verlängerung des Tages* um 1,6 ms in 100 Jahren führt. Außerdem gibt es noch unregelmäßige Änderungen der Erdrotation (*Fluktuationen*), die auf Vorgänge im Erdinneren zurückzuführen sind, und *periodische Schwankungen* der Rotationsdauer durch meteorologische Vorgänge.
Wegen dieser Veränderungen der Erdrotation ist die mittlere Sonnenzeit ein ungleichförmiges Zeitmaß. *Quarzuhren* und *Atomuhren* laufen genauer. Letztere dienen deshalb heute zur *gesetzlichen Festlegung der Zeiteinheit 1 Sekunde.* Damit sich unsere Zeit jedoch nicht von der Tageseinteilung durch die Erdrotation entfernt, werden nach Bedarf *Schaltsekunden* eingelegt.

Die Gravitationswirkung von Mond und Sonne auf den Äquatorwulst der Erde bewirkt die *Präzession der Erdachse* und des *Frühlingspunktes.* Die Erdachse wandert langsam auf dem Mantel eines Kreiskegels, dessen halber Öffnungswinkel 23,5° beträgt (Schiefe der Ekliptik) und dessen Achse senkrecht auf der Erdbahnebene steht. Ein Umlauf, während dessen die Himmelsachse an der Sphäre einen Kreis um den Ekliptikpol mit 23,5° Halbmesser beschreibt, dauert ungefähr 26 000 Jahre (*ein Platonisches Jahr*). Der Frühlingspunkt als Schnittpunkt von Äquator und Ekliptik bewegt sich in einem Jahr um 50,26″ in rückläufiger Richtung auf der Ekliptik. Dadurch verändern sich die Koordinaten Rektaszension und Deklination feststehender Objekte an der Sphäre fortwährend.
Alle Körper des Sonnensystems üben Gravitationskräfte aufeinander aus, deren Beträge von ihren Massen und Entfernungen abhängen. Das *Mehrkörperproblem* läßt sich nicht, wie das *Zweikörperproblem,* in geschlossener mathematischer Form lösen. Jedoch kann man die Bahnen von Planeten und anderen Körpern des Sonnensystems in erster Näherung auffassen als Bahnen, die unter dem Einfluß des Zentralkörpers durchlaufen werden. Die Einflüsse aller übrigen Körper lassen sich als *Störungen* mit jeder gewünschten Genauigkeit rechnerisch berücksichtigen. Es läßt sich zeigen, daß die Störungen die Stabilität des Planetensystems nicht gefährden. Störungsrechnungen führten zur Entdeckung des Planeten Neptun.

3. Die Großen Planeten und ihre Monde, Planetoiden, Kometen, interplanetare Materie

3.1 Der Mond

Die Erde hat einen natürlichen Satelliten, den Mond. Im Planetensystem der Sonne sind bis jetzt 35 solcher natürlicher Satelliten bekannt: Mars hat 2, Jupiter 14, Saturn 10, Uranus 5 und Neptun 2. Bei Merkur und Venus sind wahrscheinlich keine Monde vorhanden, bei Pluto ist im Juli 1978 ein Mond aufgefunden worden (siehe Tab. 6 im Anhang).

Bei 20 Monden, also mehr als der Hälfte, liegen die Bahnen nahezu in der Äquatorebene ihrer Planeten. Das deutet darauf hin, dass diese Monde zusammen mit ihren Planeten entstanden sind. Die anderen Monde, deren Bahnebenen größere Winkel mit den Äquatorebenen der Planeten bilden, sind möglicherweise Körper des Sonnensystems, die von den Planeten bei nahen Vorübergängen eingefangen worden sind. Bei unserem Mond liegt die Bahnebene nicht in der Äquatorebene der Erde, sie zeichnet sich aber durch die geringe Neigung von nur $5°$ gegen die Bahnebene der Erde, die Ekliptikebene, aus. Ein besonderes Merkmal, das den Erdmond gegenüber allen anderen Monden heraushebt, ist die große Masse relativ zur Erdmasse. Das Verhältnis Mondmasse zu Erdmasse beträgt $0,012:1$. Das nächstkleinere Massenverhältnis Mond zu Planet hat der Neptunmond Triton mit $0,0013:1$; alle anderen Monde haben bedeutend kleinere Massen, bezogen auf die Masse des zugehörigen Planeten.

Der Mond als unser nächster kosmischer Nachbar ist seit Urzeiten von den Menschen beobachtet worden. Er ist nach der Sonne das hellste Objekt am Himmel. Seine wechselnde Lichtgestalt ist eine der auffallendsten Himmelserscheinungen. Das Licht des Mondes ist reflektiertes Sonnenlicht. In der Nähe der Neumondphase kann, außer der direkt beleuchteten schmalen Sichel, gelegentlich der ganze übrige Teil der Mondscheibe gesehen werden. Dieses schwache Leuchten wird durch Sonnenlicht verursacht, das den Mond über eine Reflexion an der Erdoberfläche erreicht.

Mit dem Fernrohr wurden unzählige Einzelheiten auf dem Mond erkannt; seine Bahn wurde genau vermessen. Ganz besonders wirksame Impulse erhielt die Mondforschung durch die Raumfahrt. Unbemannte und bemannte Flüge zum und um den Mond haben unsere Kenntnisse wesentlich erweitert. Die erste Landung von Menschen auf dem Mond (Apollo 11, 21.7.1969) war nicht nur eine wissenschaftliche oder technische Großtat; ihre besondere Bedeutung liegt darin, daß mit ihr zum erstenmal Menschen einen anderen Himmelskörper betraten.

3.1.1 Die Bewegungsvorgänge; Mondbahn und -rotation

Der Mond umkreist die Erde; er ist neben einer wechselnden Vielzahl künstlicher Satelliten der einzige natürliche Himmelskörper, für den die Erde das Zentrum der Bewegung ist. Die Bahnbewegung erfolgt von Westen nach Osten, also in der gleichen Richtung wie die scheinbare Bewegung der Sonne in der Ekliptik (Spiegelung der Erdbewegung) und wie die rechtläufige Bewegung der Planeten. Die Umlaufsdauer ist etwas kürzer als ein Monat. Die Ortsveränderung an der Sphäre vollzieht sich relativ schnell; die Verschiebung in einer Stunde beträgt ungefähr einen Monddurchmesser. Die schnelle Wanderung des Mondes durch die Sternbilder des Tierkreises und die häufigen Vorübergänge an den hellen Planeten machen es leicht, die Umlaufbewegung um die Erde ohne irgendwelche optischen Hilfsmittel oder Meßinstrumente wahrzunehmen.

a) Die Mondphasen; siderischer und synodischer Monat; Sonnen- und Mondfinsternisse

Die Lichtgestalten des Mondes, seine *Phasen,* werden durch Abb. 3.1a, b erklärt. Zwei bis drei Tage nach Neumond läßt sich im Westen in der Abenddämmerung die schmale, nach rechts gewölbte Sichel des zunehmenden Mondes beobachten (Nordhalbkugel, Abb. 3.1, B). Hält man an den folgenden Tagen immer zur gleichen Zeit

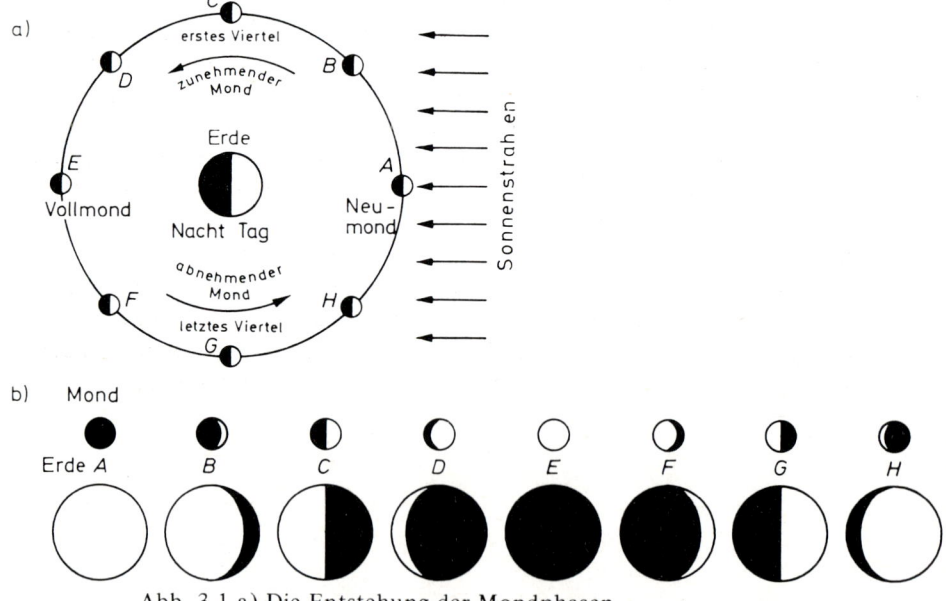

Abb. 3.1 a) Die Entstehung der Mondphasen
b) Phasen des Mondes von der Erde aus und Phasen der Erde vom Mond aus
Das Größenverhältnis der in a) und b) gezeichneten Bilder für Erde und Mond entspricht der Wirklichkeit; die Entfernung des Mondes von der Erde in a) müßte jedoch zehnmal so groß sein

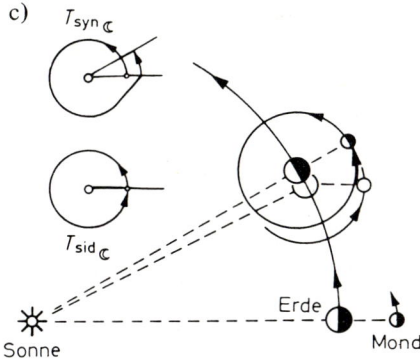

Abb. 3.1 c) Siderischer Monat $T_{\text{sid}\,\mathbb{C}}$ und synodischer Monat $T_{\text{syn}\,\mathbb{C}}$.

Es ist $\dfrac{1}{T_{\text{syn}\,\mathbb{C}}} = \dfrac{1}{T_{\text{sid}\,\mathbb{C}}} - \dfrac{1}{T_{\text{E}}}$, ($T_{\text{E}}$ siderisches Jahr)

nach dem Mond Ausschau, so findet man, daß er an jedem Tag etwa 13° weiter östlich steht als am vorhergehenden und in seiner Phase zugenommen hat. Die Wanderung nach Osten bewirkt, daß der Mond täglich etwa 50 Minuten später auf- und untergeht. Ungefähr 7 Tage nach *Neumond* (A) ist der *Terminator* (Grenze zwischen beleuchtetem und nicht beleuchtetem Teil) ein Durchmesser (C); der Mond steht im *ersten Viertel* seiner Bahn. Nach weiteren 7 Tagen ist *Vollmond* (E). Dann nimmt der Mond wieder ab, erreicht das *letzte Viertel* (G) und wird zu einer schmalen, nach links gewölbten Sichel (H), die morgens vor Sonnenaufgang zu sehen ist. In Abb. 3.1b sind auch die Phasen der Erde gezeichnet, die ein Astronaut vom Mond aus beobachten würde.

Die Zeit, die der Mond braucht, um einen Umlauf von 360° zu vollenden und damit von einem bestimmten Fixstern wieder bis zu diesem zu gelangen, wird *siderischer Monat* $T_{\text{sid}\,\mathbb{C}}$ genannt. Der siderische Monat hat eine Länge von 27,3 Tagen. Am Ende eines solchen siderischen Umlaufs hat der Mond noch nicht die gleiche Lichtgestalt oder Phase wie zu Anfang. Bis er diese wieder erreicht hat, braucht er noch mehr als zwei Tage. Dies rührt davon her, dass in den vier Wochen des Mondumlaufs die Erde sich in ihrer Bahn um die Sonne um etwa 30° weiterbewegt hat. Die Zeitdauer zwischen zwei sich folgenden gleichen Phasen des Mondes heißt *synodischer Monat*, $T_{\text{syn}\,\mathbb{C}}$ (s. Abb. 3.1c).

Für $T_{\text{syn}\,\mathbb{C}}$ gilt entsprechend der Gleichung (2-7) auf S. 85

$$\frac{1}{T_{\text{syn}\,\mathbb{C}}} = \frac{1}{T_{\text{sid}\,\mathbb{C}}} - \frac{1}{T_{\text{E}}},$$

wobei T_{E} die Dauer des siderischen Erdenjahres ist. Es ist also

$$\frac{1}{T_{\text{syn}\,\mathbb{C}}} = \frac{1}{27,3\,\text{d}} - \frac{1}{365,3\,\text{d}}; \quad T_{\text{syn}\,\mathbb{C}} = 29,5\,\text{d} \quad .$$

Die Monate unseres gregorianischen Kalenders haben heute mit dem Mondumlauf nichts mehr zu tun. Die Zahl der Tage in einem Monat ist – über die Dauer eines synodischen Umlaufs hinaus – willkürlich so ergänzt, dass die Summe der Tage in den 12 Monaten die 365 Tage eines Kalenderjahres ergibt.

Wenn bei Neumond und bei Vollmond die drei Himmelskörper Sonne, Erde und Mond immer genau in einer Geraden stehen würden, müßte in jedem synodischen Monat je eine Sonnenfinsternis und eine Mondfinsternis eintreten. Dass dies nicht der Fall ist, rührt daher, dass die Mondbahn eine Neigung von etwa 5° gegen die Ekliptik hat. In den Konjunktions- und Oppositionsstellungen steht der Mond deshalb meist etwas über oder unter der Ekliptik. Die Schnittpunkte von Mondbahn und Ekliptik nennt man die *Knoten der Mondbahn,* ihre Verbindungslinie die *Knotenlinie.* Nur wenn Sonne *und* Mond gleichzeitig auf der Knotenlinie oder ihr genügend nahe stehen, treten Finsternisse auf.

Aufgaben

1. Versuchen Sie an aufeinanderfolgenden Tagen die Position des Mondes festzulegen, indem Sie seine scheinbaren Abstände von solchen Sternen bestimmen,
   die Sie in einer Sternkarte identifizieren können.
   Dazu können Sie einen Jakobsstab (s. Abb. 3.2) verwenden oder eine Schieb-
   lehre, die Sie aus einem mindestens 30 cm langen Maßstab anfertigen und zwei dazu
   senkrechten Pappstreifen, von denen einer verschiebbar sein muß. Damit der
   Maßstab stets senkrecht zur Visierlinie und in gleichem Abstand vom Auge liegt,
   müssen Sie ihn mit beiden gestreckten Armen halten. Zur Bestimmung des
   Abbildungsmaßstabes muß mit dieser Vorrichtung auch der Winkelabstand zweier
   Vergleichssterne gemessen werden.

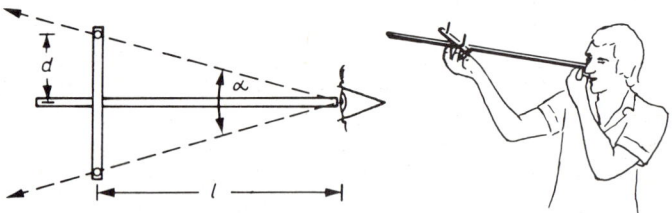

Abb. 3.2 Messung des Winkelabstandes α zweier Himmelskörper mit dem Jakobsstab: $\tan \dfrac{\alpha}{2} = \dfrac{d}{l}$

Tragen Sie die gefundenen Positionen in eine Sternkarte (oder in einen Stempel-abdruck) ein und zeichnen Sie ein Stück der scheinbaren Mondbahn.

2. Konstruieren Sie die Lichtgestalten des Mondes für die Phasenwinkel 45°, 135°, 210°, 240°. Der Phasenwinkel ist der Winkel Sonne-Mond-Erde; er ist 0° bei Vollmond, 90° im letzten Viertel usf. Beachten Sie, daß die Entfernung Erde-Mond groß ist gegenüber dem Mondhalbmesser.

b) Mondbahn, Mondentfernung, Bahnstörungen, Mondmasse

Die beiden Körper des Erde-Mond-Systems bewegen sich in Ellipsen um den gemeinsamen Schwerpunkt, der innerhalb des Erdkörpers liegt. Der Abstand zwischen Erdmittelpunkt und Systemschwerpunkt beträgt 4670 km; der Äquator-radius der Erde ist 6378 km. Die Bahn des Mondes um die Erde ist keine reine Kepler-Ellipse mit unveränderlichen Bahnelementen; die größten Störungen von periodischem Charakter werden durch die Anziehung der zwar relativ fernen, aber massereichen Sonne hervorgerufen. Aber auch die Abweichung der Erde von der Kugelgestalt und die Anziehungskräfte der anderen Planeten haben Auswirkungen auf die Bahnbewegung des Mondes. Die *Bahnelemente* beschreiben die Größe, Form und Raumlage der Mondbahn sowie die Bewegung des Mondkörpers in dieser Bahn. Diese Elemente lassen sich, genau wie die Elemente der Planetenbahnen, dadurch berechnen, dass man die zu bestimmten Zeitpunkten beobachteten Mondko-ordinaten an der Sphäre, Rektaszension α und Deklination δ, durch das Gravitationsgesetz miteinander verbindet. Größe und Form der Mondbahn werden durch die Bahnelemente große Halbachse $a_{\mathbb{C}}$ und numerische Exzentrizität e beschrieben. Die große Halbachse $a_{\mathbb{C}}$, identisch mit der mittleren Entfernung des Mondes von der Erde, ergibt sich bei der Bahnbestimmung zunächst in Astrono-mischen Einheiten AE; diese Zahl kann mit dem im Anhang, Seite 311, angegebenen Umrechnungsfaktor in eine Entfernung im irdischen Längenmaß km umgewandelt werden. Es ist

$$a_{\mathbb{C}} = 0,002\,569\,5\,\text{AE} = 384\,400\,\text{km}.$$

Die aus Beobachtung und Gravitationstheorie gewonnene Kenntnis der Bahn-elemente und ihrer Veränderungen ermöglicht die Vorausberechnung der Koordinaten α, δ in tabellarischer Form. Diese Tabellen heißen *Ephemeriden*; das Intervall der Tabulierung ist beim Mond 1 Stunde. Diese Ephemeriden-Koordinaten werden wieder mit beobachteten α- und δ-Werten verglichen; die Differenzen, die sich bei dem Vergleich ergeben, werden zur weiteren ständigen Verbesserung der Kenntnisse über die Mondbahn und ihre Veränderungen benutzt. Die Ephemeriden enthalten auch die aus den Bahnelementen berechnete dritte Koordinate, den momentanen Abstand Erde-Mond $d_{\mathbb{C}}$ in AE.
Andererseits kann man beim Mond, wegen seiner großen Nähe, die momentanen Abstände $d_{\mathbb{C}}$ direkt aus Beobachtungen, und zwar im irdischen Längenmaß km, erhalten. Diese Entfernungsbestimmungen bestanden früher in Winkelmessungen, jetzt in Laufzeitmessungen von Radar- und Laser-Impulsen. Die bei der trigonome-trischen Methode gemessenen Winkel sind Zenitdistanzen des Mondes; die

Messungen erfolgen gleichzeitig an zwei Orten, die etwa die gleiche geographische Länge haben, aber möglichst weit voneinander entfernt sind (beispielsweise Berlin und Kapstadt). Zur Umrechnung der auf diese Weise als Winkel gemessenen parallaktischen Verschiebung des Mondes in eine Entfernung $d_{\mathbb{C}}$ in km werden die geographischen Breiten der Beobachtungsorte und der Wert des Erdradius in km benötigt.

Bei der Radarmethode werden die Laufzeiten elektromagnetischer Wellen gemessen, die von Orten an der Erdoberfläche ausgesandt und von der Mondoberfläche reflektiert werden. Die Laufzeiten in einer Richtung liegen bei 1,3 s, sie werden in Entfernungen umgerechnet mit der in km/s bekannten Lichtgeschwindigkeit. Die weitaus genauesten Resultate werden mit der Laser-Methode erzielt. An mehreren Stellen der Mondoberfläche stehen Spiegel, die bei den Apollo-Landungen installiert wurden; zwei weitere Spiegel befinden sich an den russischen Mondfahrzeugen. Diese Spiegel dienen der Reflexion von Laserstrahl-Impulsen, die von astronomischen Observatorien ausgesandt werden. Die so gemessenen momentanen Entfernungen haben eine Meßgenauigkeit von wenigen Zentimetern. Die Meßwerte werden in momentane Entfernungen Erdmittelpunkt-Mondmittelpunkt $d_{\mathbb{C}}$ in km umgerechnet. Diese $d_{\mathbb{C}}$ (in km) werden mit den aus der Mondephemeride interpolierten $d_{\mathbb{C}}$ (in AE) verglichen; sie dienen auf diese Weise der ständigen Verbesserung der Theorie, die der Mondephemeride zugrunde liegt. Diese ist wegen der Störungen durch Sonne und Planeten sehr kompliziert. Die fortlaufend ausgeführten Laser-Entfernungs-messungen dienen außerdem mehreren anderen Zwecken: Berechnung der Form der Mondoberfläche und der Rotationsgeschwindigkeit des Mondes, Bestimmung von Abständen und Abstandsveränderungen an der Erdoberfläche.

Die numerische Exzentrizität der Mondbahn hat den Wert $e = 0,055$. Die Abweichung der Bahnform von einem Kreis ist also gering; sie ist jedoch größer als bei der Erdbahn. Minimal- und Maximalabstand des Mondes von der Erde betragen 356 410 km und 406 740 km; die zugehörigen Punkte der Bahn heißen *Perigäum* und *Apogäum*. Die mittlere lineare Geschwindigkeit des Mondes in seiner Bahn beträgt 1, 023 km/s. Aus großer Entfernung über der Ekliptik würde man die Mondbahn als eine leicht gewellte Linie sehen, die monatlich einmal innerhalb der Erdbahn und einmal außerhalb verläuft, die aber zur Sonne stets konkav ist. Die Abb. 3.3 sucht das zu verdeutlichen. Bei dem für die Erdbahn verwendeten Maßstab wäre die größte Entfernung der beiden Bahnen nur etwa 0,5 mm, der Durchmesser der Erde 0,02 mm. Der Bahnverlauf wird verständlich, wenn man sich klar macht, dass der Radius der Erdbahn fast 400 mal so groß ist wie der Radius der Mondbahn und dass die Bahngeschwindigkeit der Erde das 30-fache der Bahngeschwindigkeit des Mondes ist. Die Bahn des Mondes im Raum zeigt also nur minimale Abweichungen gegen den Verlauf der Erdbahn.

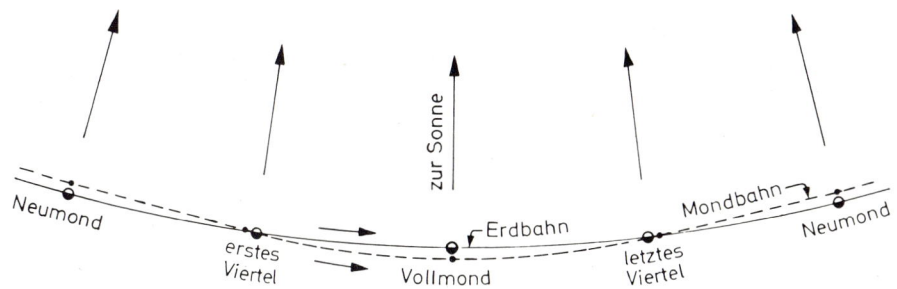

Abb. 3.3 Die Bahnen von Erde und Mond um die Sonne, schematisch.
In dem für die Erdbahn gewählten Maßstab wäre der größte
Abstand von Mond- und Erdbahn nur 0,5 mm; der Durchmesser der Erde wäre etwa 0,02 mm, derjenige des Mondes
$5 \cdot 10^{-3}$ mm

Der Mond erscheint uns als Scheibe mit etwa 0,5° Durchmesser. Das ist etwa
derselbe Sehwinkel, unter dem wir auch die Sonne sehen. Infolge der Exzentrizität
der Mondbahn schwankt der Winkeldurchmesser des Mondes periodisch zwischen
den Extremwerten 29′ 20″ und 33′ 30″. Mit Entfernung und Sehwinkel läßt sich
der Halbmesser des Mondes berechnen. Er beträgt 1738 km; das ist etwas mehr als
ein Viertel des Erdhalbmessers.

Der Winkel zwischen der Mondbahnebene und der Ekliptik, die Neigung der Bahnebene, beträgt 5° 9′. Der Ort des Mondes an der Sphäre kann also nie sehr weit von
der Ekliptik entfernt sein. Dies führt zu einer sehr leicht beobachtbaren Erscheinung, den im Sommer und im Winter sehr unterschiedlichen *Kulminations-Höhen*
der Vollmonde. Der Vollmond erreicht seine größte Höhe, über dem Südpunkt des
Horizontes, etwa um Mitternacht. Um diese Tageszeit hat die Ekliptik im Sommer,
etwa Ende Juni, eine geringe Neigung zum Horizont. Die Sonne steht nicht tief
unter dem Nordpunkt, der Vollmond steht − der Sonne gegenüber − nicht hoch
über dem Südpunkt des Horizontes, an dem Ort der Ekliptik, der die größte südliche
Deklination hat (Sternbild Sagittarius, Rektaszension etwa 18 h). Im Winter, Ende
Dezember, ist alles umgekehrt. Der Vollmond steht um Mitternacht sehr hoch über
dem Südpunkt des Horizontes (Sternbilder Taurus-Gemini, Rektaszension etwa 6 h).
Die Höhendifferenz zwischen Sommer- und Winter-Vollmond ist nicht konstant,
sondern ändert sich von Jahr zu Jahr. Dieser die Erscheinung verstärkende oder
abschwächende Wechsel kommt dadurch zustande, dass der Mond nicht genau in
der Ekliptik steht (Neigung 5°) und dass die Schnittlinie von Mondbahnebene und
Ekliptik im Raum nicht festliegt, sondern mit einer Periode von 18,6 Jahren in der
Ekliptik umläuft (die Schnittlinie heißt Knotenlinie; s.u.). Extremwerte werden im
Jahre 1987 erreicht, wenn der aufsteigende Knoten der Mondbahn durch den
Frühlingspunkt geht. Der Sommervollmond hat dann die Deklination − 28,5°; das
bedeutet für einen Ort mit der geographischen Breite + 50° eine Kulminationshöhe
über dem Horizont von nur 11,5°. Dagegen der Wintervollmond: Deklination
+ 28,5°, Kulminationshöhe 68,5°.

Zu den größten Störungen, die die Mondbahn durch die Anziehung der Sonne erleidet, gehören zwei Arten von Verlagerungen der Bahn im Raum: die *Drehung der Knotenlinie* und die *Drehung der Apsidenlinie*. Der aufsteigende und der absteigende Knoten sind die beiden Punkte der Mondbahn, in denen der Mond die Ekliptik kreuzt. Die Verbindungslinie der beiden Punkte ist die Knotenlinie; sie ist also diejenige Gerade, die Mondbahn und Ekliptik gemeinsam haben. Die Neigung zwischen den beiden Ebenen beträgt $5°$; sie ist nur kleinen periodischen Störungen unterworfen. Die Knotenlinie befindet sich jedoch in ständiger rückläufiger (also der Bahnbewegung des Mondes entgegenlaufender) Bewegung auf der Ekliptik; ein Umlauf dauert 18,6 Jahre. Diese Störung ist der Grund dafür, dass man die Mondbahn nicht ein für allemal in eine Sternkarte einzeichnen kann wie die Ekliptik. Die Mondbahn überdeckt im Laufe von 18,6 Jahren einen Streifen von $\pm 5°$ um die Ekliptik. Durch diese Verlagerung der Mondbahnebene im Raum wird der größte Anteil der periodischen Verlagerungen des Frühlingspunktes, die unter dem Namen Nutation zusammengefaßt sind, bewirkt (s. S. 98). Die Apsidenlinie ist die Verbindungsgerade von Peri- und Apogäum, also die große Achse der Mondbahn. Auch diese Linie ist nicht raumfest; sie rotiert in der Mondbahnebene rechtläufig mit einer Periode von 8,85 Jahren. Die Exzentrizität der Mondbahn dagegen erfährt, ähnlich wie die Bahnneigung gegen die Ekliptik, durch die Anziehung der Sonne nur kleinere periodische Störungen.

Die Masse des Mondes beträgt 1:81,3 der Erdmasse; das sind $7{,}35 \cdot 10^{22}$ kg. Die mittlere Dichte des Mondes ist $3{,}34\,\mathrm{g} \cdot \mathrm{cm}^{-3}$. Die Bestimmung der Mondmasse in Einheiten der Erdmasse kann auf zwei verschiedenen Wegen erfolgen: aus der Umlaufsbewegung des Erdmittelpunktes um den Schwerpunkt des Erde-Mond-Systems und aus den Störungen, die der Mond auf die Bahnen von künstlichen Erdsatelliten und von Raumsonden ausübt. Die Bewegung des Erdmittelpunktes um den Schwerpunkt wird in folgender Weise der Beobachtung zugänglich. Die jährliche Umlaufsbewegung der Erde um die Sonne wird aus der Beobachtung von Sonnenörtern ermittelt. Diese Beobachtungen werden an der Erdoberfläche angestellt und auf den Erdmittelpunkt reduziert. Die elliptische Jahres-Bahnbewegung um die Sonne wird aber nicht vom Erdmittelpunkt, sondern von dem (im Erdinneren gelegenen) Schwerpunkt des Massensystems Erde-Mond ausgeführt. Bei der Verarbeitung der beobachteten Sonnenörter zur Theorie der Erdbahnbewegung ergibt sich auch die Umlaufsbewegung des Erdmittelpunktes um den Schwerpunkt; die Kenntnis der Erdbewegung in dieser winzigen Ellipse liefert einen sehr genauen Wert der Mondmasse.

Eine Zusammenstellung der Mond-Zahlenwerte befindet sich in Tab. 3.2 auf Seite 118.

Aufgaben

1. Vom Mond wurden mit einigen Tagen Zwischenraum vergleichbare fotografische Aufnahmen gemacht, die Mondbilder ausgemessen und die Winkelabstände des Mondes bei den einzelnen Aufnahmen aus ihren zeitlichen Abständen bestimmt. Es ergaben sich die Werte der folgenden Tabelle. Ermitteln Sie daraus die Exzentrizität der Mondbahn und die Richtung ihrer Hauptachse.
   Anleitung: Zeichnen Sie Strahlen von einem Punkt (Erde) aus für die Richtungen der einzelnen Aufnahmen und überlegen Sie, wie man aus der Größe des Mondbildes Aussagen über den Abstand des Mondes von der Erde machen kann. Wählen Sie *einen* Abstand beliebig, z.B. 5 cm, berechnen Sie die übrigen im gleichen Maßstab und zeichnen Sie damit Bahnpunkte. Prüfen Sie, ob diese Punkte auf einem Kreis liegen. Seinen Mittelpunkt bekommen Sie, wenn Sie Mittellote zu je zwei Bahnpunkten zeichnen. Die Zeichnung sollte so genau wie möglich angelegt werden.

Durchmesser des Mondbilds in mm	29,4	30,2	32,6	33,2	30,9	29,5
Winkel zur 1. Aufnahme	$0°$	$60°$	$126°$	$202°$	$272°$	$333°$

2. Die Mondbahn ist eine Ellipse mit der Exzentrizität $e = 0,055$. Stellen Sie den im Perigäum (erdnächster Hauptscheitel der Bahn) stehenden Mond durch einen Kreis mit 3 cm Halbmesser dar, wenn er gerade im ersten Viertel ist. Zeichnen Sie daneben das Bild des Mondes, wenn er im Apogäum (erdferner Hauptscheitel) steht und im letzten Viertel ist.

3. Um welchen Betrag ändert sich der scheinbare Durchmesser (Sehwinkel) des Vollmondes zwischen seinem Aufgang und seiner Kulmination?
   Nehmen Sie an, Sie beobachten am Äquator und die Deklination des Mondes sei $0°$.

4. Geben Sie an, in welchem Bereich an Ihrem Wohnort die Kulminationshöhen des Vollmondes zur Zeit der Sommersonnenwende bzw. zur Zeit der Wintersonnenwende liegen können.

c) Die gebundene Rotation des Mondes; die Veränderungen des Abstandes zwischen Erde und Mond

Von der Erde aus sehen wir immer dieselbe Seite des Mondes oder Teile von ihr, jedoch nie die Rückseite. Das ist die Folge einer Rotation des Mondes um eine Achse, die fast senkrecht auf seiner Bahnebene steht. Damit der Mond uns immer dieselbe Seite zukehren kann, müssen die Dauer eines Umlaufs um die Erde und die Dauer einer Rotation um seine Achse genau übereinstimmen. Wegen dieser

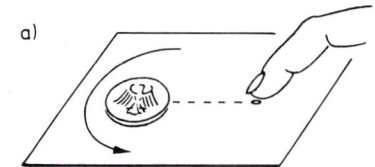

Abb. 3.4 a) Umlauf mit gebundener Rotation

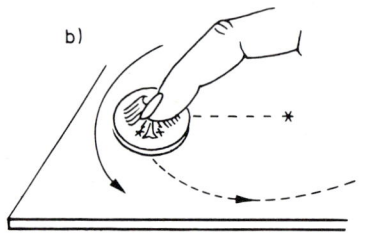

b) Umlauf ohne Rotation

Koppelung von Umlaufsdauer und Rotationsdauer spricht man von einer *gebundenen Rotation.* Ein Modell hierfür hat man z.B., wenn man eine Münze auf ein Blatt Papier legt und das Papier mitsamt der Münze um einen festgehaltenen Punkt dreht. Den anderen Fall – einen Umlauf ohne Rotation – hat man, wenn man die Münze mit dem Finger hält und sie so im Kreise herumführt (s. Abb. 3.4).

Eine gebundene Rotation tritt nicht ohne Grund auf. Auf Seite 95 wurde die durch die Gravitationskräfte des Mondes bewirkte irdische Gezeitenreibung und die als Folge der Energieumwandlung auftretende Verlangsamung der Rotationsgeschwindigkeit der Erde besprochen. Ein ähnlicher Vorgang hat wahrscheinlich schon vor sehr langer Zeit zu einer Abbremsung des früher schneller rotierenden Mondes auf seine jetzige Rotationsgeschwindigkeit geführt. In einer Zeit, in der der Mond noch zähflüssig war, bildeten sich – als Folge der Erdanziehung – an seiner Oberfläche Flutberge aus, so wie sie die irdischen Wassermassen als Folge der Mondanziehung zeigen. Die Rotationsdauer der aus magmatischer Mondmaterie bestehenden Flutberge war gleich der Umlaufsdauer des Mondes um die Erde; ein unter diesen Flutbergen schneller rotierender Mondkörper muß, wegen der Zähigkeit des Materials, sehr schnell abgebremst worden sein, bis er mit der gleichen Geschwindigkeit wie die Flutberge rotierte.

Dieser Mond-Rotationsbremsung gegenüber ist die Abbremsung der Erdrotation durch die Reibung der bewegten Wassermassen der Ozeane an der festen Erde ein sehr viel langsamer wirkender Prozeß. Dieser Vorgang wurde in Kapitel 2 (S. 95) behandelt. Dabei wurde angegeben, dass die Verlangsamung der Erdrotation eine Dehnung der astronomischen Zeitskala zur Folge hat und dass diese Dehnung sich dem Beobachter als Schein-Beschleunigung der Bahnbewegung der benachbarten Himmelsköper bemerkbar macht. Diesem beim Mond am stärksten beobachtbaren Scheineffekt der irdischen Gezeitenreibung muß jetzt noch der reale Effekt hinzugefügt werden, den die Gezeitenreibung auf die Bahnbewegung des Mondes ausübt. Die Verlangsamung der Rotation der Erde bewirkt eine Vergrößerung der mittleren Entfernung $a_{\mathbb{C}}$ des Mondes von der Erde. Der physikalische Grund für diese Veränderung liegt in der Erhaltung des Gesamtdrehimpulses des mechanischen Systems Erde-Mond. So wie es für abgeschlossene Systeme von Körpern einen Impulserhaltungssatz für fortschreitende Bewegungen gibt, existiert auch ein Erhaltungssatz für eine entsprechende Größe bei Drehbewegungen. Diese Größe wird Drehimpuls genannt (s. Physik-Lehrbuch). Wenn der Drehimpuls der Erdrotation abnimmt, muß der Bahndrehimpuls des Mondes zunehmen. Aus dieser Vergrößerung des Bahndrehimpulses folgt, wenn man das 3.Keplersche Gesetz hinzunimmt, daß die mittlere Entfernung $a_{\mathbb{C}}$ größer wird und daß gleichzeitig die Winkelgeschwindigkeit $\omega_{\mathbb{C}}$ des Mondes in seiner Bahn um die Erde abnimmt. Die Zahlenwerte der Veränderungen von $\omega_{\mathbb{C}}$ und $a_{\mathbb{C}}$ sind in der Tabelle 3.1 zusammengestellt. Dabei steht in der ersten Zeile ein seit langem aus der Himmelsmechanik bekannter Effekt. Die Anziehung der Planeten auf die Erde bewirkt eine langperiodische Änderung der Exzentrizität der Erdbahn; gegenwärtig verkleinert sich die Exzentrizität unter dieser Gravitationswirkung. Diese Formänderung der Erdbahn wirkt sich auf die Anziehung aus, die die Sonne auf Erde und Mond ausübt; sie führt beim Mond zu einer ständigen kleinen Verringerung des Wertes von $a_{\mathbb{C}}$.

Tab. 3.1 Veränderungen der Mondbahnelemente $\omega_{\mathbb{C}}$ und $a_{\mathbb{C}}$

	Hundertjährige Änderung der Winkelgeschwindigkeit der Mond-Bahnbewegung	Hundertjährige Änderung des mittleren Abstandes Erde-Mond
Indirekter Planeten-Effekt, über die Änderung der Exzentrizität der Erdbahn	$\Delta\omega_{\mathbb{C}}(1) = +12{,}0''$	$\Delta a_{\mathbb{C}}(1) = -1{,}7\,\mathrm{m}$
Schein-Effekt: Spiegelung der Verlangsamung der Erdrotation	$\Delta\omega_{\mathbb{C}}(2) = +32{,}8''$	—
Effekt der Drehimpuls-übertragung	$\Delta\omega_{\mathbb{C}}(3) = -22{,}4''$	$\Delta a_{\mathbb{C}}(3) = +3{,}2\,\mathrm{m}$
Gesamteffekt	$\Delta\omega_{\mathbb{C}} = +22{,}4''$	$\Delta a_{\mathbb{C}} = +1{,}5\,\mathrm{m}$

Der Gesamteffekt der Änderung der mittleren Winkelgeschwindigkeit $\Delta\omega_{\mathbb{C}}$ ist eine Beobachtungsgröße (s. S. 95). Der Gesamteffekt der Änderung der mittleren Entfernung $\Delta a_{\mathbb{C}}$ ist aus der Kombination von Beobachtung und Theorie errechnet:

es ergibt sich die Vergrößerung des mittleren Abstandes von Erde und Mond um 1,5 m in einem Jahrhundert. Aus diesem Resultat können wohl Schlüsse auf die Vergangenheit des Systems Erde und Mond, nicht aber auf die Entstehung des Mondes gezogen werden. Im Zustand großer gegenseitiger Nähe von Erde und Mond wird die Dynamik des Systems so kompliziert, dass sich nicht feststellen läßt, was vorher war. Die Laser-Laufzeitmessungen liefern momentane Abstände Erde-Mond. Die Auswertung langer Reihen solcher Messungen wird zu verbesserten Kenntnissen aller Mondbahn-Elemente und ihrer — durch die Störungen von Sonne und Planeten bewirkten — Veränderungen führen. Auf diese Weise wird sich auch die fortschreitende Veränderung $\Delta a_{\mathbb{C}}$ direkter bestimmen lassen, als dies bisher möglich ist.

Tab. 3.2 *Der Mond*

Mittlere Entfernung = große Halbachse der Mondbahn 384 400 km = 60,33 Erdradien
Größte Entfernung 406 740 km; kleinste Entfernung 356 410 km

Scheinbarer Durchmesser bei mittlerer Entfernung von der Erde 31′ 5,2″
    größter und kleinster Wert 33′30″; 29′20″

Radius   1738 km = 0,272 Erdradien

Masse $7,35 \cdot 10^{22}$ kg = $\dfrac{1}{81,30}$ Erdmasse

Mittlere Dichte 3,34 g $\cdot$ cm^{-3} = 0,606 Erddichte

Schwerebeschleunigung an der Oberfläche 1,62 m $\cdot$ s^{-2} = 0,165 g

Entweichgeschwindigkeit an der Oberfläche 2,4 km $\cdot$ s^{-1}

Oberflächentemperatur bei Vollmond 390 K bis 400 K ($\approx$ 120°C bis 130°C)
    bei Neumond 100 K bis 120 K ($\approx -$ 170°C bis $-$ 150°C)

Vollmondhelligkeit in mittlerer Entfernung $-$ 12,55 mag

Albedo (Verhältnis von reflektierter zu einfallender Lichtmenge) 0,067
Mittlere Neigung der Bahn gegen die Ekliptik 5°8′43″
    größte und kleinste Neigung 5°19′; 4°59′; Periode 173 d

Umlaufdauer des Mondknotens in der Ekliptik (rückläufig) 18,6 a

Neigung des Mondäquators gegen die Ekliptik 1°33′
    gegen die Bahn   6°41′

Mittlere Exzentrizität der Bahn 0,0549
Mittlere Bahngeschwindigkeit 1,023 km $\cdot$ s^{-1}

Länge des siderischen Monats   27,321 66 d = 27 d 7 h 43 m 12 s
Länge des synodischen Monats   29,530 59 d = 29 d 12 h 44 m 3 s

Aufgaben

1. a) Übt die Sonne oder die Erde die größere Gravitationskraft auf den Mond aus? Berechnen Sie die Beschleunigungen, die der Mond durch die alleinige Wirkung der Sonne bzw. der Erde erfahren würde.

$$\text{Masse der Sonne } m_S \ = \ 2 \cdot 10^{30}\,\text{kg}$$

$$\text{Masse der Erde } \ m_E \ = \ 6 \cdot 10^{24}\,\text{kg}$$

mittlere Entfernung Sonne-Erde = mittlere Entfernung Sonne-Mond

$$r_{SE} \ = \ 1{,}5 \cdot 10^8\,\text{km}$$

mittlere Entfernung Erde-Mond $r_{EM} = 384\,000$ km.
b) Wie liegen die diesbezüglichen Verhältnisse beim Mars-Mond Phobos?
Masse des Mars $m_M = 6{,}4 \cdot 10^{23}$ kg
mittlere Entfernung Sonne-Mars $r_{SM} = 2{,}3 \cdot 10^8$ km
mittlere Entfernung Mars-Phobos $r_{MP} \ = \ 9{,}4 \cdot 10^3$ km.

2. a) Welche Arbeit wäre zu verrichten, um den Mond 3 cm weiter von der Erde zu entfernen?

Welche Leistung müßte aufgebracht werden, um diese Entfernungsvergrößerung in einem Jahr auszuführen?
Rechnen Sie zunächst so, als ob der Mond auf seiner Bahn stehengeblieben wäre. Auf dem Verschiebungsweg $\Delta r = r_2 - r_1$ kann die Gravitationskraft der Erde als konstant angenommen werden.

$$\text{Masse der Erde } m_E \ = \ 6 \cdot 10^{24}\,\text{kg}$$

$$\text{Masse des Mondes } m_M \ = \ \frac{1}{81}\,m_E$$

$$\text{Entfernung Erde-Mond } r \ = \ 384\,000\,\text{km}.$$

b) Um welchen Betrag ist die tatsächlich nötige Arbeit kleiner als der in a) berechnete Betrag, wenn man berücksichtigt, daß die Mondbewegung in größerer Entfernung langsamer ist? Berechnen Sie die kinetischen Energien auf den Bahnen mit den Radien r_1 und $r_2 = r_1 + \Delta r$.
c) Vergleichen Sie die errechnete Leistung mit der durch die Gezeitenreibung umgesetzten Leistung von $3{,}2 \cdot 10^{12}$ W.

3.1.2 Die Erscheinungsformen der Mondoberfläche und ihre Deutung

a) Schon mit bloßem Auge sieht man auf dem Mond hellere und dunklere Gebiete. Mit einem Feldstecher oder einem kleinen Teleskop erkennt man drei Hauptformen der Mondoberfläche:

(1) Maria oder Ebenen

(2) Hochländer oder Terrae

(3) Krater

(1) *Maria* (Einzahl m<u>a</u>re, lat. Meer) oder *Ebenen* sind die dunklen Gebiete, die wie glatte Flächen aussehen. Sie sind von Gebirgswällen umgeben und häufig kreisrund. Der Name „Mare" wurde von Galilei zu Anfang des 17. Jahrhunderts geprägt. Heute weiß man, daß sie kein Wasser enthalten, ja, daß es auf dem Mond überhaupt kein Wasser gibt. Der Name ist trotzdem geblieben.

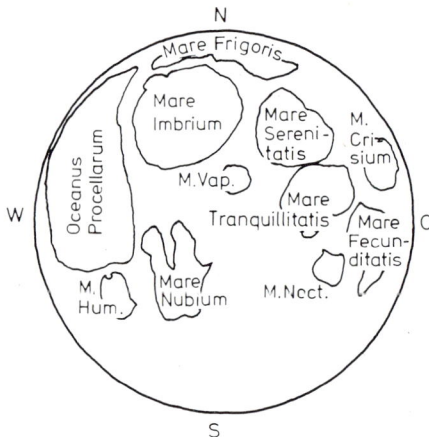

Abb. 3.5 Die wichtigsten Ebenen (Maria) auf der Vorderseite des Mondes.
Die Himmelsrichtungen werden beim Mond aus der Sicht des Astronauten angegeben.

Abb. 3.6 Das Mare Crisium; Aufnahme der amerikanischen Mond-Sonde Lunar Orbiter IV (Bildlänge etwa 600 km)

Die Fläche der Ebenen macht etwa 40% der Fläche der Vorderseite des Mondes aus. Auf seiner Rückseite gibt es nur wenige kleine Maria. In Abb. 3.5 sind einige wichtige Maria dargestellt. Abb. 3.6 zeigt eine Orbiter-Aufnahme des Mare Crisium. Die größten Mare-Becken würden von Hamburg bis Rom reichen, die kleineren haben Durchmesser von einigen 100 km.

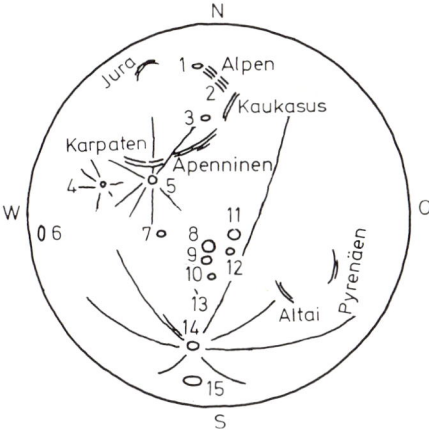

Abb. 3.7 Einige Gebirge und Krater auf der Vorderseite des Mondes

1 Plato	6 Grimaldi	11 Hipparch
2 Alpental	7 Fra Mauro	12 Albategnius
3 Archimedes	8 Ptolemäus	13 Lange Wand
4 Kepler	9 Alphonsus	14 Tycho
5 Kopernikus	10 Arzachel	15 Clavius

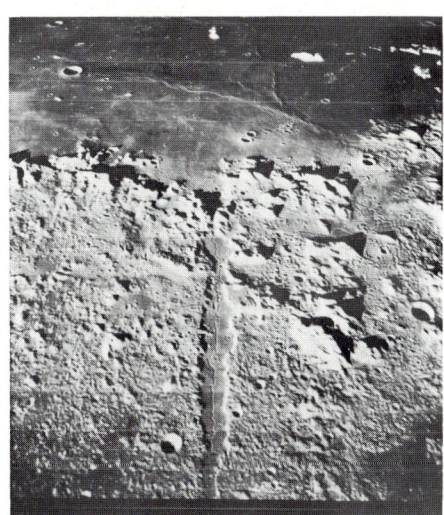

Abb. 3.8 Teil der Mond-Alpen mit dem von einer Rille durchzogenen Alpental; Aufnahme der Mond-Sonde Orbiter IV aus nur 250 km Höhe

(2) Die *Hochländer* oder *Terrae* (terrae, lat. Länder) sind hellgrau aussehende, gebirgige Gebiete, die den Rest der Vorderseite des Mondes bedecken. Die Gebirgszüge wurden nach irdischen Gebirgen benannt. Auf Abb. 3.7 (S. 121) sind einige Mondgebirge eingezeichnet; Abb. 3.8 (S. 121) zeigt die Mond-Alpen mit dem Alpental, das von einer Rille durchzogen ist.

(3) Die *Krater* (Abb. 3.7, S.121) sind kreisförmige Mulden, die meist einen ziemlich ebenen Boden haben, der tiefer liegt als die benachbarten Gebiete. Sie sind umgeben von einem gebirgigen Ringwall. Manchmal haben sie in der Mitte einen Kraterberg.

Krater findet man auf der ganzen Mondoberfläche. Besonders dicht sind sie in den Hochländern, aber auch in den Ebenen entdeckt man umso mehr Krater, je weiter man die Vergrößerung des Fernrohrs steigert und je günstiger die Lichtverhältnisse sind. Obwohl es Krater mit fast 300 km Durchmesser gibt (Entfernung Hamburg-Berlin), wußte man vor der Erfindung des Fernrohrs noch nichts von Mondkratern, denn sie sind mit bloßem Auge nicht zu sehen. Bei Vollmond kann man sie auch mit dem Fernrohr nur schlecht erkennen. Der Vollmond sieht flach aus wie eine Scheibe. Dagegen wirkt der zunehmende oder der abnehmende Mond plastisch rund. Insbesondere am Terminator sieht man schon mit einem Feldstecher die schattenwerfenden Berge und Kraterwälle. Eine Aufnahme der Süd-Ost-Region des Mondes zeigt Abb. 3.9. Aus dem Einfallswinkel der Sonnenstrahlen und aus der Schattenlänge lassen sich die Höhen von Mondbergen und Ringwällen berechnen. Es gibt Kraterwälle, die sich 5000 m bis 10 000 m über die Kratersohle erheben. Auch Gebirgshöhen von über 6000 m werden gemessen.

Abb. 3.9 Süd-West-Region des Mondes mit dem Mare Nubium und vielen Kratern, u.a. Ptolemäus, Alphonsus, Arzachel, Albategnius, Clavius, Tycho und der Langen Wand (Aufnahme mit dem 2,5 m Spiegel auf dem Mount Wilson in Kalifornien)

Je leistungsfähiger das Fernrohr ist, mit dem man beobachtet, desto kleinere Krater entdeckt man. Große Fernrohre lassen noch Oberflächendetails von 100 m Größe erkennen. Bei diesem Auflösungsvermögen findet man schon über 40 000 Krater. Durch die Auswertung der Bilder der Ranger-, Orbiter- und Surveyor-Sonden stieg die Zahl der Krater, kleinen Mulden und Löcher ins Ungemessene. Noch kleinere Krater konnten die Apollobesatzungen beobachten, und in dem Material, das sie zur Erde mitgebracht haben, fand man Mikrokrater mit weniger als 0,01 mm Durchmesser (Abb. 3.10). Die Anzahl der Krater wächst stark mit abnehmendem Durchmesser.

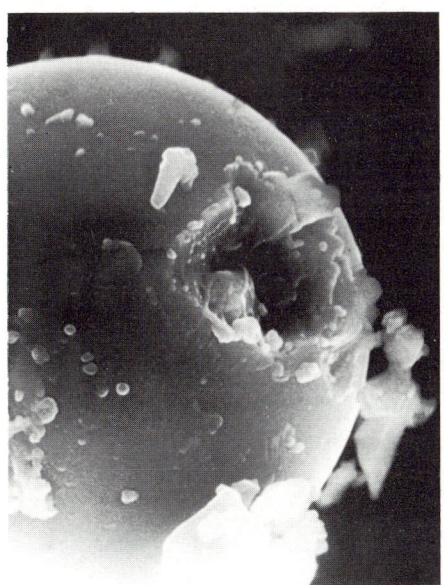

Abb. 3.10 Glaskügelchen aus dem Mondstaub (Durchmesser 0,017 mm) mit einem Mikrometeoritenkrater; elektronenmikroskopische Aufnahme

Abb. 3.11 Der Vollmond mit Strahlenkratern; Tycho unten, Kopernikus links der Mitte (Aufnahme mit dem großen Refraktor des Lick-Observatoriums in Kalifornien)

Von einigen Kratern gehen helle *Strahlensysteme* aus, die sich über weite Gebiete der Mondoberfläche erstrecken und die vor allem bei Vollmond gut zu sehen sind (Krater Tycho, Kopernikus, Kepler u.a., Abb. 3.11).

b) Zur Erklärung der verschiedenartigen Oberflächenformen versuchen wir dem zeitlichen Verlauf der Entstehung zu folgen. Dabei lassen sich auf Grund der neueren Ergebnisse der Mondforschung folgende Hauptereignisse unterscheiden:

(1) Krusten- und Gebirgsbildung

(2) Zeit der großen und häufigen Meteoriten-Einschläge

(3) Ausfüllung der Mare-Becken mit Basalt-Lava

(4) Spätere Meteoriten-Einschläge; Regolith-Bildung.

1. Krusten- und Gebirgsbildung

Das älteste feststellbare Ereignis an der Mondoberfläche ist die Bildung einer festen gebirgigen Kruste: Materie, die vorher heiß und zähflüssig gewesen sein muß, kühlt sich ab.

Dadurch kristallisieren an der Mondoberfläche feste Gesteine aus. Über die Entstehung des Mondes und über die Mondgeschichte vor dieser Verfestigung der Oberfläche gibt es bis jetzt nur Vermutungen. Auch die Herkunft der Wärme für den zähflüssigen Zustand des Materials ist noch unbekannt. Insbesondere weiß man noch nicht, ob sie aus dem Mondinneren stammt oder ob sie von außen zugeführt wurde. Dagegen ist die Feststellung sicher, daß ein Erkaltungs- und Kristallisationsvorgang stattgefunden hat.

Beispiele für die gebirgige Krustenbildung sind die Apenninen und die Alpen am Rande des Mare Imbrium (Abb. 3.5, 3.7, 3.8). Diese Gebiete sind seither weder durch Meteoriten-Einschläge noch durch Überflutungen wesentlich verändert worden.

2. Die Zeit der großen und häufigen Meteoriten-Einschläge

Die Krater und Ringgebirge jeder Größe, die sich in riesiger Anzahl an der Mondoberfläche befinden, sind ganz überwiegend durch Meteoriten-Einschläge gebildet worden. Die Meteorite, die mit dem Mond zusammengestoßen sind, waren Körper von ganz verschiedener Größe; ihre Durchmesser waren aber immer sehr viel kleiner als die Durchmesser der Krater, die bei ihrem Einschlag entstanden.

Für die Annahme, daß die meisten Mondkrater nicht vulkanischen Ursprungs sind, gibt es gute Gründe. Die Formen irdischer Vulkan-Berge und die von Mondkratern unterscheiden sich wesentlich. Abb. 3.12a und b zeigt zum Vergleich einen Mondkrater und einen irdischen Vulkanberg. Die Sohle des Mondkraters liegt tiefer als die umliegende Kruste; der Kraterwall enthält etwa ebensoviel Material, wie durch den Einschlag aus der Kratermulde herausbefördert wurde. Irdische Vulkanberge sind dagegen Aufschüttungen über dem umliegenden Land. Es ist weiterhin kaum denkbar, daß der Mond jemals eine so starke vulkanische Aktivität besessen hätte, daß all die vielen Krater entstanden sein könnten. Insbesondere die kleinen und kleinsten Krater können unmöglich vulkanischen Ursprungs sein. Damit soll nicht gesagt sein, daß es gar keine vulkanische Aktivität auf dem Mond gegeben habe und noch gibt. Bei einigen Bergen ist eine vulkanische Bildung durchaus wahrscheinlich.

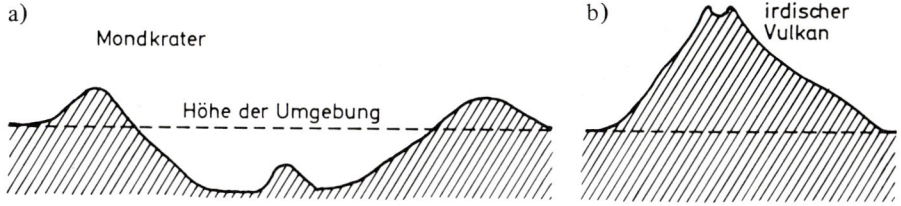

Abb. 3.12 Vergleich eines Einschlagskraters auf dem Mond mit einem irdischen Vulkan (schematische und überhöhte Querschnitte)

Auch einige seltene Leuchterscheinungen, die man gelegentlich auf dem Mond beobachten kann, dürften auf das Ausströmen von Gasen, etwa so wie bei irdischen Fumarolen (Stellen, an denen der Erde vulkanische Gase und Dämpfe entströmen), zurückzuführen sein.

Die Zeit, in der die meisten Meteoriten-Einschläge stattfanden, lag in der Frühgeschichte des Mondes und dauerte nur relativ kurz. Woher die Meteorite stammten, ist unbekannt. Die Zahl und die zeitliche Gedrängtheit der großen Ereignisse ist sehr auffallend. Es ist deshalb nicht unwahrscheinlich, daß die Meteorite Körper waren, die dem Planetensystem angehörten. Aber auch die Möglichkeit, daß das ganze Planetensystem während jener Zeit durch eine Wolke interstellarer Materie hindurchgegangen ist, muß erwogen werden. Der Planet Mars und seine beiden Monde weisen ähnliche Einschlagskrater auf wie der Erdmond. Auf der Erde sind über hundert Meteoritenkrater nachgewiesen worden (z.B. der Cañon Diablo in Arizona, USA, der Wolf-Creek-Krater in NW-Australien, das Nördlinger Ries und das Steinheimer Becken in Süddeutschland). Die Tatsache, daß nicht noch viel mehr Einschlagskrater auf der Erde gefunden worden sind, erklärt sich durch das Vorhandensein der Erdatmosphäre und durch Erosionswirkungen (siehe auch S. 184).

Die ganz großen Einschlag-Ereignisse auf dem Mond haben die Mulden für die kreisrunden Maria erzeugt, z.B. für das Mare Imbrium und für das Mare Crisium. Der einschlagende Meteorit erzeugt in der Mondkruste eine Stoßfront (starke Verdichtung und Temperaturerhöhung) und verdampft zum größten Teil. Die Stoßwelle schiebt Mondmaterial zur Seite und schleudert große und kleine Brocken der Kruste in alle Richtungen hinaus. Wegen der kleinen Fallbeschleunigung an der Mondoberfläche und wegen des Fehlens eines „Luftwiderstandes" fliegen diese Brocken über weite Entfernungen. Das am Landeplatz von Apollo 14 (Februar 1971) bei Fra Mauro (Abb. 3.7) gefundene Urmaterial stammt wahrscheinlich aus dem Gebiet des Mare Imbrium. Es ist mindestens 1000 km weit geflogen.

3. Ausfüllung der Mare-Becken mit Basalt-Lava

Nach der Bildung der Mare-Mulden ist in mehreren Schüben Basalt-Lava aus dem Mondinneren durch Bruchspalten hervorgequollen und hat zunächst die großen kreisrunden Maria ausgefüllt, dann aber auch andere tiefliegende Gebiete überflutet. Das war der Anlaß zur Bildung von nicht kreisrunden Maria.

Die wichtigsten Beispiele für kreisförmige Maria auf der der Erde zugekehrten Seite sind Imbrium, Crisium, Nektaris, Humorum und Orientale (Rückseite). Nicht kreisförmig, sekundär überflutet sind Nubium, Tranquillitatis und der Oceanus Procellarum (s. Abb. 3.5, S. 120).

Die kristallinen Mondgesteine, die das Grundmaterial der Mond-Ebenen bilden und ihnen den flachen Charakter geben, enthalten im wesentlichen dieselben Mineralien wie vulkanische Erdgesteine. Sie ähneln irdischen Basalten, haben jedoch etwas andere Metall-Häufigkeiten.

4. Spätere Meteoriten-Einschläge, Regolith-Bildung

Die zahlreichen Meteoriten-Einschläge in den Mare-Ebenen stammen aus der Zeit nach den Mare-Überflutungen. Die Größen der dabei entstandenen Krater sind sehr verschieden. Der Krater Kopernikus hat etwa 100 km Durchmesser, der Krater Clavius sogar fast 300 km. Von diesen Größen geht die Skala lückenlos herunter bis zu den Mikrokratern mit nur einigen Tausendstel Millimetern Durchmesser, die durch die zahlreichen Mikrometeoriten geschlagen werden.

Auch in den alten gebirgigen Hochländern (Terra-Gebiete) finden sich viele größere und kleinere Krater als Zeichen für die spätere Meteoriten-Aktivität.

Die Apollo-Landungen haben wegen der Sicherheit für Landung und Wiederaufstieg bevorzugt an ebenen Stellen stattgefunden. Daher liegt für diese ebenen Bereiche eine etwas genauere Kenntnis der Beschaffenheit des Mondbodens vor. Das basaltähnliche Grundmaterial der Ebenen ist bedeckt von einer dünnen Schicht von zerkleinertem Material, die man den *Mond-Regolith* nennt. Darin finden sich Gesteinsbruchstücke verschiedener Größen, glasige Bestandteile und Staub. Es ist dies die Erosionsschicht des Mondes, wobei die Erosion im wesentlichen durch den ständig andauernden Meteoriten-Hagel und zum Teil durch den Sonnenwind hervorgerufen wird. Die Trümmerschicht dürfte mehrere Meter Mächtigkeit erreichen. Wenn die Gesteinsbruchstücke durch Mondstaub wieder zusammengebacken worden sind, spricht man von *Brekzien.* Der mit nur wenigen Zentimetern Dicke obenauf liegende feinkörnige Mondstaub ist vor allem durch Mikrometeorite gebildet worden. Die glasigen Bestandteile sind bei Umschmelzvorgängen durch die beim Einschlag in Wärme umgewandelte Bewegungsenergie der Meteorite entstanden. Diese Gläser sind häufig schön gefärbte Glaskügelchen von weniger als 1 mm Durchmesser (s. Abb. 3.10, S. 123).

Bei der Bildung großer Krater haben die herausgeschleuderten Gesteinsbrocken in der Nähe zahlreiche Sekundärkrater gebildet. Die ausgeworfenen kleineren Partikel haben die radialen Strahlensysteme erzeugt, die sich um die Krater Kopernikus, Tycho und Kepler beobachten lassen (Abb. 3.11, S. 123). Dies sind junge Krater, was man aus ihrer geringen Erosion schließen kann. Im Laufe der Zeit werden die Strahlensysteme durch Meteoriten-Einschläge umgepflügt werden und verschwinden.

Weitere charakteristische Erscheinungen auf der Mondoberfläche sind die gewundenen *Rillen* (Abb. 3.8, S. 121), die etwa 1 km breit, einige 100 m tief und zum Teil über 100 km lang sind. In den Rillen ist vermutlich etwas entlang geflossen, vielleicht Lava. Außerdem gibt es *Gräben*, wie z.B. das Alpental (Abb. 3.8). Hier könnte es sich um Bruchspalten handeln. Wie auf der Erde kann man auch *Verwerfungen* beobachten, z.B. die Lange Wand (Abb. 3.7, S. 121 und 3.9, S. 122).

Bei der Verfolgung von künstlichen Mondsatelliten wurden Bahnstörungen festgestellt, die darauf schließen lassen, daß unter den großen Maria Massenkonzentrationen, sog. *Mascons*, liegen, deren Dichte über der mittleren Monddichte liegt.

Eine weitere überraschende Entdeckung war die Tatsache, daß die Mondoberfläche auf der uns zugekehrten Seite etwa 2 km tiefer, auf der abgewandten Seite etwa 2 km höher als die mittlere Mondoberfläche liegt. Die großen Maria liegen damit sogar etwa 4 km tiefer als die mittlere Oberfläche. Man muß daraus schließen, daß die Mondkruste auf der Rückseite dicker ist als auf der Vorderseite. Dies könnte der Grund dafür sein, daß es auf der Rückseite nur wenige kleine Maria gibt, die mit Basalt-Lava ausgefüllt wurden.

Der Mond hat keine nennenswerte Atmosphäre. Darauf wurde oben schon hingewiesen. Nur eine ganz dünne Gasschicht ist vorhanden. Sie ist mit optischen Hilfsmitteln nicht feststellbar, wurde aber durch Messungen im Radiofrequenzbereich nachgewiesen. Ihr Druck beträgt höchstens ein Milliardstel des Drucks der Erdatmosphäre. Die Gase stammen aus dem Sonnenwind und von radioaktiven Umwandlungen im Mondboden.

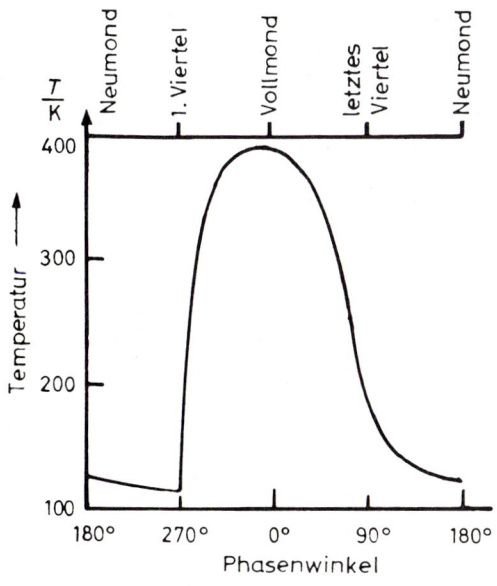

Abb. 3.13 Temperaturverlauf in der Mitte der Mondscheibe während eines „Mond-Tages"

127

Das Fehlen eines dichteren gasförmigen Schutzmantels um den Mond hat zur Folge, daß die Temperaturunterschiede zwischen der Tag- und der Nachtseite des Mondes äußerst schroff sind. Dies ist außerdem bedingt durch eine sehr kleine spezifische Wärmekapazität des Mondstaubes und durch ein sehr kleines Wärmeleitvermögen der Oberflächenschichten. Die Abb. 3.13 (S. 127) zeigt den Temperaturverlauf einer Stelle in der Nähe der Mondmitte während eines „Mond-Tages". Die höchsten Temperaturen liegen bei 390 K (rund 120° C), die tiefsten bei 100 K bis 120 K ($-$ 170° C bis $-$ 150° C), was einen Temperaturwechsel von etwa 280 K bedeutet.

Für die im vorangehenden aufgeführten Formationen und Ereignisse sind in Tab. 3.3 Zeitpunkte zusammengestellt, die aufgrund von radioaktiven Datierungen mit Isotopen großer Halbwertzeiten (^{40}K, ^{87}Rb, ^{232}Th, ^{238}U, ^{235}U) gewonnen wurden. Zum Vergleich ist angegeben, was sich auf der Erde zu etwa den gleichen Zeiten ereignete.

Aufgaben

1. Versuchen Sie, die in Abb. 3.5 und 3.7 eingezeichneten Mondformationen mit einem Fernrohr (Feldstecher) auf dem Mond aufzufinden.

2. Der Krater Tycho liegt auf 43° südlicher lunarer Breite. Einen etwa nord-südlich verlaufenden Streifen seines Strahlensystems kann man bis zum Mare Frigoris in 52° nördlicher lunarer Breite verfolgen.
   Wie lang ist dieser Strahl?
   Mondradius 1738 km.

3. Nehmen Sie an, Erde und Mond wären glatte Kugeln mit den Halbmessern $r_{Erde} = 6370$ km und $r_{Mond} = 1738$ km. Wie weit wäre dann der Horizont von Beobachtern entfernt, die auf den Kugelflächen stehen und deren Augenhöhe $h = 1{,}6$ m betragen würde?

4. Die Beobachter von Aufgabe 3 stehen in der Mitte des Kraters Clavius (Durchmesser 240 km) auf dem Mond bzw. eines Kraters gleicher Größe auf der Erde. Der Kraterwall überragt die Kratersohle um rund 4000 m.
   Wieviel von den Wallbergen ist für jeden der beiden Beobachter über dem Horizont zu sehen?

Tab. 3.3   Zeittafel wichtiger Ereignisse der Mond-Entwicklung und Vergleich mit Ereignissen auf der Erde

Mond	Erde
vor $4{,}6 \cdot 10^9$ Jahren Bildung einer Erstarrungskruste	
	vor $4{,}4 \cdot 10^9$ Jahren Differenzierung in Kruste, Mantel und Kern abgeschlossen
vor $4 \cdot 10^9$ Jahren Periode intensiver Umformung der Kruste durch viele, auch sehr große Meteoriten-Einschläge	
vor $3{,}8 \cdot 10^9$ Jahren Imbrium-Einschlag	vor $3{,}8 \cdot 10^9$ Jahren Bildung der Urozeane und einer sauerstofffreien Uratmosphäre
vor 3,7 bis vor $3{,}2 \cdot 10^9$ Jahren Ausfüllung der Mare-Becken mit Basalt-Lava in mehreren Schüben	vor $3{,}7 \cdot 10^9$ Jahren Verwitterung der Urkruste, Bildung erster Sedimente vor $3{,}4 \cdot 10^9$ Jahren erstes überliefertes niederes Leben (einzelne fossile Zellen)
von vor $3 \cdot 10^9$ Jahren an kein Vulkanismus und keine Tektonik mehr Bildung von Regolith durch Einschläge aller Größen, vor allem durch Kleinmeteorite	
vor $0{,}9 \cdot 10^9$ Jahren Kopernikus-Einschlag	vor $1{,}2 \cdot 10^9$ Jahren Plattentektonik mit Gebirgsbildung erstmals nachgewiesen
vor $0{,}1 \cdot 10^9$ Jahren Tycho-Einschlag	vor $0{,}1 \cdot 10^9$ Jahren Trennung von N-Amerika und Europa, von S-Amerika und Afrika
	vor $14{,}5 \cdot 10^6$ Jahren Ries-Einschlag

Zusammenfassung zu Abschnitt 3.1, „Der Mond"

Man kennt 34 Monde der Großen Planeten. Einer davon ist der Erdmond. Er hat von allen Monden das größte Verhältnis Mond-Masse zu Planeten-Masse. Seine Bahn liegt nahezu in der Ekliptikebene (Neigung $5°$). Sein Umlauf um die Erde projiziert sich als rechtläufige Bewegung (von W über S nach O) auf den Fixsternhintergrund mit der mittleren Geschwindigkeit 1 Vollmond-Durchmesser in einer Stunde. Dabei

entstehen durch die wechselnden Phasenwinkel Sonne-Mond-Erde die Lichtgestalten (Phasen) des Mondes. Der siderische Monat dauert einen Umlauf um 360°,
der synodische Monat einen Umlauf von Vollmond zu Vollmond.

Erde und Mond bewegen sich in elliptischen Bahnen um ihren Massenmittelpunkt.
Durch die Gravitationswirkungen der Sonne, aber auch vom Äquatorwulst der
Erde und von den Planeten wird die Bahn gestört. Die wichtigsten Störungen sind
der rückläufige Umlauf der Knotenlinie (Schnittlinie Bahnebene-Ekliptik) in der
Ekliptik mit der Periode 18,6 Jahre und der rechtläufige Umlauf der Apsidenlinie
(große Achse) in der Bahnebene in 8,85 Jahren. Bezogen auf die Sonne weicht die
Mondbahn nur wenig von der Erdbahn ab; sie verläuft jeweils einen halben
(synodischen) Monat innerhalb und einen halben Monat außerhalb der Erdbahn; sie
ist leicht gewellt, aber nie zur Sonne hin konvex.

Der Mond kehrt der Erde stets dieselbe Seite zu: gebundene Rotation. Eine früher
vorhandene raschere Rotation des Mondes wurde schon vor langer Zeit durch
Gezeitenwirkungen auf die Dauer eines siderischen Monats abgebremst. Die entsprechende Verlangsamung der Erdrotation durch die Gezeiten auf der Erde führt
zu einer Dehnung unserer Zeitskala und zu einer Vergrößerung der mittleren
Entfernung Erde-Mond.

Auf der Mond-Oberfläche erkennt man: Dunkle, glatt aussehende Gebiete—Ebenen
oder Maria. Helle gebirgige Gebiete—Hochländer oder Terrae. Kreisförmige Mulden
mit flachem Boden—Krater. Der Kraterboden liegt tiefer als die Umgebung; er ist
von einem Kraterwall umgeben und trägt manchmal einen Zentralberg. Die Krater
sind überwiegend nicht vulkanischen Ursprungs, sie sind durch Meteorite der
verschiedensten Größe gebildet worden.

Auf der Mondrückseite gibt es nur wenige Ebenen, auf der Vorderseite machen sie
40% der Fläche aus. In den Ebenen ist die Anzahl der Krater kleiner als auf den
Hochländern, was auf das geringere Alter der Ebenen zurückzuführen ist. Die
Anzahl der Krater wächst stark mit kleiner werdendem Durchmesser. Die Meteorite,
insbesondere die Mikrometeorite besorgen die Erosion der Mondoberfläche und
erzeugen den Mondregolith.

Der Mond hat keine nennenswerte Atmosphäre. Die Temperaturunterschiede
zwischen Tag- und Nachtseite sind sehr groß und schroff.

Die geschichtliche Abfolge der Ereignisse, die das Gesicht des Mondes geformt
haben, findet sich in Tab. 3.3.

3.2 Die Planeten

3.2.1 Durchmesser, Masse und andere Eigenschaften der Planeten

In Abschnitt 2.3 wurden die Bewegungen und die Bahnformen der Planeten untersucht. Dabei wurden sowohl die Sonne als auch die Planeten wie Massenpunkte behandelt. Größe, innerer Aufbau, Oberflächenbeschaffenheit, Temperatur und andere Eigenschaften spielten dabei keine Rolle. Auch andere Formen der Materie im Sonnensystem wurden nicht erwähnt. Nun soll gezeigt werden, was man in dieser Hinsicht über das Planetensystem aussagen kann.
1. Die Planeten erscheinen im Fernrohr als kleine Scheibchen, im Gegensatz zu den Fixsternen, die auch in den größten Fernrohren keine Ausdehnung zeigen. Die Winkeldurchmesser dieser Scheibchen kann man messen. Man nennt sie „scheinbare Durchmesser". Mit den bekannten Entfernungen der Planeten lassen sich daraus die wahren *Durchmesser* der Planeten berechnen. (Siehe Tab. 4 im Anhang und Abb. 3.14; in dieser Abb. sind zum Vergleich der Mond und ein Teil des Sonnenrandes im gleichen Maßstab eingezeichnet).

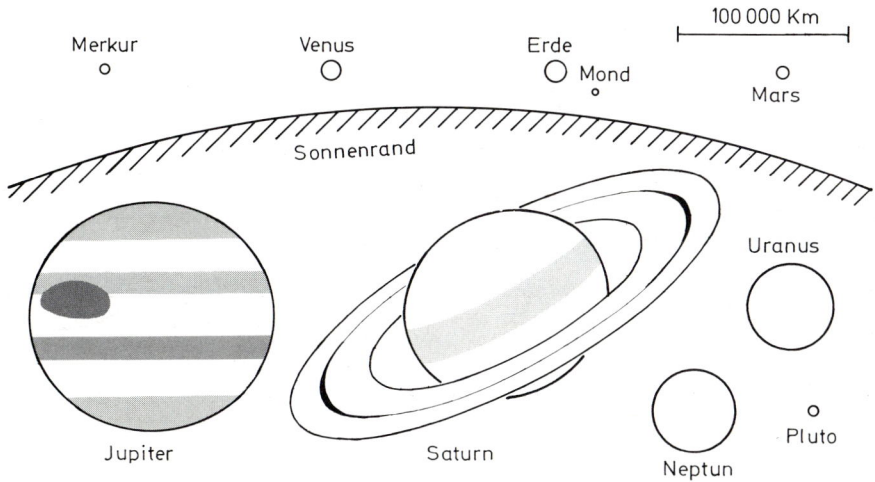

Abb. 3.14 Die Größe der Planeten; zum Vergleich sind der Mond und ein Teil des Sonnenrandes im gleichen Maßstab gezeichnet

Bei sehr genauen Messungen findet man, daß die Durchmesser in verschiedenen Richtungen verschieden groß sind. Das ist eine Folge der durch die Rotation des Planeten entstehenden Deformation. Unter *Abplattung* versteht man die Größe $(a - b)/a$, wobei a der größte (Äquator-) und b der kleinste (Polar-) Durchmesser ist (s. Tab. 4, Anhang).

2. Die *Masse* eines Planeten bestimmt man mit dem 3. Keplerschen Gesetz, wenn der Planet einen natürlichen oder künstlichen Satelliten besitzt, für den man Entfernung und Umlaufsdauer messen kann. Ist dies nicht der Fall, so läßt sich die Planetenmasse berechnen aus den Störungen, die der Planet auf die Bewegung eines anderen Himmelskörpers ausübt (Tab. 4, Anhang).

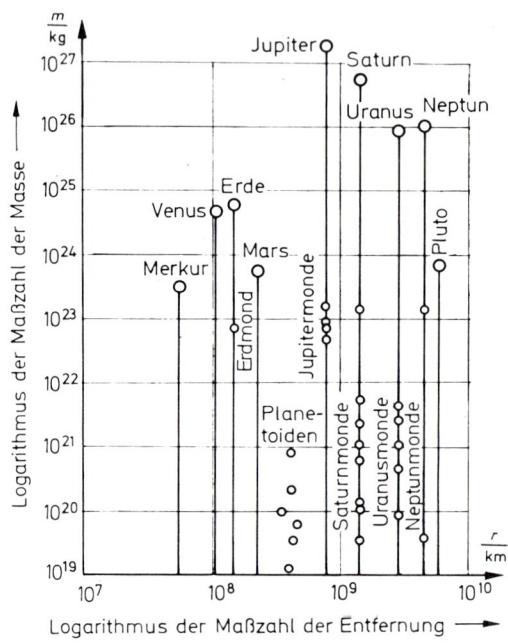

Abb. 3.15 Die Verteilung der Massen im Planetensystem. *r* ist die mittlere Entfernung von der Sonne, *m* die Masse der Himmelskörper. Beide Achsen sind logarithmisch geteilt

In Abb. 3.15 ist die Verteilung der Massen im Planetensystem in zweifach logarithmischen Koordinaten dargestellt. Außer den Planeten sind deren massereiche Monde und einige Kleine Planeten eingezeichnet. Der Unterschied der Massen von inneren und äußeren Planeten ist in dieser Darstellung gut zu erkennen.

3. Mit der Masse M und dem Radius R eines Planeten läßt sich die *Fallbeschleunigung* auf der Planetenoberfläche berechnen, wenn man die Gewichtskraft

$F_G = m \cdot g$ eines Körpers der Masse m mit der Gravitationskraft $F = G\dfrac{M \cdot m}{R^2}$

gleichsetzt. Gegebenenfalls muß noch der Einfluß einer Rotation des Planeten (Zentrifugalbeschleunigung) berücksichtigt werden (Tab. 4, Anhang).

Berechnet man die Arbeit, die nötig ist, um eine Masse *m* von der Planetenoberfläche ins Unendliche zu bringen, so ist diese Arbeit gleich der Bewegungsenergie, die ein Körper dieser Masse mindestens haben muß, damit er den Anziehungsbereich des Planeten verlassen kann. Aus dieser Überlegung erhält man die *Entweichgeschwindigkeit* (Tab. 4, Anhang).

4. Aus dem Planetenradius läßt sich der Rauminhalt berechnen. Der Quotient aus Masse und Rauminhalt liefert die *mittlere Dichte* des Planeten (s. Tab. 4, Anhang und Abb. 3.16).

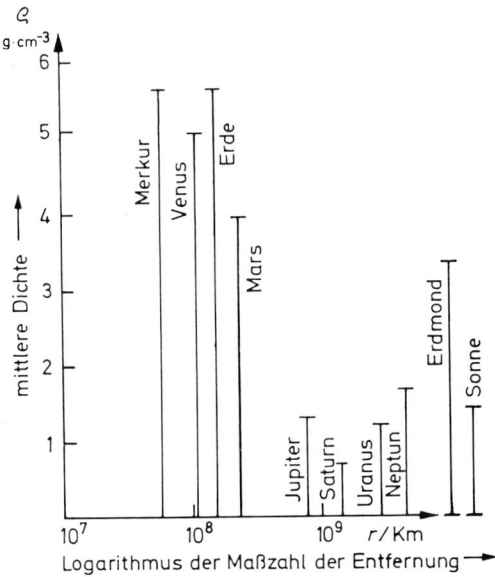

Abb. 3.16 Die mittleren Dichten der Großen Planeten; zum Vergleich sind die mittleren Dichten von Mond und Sonne eingezeichnet

5. Die *Rotationsdauer* der Planeten kann man direkt bestimmen, wenn man Einzelheiten auf ihrer Oberfläche ausmachen und für diese den zeitlichen Abstand aufeinanderfolgender Durchgänge durch den Mittelmeridian messen kann. Lassen sich, wie z.B. bei der Venus, keine Einzelheiten sehen, so muß man durch optische oder Radar-Messungen mit dem Doppler-Effekt die Rotationsgeschwindigkeit der Ränder der Planetenscheibe ermitteln. Aus Umfang und Geschwindigkeit kann man dann die Rotationsdauer berechnen.
In Tab. 5 im Anhang sind die Rauminhalte, die Massen und die mittleren Dichten der Planeten noch einmal zusammengestellt und zwar bezogen auf die entsprechenden Größen bei der Erde als Einheiten. Es zeigt sich, daß die inneren Planeten von Merkur bis Mars sich von den äußeren von Jupiter bis Neptun unterscheiden durch

kleinere Rauminhalte, kleinere Massen, aber größere Dichten. Man bezeichnet die inneren Planeten deshalb auch als erdähnliche, die äußeren als jupiterähnliche Planeten. Nur Pluto fällt aus dem Rahmen der äußeren Gruppe heraus.

Als Übergang zwischen den beiden Gruppen befinden sich in dem Raum zwischen der Marsbahn und der Jupiterbahn die Kleinplaneten oder Planetoiden.

Aufgaben

1. Den Planeten Jupiter sieht man im Fernrohr als kleines Scheibchen. Bei der kleinsten Entfernung von der Erde (s. Tab. 3, Anhang) mißt man für den Äquatordurchmesser den Sehwinkel 49,5''.
   a) Wie groß ist demnach der Äquatordurchmesser?
   b) Wie groß ist der Poldurchmesser (Abplattung s. Tab. 4, Anhang).

2. Der Mars-Mond Phobos hat die siderische Umlaufsdauer 0,319 d und die mittlere Entfernung vom Mars 9400 km.
   a) Welcher Wert ergibt sich daraus für die Masse des Mars?
   b) Welche Fallbeschleunigung ergibt sich für den Mars-Äquator? (Radius 3397 km).
   c) Berechnen Sie die Arbeit, die nötig ist, um einen Körper der Masse 1 kg von der Marsoberfläche ins Unendliche zu bringen, und daraus die Entweichgeschwindigkeit.

3.2.2 Eigenschaften der einzelnen Planeten

1. Merkur

Merkur ist der sonnennächste Planet. Seine Bahn hat verhältnismäßig große Exzentrizität und Neigung der Bahnebene gegen die Ekliptik. Unter den Großen Planeten werden diese beiden Werte nur noch bei Pluto übertroffen (s. Tab. 3, Anhang und Abb. 2.40a, S. 74).

Die Bahn des Merkur führt, wie auch die Bahnen der anderen Planeten, eine langsame Drehung der großen Achse in der Bahnebene mit der Sonne als Drehpunkt aus. Eine solche Drehung ist in Abb. 3.17 stark übertrieben dargestellt. Dabei wandert der sonnennächste Punkt, das Perihel, in der Richtung des Bahnumlaufs um die Sonne herum; der Vorgang heißt Periheldrehung des Merkur. Der Hauptanteil dieser Drehung wird durch die Gravitationswirkungen der anderen Planeten verursacht, die die Zweikörperbewegung Sonne-Merkur stören. Ein analoger Vorgang ist die auf Seite 114 behandelte Drehung der Apsidenlinie des Erdmondes. Diese Drehung des Mond-Perigäums kommt durch die Gravitationswirkung zustande, die die Sonne als dritter Körper auf die Bewegung des Systems Erde-Mond ausübt. Die Merkurbahn wird insbesondere durch die Nachbarplaneten Venus

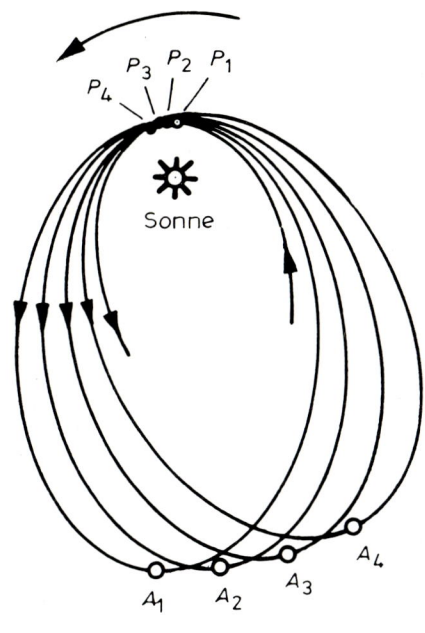

Abb. 3.17 Die Periheldrehung einer Planetenbahn. Die Exzentrizität der Bahn ist übertrieben groß gezeichnet, ebenso der Betrag der Drehung. Bei Merkur müßten zwischen P_1 und P_2 bzw. A_1 und A_2 mehr als 25 000 Umläufe liegen!

und Erde gestört. Die aus den Planetenstörungen berechnete Periheldrehung ergibt sich zu $531''$ im Jahrhundert. Aus den beobachteten Örtern des Merkur ergibt sich dagegen eine Drehung von $574''/100$ a. Der Unterschied von $43''/100$ a zwischen Theorie und Beobachtung ist schon seit etwa 1850 bekannt, konnte aber nicht erklärt werden. Erst A. Einstein gelang 1915 durch seine allgemeine Relativitätstheorie die Lösung des Problems.

Das Gravitationsgesetz der allgemeinen Relativitätstheorie unterscheidet sich zwar grundsätzlich vom Newtonschen Gravitationsgesetz. Bei der Anwendung auf Bewegungen im Planetensystem ergeben sich jedoch zahlenmäßig nur winzige Unterschiede zwischen den nach der einen oder anderen Theorie berechneten Werten. Die größten, und damit einer Prüfung durch die Beobachtungen am besten zugänglichen Differenzen treten beim Merkur auf, und zwar wegen der kleinen Sonnenentfernung und der relativ großen Exzentrizität seiner Bahn. Würden Sonne und Merkur eine ungestörte Zweikörperbewegung nach dem Newtonschen Gravitationsgesetz ausführen, so müßte die große Achse der Merkur-Bahn eine feste Lage im Raum haben. Bei einer Zweikörperbewegung nach dem relativistischen Gravitationsgesetz müßte sich jedoch die große Achse um $43''$ im Jahrhundert drehen. Dazu kommt infolge der Störungen durch die Planeten noch die Drehung um $531''/100$ a, so daß man auf den beobachteten Wert von $574''/100$ a kommt. Dieser Befund wird als wichtiger Hinweis auf die Gültigkeit der allgemeinen Relativitätstheorie betrachtet. Andererseits muß betont werden, daß das Newtonsche

Gravitationsgesetz eine sehr gute Näherung für das Einsteinsche Gesetz darstellt und deshalb für die Beschreibung der allermeisten Bewegungsvorgänge im Planetensystem völlig ausreicht.

Merkur ist schwer zu beobachten. Sein Winkelabstand von der Sonne kann höchstens 28° betragen; der Planet kann daher nur während der Morgen- oder Abenddämmerung in Horizontnähe sichtbar werden (s. Abb. 2.44, S. 78). Deshalb waren die Meßdaten früher wenig genau und über die Oberflächenbeschaffenheit war wenig Zuverlässiges bekannt. So war man auch lange Zeit der Meinung, daß Merkur eine gebundene Rotation ausführe, daß er der Sonne also stets dieselbe Seite zukehre. 1965 wurden erstmals mit dem großen Radioteleskop (Reflektordurchmesser 300 m) in Arecibo auf Puerto Rico Radar-Impulse zum Merkur gesandt. Die Auswertungen der Frequenzänderungen der Radar-Echos ergaben die richtige Rotationsdauer von 58,646 Tagen. Das sind gerade 2/3 der Umlaufsdauer von 87,969 Tagen. Vermutlich kommt dieses Zahlenverhältnis durch eine Gezeitenwirkung zustande.

Eine seltene, sehr eindrucksvolle Beobachtungsmöglichkeit des Merkur bietet sich, wenn der Planet innerhalb einiger Stunden als kleiner dunkler Fleck über die Sonnenscheibe wandert. Dieses Ereignis eines Merkur-Vorüberganges tritt ein, wenn bei einer unteren Konjunktion die drei Gestirne Erde, Merkur und Sonne in einer geraden Linie stehen. Der Vorgang kann schon in einem kleinen Fernrohr gut beobachtet werden. Die nächsten Merkurdurchgänge sind am 13. November 1986, am 6. November 1993 und am 15. November 1999.

Die Merkur-Masse konnte 1974 aus der Einwirkung auf die Bahn der Venus-Merkur-Sonde Mariner 10 zu 0,0553 Erdmassen bestimmt werden mit einer Unsicherheit von nur 0,005%. Diese Sonde näherte sich dem Merkur auf 704 km und sandte Tausende von Fernsehbildern seiner Oberfläche zur Erde (s. Abb. 3.18 und 3.19). Seit ihrem ersten Vorbeigang am Merkur am 29.3.1974 läuft die Sonde als künstlicher Planet um die Sonne und kommt bei jedem zweiten Merkur-Umlauf wieder in die Nähe dieses Planeten.

Die Auswertung der hervorragenden Mariner 10-Bilder vom Merkur ergab, daß die Oberflächenformationen weitgehend denen auf dem Mond gleichen. Die Merkur-Oberfläche ist mit Kratern jeder Größe übersät. Merkur, der in seiner Größe zwischen Mond und Mars steht, hat keine nennenswerte Atmosphäre, so daß keine Spuren von atmosphärischer Erosion vorhanden sind. Die Kraterdichte ist vergleichbar mit derjenigen auf dem Mond. Allerdings liegen die sekundären Krater, die durch Auswürflinge entstanden sind, viel näher bei den Einschlagskratern, die den Auswurf erzeugt haben, als dies auf dem Mond der Fall ist. Die Ursache dieses Unterschiedes ist die verschiedene Schwerebeschleunigung an den Oberflächen beider Himmelskörper: sie ist auf dem Merkur mehr als doppelt so groß wie auf

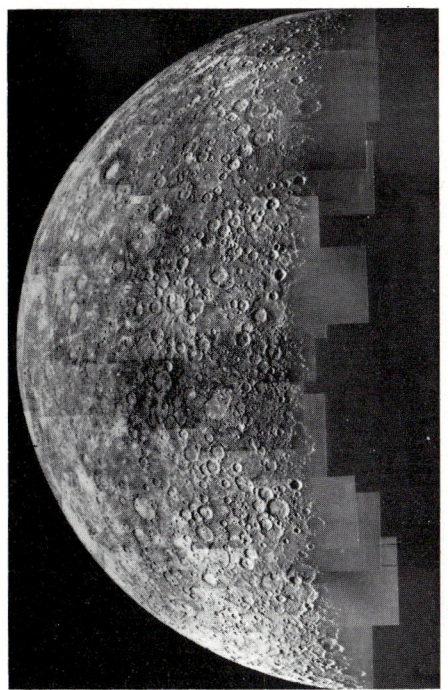 

Abb. 3.18 Merkur; Mosaik aus Auf-
nahmen der amerikanischen
Raumsonde Mariner 10 im
März 1974

Abb. 3.19 Kraterlandschaft auf
Merkur, aufgenommen von
der Raumsonde Mariner 10
im März 1974

dem Mond. Auf dem Merkur findet man auch große Senken oder Krater, die durch
Überflutung mit Lava eingeebnet worden sind so wie die Mond-Maria. Auch
Regolith wurde festgestellt. Dies ist der Merkur-„Boden", eine dünne Trümmer-
schicht aus oberflächlichem Krustenmaterial, die wie beim Mond durch
Meteoriten-Einschläge gebildet worden ist (s. S. 125 f).

Eine auf dem Mond nicht zu beobachtende Geländeform stellen gewundene
Bergrücken dar, die Hunderte von Kilometern lang sein können und die alle anderen
Geländeformen durchziehen. Es könnte sein, daß sie durch einen Schrumpfungs-
prozeß entstanden sind, der bei der Abkühlung des Merkur-Inneren aufgetreten ist.

Ein Ergebnis des dritten Vorbeifluges von Mariner 10 (am 16.3.1975, mit einer
Annäherung auf 327 km) ist die Erkenntnis, daß das schwache Magnetfeld des
Merkur ein echtes inneres Feld ist, das vermutlich durch einen metallischen Kern
(einen Eisenkern, der 80% der Merkur-Masse ausmacht), erzeugt wird und daß es
nicht, wie man zunächst annahm, von außen, z.B. durch den Sonnenwind induziert
wird. Merkur gleicht, von außen gesehen, dem Mond, während sein innerer Aufbau
dem der Erde sehr ähnlich zu sein scheint.

Während der langen Merkur-„Tage" steigen die Oberflächentemperaturen auf 570 bis 700 K (300 bis 430°C), während die „Nacht"-Temperaturen auf 90 bis 100 K (−180 bis −170°C) absinken.

2. Venus

Von allen Planeten steht die *Venus,* was Größe, Masse und Entfernung von der Sonne anbelangt, der Erde am nächsten. Sie ist nach Sonne und Mond stets das hellste Objekt am Himmel, auch wenn sie sich in ihrer größtmöglichen Entfernung von der Erde befindet. Dies rührt einerseits von ihrer Größe und ihrer relativ geringen Entfernung von der Erde her, andererseits von ihrem hohen Reflexionsvermögen (Albedo 0,8; dies ist das Verhältnis von reflektierter zu eingestrahlter Lichtmenge). Letzteres ist dadurch bedingt, daß Venus eine ausgedehnte Atmosphäre besitzt und immer von einer dichten gelblichweißen Wolkendecke eingehüllt ist (s. Abb. 3.20). Diese Wolken versperren uns den Blick auf die Venus-Oberfläche. Deshalb konnte man lange Zeit über Oberflächenbeschaffenheit und Rotation nichts Sicheres aussagen. Um 1960 konnte man Radarimpulse an der festen Oberfläche zur Reflexion bringen. Die Auswertung dieser Radar-Echos führte zur Auffindung der Rotationsperiode von 243 Tagen. Die Rotation erfolgt rückläufig (retrograd), d.h. im Gegensinn der Erdrotation. Die Sonne ginge also, wenn man sie auf der Venus beobachten könnte, im Westen auf und im Osten unter.

Abb. 3.20 Der Planet Venus, aufgenommen im Februar 1974 aus 720 000 km Entfernung von der Raumsonde Mariner 10 im ultravioletten Spektralbereich. Der Venus-Südpol befindet sich rechts unten in dem großen Wirbel

Unser Wissen von Atmosphäre, Wolken und Oberfläche beruht auf spektroskopischen Untersuchungen von der Erde aus und vor allem auf dem, was Raumsonden zur Erde gefunkt haben. Russische Venera-Sonden sind in die Venus-
Atmosphäre eingedrungen. Einige davon sind weich auf der festen Oberfläche
gelandet. Amerikanische Mariner-Sonden sind nahe an der Venus vorbeigeflogen,
haben Messungen ausgeführt und Fernsehaufnahmen gemacht.

Die *Atmosphäre* der Venus besteht überwiegend aus Kohlendioxid (93 bis 97%).
In geringen Mengen finden sich darin Stickstoff (2 bis 5%), Wasserdampf (0,4 bis
1,1%) und Sauerstoff (rund 0,4%), sowie Spuren von anderen Stoffen. Bei dieser
Zusammensetzung fällt die geringe Menge von Sauerstoff und Wasserdampf auf.
Der Druck an der Venus-Oberfläche ist 90-mal so groß wie der Druck an der Erd-
oberfläche. Das ist ein Druck, wie er auf der Erde in 900 m Meerestiefe herrscht.
Eine Venussonde erreicht den Druck, den wir an der Erdoberfläche haben, bereits
in 50 km Höhe über der Oberfläche der Venus.

In der Venusatmosphäre befinden sich im Bereich zwischen 30 und 80 km Höhe
die undurchsichtigen *Wolken,* die die gesamte Oberfläche des Planeten einhüllen.
Die Wolken bilden mehrere Schichten. Kenntnisse über ihre chemische Zusammensetzung können nur langsam erworben werden; die spektroskopische Erforschung
ist hier viel schwieriger als bei der gasförmigen Atmosphäre. Die oberste, von der
Erde aus sichtbare Schicht besteht, bei einer Temperatur von $-15°C$, aus kleinen
Tröpfchen (H_2SO_4?) und nicht aus Eiskristallen.

Die *Temperatur* der Venusatmosphäre nimmt von der oberen Wolkengrenze (250
bis 260 K) nach unten stark zu, sie beträgt an der Oberfläche des Planeten rund
750 K (etwa 480°C; Zinn, Blei und Zink wären bei dieser Temperatur flüssig). Diese
sehr hohe Oberflächentemperatur kommt durch die Wechselwirkungen zustande,
die das auffallende Sonnenlicht mit der Materie der Atmosphärengase, der Wolken
und der Oberfläche erfährt. Siehe zum folgenden den Anhang „Strahlungsgesetze";
Seite 314. Die bei der Venus ankommende Sonnenstrahlung hat ihr Intensitätsmaximum im Bereich des sichtbaren Lichtes, bei der Wellenlänge 500 nm. Ein Teil
dieser Strahlung wird von den Wolken reflektiert. Dies ist das Licht, das uns den
Planeten so strahlend hell erscheinen läßt. Der Rest der einfallenden Sonnenstrahlung wird von den Wolken, den Bestandteilen der Atmosphäre und hauptsächlich von der festen Oberfläche des Planeten absorbiert und dadurch in Wärme
umgewandelt. Ein großer Teil der von der Oberfläche dann wieder ausgestrahlten
langwelligen Wärmestrahlung wird wiederum von der CO_2-Atmosphäre und von den
Wolken absorbiert, kann also nicht entweichen. Durch diesen *Treibhauseffekt*
werden die hohen Temperaturen der Oberfläche und der unteren Atmosphäre
erzeugt. Die Temperaturunterschiede an der Oberfläche selbst sind gering, und zwar
sowohl zwischen Tag- und Nachtseite als in verschiedenen Breiten.

Durch Ultraviolett-Aufnahmen, die Mariner 10 zur Erde gesendet hat (Abb. 3.20), wurde etwa 25 km oberhalb der sichtbaren Wolken eine dünne Wolkenschicht entdeckt, in der eine venusweite Zirkulation mit Windgeschwindigkeiten von 100 bis 140 m/s in Rotationsrichtung stattfindet.

Über *Oberflächenbeschaffenheit* und *innerem Aufbau* des Planeten weiß man wenig. Radarmessungen lassen auf eine wenig gegliederte Oberfläche schließen, auf der es flache Krater gibt. Die ersten an der Oberfläche der Venus selbst erhaltenen Aufnahmen erwecken jedoch einen anderen Eindruck. Die im Oktober 1975 weich gelandeten Sonden Venera 9 und 10 übermittelten kurz nach der Landung Funkbilder ihrer näheren Umgebung zur Erde. An beiden Landestellen, die etwa 2200 km voneinander entfernt liegen, ist die Oberfläche mit großen und kleinen Felsbrocken übersät.
Der innere Aufbau des Planeten dürfte etwa dem der Erde gleichen. Dafür sprechen kosmogonische Gründe sowie ein Vergleich der Massen und Dichten.

Venus hat kein Magnetfeld, es fehlt ihr ein Strahlungsgürtel, sie hat keine Monde, ihre Bahn kommt von allen Planetenbahnen dem Kreis am nächsten, sie hat die kleinste Abplattung und das gleichmäßigste Gravitationsfeld. Auf ihrer Oberfläche herrschen Zustände, die vom irdischen Standpunkt aus als äußerst lebensfeindlich bezeichnet werden müssen.

Aufgaben

1. a) Wie lange würde für einen Merkur-Bewohner ein Tag dauern? (Zeitdauer zwischen aufeinanderfolgenden Kulminationen der Sonne oder synodische Rotationsdauer).
Die siderische Umlaufdauer von Merkur ist 88 d, die siderische Rotationsdauer 58,7 d. Anleitung siehe unten bei Aufg. 2.
b) Welche Beziehungen bestehen zwischen synodischer Rotationsdauer S und siderischer Rotationsdauer T_r, bzw. siderischer Umlaufsdauer T_u, wenn $T_r = \frac{2}{3} T_u$ ist? Wie lange ist es also auf Merkur „Tag" (Sonne über dem Horizont), wie lange „Nacht" (Sonne unter dem Horizont)?
c) Welches wären die Extremwerte der scheinbaren Größe (Sehwinkel), unter denen ein Merkur-Bewohner die Sonne sehen könnte? Vergleichen Sie damit die scheinbare Größe der Sonne, von der Erde aus gesehen.
Mittlere Entfernung Sonne-Merkur $58 \cdot 10^6$ km; Exzentrizität der Merkurbahn 0,21; Radius der Sonne $7,0 \cdot 10^5$ km.

2. Wie lange dauert ein Tag auf dem Planeten Venus?
Die siderische Umlaufdauer der Venus beträgt 225 d. Die Rotation verläuft rückläufig mit der siderischen Rotationsdauer 243 d.

Vergleichen Sie das Verhältnis von Tages- und Jahreslänge bei Venus und Merkur.

Anleitung zu 1.a) und 2.: Überlegen Sie anhand der Herleitung von Gleichung (2-6) auf S. 85, wie die Gleichungen für den Zusammenhang der verschiedenen Umlaufsdauern in den obigen Fällen lauten müssen.

3. Die Erde als Planet

Die *Erde* ist der am genauesten untersuchte Planet. Die Erkenntnisse über den Aufbau der Erde und ihrer Atmosphäre sind nicht nur für uns als Erdenbewohner wichtig, sie geben uns auch die Möglichkeit, die Erde mit anderen Planeten zu vergleichen, Ähnlichkeiten und Unterschiede herauszufinden, um so die Verhältnisse auf anderen Planeten und auch auf der Erde besser zu verstehen.

Die *Gestalt* der Erde ist nur in grober Näherung kugelförmig. Wegen der täglichen Rotation um ihre Achse ist sie abgeplattet. Wäre das Erdinnere homogen, so müßte die Erdgestalt ein Rotationsellipsoid sein. Auch das ist nicht ganz der Fall. Eine etwas ungleichmäßige Massenverteilung führt zu einer Form, die sich ein wenig von einem Ellipsoid unterscheidet.

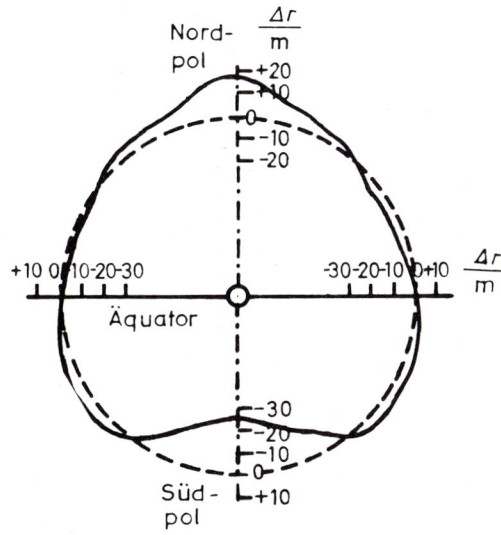

Abb. 3.21 Meridianschnitt der Erde mit den Abweichungen des Geoids (ausgezogen) von einem Ellipsoid mit der Abplattung 1/298,25 (gestrichelt). Die Abweichungen sind stark übertrieben gezeichnet (etwa 80 000 fach)

Die Erdgestalt wird durch astronomische und geodätische Messungen ermittelt. Auch aus den Abweichungen der Flugbahnen von Erdsatelliten vom vorausberechneten Kurs, den sie fliegen müßten, wenn die Erde ein Massenpunkt wäre, lassen sich Rückschlüsse auf die Form der Erde und auf ihre Massenverteilung ziehen. Abb. 3.21 (S. 141) zeigt einen Meridianschnitt durch ein Ellipsoid mit der Abplattung 1/298, 25 und die Abweichungen des Geoids von dieser Form. Als *Geoid* bezeichnet man eine Idealisierung der Erdfigur, die nicht durch die Geometrie, sondern durch das Schwerefeld definiert wird. Es ist eine Näherungsfigur, bei der örtliche Höhenunterschiede ausgeglichen sind und die überall senkrecht zur Lotrichtung steht. Das Geoid kommt der wahren Erdgestalt bedeutend näher als das Ellipsoid; seine Fläche stimmt ungefähr mit dem mittleren Wasserstand der Ozeane überein. In Abb. 3.21 sind die Abweichungen des Geoids vom Ellipsoid stark übertrieben gezeichnet.

Über den Aufbau des *Erdinneren* erfahren wir etwas aus dem Verhalten von natürlichen und künstlichen Erdbebenwellen. Man muß unterscheiden zwischen Längswellen und Querwellen. Längswellen können durch feste und flüssige Erdmaterie laufen, Querwellen nur durch feste, und außerdem längs der Erdoberfläche. Beide Wellenarten breiten sich mit unterschiedlichen Geschwindigkeiten aus. Beim Übergang von einer Schicht der Erde in eine andere tritt eine Änderung der Ausbreitungsgeschwindigkeit und eine Brechung der Erdbebenwellen ein, so wie beim Licht, wenn es von einem Medium in ein anderes übertritt.

Man hat festgestellt, daß die Erde einen schalenförmigen Aufbau hat: Der Erdkern wird umgeben vom Erdmantel, dieser wiederum von der Erdkruste mit Hydrosphäre und Atmosphäre (s. Abb. 3.22).

Der *Erdkern* besteht aus Metall, im wesentlichen wohl aus Eisen und Nickel. Der innere Kern verhält sich den Erdbebenwellen gegenüber wie ein fester Körper. In ihm können sich Querwellen und Längswellen ausbreiten. Dies ist im äußeren Kern nicht der Fall; er leitet nur Längswellen, muß also flüssig sein. Im Erdkern herrschen hohe Temperaturen und Drücke (s. Abb. 3.22). Die Dichte liegt zwischen 13 und 14 g/cm^3. Für Eisen ist sie bei gewöhnlichen Bedingungen 7,5 g/cm^3. Die extremen Verhältnisse im Kern bewirken eine Zunahme der Dichte und im inneren Kern offensichtlich wieder eine dem festen Aggregatzustand entsprechende Zustandsart. In der Übergangszone zum Mantel entstehen durch Bewegungen starke kreisförmige elektrische Ströme, die für das Magnetfeld der Erde verantwortlich sind.

Der *Erdmantel* enthält etwa $\frac{2}{3}$ der gesamten Erdmasse. Er besteht aus heißem festem Gestein, und zwar sind es vorwiegend Silikate von Magnesium und Eisen. Es ist anzunehmen, daß in einer dünnen Schicht zwischen 100 und 250 km Tiefe, der Asthenosphäre, Gestein mit niedrigem Schmelzpunkt in flüssiger Form zwischen den Gesteinskörnern mit höherem Schmelzpunkt vorhanden ist.

Bei den hohen Temperaturen kann die Materie im Mantel langsame Bewegungen ausführen. Dadurch werden Vorgänge verursacht, die wir an der Oberfläche als Erdbeben oder als vulkanische Aktivität bemerken. Außerdem sind diese Bewegungen

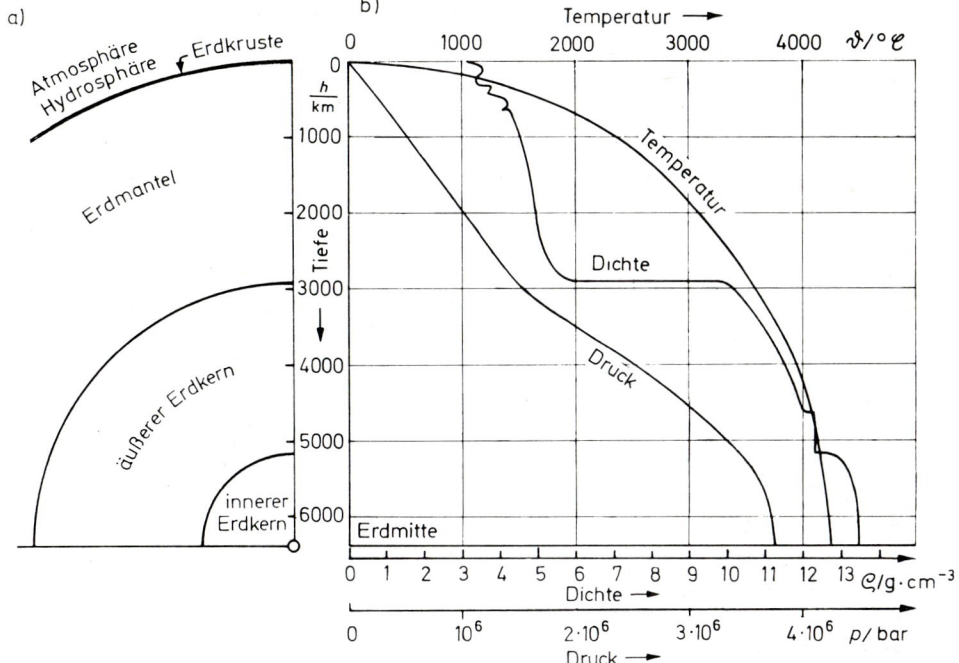

Abb. 3.22 a) Schalenförmiger Aufbau der Erde
b) Verlauf von Temperatur, Druck und Dichte im
Erdinneren

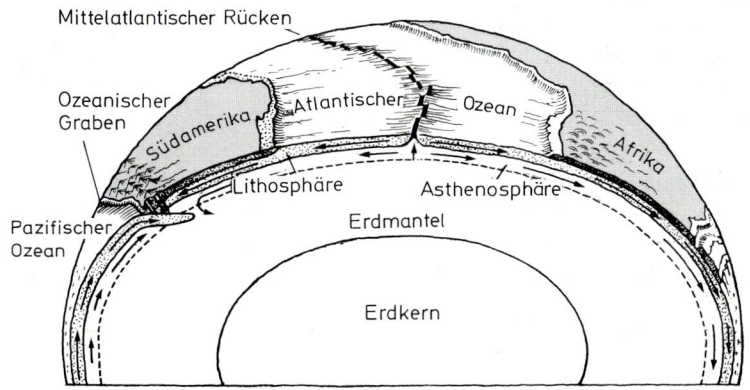

Abb. 3.23 Die Bewegungen im Erdmantel wirken sich in der Erdkruste
oder Lithosphäre aus. Der äußere Erdmantel, die Asthenosphäre, besteht aus einer teilweise geschmolzenen
Gesteinsschicht, auf der die Platten, die die Erdkruste auf-
bauen, langsame Bewegungen ausführen können
(Kontinentalverschiebung, Plattentektonik)

der Grund für eine langsame Verschiebung der Gesteinsplatten, die die Kontinente tragen, und für das Entstehen der Gebirge. In Abb. 3.23 (S. 143) ist dargestellt, wie sich im Atlantik ein mittelatlantischer Rücken mit einer Längsspalte erhebt, wie Südamerika und Afrika sich voneinander entfernen und wie an der Westküste Südamerikas im Pazifik ein Tiefsee-Graben entsteht, indem sich eine Scholle in den Erdmantel hineinschiebt. Dort werden Gebirge aufgefaltet, und dort ist ein Gebiet besonders starker vulkanischer Tätigkeit und besonders großer Erdbeben-Aktivität.

Die *Erdkruste* unterscheidet sich vom Mantel durch ihre geringere Temperatur und durch ihre Zusammensetzung. Sie ist am meisten differenziert. Unter den Ozeanen ist sie weniger dick (5 km bis 10 km) als unter den Festländern (etwa 30 km; das sind nur 0,5% des Erdhalbmessers). Die Kruste besteht hauptsächlich aus Silikaten von Aluminium, Kalzium, Magnesium und Eisen; sie enthält auch Kalium, Natrium und andere Elemente.

Einige Zeitangaben für wichtige Ereignisse in der Entstehungsgeschichte der Erde findet man in Tab. 3.3 auf S. 129.

Als *Hydrosphäre* bezeichnet man die Schicht von Wasser, die die Erdoberfläche zu über 70% mit einer mittleren Wassertiefe von fast 3800 m bedeckt, und das in der Atmosphäre enthaltene Wasser.

Die Erde und die anderen erdähnlichen Planeten hatten kurz nach ihrer Entstehung entweder überhaupt keine Atmosphäre, oder sie haben ihre Uratmosphäre rasch verloren. Diese müßte aus leichten Gasen, vor allem aus Wasserstoff und Helium bestanden haben. Die Gravitationskraft war zu klein, die Temperatur zu hoch, um diese Gase festhalten zu können; sie entwichen in den Weltraum. Dagegen dürften die großen jupiterähnlichen Planeten noch eine derartige Uratmosphäre besitzen. Die jetzige Atmosphäre der inneren Planeten − falls sie überhaupt eine solche haben − hat sich aus Gasen und Dämpfen gebildet, die aus dem Inneren der Planeten stammen.

Die *Erdatmosphäre* ist in ihrer Zusammensetzung wesentlich durch das Leben geprägt worden. Dadurch unterscheidet sie sich von den Atmosphären aller anderen Planeten. Vor etwa 2 Milliarden Jahren begannen Mikroorganismen durch Photosynthese Sauerstoff zu entwickeln. Bei der Photosynthese werden aus Kohlendioxid und Wasser unter der Einwirkung von Sonnenlicht organische Verbindungen aufgebaut und Sauerstoff freigesetzt. Als vor etwa 200 Millionen Jahren das Leben die Kontinente zu erobern begann, war dies nur möglich, weil genügend freier Sauerstoff in der Atmosphäre vorhanden war. Seitdem sind es vor allem die grünen Pflanzen, die durch die Assimilation den Sauerstoffgehalt der Atmosphäre aufrecht erhalten.

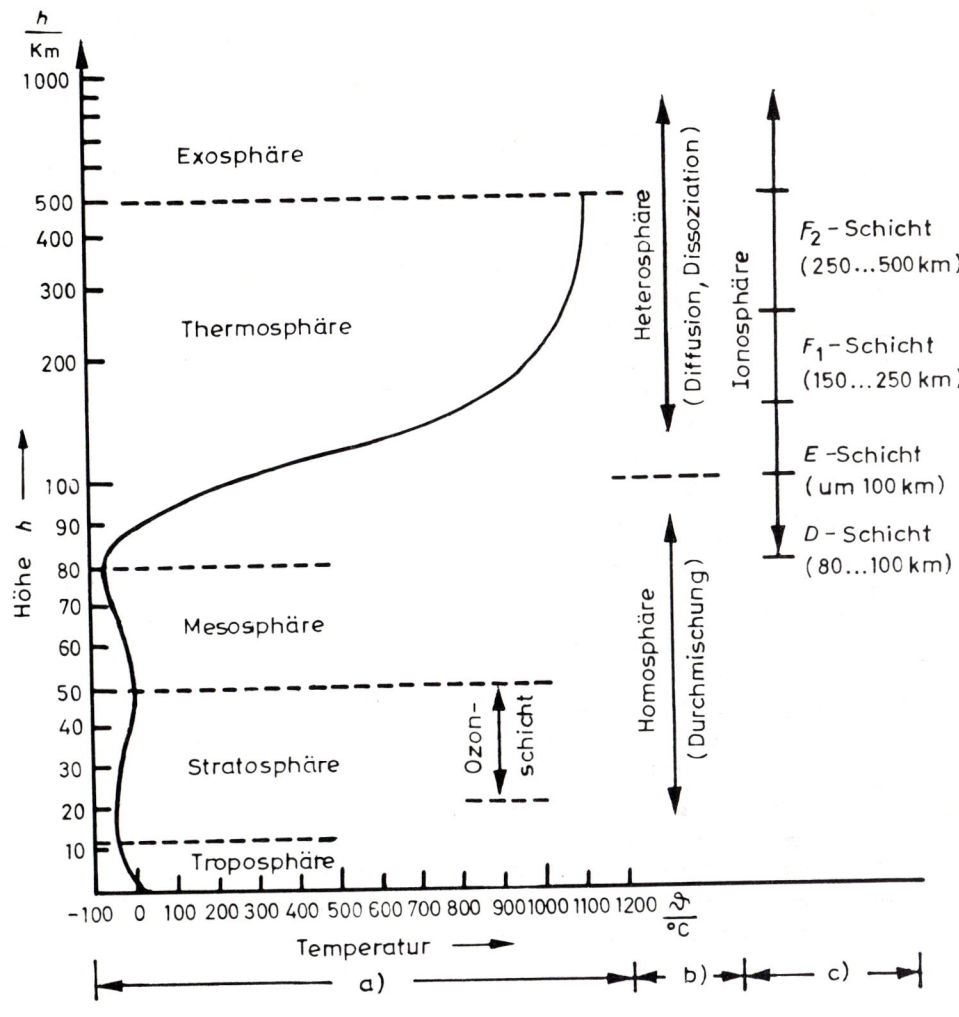

Abb. 3.24 Aufbau der Erd-Atmosphäre
a) Abhängigkeit der Temperatur von der Höhe
b) Zusammensetzung der Atmosphäre
c) Ionisationszustand der Atmosphäre
Der Höhenmaßstab ist zwischen 0 und 100 km linear,
zwischen 100 und 1000 km logarithmisch

Die Erdatmosphäre besteht am Boden aus rund 78% Stickstoff, 21% Sauerstoff, 0,9% Argon, 0,03% Kohlendioxid (Volumprozente) und geringen Mengen anderer Gase. Diese Zusammensetzung bleibt auf Grund einer stets vorhandenen Durchmischung bis in 120 km Höhe ziemlich konstant (*Homosphäre,* s. Abb. 3.24, b).

Darüber gibt es kaum mehr Turbulenz, so daß sich die schweren Gase Sauerstoff und Stickstoff unten und die leichten, Helium und Wasserstoff, oben ansammeln (*Heterosphäre*).

Eine andere Einteilung der Atmosphäre gewinnt man nach der Änderung der Temperatur mit der Höhe (s. Abb. 3.24, a). Die unterste Schicht, in der sich die Wettervorgänge abspielen, heißt *Troposphäre* (0 bis 11 km). In ihr nimmt die Temperatur mit der Höhe ab (bis $-55°$C). Die *Stratosphäre* reicht von 11 km bis 50 km. In ihr nimmt die Temperatur nach oben hin wieder zu (bis $+50°$C). In der Stratosphäre liegt etwa zwischen 20 km und 50 km die *Ozonschicht,* die für das Leben auf der Erde von größter Bedeutung ist. Bei der Bildung von Ozon (O_3) wird nämlich die für Lebewesen schädliche kurzwellige Ultraviolettstrahlung der Sonne absorbiert, so daß sie nicht zur Erde gelangen kann. In einer anschließenden Übergangsschicht (*Mesosphäre*) sinkt die Temperatur bis $-70°$C, um dann wieder stark anzusteigen (*Thermosphäre*). In etwa 500 km Höhe beträgt die Temperatur $1100°$C. Hier handelt es sich um eine Temperatur, die aus der mittleren kinetischen Energie der Teilchen nach der Gleichung $W_k = \frac{3}{2}kT$ berechnet worden ist (W_k kinetische Energie eines Teilchens, k Boltzmannsche Konstante, T absolute Temperatur). Mit einem Thermometer kann man sie nicht messen, da sich zwischen Thermometer und Umgebung wegen der geringen Luftdichte kein Temperaturgleichgewicht mehr einstellen kann. Oberhalb von 500 km geht die Atmosphäre langsam in den interplanetaren Raum über. Das Übergangsgebiet wird *Exosphäre* genannt.

Durch die in die Erdatmosphäre eindringende energiereiche Ultraviolett- und Röntgenstrahlung der Sonne wird im Höhenbereich zwischen 80 km und 500 km ein großer Teil der Luft-Moleküle und -Atome ionisiert. Dieses Gebiet heißt *Ionosphäre.* In der Abb. 3.24 c ist die geschichtete Struktur der Ionosphäre angedeutet; die Hauptebenen der mit D, E, F_1, F_2 bezeichneten Schichten sind Bereiche größter Ionen- und Elektronendichte. Die Schichtenbildung kommt als Wirkung zweier gegeneinander laufender Erscheinungen zustande. Die Dichte der ionisierbaren Teilchen nimmt von Erdbodennähe nach oben ab; die Intensität der ionisierenden Strahlung ist in großen Höhen am stärksten, sie wird durch Absorption immer schwächer, je tiefer die Strahlung in die Atmosphäre eindringt. Beide Vorgänge zusammen bewirken, dass sich in einem mittleren Bereich der Atmosphäre ein Maximum der Elektronenproduktion ausbildet. Mehrere Schichten in verschiedenen Höhen bilden sich, weil die einzelnen Bestandteile der Luft (O, O_2, N_2, NO) entsprechend ihren individuellen Ionisationsenergien durch Strahlung der Sonne aus verschiedenen Spektralbereichen ionisiert werden.

Auf Kurz-, Mittel- und Langwellen, die von Radiostationen an der Erdoberfläche ausgesandt werden, wirken die Ionosphärenschichten wie Spiegel; die Wellen werden ohne hohe Energieverluste reflektiert und können dadurch große Reichweiten erlangen. Wegen dieser Eigenschaft hat die Ionosphäre eine sehr große Bedeutung für den irdischen Funkverkehr. Der Zusammenhang zwischen der

Wellenlänge λ der elektromagnetischen Strahlung, der Elektronendichte N_e und der Brechungszahl n des Mediums ist in Gleichung (4-50), Seite 266, gegeben. Die durch plötzliche Verstärkungen in der Ultraviolettstrahlung der Sonne eintretenden Veränderungen der Elektronendichte in den Schichten und die Auswirkungen dieser Veränderungen auf den Kurzwellenverkehr werden im Abschnitt 4.4, Sonnenaktivität, auf Seite 298 behandelt.

Unsere Erde besitzt als einziger der inneren Planeten ein stärkeres *Magnetfeld* (das Magnetfeld des Merkur hat nur etwa 1% der Stärke des Erdfeldes). Es beeinflußt die in der Atmosphäre sich bewegenden elektrisch geladenen Teilchen und wird seinerseits durch die geladenen Teilchen des Sonnenwindes beeinflußt.
Das Magnetfeld, dessen Träger die Erde ist, wird durch elektrische Ströme, die im Inneren der Erde fließen, hervorgerufen. Das an der Erdoberfläche durch Bestimmung von Stärke und Richtung der magnetischen Kraft gemessene Feld kann als Dipolfeld beschrieben werden, das von einem durch den Erdmittelpunkt gehenden Stabmagneten erzeugt ist. Die Symmetrieachse des Dipolfeldes ist um $11,6°$ gegen die Rotationsachse der Erde geneigt.
In der nahen Umgebung der Erde nimmt die Feldstärke des Dipolfeldes umgekehrt proportional zu r^3 ab (r Abstand vom Erdmittelpunkt). Diese erwartete Gesetzmäßigkeit ist bis zum Abstand einiger Erdradien beobachtbar. In größeren Entfernungen erfährt das irdische Magnetfeld durch den Sonnenwind große Veränderungen. Der Sonnenwind ist ein von der Sonne ständig in den interplanetaren Raum strömendes ionisiertes Gas; die Hauptbestandteile sind Protonen und Elektronen (s.S. 269).
Die Erforschung des außerhalb der Ionosphäre liegenden Magnetfeldes der Erde erfolgt mit Hilfe von Instrumenten, die sich an künstlichen Satelliten und Raumsonden befinden. Diese Messungen haben gezeigt, dass die magnetischen Feldlinien nicht unendlich weit in den Raum hinausreichen, wie dies bei einem ungestörten Dipolfeld zu erwarten wäre. Vielmehr sind die Feldlinien des Erdmagnetfeldes auf einen geschlossenen Raum begrenzt. Dieses Gebiet heißt *Magnetosphäre*. Die Umgrenzung, die eigenartigen Raumanordnungen und die Bewegungen der in diesem Bereich befindlichen geladenen Teilchen sind die Hauptkennzeichen der Magnetosphäre. Auf der der Sonne zugekehrten Seite hat die Magnetosphäre eine Ausdehnung von etwa 10 Erdradien. Auf der entgegengesetzten Seite ist die Ausdehnung viel größer; hier hat die Magnetosphäre in größerer Erdentfernung die Gestalt eines langen Schlauches.

Die Abbildung 3.25 (S. 148) zeigt in einem Querschnitt, welche Gestalt die Magnetosphäre durch die Begegnung zwischen dem Erdmagnetfeld und den heranströmenden Teilchen des Sonnenwindes erhält. Nicht erst der Erdkörper, sondern schon das die Erde umgebende Magnetfeld bildet für den Sonnenwind ein Hindernis, um das er herumströmt. Diese Wirkung kommt dadurch zustande, dass die Partikel des Sonnenwindes elektrisch geladen sind. Diese Teilchen werden schon im Abstand

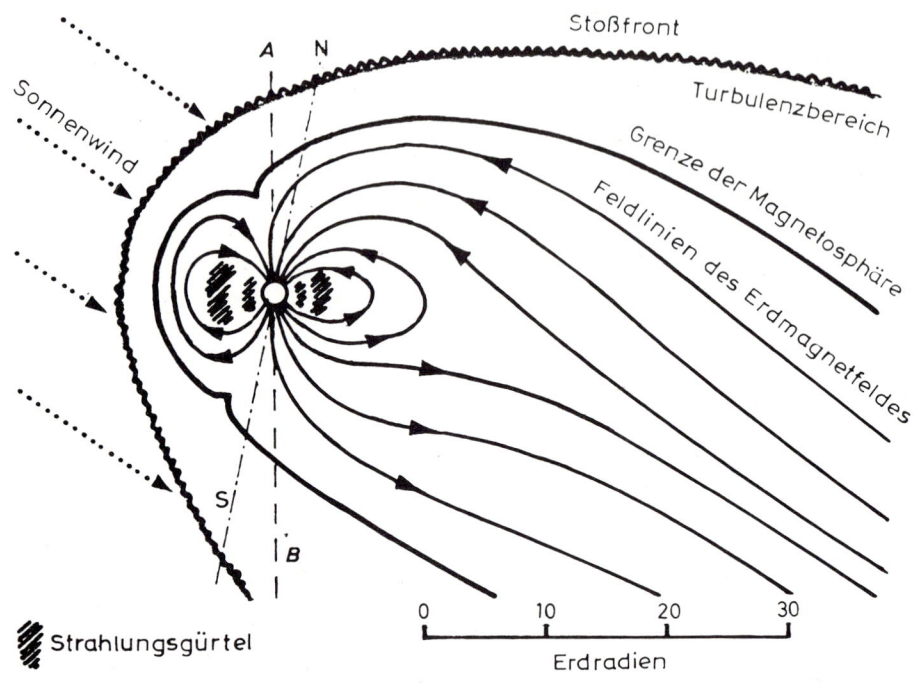

Abb. 3.25 Die Einwirkung des Sonnenwindes auf die Magnetosphäre der Erde. Die Einfallsrichtung des Sonnenwindes ist die Richtung der Ekliptikebene; die Abb. zeigt einen Schnitt senkrecht zu dieser Ebene. NS geographische, AB magnetische Achse der Erde

von etwa 15 Erdradien (vom Erdmittelpunkt) durch das Erdmagnetfeld abgelenkt. Das Magnetfeld der Erdumgebung seinerseits erhält durch den heranströmenden Sonnenwind eine Umhüllung und wird dadurch auf einen abgeschlossenen Raum, die Magnetosphäre, beschränkt. Der Grenzbereich zwischen Sonnenwind und Magnetosphäre ist dadurch gekennzeichnet, daß in diesem Gebiet die Energiedichte des Erdmagnetfeldes von gleicher Größe wie die kinetische Energiedichte des Sonnenwindes ist. An der äußeren Begrenzung dieses Bereiches bildet sich an der der Sonne zugekehrten Seite, als Folge der starken Verminderung der Strömungs-geschwindigkeit des Sonnenwindes, eine Stoßfront. Alle physikalischen Zustands-größen des Sonnenwindes erfahren an dieser Stelle unstetige Änderungen.

Ein geladenes Teilchen, das sich senkrecht zur Richtung eines homogenen Magnet-feldes bewegt, wird durch die Lorentz-Kraft $\vec{F}_L = q\vec{v} \times \vec{B}$ (q Ladung, $\vec{v}$ Geschwin-digkeit des Teilchens; $\vec{B}$ magnetische Flußdichte des Feldes) auf eine Kreisbahn gebracht (s. Physik-Lehrbuch). Stehen Geschwindigkeit und Feld nicht senkrecht aufeinander, so überlagert sich der Kreisbewegung eine gleichförmige Bewegung in

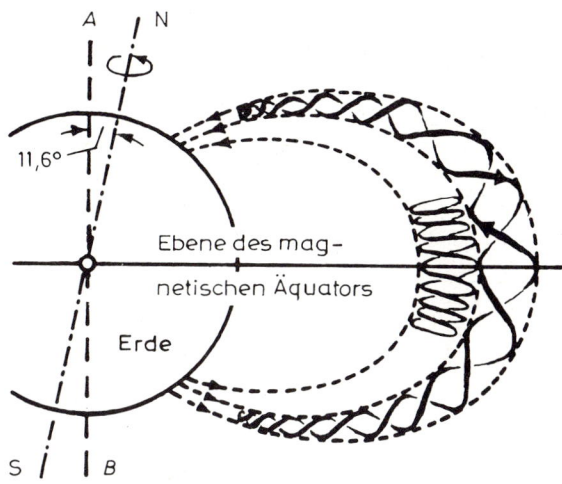

Abb. 3.26 Bewegung elektrisch geladener Teilchen im erdmagnetischen
Feld (Achsenbezeichnungen wie in Abb. 3.25)

Feldrichtung, so daß eine Bewegung auf einer Schraubenlinie entsteht. Das Erdfeld
ist nur am magnetischen Äquator näherungsweise homogen. Auf die Pole zu laufen
die Feldlinien etwa so wie die Mantellinien eines Kegels zusammen. In einem
solchen Feld bewegen sich geladene Teilchen auf immer enger werdenden Spiralbahnen bis zu einer polnächsten Stelle und von dort aus mit weiter werdenden
Spiralbahnen wieder zurück. Im Erdfeld pendeln sie also längs der Feldlinien auf
Spiralbahnen zwischen nördlichen und südlichen Breiten hin und her (s. Abb.
3.26). Ähnliche Bahnen beschreibt eine schräg in einen Glastrichter hinein rollende
Kugellagerkugel. Zieht man auf einer Schreibprojektor-Folie eine Gerade (parallel
zu einer langen Seite in 1 cm Abstand) und wickelt die Folie zu einem spitzen Kegel
auf, so erhält man ebenfalls Stücke von solchen Bahnkurven (Abb. 3.27, S. 150).

Wegen dieser Eigenschaft der Magnetosphäre ist es für geladene Teilchen in der
oberen Atmosphäre nicht leicht, auf Grund einer nach außen gerichteten Geschwindigkeit, auch wenn diese größer ist als die Entweichgeschwindigkeit, der Erde
zu entfliehen. Andererseits werden auch geladene Teilchen aus dem Sonnenwind
vom Magnetfeld eingefangen. Dies führt zu Gebieten großer Ladungsdichte, die als
Strahlungsgürtel bekannt sind (Van Allen, 1958; s. Abb. 3.25). Das Wort Strahlung
bezieht sich in diesem Zusammenhang nicht auf elektromagnetische Strahlung,
sondern auf bewegte geladene Teilchen.

In einem inneren Strahlungsgürtel zwischen 700 km und 30 000 km befinden sich
hochenergetische Protonen, in einem äußeren, der sich bis zu 7 Erdradien vom
Erdmittelpunkt aus erstreckt, Elektronen aller Energien. Die Teilchen führen ihre
nord-südliche Pendelbewegung längs der Feldlinien auf Spiralbahnen mit einigen

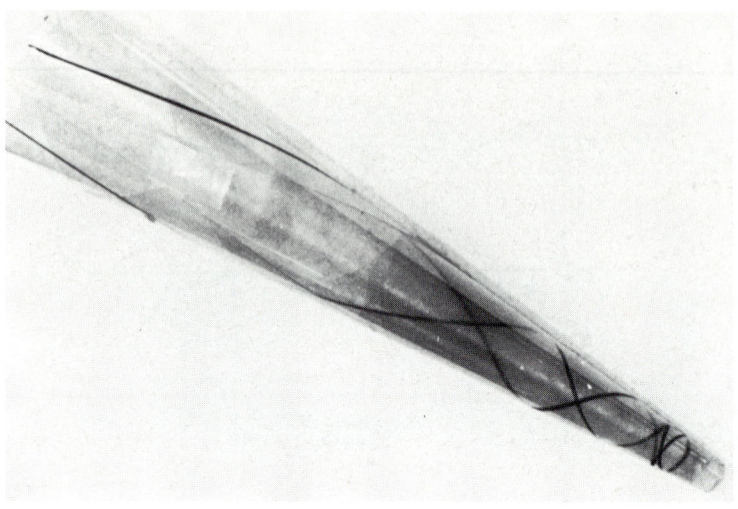

Abb. 3.27 Modell zur Bewegung elektrisch geladener Teilchen in einem inhomogenen Magnetfeld

100 m Radius aus. Außerdem beschreiben sie quer zum Magnetfeld eine Driftbewegung, die sie in Minuten bis Stunden um die Erde herumführt. Wenn die Strahlungsgürtel überladen sind, finden vor allem in den Polgegenden Zusammenstöße statt, die dazu führen, daß Teilchen die Gürtel verlassen können. Diese Teilchen, und zwar hauptsächlich die Elektronen, erzeugen dann auf ihrem Weg in tiefere Schichten der Atmosphäre die *Polarlichter*. Dabei werden die Atome und Moleküle der Luft, besonders O, O_2, N_2, durch die Stöße der Elektronen in höhere Energiezustände versetzt; dieser mit Absorption von Energie verknüpften Stoßanregung folgt die spontane Emission von Strahlung. Siehe dazu auch Abschnitt 4.4, Seite 300.

Atmosphäre und Magnetosphäre schützen uns in mehrfacher Hinsicht. Die Magnetosphäre verhindert ein langsames Entweichen der atmosphärischen Gase und ein Eindringen des Sonnenwindes. Die Atmosphäre schützt uns vor schädlichen Ultraviolett- und Röntgen-Strahlen der Sonne. Außerdem fängt sie die vielen kleinen Meteorite ab, die auf die Erde zu fallen; sie verdampfen als Sternschnuppen in der oberen Atmosphäre.

Für den Astronomen hat die Atmosphäre auch Nachteile. Sternenlicht, das ein Beobachter auf der Erde sehen will, muß zuvor die Atmosphäre durchqueren. Dabei tritt eine Brechung ein (außer bei Sternen, die im Zenit stehen). Das Licht durchläuft wegen der nach unten zunehmenden mechanischen und optischen

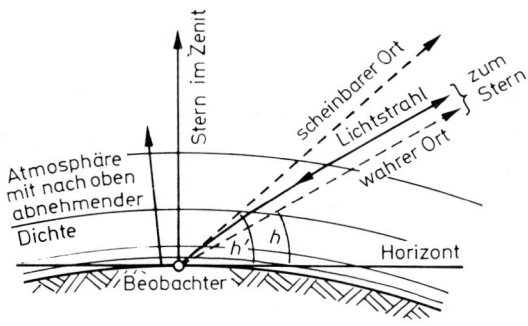

Abb. 3.28 Atmosphärische Refraktion. h wahre, h' scheinbare Höhe
eines Sterns

Dichte eine schwach gekrümmte Bahn (s. Abb. 3.28). Dies hat zur Folge, daß die
Höhe des Sterns über dem Horizont größer erscheint, als sie tatsächlich ist. Diese
scheinbare Hebung der Gestirne wird in der Astronomie *Refraktion* genannt.
Sie macht in Horizontnähe etwa 0,5° aus, also einen Sonnen- oder Vollmond-
durchmesser, und nimmt mit der Höhe ab. Den Betrag der Refraktion kann man
Tabellen entnehmen.

Während man den Einfluß der Strahlenbrechung auf astronomische Messungen
rechnerisch beseitigen kann, läßt sich der Einfluß der Luftunruhe nicht beseitigen.
Große Luftunruhe bedeutet schlechtes *Seeing,* was zu einer Verminderung der
Leistungsfähigkeit der Fernrohre führt. Darüber wurde auf S. 38 ausführlich
berichtet.
Weitere Beeinträchtigungen astronomischer Beobachtungen liegen in der
Schwächung der Strahlung eines Himmelskörpers beim Durchgang durch die Erdatmosphäre und in der *Aufhellung des Himmelshintergrundes.* Die Lichtschwächung
im Spektralbereich zwischen 300 nm und 800 nm wird hauptsächlich durch die
Streuung der Strahlung an den Luftmolekülen und an den atmosphärischen Dunst-
und Staubpartikeln von 100 nm bis 1000 nm Durchmesser verursacht. Durch das
diffus gestreute Sonnenlicht entsteht die Helligkeit des Tageshimmels. Nachts ist
nur das vom Vollmond erzeugte Streulicht als Aufhellung des Himmels direkt
bemerkbar. Eine bedeutend stärkere und die Beobachtungen störende Erhellung
des Nachthimmels als durch das Streulicht der Sterne kommt durch eine Leuchterscheinung in der Atmosphäre zwischen 70 und 300 km Höhe zustande. Elektronen
und Ionen, die am Tage durch die UV-Strahlung der Sonne getrennt wurden,
rekombinieren im Laufe der Nacht und emittieren dabei eine Linien- und Banden-
Strahlung im Spektralbereich des sichtbaren Lichtes. Diese Erscheinung heißt
Nachthimmelleuchten; auch der Gebrauch der englischen Bezeichnung *airglow* ist
sehr verbreitet.

Die *Absorption* der von den Gestirnen kommenden Strahlung durch die Luftmoleküle spielt im Bereich des sichtbaren Lichtes nur eine geringe Rolle. Die Absorptionsbanden der atmosphärischen Gase liegen in der Hauptsache außerhalb des visuellen Spektralbereiches. Die gesamte Gamma- und Röntgenstrahlung der Gestirne wird in der Atmosphäre, hauptsächlich durch das Ozon (O_3), absorbiert; die Absorption der Infrarotstrahlung erfolgt vorwiegend durch die H_2O- und CO_2-Moleküle. Die Atmosphäre der Erde hält für die astronomischen Beobachtungen an der Erdoberfläche nur zwei Fenster offen, das *optische Fenster* (300 nm bis 2000 nm) und das *Radiofenster* (einige mm bis 20 m). Radiofrequente Strahlung aus dem Weltraum mit Wellenlängen größer als 20 m wird durch die Ionosphäre reflektiert, also abgeschirmt. Siehe dazu Abschnitt 6.2.

4. Mars

Der Durchmesser des Planeten *Mars* ist etwa halb so groß wie der Erddurchmesser und doppelt so groß wie der Durchmesser des Mondes. Die Marsmasse ist das 0,11-fache der Erdmasse. Die Tageslänge ist fast genau so groß wie die der Erde. Auch die Neigung der Achse gegen die Bahnebene stimmt mit derjenigen der Erde fast überein. Deshalb ist auch zu erwarten, daß auf dem Mars ein Wechsel von Jahreszeiten abläuft, so wie auf der Erde.

Eine der auffälligsten Erscheinungen bei der Betrachtung des Mars mit einem Fernrohr sind die weißen *Polkappen*, die auch tatsächlich einen jahreszeitlichen Wechsel zeigen. Auf der „Sommer"-Seite ist die Kappe klein, auf der „Winter"-Seite groß. Nach einem halben Mars-Jahr (ungefähr nach einem Erdenjahr) sind die Größenverhältnisse ausgetauscht. Auf der Sommerseite bleibt stets eine kleinere permanente Polkappe übrig. Sie besteht aus Wassereis. Die jahreszeitlich wechselnden Kappen bestehen dagegen aus festem Kohlendioxid (Trockeneis).

Es ist nicht verwunderlich, daß man vor Beginn der Erkundung des Planetensystems durch Raumfahrzeuge annahm, daß der Mars weitgehend der Erde gleiche. Die ersten Mars-Sonden (1965 bis 1969) lieferten ein anderes Bild: Mars schien dem Mond zu gleichen. Die beobachteten Teile der Oberfläche waren ganz durch Meteoriteneinschläge geformt und geologisch tot. Aber auch das war nicht für den ganzen Planeten richtig. 1971 gelang es, die amerikanische Sonde Mariner 9 auf eine Mars-Umlaufbahn zu bringen. Sie lieferte Bilder und Meßdaten, die zeigten, daß die Oberfläche äußerst vielgestaltig ist und daß Mars eine Zwischenstellung zwischen dem geologisch primitiven Mond und der hochentwickelten Erde einnimmt. Es wurden riesige Vulkane entdeckt, die größer sind als alle irdischen, Schluchten und Täler, die entsprechende Gebilde auf der Erde an Größe weit übertreffen; man fand Gebiete, die mit Sedimenten bedeckt sind und Anzeichen von Erosion durch Wasser und Wind zeigen.

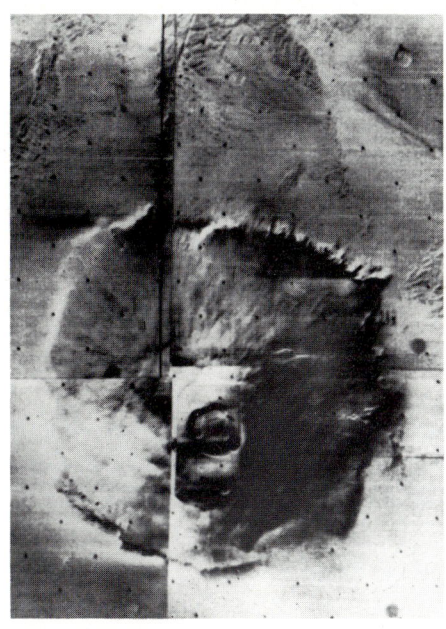

Abb. 3.29 Der Vulkan Olympus Mons auf dem Mars, der größte
bekannte Vulkan des Sonnensystems (Basisdurchmesser
600 km, Höhe 25 km). Die Abb. 3.29 bis 3.32 sind
Aufnahmen der amerikanischen Mars-Sonde Mariner 9

Als Mariner 9 in seine Umlaufbahn einschwenkte und die Mars-Oberfläche beobachten wollte, tobte dort 50 Tage lang ein gewaltiger *Sandsturm,* der den ganzen Planeten einhüllte. Die ersten Einzelheiten, die zu sehen waren, als der Sturm sich legte, waren vier Vulkane, deren größter *Olympus Mons* (Berg Olymp) genannt wurde. Dieser gewaltige Vulkan ist in lichtstarken Fernrohren schon von der Erde aus als winziger, leuchtend weißer Fleck zu erkennen. Der italienische Astronom G. Schiaparelli entdeckte das Objekt im Jahre 1879 und nannte es Nix Olympica (Olympischer Schnee). Olympus Mons ist mit 25 km Höhe über dem Marsboden und 600 km Durchmesser am Grund der größte im Sonnensystem bekannte Vulkan. In seinem Aufbau gleicht er den großen Schildvulkanen auf Hawaii (Mauna Loa, größter irdischer Vulkan; Durchmesser 200 km; 10 km Höhe über dem Ozeanboden). Aus der Dichte der Einschlagskrater schließt man auf ein Alter des Vulkans von 100 Millionen Jahren. Die Mars-Kruste muß, um derartige Berge tragen zu können, dick und fest sein (s. Abb. 3.29). Außer Vulkanen der verschiedensten Größen gibt es auch große mit vulkanischen Ergüssen bedeckte Ebenen. Da sie zum Teil wenig Einschlagskrater aufweisen, müssen sie in mehreren Schüben in der letzten Jahr-Milliarde entstanden sein.

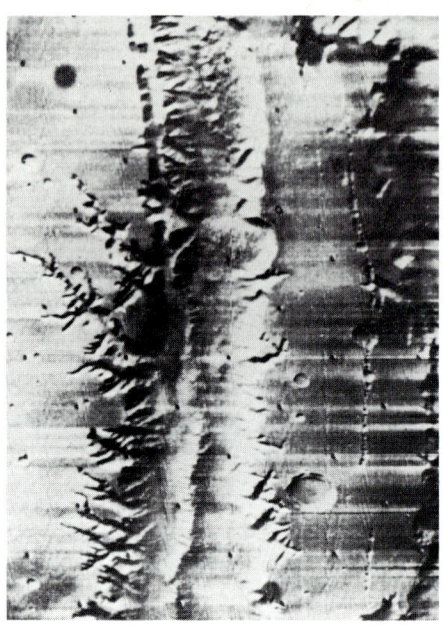

Abb. 3.30 Vallis Marineris, der ,,Grand Canyon'' des Mars (mehrere km
tief, 75 km breit, Bildausschnitt etwa 500 km)

Etwa 40% der Marsoberfläche sind mit *Einschlagskratern* bedeckt, deren Dichte
vergleichbar mit der auf dem Mond ist. Jedoch sind die Krater verwaschener, da an
ihnen eine atmosphärische Erosion gewirkt hat. Diese Gebiete dürften zu den
geologisch alten Oberflächenformen gehören (Alter 3 bis $4 \cdot 10^9$ Jahre). Sie sind
durch Vulkanismus kaum verändert worden.

Schon bei der Betrachtung mit bloßem Auge fällt die *rote Farbe* des Mars auf. Ihr
verdankt er seine Benennung nach dem Kriegsgott Mars. Die Farbe rührt davon her,
daß alle Steinblöcke, Sand- und Staubkörner an der Oberfläche mit einer dünnen
Schicht von Eisenrost (Limonit, $FeO(OH) \cdot nH_2O$) überzogen sind. Dieser hat sich
bei der Verwitterung von eisenhaltigen Mineralien in einem Wüstenklima gebildet.

Zwei besonders bemerkenswerte Oberflächenformen auf dem Mars sind die großen
Cañons (s. Abb. 3.30) und die Trockentäler (s. Abb. 3.31). Die *Cañons,* nach
dem Grand Canyon in Arizona, USA, benannt, sind bis zu 6 km tief und 100 km bis
500 km breit; der längste ist 2700 km lang (der Grand Canyon ist ,,nur'' 1,8 km tief
und 350 km lang). Bei ihrer Entstehung dürften tektonische Ursachen (Spalten-
bildung), Einbrüche nach dem Abfließen von unterirdischen Lava-Strömen und
Erosion (vermutlich durch Wind) zusammengewirkt haben. Die *Trockentäler* sehen
genau so aus wie große Täler auf der Erde. Alle Einzelheiten deuten auf eine

154

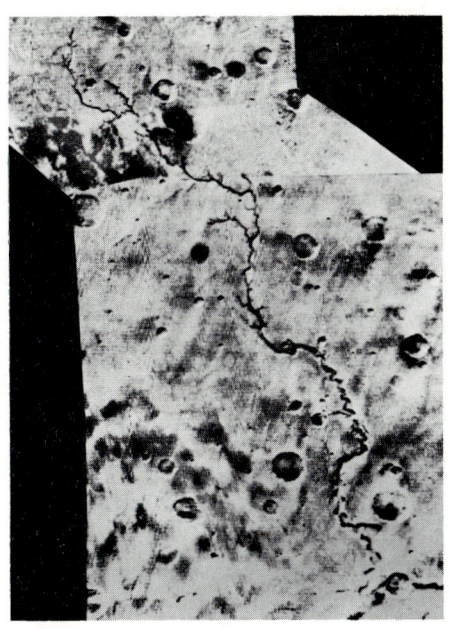

Abb. 3.31 Trockental auf dem Mars (1000 km lang) im Gebiet des
Mare Erythraeum

Entstehung durch reißende Ströme einer Flüssigkeit, die viel weniger zäh ist als
Lava. Es kann eigentlich nur Wasser gewesen sein. Dieses ist vermutlich dadurch
entstanden, daß im Marsboden gefrorenes Wasser (Permafrost) durch vulkanische
Vorgänge zum Schmelzen kam und in riesigen Strömen über den Marsboden brauste.
Das war nur eine kurze Episode in der geologischen Geschichte des Mars. Seitdem
findet sich Wasser nur noch in den permanenten Polkappen, als Permafrost und an
die Körner des Regolith gebunden. Die Marsatmosphäre enthält heute fast keinen
Wasserdampf.
An eigenartigen Oberflächenformen wären noch Gebiete mit großen Sanddünen und
solche mit geschichteten Sedimenten zu erwähnen, letztere vor allem in Polnähe.

Die *Atmosphäre* des Mars ist dünn und kalt. Man beobachtet in ihr häufig Konden-
sations- und Staubwolken. Der Druck an der Oberfläche ist nur 0,5% des Druckes
an der Erdoberfläche. Die Temperaturen liegen zwischen 150 K ($-120°$C) an den
Polen, bzw. 190 K ($-80°$C) in mittleren Breiten und maximalen Temperaturen von
vielleicht etwa 300 K ($+30°$C). Die Atmosphäre besteht zu 95% aus Kohlendioxid,
3% molekularem Stickstoff, 1,5% Argon. Sauerstoff, Wasserstoff, Kohlenmonoxid
und Wasserdampf sind nur in geringen Mengen vorhanden.

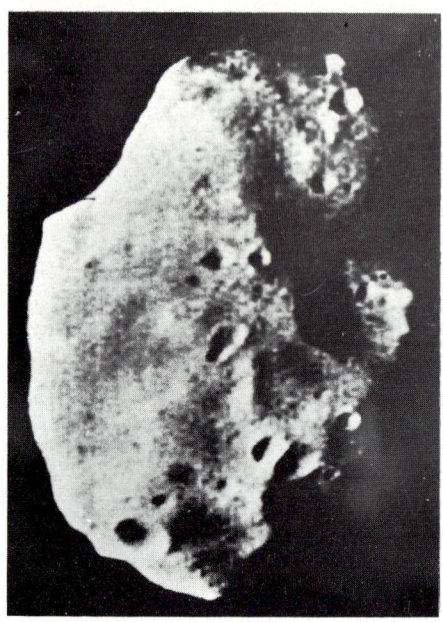

Abb. 3.32 Der Mars-Mond Phobos (größter Durchmesser 27 km)

Die Frage, ob auf dem Mars früher mehr oder weniger hoch entwickelte *Lebewesen* vorhanden waren und ob es jetzt dort noch primitive Lebensformen gibt, konnte auch nach der weichen Landung von Viking 1 und 2 im Juli und September 1976 noch nicht eindeutig beantwortet werden.

Mars hat zwei Monde, *Phobos* und *Deimos.* Sie sind unregelmäßig geformt und ganz mit Kratern bedeckt. Phobos (s. Abb. 3.32) mißt 27 km × 21,5 km × 19 km, Deimos nur 15 km × 12 km × 11 km. Die beiden Monde sind also extrem klein. Die fast kreisförmigen Bahnen und die große Kraterdichte an der Oberfläche legen die Vermutung nahe, dass die Marsmonde nicht eingefangene Kleinplaneten sind, sondern sich zusammen mit ihrem Planeten gebildet haben.

5. Jupiter

Der Planet *Jupiter* fällt am Nachthimmel, wenn er über dem Horizont steht, durch sein ruhiges helles Licht auf. Er ist nach Venus der hellste Planet. Nur Mars in seiner maximalen Helligkeit kann etwas heller sein als Jupiter im Minimum. Schon mit einem kleinen Fernrohr kann man auf der Jupiterscheibe eine Anzahl von parallelen dunklen Streifen erkennen. Leicht zu beobachten sind auch die vier großen Jupiter-

Monde, die Galilei 1610 entdeckte, als er zum erstenmal ein Fernrohr gegen den Himmel richtete, und deren Umlaufsbewegung um den Jupiter er als Modell und als Bestätigung des kopernikanischen Weltsystems wertete.

Jupiter ist der größte Planet des Sonnensystems. Sein Durchmesser ist etwa 11 mal so groß wie der der Erde und etwa $\frac{1}{10}$ des Sonnendurchmessers. Die Jupitermasse ist gleich 318 Erdmassen; sie erreicht aber nur $\frac{1}{1000}$ der Sonnenmasse.
Wegen des 11 fachen Erddurchmessers ist das Volumen 1300 mal so groß wie dasjenige der Erde. Da die Masse „nur" die 300 fache Erdmasse ist, muß die Dichte $\frac{300}{1300} \approx \frac{1}{4}$ der Erddichte (5, 5 g/cm^3) sein. Sie beträgt tatsächlich 1,3 g/cm^3. Für den *Aufbau* des Jupiter kommen daher vorwiegend leichte Elemente in Frage. Es sind dies die Elemente, aus denen vor 4,6 Milliarden Jahren auch die Sonne sich gebildet hat, nämlich Wasserstoff und Helium und ein geringer Anteil ($< 1\%$) anderer Elemente. Wasserstoff und Helium sind die Elemente, die in der gesamten kosmischen Materie weitaus am häufigsten vorkommen. Aufgrund seiner großen Masse konnte Jupiter selbst den leichten Wasserstoff am Entweichen hindern. Die erdähnlichen Planeten dagegen konnten die leichten Gase nicht festhalten. Jupiter besteht also aus Sonnenmaterie. Er ist der Repräsentant der großen äußeren Planeten, die deshalb auch als jupiterähnlich bezeichnet werden.

Abb. 3.33 Der Planet Jupiter mit hellen Zonen, dunklen Bändern und dem Großen Roten Fleck (oben rechts). Links von der Mitte ist der Jupiter-Mond Io, rechts unten sein Schatten zu sehen. Aufnahme der Raumsonde Pionier 10 im Dezember 1973 aus $2{,}5 \cdot 10^6$ km Entfernung

Jupiter ist von einer ausgedehnten *Atmosphäre* umgeben. In ihr befinden sich *undurchsichtige Wolken,* die parallel zum Äquator helle Zonen und dunklere Bänder aufweisen. In ihnen gibt es Einzelheiten, die sich über längere Zeiträume beobachten lassen, z.B. den *Großen Roten Fleck* (s. Abb. 3.33, S. 157). Er ist etwa so groß wie die Erde und schon seit über 300 Jahren bekannt. Mit solchen Einzelheiten läßt sich die Rotationsdauer zu rund 10 Stunden messen (die Gebiete in höheren Breiten rotieren etwas langsamer als die äquatornahen Gebiete; auf der Sonne beobachtet man dieselbe Erscheinung; s. S. 192f). Bei der großen Ausdehnung des Jupiter entstehen am Äquator große Bahngeschwindigkeiten und große Zentrifugalkräfte (s. Aufg. 3, S. 160). Diese bewirken eine *Abplattung* des Planetenkörpers, die im Fernrohr deutlich zu erkennen ist. Wäre das Innere von Jupiter aber homogen mit Materie erfüllt, so müßte die Abplattung noch viel größer sein. Man muß deshalb annehmen, daß sich im Inneren ein Kern aus schwererer Materie befindet, der von leichteren Stoffen umgeben ist (s. Abb. 3.34).

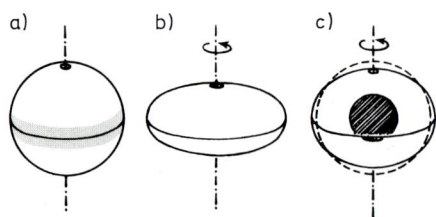

Abb. 3.34 Der Einfluß von Rotation und Massenverteilung auf die
Abplattung
a) Keine Rotation
b) Rasche Rotation bei gleichmäßiger Massenverteilung
c) Rasche Rotation; Massenkonzentration im Zentrum

Bevor man Jupiter mit Raumsonden anfliegen konnte, war wenig über seinen *Aufbau* bekannt. Spektroskopisch ließen sich in der Atmosphäre Wasserstoff, Ammoniak und Methan nachweisen. Seit die amerikanischen Raumsonden Pionier 10 und 11 (Vorbeiflug am Jupiter im Dezember 1973 bzw. im Dezember 1974) Meßdaten und Bilder auf die Erde übertragen haben, wurde auch Helium nachgewiesen. Aus den Gravitationswirkungen des Planeten auf die Bewegung der Sonden konnten Erkenntnisse über den inneren Aufbau des Jupiter gewonnen werden. Danach dürfte es sicher sein, daß der Planetenkörper im wesentlichen flüssig ist. Vom Aufbau macht man sich im einzelnen folgendes Bild: Im Zentrum befindet sich bei einer Temperatur von etwa 30 000 K ein Kern aus Silikatgesteinen. Diese waren schon in der Ursubstanz, aus der Sonne und Planeten entstanden sind, vorhanden. Der Radius dieses dichten Kerns ist noch nicht bekannt. Der restliche, viel größere Teil des Jupiter besteht aus flüssigem Wasserstoff und Helium. Dabei dürfte ein Helium-Atom auf 10 Wasserstoff-Moleküle kommen. Eine innere Schicht reicht vom Zentrum aus gemessen bis etwa 46 000 km. Dort herrschen Temperaturen von 11 000 K und Drücke vom 3 000 000 fachen des Drucks an der Erdoberfläche. Bei diesen Verhältnissen dissoziieren Wasserstoffmoleküle zu Wasserstoffionen und diese gehen in einen auf der Erde noch nicht herstellbaren flüssigen Zustand mit metallischer Leitfähigkeit über. Ladungsbewegungen in diesem metallischen Wasserstoff geben Anlaß zu einem ausgedehnten *Magnetfeld* des Jupiter, das mehr als eine Zehnerpotenz stärker ist als das Erdfeld. Außerdem hat es die entgegengesetzte Orientierung, so daß der Nordpol einer Kompaßnadel zum Jupiter-Südpol zeigen würde.

Die äußere Schicht besteht vorwiegend aus flüssigem molekularem Wasserstoff. Über ihrer Oberfläche liegt eine Atmosphäre mit Wolken, deren Obergrenze bei etwa 1000 km Höhe liegt.

Auch die Atmosphäre besteht hauptsächlich aus Wasserstoff. In ihrem untersten Teil dürfte die Temperatur so hoch sein, daß sich Wassertröpfchen-Wolken bilden können. Darüber liegt vermutlich eine Schicht von Eiskristall-Wolken; in noch größerer Höhe kommen Wolken aus Ammoniak-Kristallen. Alle bisher genannten Stoffe sind farblos. Welche Substanzen die Färbung der dunklen Bänder und des Großen Roten Flecks ausmachen, ist noch nicht sicher bekannt. In Frage kommt z.B. Ammoniumhydrosulfid (NH_4HS). Der Große Rote Fleck dürfte ein atmosphärischer Wirbel sein, nach der Art eines irdischen Wirbelsturms. Seine Langlebigkeit (mehr als 300 Jahre) könnte durch seine Größe und durch die geringen Reibungsverluste über der Wasserstoff-Oberfläche erklärt werden.

Jupiter strahlt etwa doppelt so viel Energie ab wie er von der Sonne aufnimmt. Es muß also eine innere Quelle vorhanden sein, aus der diese Energie stammt. Jupiter besteht zwar aus Stern-Materie, aber er ist nur ein „Beinahe-Fixstern". Seine Masse ist noch nicht so groß, daß in seinem Inneren Atomkern-Energie freigesetzt werden könnte. Auch radioaktive Stoffe kommen als Wärmelieferanten nicht in Frage, weil es sie nicht in ausreichender Menge gibt. Es bleibt eigentlich nur die Möglichkeit, daß bei der Bildung des Jupiter so viel Wärme aus Gravitations-Energie gespeichert worden ist, daß sie jetzt durch Konvektionsströme aus dem tiefen Inneren des Planeten an die Oberfläche und in die Atmosphäre transportiert und dann von dort abgestrahlt werden kann. Damit steht auch in Einklang, daß keine wesentlichen Temperaturunterschiede zwischen der Tag- und Nachtseite festgestellt werden konnten.

Wie bereits erwähnt, besitzt Jupiter ein ausgedehntes Magnetfeld. Dieses enthält wie das Erdmagnetfeld eine *Ionosphäre* und mehrere *Strahlungsgürtel,* in denen sich große Mengen von hochenergetischen Teilchen bewegen. Ein Teil der Radiostrahlung des Jupiter ist die Synchrotron-Strahlung (s. S. 304) dieser Teilchen. Die Gestalt der Magnetosphäre wird wie bei der Erde durch den Sonnenwind bestimmt. Die innersten fünf Jupiter-Monde bewegen sich innerhalb der Magnetosphäre; sie sammeln bei ihren Bahnumläufen geladene Teilchen auf und verändern dadurch ständig die Struktur der Jupiter-Magnetosphäre.

Bis jetzt sind 14 *Monde* des Jupiter bekannt. Die ersten vier hat Galilei entdeckt; sie wurden Io, Europa, Ganymed und Kallisto genannt. Ihre Durchmesser sind 3640, 3060, 5400, 4820 km; sie sind also in ihrer Größe mit dem Erdmond vergleichbar. Die übrigen Jupiter-Monde sind klein. Bei Io wurde eine Ionosphäre festgelegt. Deshalb muß dieser Mond eine wenn auch dünne Atmosphäre besitzen.

Durch Messungen der Umlaufsdauer von Io von verschiedenen Stellen der Erdbahn aus konnte Ole Roemer 1675 eine erste Bestimmung der Lichtgeschwindigkeit c durchführen und damit zeigen, daß c nicht unendlich groß ist.

Aufgaben

1. Ein Achsenschnitt des Planeten Jupiter ist mit guter Näherung eine Ellipse mit der numerischen Exzentrizität $e = 0,35$ und der großen Halbachse
$a = 71\,400$ km (Äquatorradius).
Um wieviel unterscheidet sich die kleine Halbachse (Polradius) von der großen? Wie groß ist die Abplattung?

2. Welche Dichte errechnet sich aus folgenden Angaben: mittlerer Jupiterradius = 11 Erdradien, Jupitermasse = 318 Erdmassen, mittlere Dichte der Erde $\rho_E = 5,5\,\text{g/cm}^3$?

3. Die Masse des Planeten Jupiter beträgt $1,90 \cdot 10^{27}$ kg, sein Äquatorradius ist 71\,400 km. Die Rotationsdauer beträgt am Äquator 9 h 50 m 30 s.
a) Welche Gravitationsbeschleunigung herrscht am Jupiter-Äquator?
b) Mit welcher Bahngeschwindigkeit bewegt sich ein Punkt des Äquators? Zum Vergleich: Die Bahngeschwindigkeit eines Punktes am Äquator beträgt bei der Sonne 2 km/s, bei der Erde 0,5 km/s.
c) Wie groß ist die durch die Rotation entstehende Zentrifugalbeschleunigung, und wie groß ist die Fallbeschleunigung am Jupiter-Äquator?

4. Aus der eingestrahlten Sonnenenergie berechnet man für Jupiter eine Gleichgewichtstemperatur von 105 K. Infrarotmessungen ergaben aber eine Durchschnittstemperatur von 125 K.

In welchem Verhältnis stehen eingestrahlte und abgegebene Energiemenge? (Für die Gesamtenergie gilt das Stefan-Boltzmannsche Gesetz).

6. Saturn, Uranus, Neptun und Pluto

Saturn ist der fernste Planet, der noch mit bloßem Auge gesehen werden kann. Sein Licht ist ruhig und leicht gelblich. Die weiter außen liegenden Planeten *Uranus, Neptun* und *Pluto* verdanken ihre Entdeckung dem Fernrohr. Darüber wurde auf S. 103 berichtet. Sie sind schwierig zu beobachten (bearbeiten Sie dazu die Aufg. 1. auf S. 167). Die Helligkeit von Pluto ist so gering, daß der Planet nur mit Fernrohren von mindestens 20 cm Objektivöffnung gesehen werden kann. Saturn ist wegen seines einzigartigen Ringsystems eines der lohnendsten Beobachtungsobjekte, auch für bescheidene Fernrohre (s. Abb. 3.35).

Abb. 3.35 Der Planet Saturn mit weit geöffnetem Ringsystem, aufgenommen mit dem 2,5 m Spiegel des Mount Wilson Observatoriums in Kalifornien

Saturn, Uranus und Neptun sind wie Jupiter Planeten mit *großen Durchmessern* und *großen Massen,* aber *kleinen Dichten.* Saturn hat unter allen Planeten die kleinste mittlere Dichte 0,7 g/cm^3 (vgl. Tab. 4 im Anhang und die Abb. 3.14, S. 131, sowie Abb. 3.16, S. 133). Aus den niedrigen Dichtewerten wird gefolgert, daß alle drei Planeten wie Jupiter überwiegend aus den beiden leichtesten Elementen Wasserstoff und Helium aufgebaut sind; dazu kommt wahrscheinlich ein kleiner Anteil an Metallen und Silikaten.

Die *Atmosphären* von Saturn, Uranus und Neptun sind spektroskopisch nachweisbar. Wie in den Atmosphären von Venus, Mars und Jupiter werden auch hier dem reflektierten, spektral zerlegten Sonnenlicht die Absorptionsbanden von Molekülarten, die in der Atmosphäre vorhanden sind, aufgeprägt. Bei Saturn kann außerdem, ähnlich wie bei Jupiter, eine den ganzen Planeten umhüllende Wolkendecke mit streifiger Struktur direkt im Fernrohr gesehen werden. In den Atmosphären aller vier großen Planeten ist Methan (CH_4) spektroskopisch nachgewiesen. Ammoniak (NH_3), das in der Jupiteratmosphäre reichlich vertreten ist, ist bei Saturn schwach, bei Uranus und Neptun gar nicht nachweisbar. Wahrscheinlich befindet sich bei den niedrigen Atmosphären-Temperaturen dieser weit von der Sonne entfernten Planeten das Ammoniak zu einem großen Prozentsatz im festen Zustand. In den Atmosphären von Saturn und Uranus ist Wasserstoff beobachtet worden.

Die *Rotationsdauer* von Saturn läßt sich durch die Verfolgung von Einzelheiten an der Wolken-Oberfläche messen. Bei Uranus und Neptun dient der Doppler-Effekt des auf uns zu und des von uns weg bewegten Scheibchen-Randes zur Bestimmung dieser Größe (zur Anwendung des Dopplerschen Prinzips in der Astronomie siehe 6.3). Alle drei Planeten rotieren, wie auch Jupiter, sehr schnell (Rotationsperiode von Saturn etwa 10 Stunden, von Uranus 11 Stunden, von Neptun 16 Stunden). Keiner der inneren Planeten Merkur bis Mars hat eine so kurze Rotationsdauer.
Eine Besonderheit bei Uranus ist, daß die Rotationsachse fast in der Ebene der Umlaufbahn liegt (Neigung 98°). Damit steht die Äquatorebene fast senkrecht auf der Bahnebene. In dieser Ebene laufen auch die fünf Uranus-Monde um (s. Abb. 3.36). Wegen des „Überkippens" der Achse um 8° erfolgen sowohl die Rotation des Uranus, als auch der Umlauf seiner Monde rückläufig.
Saturn, Uranus und Neptun haben 10, 5, bzw. 2 Monde. Der Saturn-Mond Titan (Durchmesser 5800 km) ist fast so groß wie der Planet Mars. Bei ihm wurde eine ausgedehnte wolkige Atmosphäre und in dieser Methan nachgewiesen. Ihr Druck an der Mondoberfläche ist größer als $\frac{1}{10}$ des Drucks der Erdatmosphäre, vielleicht sogar ebenso groß wie dieser. Zusammen mit Triton (Neptun-Mond, Durchmesser 6000 km) und Ganymed (Jupiter-Mond, Durchmesser 5600 km) gehört Titan zu den drei größten Monden des Planetensystems.

Die *Saturn-Ringe* wurden schon von Galilei (1610) beobachtet. Ihre wahre Natur wurde aber erst von Christian Huygens (1655) erkannt. Es sieht so aus, als ob Saturn in seiner Äquatorebene von zwei oder drei dünnen konzentrischen Ringscheiben umgeben wäre. Es ist jedoch mechanisch unmöglich, dass diese Gebilde aus zusammenhängender Materie bestehende Ringe sind, die wie Räder starr rotieren. Schon Laplace hat gezeigt, dass solche Ringe im Saturnsystem mit seinen zehn Monden sich nicht im Zustand stabilen Gleichgewichts befinden können. Die Ringe bestehen vielmehr aus kleinen unzusammenhängenden Partikeln, die wie unzählige kleine Monde den Saturn umkreisen. Der sicherste Beweis für die Richtig-

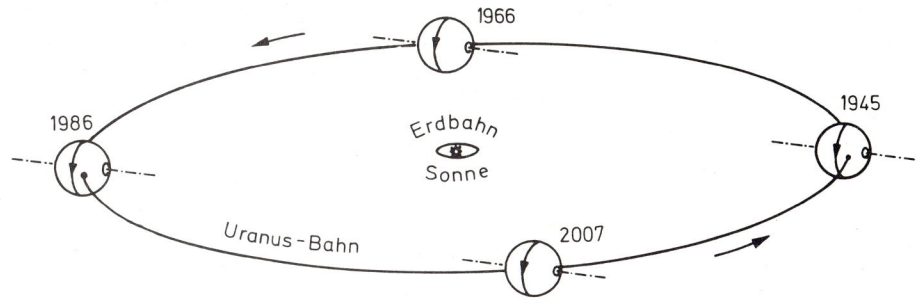

Abb. 3.36 a) Bahn, Achsenlage und
Rotation des Planeten
Uranus

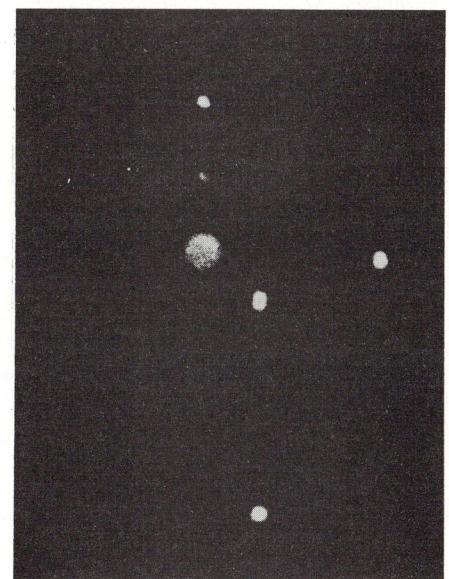

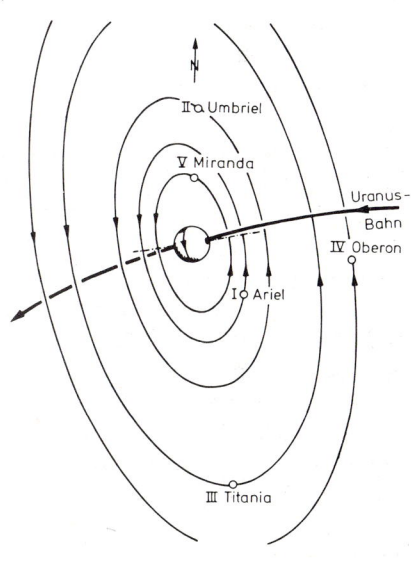

b) Uranus und seine
Satelliten; fotografische
Aufnahme des Mauna Kea
Observatoriums, Hawaii

c) Zeichnung der Bahnen
zu dieser Aufnahme. Die
Bahnen der Monde sind
nahezu Kreisbahnen in der
Äquatorebene des Uranus,
in die man von rechts her
hineinschaut

163

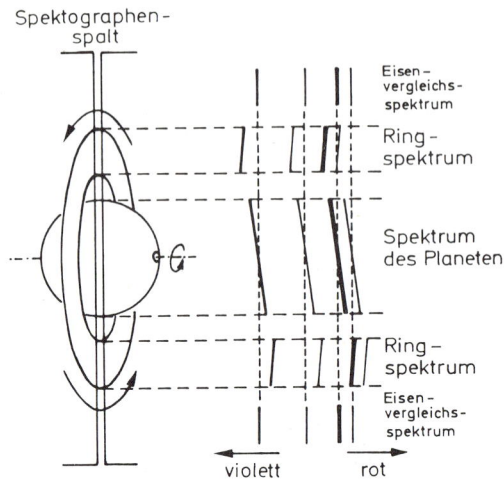

Spektographen-spalt

Eisen-vergleichs-spektrum

Ring-spektrum

Spektrum des Planeten

Ring-spektrum

Eisen-vergleichs-spektrum

violett   rot

Abb. 3.37 Schematische Darstellung einer Spektralaufnahme von Saturn und seinem Ringsystem. Die schräg stehenden Linien sind Fraunhoferlinien, die die verschiedenen Rotationsgeschwindigkeiten anzeigen; oben und unten sind Linien des Eisen-Vergleichsspektrums

keit dieser Vorstellung wird durch die spektroskopisch bestimmten Rotationsgeschwindigkeiten der einzelnen Teile des Ringsystems erbracht. Wenn der Ring ein starrer Körper wäre, dann müßte die Rotationsgeschwindigkeit am äußeren Rand größer als am inneren Rand sein. Es wird jedoch das umgekehrte beobachtet; die Rotation der einzelnen Teilchen erfolgt nach dem 3. Kepler-Gesetz mit nach außen abnehmender Geschwindigkeit. Abb. 3.37 zeigt schematisch den Doppler-Effekt, der im Spektrum von Saturn und dem Ringsystem beobachtet wird. Das Licht, das wir vom Saturn erhalten, ist reflektiertes Sonnenlicht; die dunklen Linien im Saturn- und Ring-Spektrum sind die Fraunhoferlinien des Sonnenspektrums. Die Schrägstellung der Linien kommt, als Doppler-Effekt, von der Rotation des Planeten und des Ringes. Das Licht von Gebieten, die sich auf den Beobachter zu bewegen, wird zu kürzeren Wellenlängen verschoben (Blauverschiebung); bei Abstandsvergrößerung erfolgt eine Rotverschiebung. Beim Spektrum des Saturnrings zeigt die Schräglage an, dass bei dem Teil des Ringes, der sich durch die Rotation dem irdischen Beobachter nähert (oben in Abb. 3.37), die Blauverschiebung an der äußeren Ringkante kleiner ist als die Blauverschiebung an der inneren Kante. Das bedeutet: die Rotationsgeschwindigkeit des Ringsystems ist außen geringer als innen.
Die Ringebene ist identisch mit der Äquatorebene des Saturn. Diese Ebene behält während des Umlaufs um die Sonne ihre Lage im Raum; sie bildet einen Winkel von 28° mit der Ekliptikebene (26° mit der Saturn-Bahnebene). Dadurch sehen wir von der Erde aus zu einem bestimmten Zeitpunkt auf die Nordseite der Ringe (von oben; Abb. 3.38, A), ein halbes Saturn-Jahr (etwa 15 Erdenjahre) später auf ihre

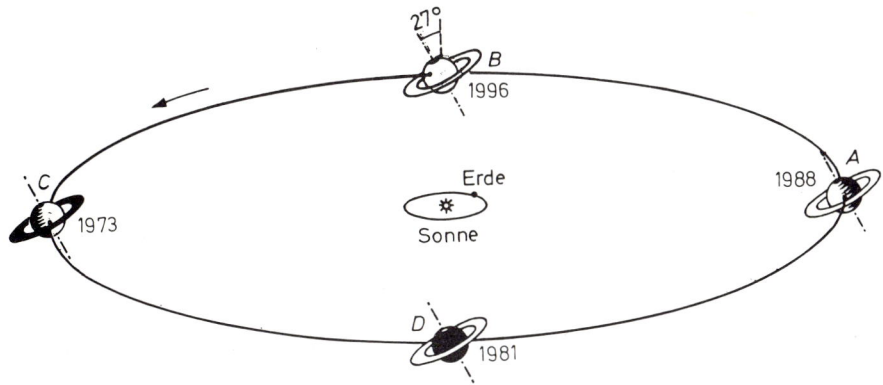

Abb. 3.38 Die Sichtbarkeit der Saturnringe. Bei *A* sieht man von der Erde auf die Nordseite, bei *C* auf die Südseite der Ringe; das Ringsystem ist weit geöffnet. Bei *B* und *D* liegt die Erde in der Ringebene; die Ringe sind fast unsichtbar. Die Bahnen sind maßstäblich, die Himmelskörper übertrieben groß gezeichnet

Südseite (von unten; C). Dazwischen liegen zwei Zeitpunkte (B und D), zu denen wir von der Kante her auf die Ringe blicken. Sie sind dann nur mit großen Fernrohren zu sehen.

Die Ringe reichen hinaus bis zum 2,3-fachen des Planetenhalbmessers. In der Ringebene ist ihre Breite etwa 50 000 km. Die Dicke senkrecht zur Ringebene wurde bei der Bedeckung eines Fixsterns durch den Planeten zu weniger als 15 km (!) bestimmt. Die Ringmasse schätzt man zu nur 1 bis $4 \cdot 10^{-5}$ Saturnmassen. Die Teilchengrößen dürften bei 1 m bis 20 m Durchmesser liegen. Die Reflexionsfähigkeit der Ringteilchen spricht dafür, daß wenigstens die Oberfläche aus Wasser-Eis besteht.

Schon mit einem kleineren Fernrohr kann man bei günstigen Beobachtungsbedingungen erkennen, daß das Ringsystem zweigeteilt ist durch eine feine dunkle Linie, die *Cassinische Teilung* (s. Abb. 3.35, S. 161). Sie befindet sich in einer solchen Entfernung vom Saturn-Mittelpunkt, daß Teilchen, die in dieser Lücke umlaufen würden, eine Umlaufsdauer hätten, die halb so groß wäre wie diejenige des Saturn-Mondes Mimas, ein Drittel derjenigen des Mondes Enceladus und ein Viertel derjenigen von Tethys. Wegen dieser rationalen Verhältnisse bekämen Teilchen in der Cassini-Trennung nach 2, 3 und 4 Umläufen jeweils an derselben Stelle ihrer Bahn einen Gravitations-Zug, so daß dieser Raum von Materie freigefegt wird (s. Aufg. 2, S. 167).

Die Saturnringe sind im Planetensystem eine seltene Erscheinung; die Frage nach ihrer Entstehung ist vielfach bearbeitet worden, doch gibt es bisher nur bescheidene Ansätze für eine Beantwortung. Wahrscheinlich besteht ein Zusammenhang zwischen der Entstehung der Saturnmonde und der Bildung des Ringsystems. Alle zehn Monde liegen außerhalb der Ringe. Der Saturnradius ist $r = 60\,000$ km. Die äußerste Ringkante hat vom Saturnmittelpunkt den Abstand 2,3 r; dann kommt der innerste Mond im Abstand 2,65 r. Der äußerste Mond ist 215 r vom Saturn entfernt. Im Bereich zwischen 2,3 r und 2,65 r liegt bei 2,44 r eine mechanisch ausgezeichnete Stelle, die *Rochesche Grenze*. Die Ringpartikel sind kleine Körper, die sich wie die Monde im Gravitationsfeld der großen Saturnmasse bewegen. In Entfernungen vom Saturn, die größer sind als die Roche-Grenze, können kleine feste Teilchen sich zu einem größeren Gebilde zusammenfügen; der gravitative Zusammenhalt dieser Teilchen wird durch die Anziehung des Zentralkörpers nicht gestört. Innerhalb der Roche-Entfernung ist dies jedoch anders. Zwei Teilchen, deren Entfernungen vom Saturn-Schwerpunkt sich um einen kleinen Betrag unterscheiden, müssen nach dem 3. Keplerschen Gesetz mit verschiedenen Bahngeschwindigkeiten um den Saturn umlaufen (s. Gl. (2-23), S. 93). Befinden sich die Teilchen in einem bestimmten Augenblick auf dem gleichen Fahrstrahl, so müßte, damit sie einen größeren Körper bilden könnten, das außen laufende Teilchen durch die wechselseitige Gravitationskraft der beiden beschleunigt, das innen laufende entsprechend verzögert werden. Dazu reicht diese Kraft bei kleinen Entfernungen vom Zentralkörper nicht aus. Im Bereich der Saturn-Umgebung bis zu 2,44 r können sich deshalb kleine Partikel nicht zu einer größeren Einheit zusammenschließen. Die Roche-Grenze liegt genau zwischen der äußersten Ringkante und dem innersten Mond.

Dies legt die Vermutung nahe, dass die Ringe Äquivalente für Saturnmonde sind, die sich in dieser geringen Entfernung vom Zentralkörper nicht bilden konnten. Um hier zu einer sicheren Aussage zu gelangen, muß jedoch zunächst noch mehr über die Bildung der Monde bekannt sein als das bis jetzt der Fall ist. Im März 1977 wurde bei einer Sternbedeckung durch Uranus auch bei diesem Planeten ein Ringsystem entdeckt.

Der sonnenfernste Planet *Pluto* ist in seinen Bahnelementen ein Sonderling unter den Großen Planeten; er hat die größte Neigung der Bahnebene gegen die Ekliptik und die größte Bahnexzentrizität. Diese starke Exzentrizität bewirkt, daß das Perihel, das im Jahre 1989 erreicht wird, innerhalb der Neptunbahn liegt. Unter den neun Großen Planeten ist Pluto der einzige, dessen Bahn die Bewegung eines anderen Planeten kreuzt (s. Abb. 2.42, S. 76). Sein Durchmesser ist schwer zu bestimmen; er dürfte bei 3000 km liegen. Die Auffindung des Pluto-Mondes 1978 P 1, der in etwa 20 000 km Entfernung mit der Umlaufsdauer 6,4 d um den Planeten umläuft, macht eine Massenabschätzung möglich. Unter der Voraussetzung, daß die Mondmasse zu vernachlässigen ist, ergibt sich für Pluto die Masse $1 \cdot 10^{22}$ kg oder etwa $\frac{1}{600}$ der Erdmasse und die mittlere Dichte 0,7 g/cm^3. Nach diesen Werten hat Pluto unter allen Großen Planeten den kleinsten Durchmesser und die kleinste Masse. Seine mittlere Dichte ist den Dichten der äußeren Planeten ähnlich. Pluto zeigt eine periodische Helligkeitsänderung von rund 20 %. Es wird angenommen, daß deren Periode von 6,39 d mit der Rotationsdauer des Planeten identisch ist. Für den Mond, der mit derselben Periode umläuft, müßte dann eine gebundene Rotation angenommen werden.

Aufgaben

1. In der folgenden Tabelle sind für die äußeren Planeten die scheinbaren Durchmesser (Sehwinkel), unter denen sie in der Oppositionsstellung erscheinen, sowie die mittleren Entfernungen von der Sonne angegeben.

	Jupiter	Saturn	Uranus	Neptun	Pluto
scheinbarer Durchmesser (in Opposition)	50″	20″	4″	2″	0,2″
mittlere Entfernung von der Sonne in 10^6 km	778	1427	2870	4496	5900

a) Aus welchen Entfernungen müßte man ein Zehnpfennig-Stück (Durchmesser 22 mm) betrachten, damit es unter den gleichen scheinbaren Durchmessern erscheint?

b) Frage a) zeigt, wie klein die äußeren Planeten von Uranus an erscheinen. Ihre Beobachtung wird noch weiter dadurch erschwert, daß sie umso weniger Licht von der Sonne erhalten, je weiter sie von dieser entfernt sind. Berechnen Sie die Bruchteile, auf die die Beleuchtungsstärke dieser Planeten, verglichen mit derjenigen von Jupiter, absinkt (setzen Sie die Beleuchtungsstärke von Jupiter willkürlich gleich 100).

2. Berechnen Sie die Umlaufsdauer eines Teilchens, das in 117 100 km Entfernung vom Saturn-Mittelpunkt in der Cassini-Teilung auf einer Kreisbahn umlaufen sollte (Saturn-Masse $5,7 \cdot 10^{26}$ kg; Gravitationskonstante $6,67 \cdot 10^{-11}$ m³ kg⁻¹ s⁻²).

   Setzen Sie diese Umlaufsdauer ins Verhältnis zu den Umlaufsdauern der Saturn-Monde Mimas, Enceladus und Thetys. Die Umlaufsdauern und mittleren Entfernungen dieser Monde entnehmen Sie der Tab. 6 im Anhang.

   Skizzieren Sie die Verhältnisse für 1, 2, 3 und 4 Umläufe des Cassini-Teilchens (Saturn-Radius 60 000 km).

Zusammenfassung zu Abschnitt 3.2, „Die Planeten"

Innere und äußere Planeten unterscheiden sich nicht nur durch ihre Entfernungen von der Sonne, sondern auch durch ihre physikalischen Eigenschaften. Die *inneren Planeten* haben verhältnismäßig kleine Durchmesser und Massen, aber große Dichten. Die *äußeren Planeten* (außer Pluto; dieser gleicht einem inneren Planeten) haben große Durchmesser und Massen und kleine Dichten. Sie rotieren schneller um ihre Achsen als die inneren Planeten und haben größere Abplattungen.

Der sonnennächste Planet *Merkur* hat eine Bahn mit großer Exzentrizität. Die Gravitationskräfte der anderen Planeten und der Sonne bewirken eine verhältnismäßig große Periheldrehung. Ein kleiner Teil dieser Periheldrehung läßt sich nur durch die Einsteinsche allgemeine Relativitätstheorie erklären. Die gute Übereinstimmung zwischen Messung und Theorie ist eine Stütze dieser Theorie. Merkur gleicht in seiner Oberflächenbeschaffenheit dem Mond, in seinem inneren Aufbau (Eisenkern) der Erde.

Der Planet *Venus* hat ungefähr dieselbe Größe und Masse wie die Erde; seine Bahn ist fast kreisförmig, seine Rotation erfolgt langsam (243 Tage) und rückläufig.

Venus hat eine ausgedehnte Atmosphäre (überwiegend CO_2). Dichte Wolken versperren den Blick auf die Oberfläche. Dort ist der Druck das 90-fache des normalen Luftdrucks auf der Erde. Die Temperatur an der Oberfläche beträgt etwa 480°C (Treibhauseffekt).

Die Gestalt der *Erde* ist infolge der Rotation um ihre Achse abgeplattet; der Poldurchmesser ist fast 43 km kürzer als ein Äquatordurchmesser.

Aufbau des Erdinneren: *Kern* (Fe, Ni; innerer Kern fest, äußerer Kern flüssig); *Mantel* (fest, Mg-, Fe-Silikate; enthält etwa $\frac{2}{3}$ der Erdmasse); *Kruste* (5 km bis 30 km dick; Silikate von Al, Ca, Mg, Fe u.a.). In der Übergangsschicht zwischen Kern und Mantel entsteht durch elektrische Kreisströme das Magnetfeld der Erde. In der Asthenosphäre (in 100 km bis 250 km Tiefe) führen die Gesteinsplatten, die die Kontinente tragen, langsame Bewegungen aus; dort entstehen Erdbeben und die vulkanische Aktivität der Erde.
Der feste Erdkörper ist umgeben von *Hydrosphäre* und *Atmosphäre*. Die verschiedenen Einteilungsmöglichkeiten der Atmosphäre sind in Abb. 3.24 auf S. 145 dargestellt.

Das *Magnetfeld der Erde* gleicht in Erdnähe dem Feld eines Stabmagneten (Dipolfeld), dessen Achse um 11,6° gegen die Rotationsachse geneigt ist. In Entfernungen von einigen Erdradien wird das Feld durch den Sonnenwind auf einen geschlossenen Raum, die Magnetosphäre, begrenzt.

Die Lufthülle der Erde bewirkt die *astronomische Refraktion,* eine scheinbare Hebung der Gestirne durch die Lichtbrechung beim Übergang zu Luftschichten mit immer größeren optischen Dichten.

Der Planet *Mars* steht bezüglich Größe und Masse zwischen Erde und Mond. Seine Oberfläche wurde durch drei Vorgänge geformt: Einschläge von Meteoriten, Vulkanismus und Erosion durch Wind und früher auch durch Wasser. Die Mars-Atmosphäre ist dünn und kalt. Die weißen Polkappen zeigen einen jahreszeitlichen Wechsel. Auf dem Mars könnte primitives organisches Leben existieren oder existiert haben.

Die äußeren Planeten *Jupiter, Saturn, Uranus* und *Neptun* bestehen aus Wasserstoff und Helium mit einem mehr oder weniger großen Gesteinskern. Jupiter und Saturn haben Atmosphären mit Wolken; bei Uranus und Neptun sind solche sehr wahrscheinlich. Jupiter, der größte und massereichste Planet, hat ein starkes Magnetfeld, eine Ionosphäre und eine Magnetosphäre. Man kennt 14 Jupiter-Monde, die in drei Gruppen angeordnet sind.

Saturn hat ein Ringsystem, das in radialer Richtung sehr ausgedehnt ist (Außendurchmesser 280 000 km), senkrecht zur Ringebene aber nur etwa 15 km mißt. In ihm laufen die einzelnen Bestandteile unabhängig voneinander auf Keplerbahnen um.

Die Rotationsachse von Uranus liegt fast in der Bahnebene; die fünf Uranus-Monde laufen in einer Ebene, die nahezu senkrecht auf der Bahnebene des Planeten steht.

3.3 Planetoiden, Kometen, Meteore und interplanetare Materie

3.3.1 Die Planetoiden

Mit dem Namen *Planetoiden* bezeichnet man eine Vielzahl von kleinen Körpern, die sich wie die Großen Planeten im Gravitationsfeld der Sonne bewegen. Die meisten Planetoiden beschreiben im Raum zwischen Mars und Jupiter Ellipsen mäßiger Exzentrizität und geringer Neigung gegen die Ekliptik. Außer dem Namen Planetoiden wird die Bezeichnung *Kleine Planeten* sehr häufig verwendet. Gelegentlich findet man auch den Namen *Asteroiden.* Keiner der Kleinen Planeten kann mit bloßem Auge gesehen werden, doch sind viele schon mit kleinen Fernrohren beobachtbar. Es sind punktförmige Objekte, die sich durch ihre von Nacht zu Nacht wahrnehmbare Ortsveränderung von den Fixsternen unterscheiden.

a) Die ersten Entdeckungen

Die mittleren Entfernungen der Planeten von der Sonne lassen sich näherungsweise errechnen mit einer empirischen Gleichung, die man *Titius-Bode-Regel* nennt (J. D. Titius, Wittenberg, 1766 und J. E. Bode, Berlin 1772). Sie lautet $a = \frac{1}{10}(4 + 3 \cdot 2^n)$, a mittlere Entfernung in AE; für Merkur ist $n = -\infty$, für Venus $n = 0$, für die Erde $n = 1$, für Mars, Jupiter, Saturn $n = 2$, bzw. 4 und 5 zu setzen (Vgl. Aufg. 1. auf S. 174).

Für $n = 3$ erhält man $a = 2{,}8$ AE. In dieser Entfernung von der Sonne steht keiner der Großen Planeten. Im Jahre 1781 wurde von Wilhelm Herschel der Planet Uranus entdeckt. Bei der Bestimmung der Bahnelemente zeigte sich, dass die große

Halbachse *a* der Uranus-Bahnellipse nahe mit dem Wert übereinstimmt, den man mit der Titius-Bode-Regel für $n = 6$ erhält. Durch diese Übereinstimmung erhielt die schon lange bestehende Vermutung, zwischen Mars und Jupiter könne sich ein noch unentdeckter Planet befinden, neue Nahrung. Man plante, durch systematische Beobachtungen im Ekliptikstreifen am Himmel nach diesem Planeten zu suchen. Doch ehe diese Bemühungen zum Erfolg führten, entdeckte der italienische Astronom G. Piazzi bei der Bestimmung von Fixsternörtern in Palermo am 1. Januar 1801 im Tierkreisbild Stier einen Stern, der an den folgenden Beobachtungstagen von Nacht zu Nacht seinen Ort zwischen den Fixsternen veränderte. Schon während der ersten Beobachtungsperiode von sieben Wochen konnte Piazzi feststellen, dass sich die Bahn dieses Objektes zu einer Schleife krümmte, wie es für die von der Erde aus beobachteten Planetenbahnen typisch ist. Schlechtes Wetter und Annäherung des Planeten an die Sonne verhinderten weitere Beobachtungen; der neuentdeckte Planet, der inzwischen von Piazzi den Namen *Ceres* erhalten hatte, schien schon wieder verloren.

Der Mathematiker *C. F. Gauß,* damals 23 Jahre alt, griff das Problem auf, aus dem kurzen, von Piazzi beobachteten geozentrischen Bahnstück die heliozentrische Bahn des neuen Planeten zu bestimmen. Er fand, dass die Bahn von Ceres zwischen den Bahnen von Mars und Jupiter liegt, etwa da, wo die Titius-Bode-Regel einen Planeten voraussagt. Am 7. Dezember 1801 wurde Ceres dort wiedergefunden, wo Gauß es vorausberechnet hatte. Aus diesen Rechnungen für den Planeten Ceres entwickelte Gauß seine geniale, später tausendfach angewandte *Methode der elliptischen Bahnbestimmung* (Theoria motus corporum coelestium 1809). Dieses Verfahren liefert aus drei guten geozentrischen Ortsbestimmungen, die zeitlich nahe beieinander liegen dürfen, die vollständigen heliozentrischen Bahnelemente und damit gleichzeitig die Möglichkeit einer sicheren Vorausberechnung der Örter am Himmel, an denen der Planet nach einer Zeit der Unsichtbarkeit wieder aufgefunden werden kann.

Kurze Zeit nach der Wiederentdeckung von Ceres fand W. Olbers in Bremen, im März 1802, in fast der gleichen Entfernung von der Sonne einen ähnlichen Himmelskörper, den er *Pallas* nannte. 1804 und 1807 wurden die Planetoiden *Juno* und *Vesta* entdeckt. Anstelle des einen erwarteten großen hatte man vier kleine Planeten gefunden.

b) Die Anzahl der Kleinen Planeten; die Lage der Bahnen

Dem vierten Planetoiden Vesta folgte fast vierzig Jahre lang kein weiteres neues Objekt. Im Jahre 1845 begann die große Reihe der Entdeckungen; man erkannte, dass es Hunderte, ja Tausende Kleiner Planeten gibt. Das untrügliche Kennzeichen ist die Ortsveränderung an der Sphäre. Bei fotografischen Aufnahmen, bei denen die Erdrotation durch eine Drehung der Polachse des Fernrohrs während der Belichtungszeit kompensiert wird, bilden sich die Fixsterne als winzige runde

Scheibchen ab. Die zwischen den Fixsternen an der Sphäre stehenden Kleinen Planeten haben eine Bahnbewegung; sie gibt sich schon bei einer Belichtungszeit von etwa zwei Stunden als kurze, aber deutlich markierte Strichspur auf der Platte zu erkennen.

Die Zahl der Kleinen Planeten wird mit abnehmender Helligkeit immer größer. Bei etwa 2000 Objekten sind durch die Analyse vieler Beobachtungen sehr sichere Werte der Bahnelemente bekannt; diese Planetoiden können aufgrund von Vorausberechnungen immer wieder aufgefunden werden. Sie haben Nummern und Namen. Für mehrere tausend weitere Objekte liegen weniger genaue Bahnelemente vor.

Die meisten der gesicherten 2000 Kleinen Planeten bewegen sich in einem Mittelbereich zwischen den Bahnen von Mars und Jupiter. Die großen Bahnhalbachsen dieser überwiegenden Mehrzahl der Planetoiden liegen zwischen den Werten 2,2 und 3,2 AE. Die Exzentrizitäten liegen zwischen 0,0 und 0,3; die Neigung der Bahnebene gegen die Ekliptik ist nur bei wenigen Objekten größer als 20°.

Es gibt aber auch Planetoiden mit außergewöhnlichen Bahnen, z.B. *Ikarus,* der sich auf einer stark elliptischen und gegen die Ekliptikebene geneigten Bahn der Sonne so weit nähert, daß sein Perihel innerhalb der Merkur-Bahn liegt. Er kommt der Sonne so nahe, daß seine Oberfläche rotglühend wird (s. Abb. 3.39). Andererseits hat *Hidalgo* eine elliptische Bahn, die von der Mars-Bahn bis zur Saturn-Bahn reicht.

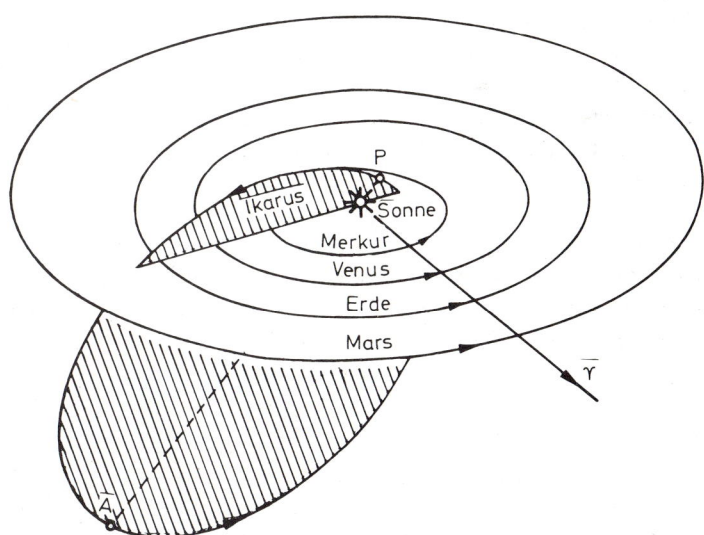

Abb. 3.39 Die Bahn des Planetoiden Ikarus. Große Halbachse 1,08 AE; Exzentrizität 0,83; Neigung der Bahnebene gegen die Ekliptik 23°

Einige Planetoiden, deren Bahnen durch kleine mittlere Sonnenentfernungen und große Exzentrizitäten gekennzeichnet sind, können der Erde relativ nahe kommen. Von den Objekten dieser kleinen Gruppe ist der Planetoid *Eros* besonders bekannt geworden. Der Abstand Eros-Erde kann im günstigsten Falle 0,15 AE betragen. In den Zeiten dieser nahen Vorübergänge sind mehrfach große Beobachtungsprogramme durchgeführt worden, um aus den Örtern des Planetoiden an der Sphäre den Umrechnungsfaktor Astronomische Einheit in Kilometer zu bestimmen. Diese Aufgabe wird auch jetzt noch, historisch bedingt, oft als die *Bestimmung der Sonnenparallaxe* bezeichnet.

c) Die Lücken in den Werten der großen Halbachsen; die Trojaner

Die Planetoiden füllen den Raum zwischen der Mars- und der Jupiter-Bahn nicht gleichmäßig aus. Es gibt Gruppen Kleiner Planeten, deren Bahnen sehr ähnlich sind, und dazwischen auffällige *Lücken* in der Häufigkeitsverteilung der großen Halbachsen der Bahnen. Diese Lücken finden sich an denjenigen Stellen, an denen die den *a*-Werten entsprechenden Umlaufsdauern zur Jupiter-Umlaufsdauer streng in den Zahlenverhältnissen 1 : 2, 2 : 5, 1 : 3 stehen. Mit Sicherheit liegt bei dieser Erscheinung eine Wirkung der Jupiteranziehung vor; der Mechanismus dieser Wirkung ist jedoch immer noch nicht geklärt.

Eine besondere Gruppe von Planetoiden sind die *Trojaner*. Sie haben Namen von homerischen Helden des Trojanischen Krieges; daher kommt die Gruppenbezeichnung. Alle Trojaner haben ziemlich genau die gleiche mittlere Entfernung von der Sonne wie Jupiter; das Verhältnis der Umlaufsdauern Trojaner zu Jupiter ist also 1 : 1. Die Möglichkeit für das Vorhandensein solcher Objekte hat schon J. L. Lagrange 1772 vorausgesagt. Er erkannte, daß das Dreikörperproblem (Sonne-Jupiter-Planetoid) eine stabile Lösung besitzt, wenn die drei Körper sich so bewegen, daß sie sich stets in den Ecken eines gleichseitigen Dreiecks aufhalten (s. Abb. 3.40). Eine Gruppe von Trojanern eilt so dem Jupiter auf seiner Bahn um 60° voraus, eine andere folgt ihm in 60° Abstand nach. Die Punkte L_1 und L_2 nennt man Librationspunkte. Trojaner, die sich nicht genau in einem Librationspunkt befinden, beschreiben langsame Pendelbewegungen auf nierenförmigen Bahnen um diese Punkte.

d) Die physische Beschaffenheit der Kleinen Planeten

Größe, Gestalt, Masse und Zusammensetzung der Planetoiden sind schwierig zu ermitteln. Nur bei den größten von ihnen kann man die Durchmesser direkt aus Entfernung und Sehwinkel bestimmen. Man kommt auf Durchmesser zwischen 100 und 1000 km, also auf weniger als ein Drittel des Monddurchmessers. Die Größe des Planetoiden Eros konnte am 24. Januar 1975 bestimmt werden, als er den Fixstern κ Geminorum bedeckte. Sein Schatten huschte dabei wie der Schatten des Mondes bei einer Sonnenfinsternis über die Erde. Aus der Ausdehnung des Schattens schloß man, daß Eros einem Ellipsoid ähnlich ist und eine Größe von etwa 19 km auf 30 km hat.

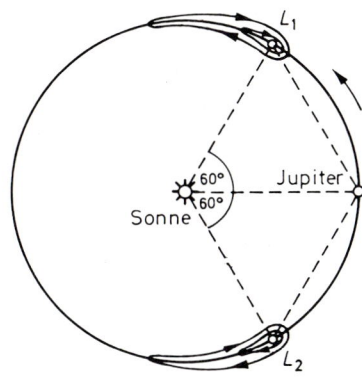

Abb. 3.40 Die Trojaner. L_1 und L_2 sind Librationspunkte, in denen
sich Trojaner aufhalten können; sie laufen zusammen mit
Jupiter um die Sonne. Trojaner, die nicht genau in einem
Librationspunkt stehen, beschreiben nierenförmige Bahnen
um diesen

Für andere Planetoiden kann man die Durchmesser aus optischen und radio-
metrischen Methoden abschätzen. Es zeigt sich, daß die Anzahl der Planetoiden
einer bestimmten Größe mit abnehmendem Durchmesser stark wächst. Man schätzt,
daß es an die 100 000 Planetoiden gibt, deren Durchmesser größer als 1 km ist.
Bei vielen kleinen Planetoiden stellt man einen deutlichen Lichtwechsel mit
Perioden zwischen 2 Stunden und 18 Stunden fest. Vermutlich sind die kleinen
Planetoiden die unregelmäßig geformten Bruchstücke größerer Körper. Wenn diese
rotieren, kann es zu einem solchen Helligkeitswechsel kommen. Dies ist bei größeren Planetoiden (Durchmesser größer als 150 km) nicht oder nur in geringerem
Maße der Fall. Infolge ihrer größeren Masse ist ihre Gravitation stärker als die
Festigkeit des Materials, aus dem sie bestehen, so daß sie kugelförmig geworden
sind, während die kleinen Körper ihre unregelmäßigen Formen beibehalten haben,
weil die Gravitation nicht ausreichte, sie zu verändern.
Nur wenn zwei Planetoiden sich auf ihren Bahnen sehr nahe kommen, stören sie
sich merklich durch ihre Gravitationskräfte. Dann läßt sich ihre Masse bestimmen.
Bisher konnten diese Anziehungseffekte nur bei den drei größten Planetoiden
gemessen werden. Für Ceres fand man so eine Masse von etwa $\frac{1}{60}$, für Pallas und Vesta
etwa $\frac{1}{300}$ der Mondmasse. Für die übrigen Kleinplaneten muß man mit viel kleineren
Massen rechnen. Die Gesamtmasse aller Planetoiden schätzt man auf nur etwa $\frac{1}{10}$
der Mondmasse.
Früher war man der Ansicht, daß die Planetoiden die Trümmer eines größeren
Planeten seien, der im Planetoiden-Gürtel umlief und der durch irgend eine
Katastrophe in Stücke zerbrochen sei. Diese Vermutung ist unwahrscheinlich wegen
der kleinen Gesamtmasse der Planetoiden. Viel wahrscheinlicher ist es, daß es sich
um Reste des Urmaterials handelt, aus dem sich das ganze Planetensystem gebildet
hat.

Aufgaben

1. Berechnen Sie mit der Titius-Bode-Regel

$$\frac{a}{\text{AE}} = 0,4 + 0,3 \cdot 2^n \qquad (n = -\infty, 0, 1, 2, \ldots 8)$$

die mittleren Entfernungen der Planeten von der Sonne und vergleichen Sie die Werte mit den Angaben in Tab. 3 im Anhang.

2. Der Planetoid Ceres hat die mittlere Sonnenentfernung 2,8 AE. Wie groß ist seine Umlaufsdauer?

3. Welche mittlere Entfernung von der Sonne hat der Planetoid Achilles, dessen Umlaufsdauer 12,0 Jahre beträgt? Zu welcher Gruppe von Planetoiden gehört er demnach?

Bei den Aufgaben 2. und 3. können Sie das Schaubild von Abb. 2.47 auf S. 83 benützen.

3.3.2 Kometen, Meteore, interplanetare Materie

1. Die Kometen

Die Kometen bewegen sich ebenso wie die Planeten um die Sonne als Gravitationszentrum. Sie unterscheiden sich von den Planeten jedoch durch Form und Lage ihrer Bahnen und durch ihre physikalische Struktur.

a) Die Kometenbahnen

Jährlich werden etwa fünf bis zehn Kometen beobachtet. Die meisten haben eine geringe Helligkeit und können nur in lichtstarken Fernrohren erfaßt werden. Dazwischen tauchen immer wieder einige hellere Objekte auf, deren Bewegungen und Veränderungen auch mit kleineren Fernrohren verfolgt werden können. Kometen, die man mit bloßem Auge wahrnehmen kann, sind selten . Im Durchschnitt kann man innerhalb eines Jahrzehnts mit ein bis zwei solch besonders heller Kometen rechnen. Von den im Laufe der Zeit erscheinenden Kometen kommt etwa die Hälfte unerwartet, die andere Hälfte sind Objekte, die man aufgrund ihrer relativ kurzen Umlaufsdauern um die Sonne schon kennt und wieder erwartet hatte.

Die weitaus überwiegende Mehrzahl der Kometen läuft auf sehr großräumigen und langgestreckten Ellipsenbahnen um die Sonne. Diese Objekte bilden die Gruppe der langperiodischen Kometen. Es sind ungefähr 500 Bahnen dieser Art bekannt. Die Werte der großen Halbachsen a liegen im Bereich zwischen 40 000 AE und 150 000 AE (zum Vergleich: der nächste Fixstern Alpha Centauri ist 260 000 AE entfernt). Die Umlaufsdauern betragen 10^5 bis 10^6 Jahre. Alle diese Ellipsen haben numerische Exzentrizitäten e, die ganz knapp unter dem Wert 1 (Parabel) liegen; es ist durchweg $e = 0{,}999\,9\ldots$. Die Bahnebenen haben beliebige Neigungen zur Ekliptik; diese Kometen können – im Gegensatz zu den Planeten – in allen Sternbildern erscheinen. Auch rückläufige Bahnbewegungen sind häufig.

Bei sehr langgestreckten Bahnen ist die Unterscheidung, ob es sich um eine Ellipse oder eine Parabel handelt, oft schwierig. Die durch Beobachtungen sehr gut gesicherten Bahnen sind jedoch durchweg Ellipsen. Es ist daher sehr wahrscheinlich, daß auch diejenigen Bahnen, bei denen eine Unterscheidung zwischen Ellipse und Parabel aufgrund der Meßdaten unmöglich ist, in Wirklichkeit Ellipsen sind, daß also diese Gruppe den Namen langperiodische Kometen zu recht trägt.

Außer den langperiodischen Kometen sind noch etwa 50 Kometen, die sich in Hyperbelbahnen bewegen, und etwa 100 kurzperiodische Kometen bekannt. Die Exzentrizitäten aller Hyperbelbahnen liegen bei $1{,}000\,1\ldots$, also ganz nahe bei Eins. Bei den meisten dieser Bahnen konnte durch Rückwärtsrechnungen festgestellt werden, daß sie aus ursprünglich geschlossenen Bahnen großer Exzentrizität durch die Gravitationswirkung eines Planeten erzeugt wurden. Für die dazu nötige geringfügige Vergrößerung der Bahnexzentrizität reicht schon eine relativ schwache Beschleunigung des Kometen bei der Begegnung mit einem Planeten aus.

Bei einem nahen Vorübergang eines Kometen an einem Planeten, besonders an dem massereichen Jupiter oder an Saturn, wird die Ablenkung des Kometen aus seiner ursprünglichen Bahn so groß, daß aus einem langperiodischen ein kurzperiodischer Komet werden kann. Bei künstlichen Raumsonden nennt man einen derartigen engen Vorbeiflug, der zu einer Bahnänderung führt, einen „swing by". Welche Größe und Exzentrizität die umgewandelte Bahn hat, hängt von dem Minimalabstand Komet-Planet ab, außerdem davon, ob der Komet vor oder hinter dem Planeten – bezogen auf die Bahnbewegung des Planeten – vorbeifliegt. Die großen Bahnhalbachsen der kurzperiodischen Kometen liegen zwischen 2 AE und 30 AE; dies entspricht den Bahnradien des Mars und des Neptun. Die Umlaufsdauern liegen zwischen 2 und 200 Jahren, die Bahnexzentrizitäten zwischen 0,2 und 0,9. Beispiel eines kurzperiodischen Kometen: der Komet Halley. Umlaufsdauer 76 Jahre; $a = 18$ AE; $e = 0{,}967$. Das Perihel der stark exzentrischen Bahn liegt mit dem Sonnenabstand 0,6 AE zwischen der Merkur- und Venus-Bahn; das Aphel liegt zwischen der Neptun- und Pluto-Bahn. Der Komet Halley ist einer der hellsten, mühelos mit bloßem Auge beobachtbaren Kometen. Er ist seit dem Jahre 239 v.Chr. bei jedem Periheldurchgang wahrgenommen worden. Die letzte Beobachtungsepoche war in den Jahren 1909 bis 1911 (Periheldurchgang April 1910); Apheldurchgang 1948. Der nächste Periheldurchgang wird für das Jahr 1986 erwartet.

b) Die physikalische Natur der Kometen; die Bildung der Koma

Ein Komet besteht im größten Teil seiner Bahn nur aus einem kleinen festen Körper, dem Kern. Die meisten Kerne haben Durchmesser, die im Bereich von 1 km bis 100 km liegen. Sie haben kein Eigenleuchten, sondern können sich nur durch das von ihnen reflektierte Sonnenlicht bemerkbar machen. Damit dieses Licht wahrgenommen werden kann, müssen die Kometen sich der Sonne auf wenigstens 10 AE bis 5 AE, also auf Saturn- bis Jupiter-Entfernung genähert haben. Aus diesem Grund kann man von den langperiodischen Kometen stets nur einen ganz kleinen Bogen der Bahn beobachten. Daraus resultieren auch die Schwierigkeiten einer genauen Bestimmung der Bahn-Exzentrizitäten.

Gerade um die Zeit, in der der Komet — von außen kommend — im reflektierten Sonnenlicht erkennbar wird, bewirkt die mit der Verkleinerung des Sonnenabstandes sich steigernde Erwärmung ein Verdampfen von Stoffen, die sich an der Oberfläche des Kometenkerns befinden. Auch kleine feste Teilchen werden dabei mitgerissen. Dadurch bildet sich um den Kern eine Gas- und Staubhülle, die Kometen-Koma. Kern und Koma bilden zusammen den Kometen-Kopf (siehe die schematische Darstellung in Abb. 3.41). Gleichzeitig mit ihrer Entstehung beginnt die Gashülle in eigenem Licht zu leuchten. Die Größe der Koma und die Intensität des Leuchtens nehmen mit der Annäherung des Kometen an die Sonne zu. Die Koma kann auf das Hundertfache des Erddurchmessers (das 10^5-fache des Kerndurchmessers) anwachsen.

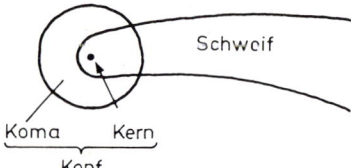

Abb. 3.41 Schematische Darstellung eines Kometen

Kurz nach dem Zeitpunkt also, zu dem der Kern von der Erde aus sichtbar wird, umgibt er sich mit einer Atmosphäre, die ihn umhüllt und durch ihr Eigenleuchten überstrahlt. Die spektroskopische Untersuchung dieses Eigenleuchtens ist die Hauptquelle unserer Kenntnisse vom Aufbau der Kometen und von den physikalischen Vorgängen in ihnen. Aus Rückschlüssen aus den Spektren der selbstleuchtenden Koma muß man versuchen, sich ein Bild von Struktur und Zustand des Kometenkerns zu machen. Man stellt sich vor, daß der Kern aus einem mehr oder weniger zusammenhängenden Gerüst von Meteoriten-Materie besteht, dessen Hohlräume von gefrorenen Stoffen, wie z.B. Wasser, Ammoniak, Methan usw. erfüllt sind, sodaß der ganze Kometenkern wie ein großer Eisklumpen wirkt.
Das Leuchten der Koma ist kein Temperaturleuchten einer heißen Materie, sondern ein kaltes Fluoreszenz-Leuchten, das durch die Sonnenstrahlung angeregt wird.

Die Moleküle des Atmosphärengases absorbieren Lichtquanten aus der Strahlung der Sonne und emittieren spontan — nach kurzer Verweilzeit in den angeregten Zuständen — wieder Lichtquanten. Das Spektrum der Kometen-Koma ist ein Emissionsspektrum von Molekül-Linien und -Banden. Die dabei feststellbaren Bestandteile der Kometen-Atmosphäre sind zwei- und drei-atomige Moleküle von C, N, H, O, wobei die Kohlenstoff-Verbindungen überwiegen. Das Licht, in dem wir die Koma im visuellen Spektralbereich leuchten sehen, stammt hauptsächlich von C_2-Molekülen.

c) Die Kometen-Schweife

Für den Laien gehört der Schweif zum Wesen eines Kometen — aber nur wenige Kometen bilden einen solchen. Die Bildung des Kometen-Schweifs beginnt frühestens im Abstand 2 AE von der Sonne (etwa Mars-Bahn), meistens in noch geringerer Sonnenentfernung. Gasmoleküle und kleine feste Partikel der Koma bewegen sich unter dem Einfluß von Kräften, die von der Sonne ausgehen, in Richtung des verlängerten, Sonne und Komet verbindenden Fahrstrahls (s. Abb. 3.42).

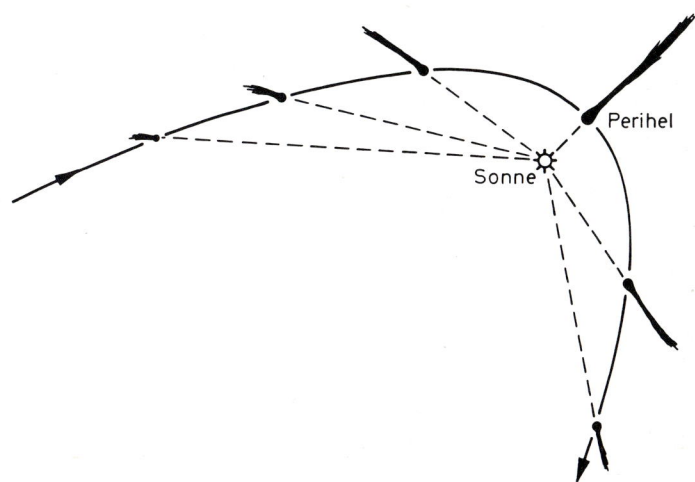

Abb. 3.42 Ausbildung und Richtung des Kometen-Schweifes längs der Bahn des Kometen

Die rückstoßenden Kräfte der Sonne haben zwei Ursachen: den Sonnenwind (s. S. 269) und den Strahlungsdruck (s. S. 319). Die spektroskopischen Beobachtungen zeigen, daß die Gasschweife von ionisierten Molekülen gebildet werden. Die Ionen entstehen in der inneren Koma; sie werden durch elektromagnetische Impulsübertragung von den schnell fliegenden geladenen Teilchen des Sonnenwindes in die Richtung des Schweifes mitgerissen. Es entstehen die oft sehr hellen geraden oder nur schwach gekrümmten Gasschweife. Die meisten der auf fotografischen Aufnahmen von Kometen abgebildeten Schweife sind Gasschweife. Sie sind in der Regel scharf gebündelt; oft erscheinen in ihnen oder an den Schweifrändern besonders helle, scharf ausgeprägte Schweifstrahlen.

Gasschweife haben eine sehr geringe Materiedichte, die auf der Erde auch vom besten Hochvakuum nicht erreicht wird; das Licht der hinter diesen Schweifen stehenden Fixsterne erscheint dem Beobachter fast ungeschwächt. Die Gasschweife liegen in der Ebene der Kometenbahn; sie bleiben in den meisten Fällen nur wenige Grad in der Bewegungsrichtung hinter dem Fahrstrahl Sonne-Komet zurück. Manche von ihnen erreichen Längen von über 1 AE. Die Teilchen der Gasschweife haben große Geschwindigkeiten; sie diffundieren in den interplanetaren Raum. Die Materie eines Schweifes wird durch Teilchen, die sich aus der Koma lösen, ständig erneuert. Helligkeit und Länge des Schweifes erreichen beim Periheldurchgang des Kometen oder kurz danach ihr Maximum. Mit zunehmender Entfernung Komet-Sonne bilden sich Koma und Schweif wieder zurück.

Seltener zu beobachten sind stark gekrümmte Kometenschweife. Meist leuchten sie nur schwach, und zwar in reflektiertem Sonnenlicht. Sie bestehen aus kleinen Staubteilchen und werden Staubschweife genannt. Auf die Staubteilchen der Kometen-Koma wirkt der Sonnenwind nicht ein, da sie ungeladen sind. Dagegen reicht der Strahlungsdruck des Sonnenlichts für sehr kleine Staubteilchen aus, um sie gegen die Gravitations-Anziehung der Sonne wegzublasen (s. Aufg. 2, S. 179). Da die Geschwindigkeit der Staubteilchen relativ klein ist, ist der Staubschweif nach rückwärts (bezogen auf die Bewegungsrichtung des Kometen) gebogen. Ein Komet, bei dem gleichzeitig beide Schweiftypen, der gerade Gasschweif und der gekrümmte Staubschweif, beobachtet werden konnten, war der Komet Mrkos im Jahr 1957 (Abb. 3.43).

d) Die Herkunft der Kometen

Wahrscheinlich sind alle Kometen schon von ihrer Entstehung her Mitglieder des Sonnensystems. Die ganz überwiegende Mehrzahl dieser Objekte bewegt sich unter der Gravitationswirkung der Sonne in Bahnen, deren Dimensionen im Vergleich zu den Planetenbahnen außerordentlich groß sind. Die Exzentrizitäten der meisten dieser Bahnen sind wahrscheinlich klein oder von mäßiger Größe. Die Perihele liegen in so großen Abständen von Sonne und Erde, daß der irdische Beobachter diese Kometen nie zu sehen bekommt. Lediglich die Bahnen mit den extremen Exzentrizitätswerten (0,999 9 . . .) haben ihre Perihele in so geringem Sonnenabstand, daß die Bildung einer selbstleuchtenden Koma und eventuell eine Schweifbildung stattfinden können. Nur diese kleine Auswahl von Kometen zeigt sich — außer den kurzperiodischen — dem irdischen Beobachter am Sternhimmel.

Abb. 3.43 Der Komet Mrkos (August 1957). Der langgestreckte
strukturierte Schweif ist der Gasschweif, der kurze breite,
nach unten gekrümmte, der Staubschweif. Aufnahme mit
dem Schmidt-Spiegel auf dem Mount Palomar in Kalifornien

Aufgaben

1. Die Umlaufsdauer des Kometen Herschel-Rigollet (Caroline Herschel 1788;
   R. Rigollet 1939) beträgt 156,0 Jahre, seine Periheldistanz ist 0,75 AE.
   Anmerkung: Von 1788 bis 1939 sind es 151 Jahre. Trotzdem beträgt die
   Umlaufsdauer des Kometen jetzt 156 Jahre; seine Bahn und Umlaufsdauer
   wurden vor 1939 durch Planetenstörungen geändert.
   a) Berechnen Sie die große Halbachse der Bahn dieses Kometen. (Die Massen von
   Erde und Komet können gegenüber der Sonnenmasse vernachlässigt werden, so
   daß das 3. Keplersche Gesetz angewendet und für die große Halbachse der
   Erdbahn 1 AE, für ihre Umlaufsdauer 1 a gesetzt werden kann).
   b) Wie groß sind Apheldistanz, Exzentrizität und kleine Halbachse der Kometenbahn?

2. Ein Komet der Masse 10^{16} kg sei in 1 AE Entfernung von der Sonne (Sonnenmasse $2 \cdot 10^{30}$ kg). Ein kleines Staubteilchen (Masse m, Radius r) befinde sich am
   äußeren Rand der Koma in 10^5 km Entfernung vom Kometenkern.
   Damit dieses Staubteilchen durch den Strahlungsdruck des Sonnenlichtes aus der

Koma in den Schweif geblasen werden kann, muß der Strahlungsdruck die Gravitationskraft der Sonne und diejenige des Kometen überwinden.

a) In welchem Verhältnis stehen die Gravitationskräfte von Komet und Sonne am Ort des Staubteilchens?

b) Der Strahlungsdruck auf ein Staubteilchen, welches das Sonnenlicht vollständig absorbiert, berechnet sich als Quotient aus Bestrahlungsstärke des Staubteilchens und Lichtgeschwindigkeit (s. Anhang, Strahlungsgesetze, S. 319). Die Strahlungskraft ist dann Strahlungsdruck mal Querschnittsfläche des Staubteilchens. Welchen Durchmesser darf ein Staubteilchen höchstens haben, wenn die Strahlungskraft größer als die Gravitationskräfte sein soll? Vergleichen Sie diese Größe mit Lichtwellenlängen.

Die Dichte des Staubteilchens sei $3{,}0\,g \cdot cm^{-3}$; die Leuchtkraft der Sonne ist $3{,}8 \cdot 10^{26}\,W$.

2. Meteore, Meteorite

Das Wort „Meteor" kommt vom Griechischen meteoros und heißt „in der Luft schwebend". Früher bezeichnete man alles, was aus der Luft kam, auch Regen und Schnee, als Meteor. Die Meteorologie hat davon ihren Namen. Heute bezeichnet man als *Meteor* die Leuchterscheinung, die beim Eindringen kosmischer Kleinkörper in die Lufthülle der Erde auftritt. Die schwächeren Meteore sind die Sternschnuppen, jene Lichtspuren, die plötzlich entstehen, sich ein Stück über den Himmel hinziehen und ebenso plötzlich zu Ende sind. Lichtstarke Meteore heißen auch Feuerkugeln. Ihre Erscheinung geht manchmal mit einem donnerähnlichen Geräusch einher.

Die Kleinkörper, welche die Leuchterscheinungen verursachen, nennt man *Meteorite*. Die meisten dieser Objekte verdampfen in der Erdatmosphäre. Wenige Meteorite erreichen die Erdoberfläche; von diesen gefallenen Meteoriten wird nur ein kleiner Teil aufgefunden. Bei diesen Fundstücken kann man in der Regel nicht mehr feststellen, wann sie gefallen sind; doch hat auch schon das unmittelbar nach einem beobachteten Meteorfall eingeleitete Suchen zu Erfolgen geführt.

a) Beobachtung der Leuchterscheinungen; die Auswertung der Beobachtungen

Meteore sind des Nachts häufig zu sehen. Wenn man von verschiedenen Orten aus ein und dieselbe Erscheinung beobachtet und die scheinbare Bahn des Meteors vom Punkt des Aufleuchtens bis zum Endpunkt des Leuchtens in eine Sternkarte einzeichnet, läßt sich die wahre Lage der Bahn in bezug auf die Erde ermitteln (s. Abb. 3.44 und Aufg. 1, S. 185). Die Bahnen liegen in 80 km bis 130 km Höhe; das ist in der Ionosphäre, also oberhalb der Grenze der Stratosphäre (s. S. 145f). Bei Feuerkugeln können die Leuchterscheinungen bis auf 50 km und manchmal noch tiefer herunterreichen. Durch fotografische Aufnahmen mit speziell konstruierten Meteorkameras (s. S. 42), die im Abstand vieler Kilometer voneinander auf-

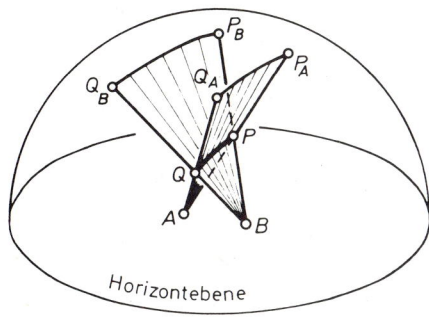

Abb. 3.44 Ermittlung der Flugbahn
eines Meteors. Zwei
Beobachter A und B sehen
die Meteorbahn PQ als die
Bögen $\overparen{P_A Q_A}$ und $\overparen{P_B Q_B}$ an
der Himmelskugel. Aus
diesen Bögen und der Ent-
fernung $\overline{AB}$ läßt sich die
Meteorbahn berechnen

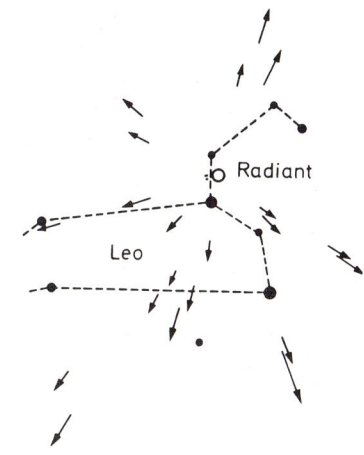

Abb. 3.45 Der Leonidenschwarm, ein
Meteorstrom, der Mitte
November auftritt und
dessen Radiant im Stern-
bild Löwe liegt

gestellt und zur gleichen Himmelsgegend gerichtet sind, lassen sich gute Werte der
Bahngeschwindigkeiten von Meteoren bestimmen. Berücksichtigt man dann noch die
Bewegung der Erde (Rotation und Umlauf), so läßt sich die Meteoritenbahn in
bezug auf die Sonne ermitteln. Es zeigt sich, daß die Bahnen der Meteorite unter dem
Einfluß der Sonnengravitation durchlaufen werden und daß die Erdanziehung diese
Bahnen nur wenig verändert. Erst wenn ein Meteorit in der Erdatmosphäre
abgebremst worden ist und wenn er seine kosmische Geschwindigkeit fast völlig
verloren hat, fällt er in einer Fallbewegung zu Boden.

Die Meteore werden in zwei verschiedenen Erscheinungsformen beobachtet: als
Einzelmeteore und als Meteorschwärme oder -ströme. Die heliozentrischen Bahnen
der Einzelmeteore sind Ellipsen aller Exzentrizitäten; wie bei den Kometen sind
auch hier die parabelnahen Bahnen vorherrschend. Hyperbolische Bahnen sind
nicht gefunden worden; daraus wird gefolgert, daß die Meteorite nicht aus dem
interstellaren Raum ins Sonnensystem eindringen, sondern dem Sonnensystem
angehören.

Zu bestimmten Zeiten im Jahr steigt die Häufigkeit der am Nachthimmel erscheinenden Meteore stark an; man beobachtet ganze Schwärme oder Schauer von
Meteoren. Trägt man die scheinbaren Bahnen der zahlreichen kurz hintereinander
aufleuchtenden Objekte in eine Sternkarte ein, so scheinen sie alle aus einem eng-
begrenzten Gebiet des Himmels zu kommen, das als Radiant bezeichnet wird
(s. Abb. 3.45). Dies ist ein perspektivischer Effekt, wie das Auseinanderlaufen von
parallelen Eisenbahnschienen von einem fernen Punkt aus. Solche Meteorite bilden

im Raum einen Strom von etwa parallel laufenden kleinen Körpern. Aus der Bewegungsrichtung eines Meteorschwarmes relativ zur Erde, die durch die Lage des Radianten an der Sphäre gegeben ist, und aus der fotografisch bestimmten Bahngeschwindigkeit der Einzelobjekte läßt sich die räumliche Bahn eines solchen der Erde begegnenden Schwarmes bestimmen. Dabei hat sich bei der Mehrzahl der Bahnen eine Identität mit den Bahnen von Kometen ergeben. Es wird angenommen, daß alle Meteorschwärme von Partikeln gebildet werden, die sich von Kometen losgelöst haben. Die Abtrennung der kleinen Körper oder die völlige Auflösung von Kometen erfolgt bei der Atmosphären- und Schweifbildung im sonnennahen Teil der Kometenbahn. Die losgelösten Teilstücke bewegen sich dann als Meteorite weiterhin in der Bahn des Kometen. Jedoch kann diese Bahnbewegung durch Begegnungen mit Planeten im Laufe der Zeit starke Veränderungen erfahren. Die beiden markantesten Zusammenhänge zwischen Meteorströmen und Kometen sind die in den Nächten um den 10. August erscheinenden Perseiden, die sich in der Bahn des Kometen 1862 III bewegen, und die Mitte November auftretenden Leoniden, die als Nachfolgeobjekte des Kometen 1866 I erkannt wurden. Die Benennung der Meteorströme erfolgt nach dem Sternbild, in dem der Radiant liegt.

Die Häufigkeit der Meteore nimmt stark zu mit kleiner werdender Helligkeit. Die aus den beobachteten Helligkeiten geschätzten Massen der Meteorite, die in der Atmosphäre verdampfen, liegen zwischen 1 g und 0,01 g. Mit Radarbeobachtungen können noch kleinere, optisch nicht mehr wahrnehmbare Meteore nachgewiesen werden. Die Reflexion der Radarimpulse erfolgt nicht an den winzigen Meteoritenkörpern, sondern an einem dem Meteoriten folgenden Schweif von Gasionen, die sich beim Verdampfungsvorgang in der Luft bilden. Die Vorzüge der Radarmethode zur Meteorbeobachtung sind groß; die Beobachtungen sind unabhängig von Wetter und Tageszeit, sie liefern Daten über die Höhe der Objekte in der Atmosphäre sowie über die Richtung und Geschwindigkeit der Bahnbewegung.

Durch Detektoren, die an Raketen, Satelliten und Raumsonden angebracht sind, wurde die Existenz von noch kleineren, sogenannten Mikrometeoriten nachgewiesen und deren Häufigkeit bestimmt. Ihre Größe liegt zwischen 0,1 μm und 10 μm (die Massen sind kleiner als das 10^{-6}-fache der Sternschnuppen-Massen). Teilchen dieser Größe werden von der Erdatmosphäre sehr schnell völlig abgebremst; sie sinken dann langsam und ohne zu verdampfen zu Boden. Im Tiefseeschlamm werden große Mengen von Teilchen dieser Größen gefunden. Ob es sich dabei um aus dem Kosmos stammende Mikrometeoriten handelt, ist noch nicht sicher.

Spektralaufnahmen von Meteoren geben Auskunft über die Art der Leuchterscheinung. Die Emissionslinien, aus denen das Spektrum besteht, stammen überwiegend von Kalzium, Eisen, Magnesium und Silizium. Die Atome dieser Elemente werden bei den Zusammenstößen des Meteoriten mit Luftmolekülen aus der

Meteoritenoberfläche herausgeschlagen; die Anregung zu dem von uns wahrgenommenen Leuchten stammt von Zusammenstößen dieser Atome untereinander und mit Molekülen der Atmosphäre. Der Leuchtvorgang ist also kein durch Reibungswärme bewirktes Aufglühen der Meteorite.

b) Meteoritenfunde, Zusammensetzung und Alter der Meteorite

Meteoritenmaterial kann bis zur Erdoberfläche gelangen und dort gefunden werden. Die meisten gefundenen und in Sammlungen und Museen aufbewahrten Meteorite sind kleine Stücke mit Durchmessern von einigen Zentimetern. Der größte bis jetzt aufgefundene Meteorit ist ein Eisenklotz von 60 t Masse, der 1920 auf der Hoba-Farm in Südwestafrika entdeckt wurde.

Ein durch die Art seiner Auffindung berühmt gewordenes Objekt ist der Meteorit von Treysa (Hessen). Am Nachmittag des 3. April 1916 erschien, begleitet von Detonationen, eine Feuerkugel am hellen Tageshimmel. Die Erscheinung konnte in einem großen Bereich wahrgenommen werden; die Meldungen über den Verlauf des Leuchtereignisses an der Himmelssphäre waren zahlreich und zum Teil, trotz der fehlenden Sternorientierung, sehr genau. Es gelang dem Geophysiker Alfred Wegener (Grönlandforscher; Kontinentalverschiebung), aus diesen Beobachtungsangaben die Bahn in der Atmosphäre und den Ort des Niederfallens auf die Erde so exakt zu berechnen, daß der Eisenmeteorit gefunden werden konnte. Der Meteorit von Treysa wiegt 63 kg; er befindet sich in Marburg.

Außer dem Mondgestein, das Astronauten zur Erde gebracht haben, ist meteoritisches Material die einzige außerirdische Materie, die wir im Laboratorium untersuchen können. Die große Mehrzahl der gefundenen Stücke gehört zwei deutlich voneinander unterscheidbaren Gruppen an, die Eisen- und Stein-Meteorite genannt werden. Die Hauptbestandteile der Eisenmeteorite sind Eisen und Nickel; die Steinmeteorite bestehen überwiegend aus Silikaten, mit Beimischungen von Eisen und Nickel. Bei denjenigen Meteoriten, die kurz nach der beobachteten Leuchterscheinung aufgefunden wurden, überwiegen weitaus die Steinmeteorite. Man vermutet daher, daß überhaupt die meisten der auf die Erde niedergehenden Meteorite diesem Typ angehören. Bei der Gesamtheit der aufgefundenen Meteorite überwiegen jedoch die Eisenmeteorite; dies läßt sich dadurch erklären, daß Steinmeteorite schneller verwittern als Eisenmeteorite.

Wie beim Mondgestein können auch an Meteoriten Altersbestimmungen vorgenommen werden. Die radioaktiven Datierungen beruhen auf der Messung der Mengenverhältnisse radioaktiver Ausgangsnuklide und deren Umwandlungsprodukte. Mit dieser Methode kann man als Maximalalter immer nur die Zeit seit der letzten Verfestigung des untersuchten Objekts erhalten; erst von diesem Zeitpunkt an sind die Umwandlungsprodukte am Ort ihrer Entstehung geblieben. Bei den Meteoriten liefert die „Blei-Blei-Uhr" die zuverlässigsten Ergebnisse. Das

Verfahren besteht in einem Vergleich der Häufigkeit der verschieden schnell entstehenden Umwandlungsprodukte ^{206}Pb (aus ^{238}U) und ^{207}Pb (aus ^{235}U). Mit diesem Verfahren ergeben sich sowohl für Stein- als für Eisenmeteorite Alterswerte, die um $4,5 \cdot 10^9$ Jahre liegen. Die radioaktive Bestimmung des Erdalters ergibt den gleichen Wert.

Ein weiteres wichtiges Datum über die Vergangenheit der Meteorite ist das Bestrahlungsalter. Darunter wird die Zeit verstanden, während der ein Objekt der Kosmischen Strahlung ausgesetzt war. Die Kosmische Strahlung besteht aus sehr energiereichen Protonen und schwereren Kernen. Das Bestrahlungsalter läßt sich aus der Menge der Spaltprodukte ermitteln, die durch die Kosmische Strahlung erzeugt worden sind. Da diese nur 1 m bis 2 m tief in das Meteoritenmaterial eindringen kann, findet man hier die Zeit, zu der der Meteorit aus einem größeren Körper entstanden sein muß. Die Meßresultate zeigen, daß Eisenmeteorite vor etwa $5 \cdot 10^8$ Jahren, Steinmeteorite erst vor etwa $2 \cdot 10^7$ Jahren aus größeren Körpern herausgeschlagen wurden.

c) Meteoritenkrater

Auf der Erde kennt man über 100 Krater, die durch Meteorite gebildet worden sind. Die sie erzeugenden Körper müssen zum Teil erheblich größer gewesen sein als der schon genannte Hoba-Meteorit, der einen Durchmesser von 3 m hat. Diese Kraterbildungen auf der Erde wurden schon im Zusammenhang mit den Mondkratern genannt (s. S. 125). Einer der bekanntesten ist der Barringer-Krater (Cañon Diablo) in Arizona USA mit 1295 m Durchmesser und 175 m Tiefe. Im Osten der Schwäbischen Alb sind das Nördlinger Ries (Kesseldurchmesser etwa 20 km) und das Steinheimer Becken (Durchmesser 3,5 km; Abb. 3.46) durch Einschläge gebildet worden; beide entstanden wahrscheinlich gleichzeitig vor $15 \cdot 10^6$ Jahren.
Die Einschlagstheorie war lange Zeit angezweifelt worden, da man keinerlei Reste meteoritischen Materials auffinden konnte. Bohrungen bis in 1200 m Tiefe führten jedoch stets durch zertrümmertes und durch hohe Temperaturen und große Drücke umgebildetes Gestein. Wenn ein großer Meteorit auf die Erde niederfällt, bietet ihm die Atmosphäre zunächst wenig Widerstand. Erst in tiefen Lagen wird er in Bruchteilen einer Sekunde abgebremst. Dabei entstehen Drücke von 10 Megabar (das $10 \cdot 10^6$-fache des normalen Atmosphärendruckes) und Temperaturen von 30 000 K, bei denen der Einschlagskörper vollständig verdampft. Die Stoßfront, die sich vor ihm gebildet hatte, schlägt einen großen Krater in die Erde. Dieser ist fast kreisrund, auch wenn der Einschlag schief erfolgte, da er durch die Stoßfront und nicht durch den fallenden Körper gebildet wird. Der Auswurf kann 40 km und weiter hinausgeschleudert werden; das zurückfallende Gestein bildet den Kraterwall. Der Nördlinger Meteorit dürfte 500 m bis 1200 m Durchmesser und 10^{12} kg Masse gehabt haben.

Abb. 3.46 Das Steinheimer Becken, ein Meteoritenkrater im Osten der Schwäbischen Alb, der $14{,}5 \cdot 10^6$ Jahre alt ist

Aufgaben

1. Ein Beobachter sieht das Ende einer Meteorbahn im Zenit. Ein zweiter Beobachter, der 8 km vom ersten entfernt ist, mißt eine Zenitdistanz von $5°$. Wie hoch lag das Ende der Meteorbahn über der Erde? (Von der Erdkrümmung kann abgesehen werden).

2. Wenn die kleinen, im Tiefseeschlamm der Ozeane gefundenen Teilchen von etwa 1 μm Größe tatsächlich Mikrometeorite sind, muß die Masse der Erde durch die ungeheure Zahl dieser kleinen Körperchen jeden Tag um einige tausend Tonnen zunehmen.
Wie lange dauert es, bis die Erdmasse ($6 \cdot 10^{24}$ kg) durch einen meteoritischen Massenzuwachs von täglich 3000 t um $1°/_{\infty}$ größer geworden ist?

3. Interplanetare Materie

Unter dem Namen interplanetare Materie faßt man alles zusammen, was sich an kleinen festen Partikeln und an Gas im Raum zwischen den Planeten befindet.
Die festen Teilchen, als Staubkomponente bezeichnet, sind nachweisbar in extraterrestrisch aufgefangenen Mikrometeoriten sowie in dem *Leuchten der F-Korona*

und des *Zodiakallichtes.* Ein durch Einschlag eines Mikrometeoriten auf einem Mond-Glaskügelchen entstandener Mikrokrater ist in Abb. 3.10, S. 123 zu sehen. Die F-Korona ist auf S. 265 beschrieben. Die Erscheinung kann nur bei totalen Sonnenfinsternissen wahrgenommen werden; sie kommt dadurch zustande, daß das Sonnenlicht an Teilchen, die sich im Raum zwischen Sonne und Erde befinden, gestreut wird.

Das auffälligste Anzeichen für das Vorhandensein kleiner interplanetarer Partikel ist das Tierkreis- oder Zodiakallicht. Es besteht in einer schwachen Aufhellung des westlichen Abendhimmels nach dem Ende der Dämmerung und des östlichen Morgenhimmels vor Dämmerungsbeginn. Die Symmetrieachse der Aufhellung ist die Ekliptik; die Erscheinung wandert mit der Sonne im Laufe des Jahres entlang der Ekliptik. Das Tierkreislicht ist, ähnlich wie die Milchstraße, nur unter sehr günstigen Bedingungen mit bloßem Auge zu sehen. In Mitteleuropa sind die besten Beobachtungsbedingungen im Frühjahr abends und im Herbst morgens gegeben; zu diesen Jahres- und Tageszeiten sind die Winkel zwischen Ekliptik und Horizont besonders groß. Das Zodiakallicht ist gestreutes Sonnenlicht; sein Spektrum ist mit dem Sonnenspektrum identisch. Die Beobachtungen von der Erdoberfläche aus und besonders Beobachtungen der Mondsonden Apollo 15, 16 und 17 weisen darauf hin, daß die Partikel des Zodiakallichtes zur Ekliptikebene konzentriert sind. Zodiakallicht und Leuchten der F-Korona werden durch die gleiche Art von interplanetarem Staub und durch den gleichen Streuvorgang erzeugt, aber in verschiedenen Entfernungen von der Erde. Die Größe der Teilchen, an denen das Licht gestreut wird, liegt bei 1 μm. Die räumliche Dichte ist sehr gering: in der Erdumgebung kommen einige Teilchen auf einen km^3.

Die Gaskomponente der interplanetaren Materie wird hauptsächlich durch den Sonnenwind gebildet; ein kleiner Anteil stammt von den Gasmolekülen, die ständig aus den Kometen- und Planeten-Atmosphären diffundieren. Der Sonnenwind besteht überwiegend aus Protonen und Elektronen; er wird im Zusammenhang mit der Erd-Magnetosphäre (S. 147) und eingehend bei der Sonnenkorona (S. 269) behandelt. Die Teilchen des Sonnenwindes strömen radial von der Sonne ab; in der Umgebung der Erde liegt ihre Dichte zwischen 10 und 100 Teilchen je cm^3. Existenz und Wirkungen des Sonnenwindes sind beobachtbar an den Magnetosphären von Erde und Jupiter, an der Mondoberfläche, an Kometenschweifen und an künstlichen Versuchswolken ionisierter Gase in der hohen Atmosphäre der Erde.

Zusammenfassung zu Abschnitt 3.3, „Planetoiden, Kometen, Meteore und interplanetare Materie"

Die Kleinen Planeten oder Planetoiden sind kleine Körper, von denen die meisten zwischen der Mars- und der Jupiter-Bahn umlaufen. Ihre großen Halbachsen sind nicht gleichmäßig verteilt; es gibt auffällige Lücken, die dort liegen, wo die Umlaufsdauern kleine ganzzahlige Verhältnisse zur Umlaufsdauer des Jupiter bilden würden. Bei den Trojanern allerdings ist dieses Verhältnis $1:1$; sie laufen in der mittleren Jupiter-Entfernung diesem um $60°$ voraus oder hinterher.

Die Gesamtzahl der Planetoiden ist groß; es dürfte $100\,000$ geben, deren Durchmesser größer als 1 km ist. Ihre Gesamtmasse wird auf $\frac{1}{10}$ der Mondmasse geschätzt. Wahrscheinlich sind die Kleinen Planeten Reste des Materials, aus dem sich das Planetensystem gebildet hat.

Die meisten Kometen werden für uns nie wahrnehmbar, weil ihre Bahnen sehr große Halbachsen und kleine Exzentrizitäten haben und weil sie nur aus einem kleinen Komtenkern (meteoritisches Material, das durch das Eis verschiedener Stoffe zusammengebacken ist) bestehen. Nur bei Kometen mit Bahnen, deren Perihel genügend nahe bei der Sonne liegt (langperiodische und kurzperiodische Kometen, sowie solche mit hyperbolischen Bahnen), entwickelt sich in Sonnennähe eine selbstleuchtende Gas- und Staubhülle, die Koma, und in günstigen Fällen ein Schweif. Dieser zeigt immer nach der von der Sonne abgekehrten Seite. Der Gasschweif ist fast gerade und wird durch den Sonnenwind verursacht, der seltenere und schwächere Staubschweif durch den Lichtdruck des Sonnenlichtes; er ist nach rückwärts gebogen.

Ein Meteor ist die Leuchterscheinung, die beim Eintritt kosmischer Kleinkörper in die Erdatmosphäre entsteht (Sternschnuppen, Feuerkugeln); ein Meteorit ist der die Leuchterscheinung verursachende Körper. Kleine Meteorite verdampfen in der Atmosphäre, größere können auf die Erdoberfläche fallen. Meteorite mit mehr als 100 m Durchmesser durchschlagen die Atmosphäre und erzeugen Meteoritenkrater. Mikrometeorite sinken ohne zu verdampfen langsam durch die Lufthülle zur Erde. Periodisch wiederkehrende Meteorströme werden in der Mehrzahl durch Bruchstücke oder Trümmer von Kometen, Einzelmeteore durch meteoritisches Material aus dem Planetensystem erzeugt.

Die interplanetare Materie hat eine Staub- und eine Gas-Komponente. Die kleinen Staubpartikel (Mikrometeorite) werden sichtbar im Zodiakallicht. Das interplanetare Gas wird durch den Sonnenwind und zu einem kleinen Anteil von Gasen gebildet, die aus Planeten- und Kometen-Atmosphären stammen.

4. Die Sonne

Die Sonne stellt für die Astronomie ein besonders wichtiges Forschungsobjekt dar, denn sie ist der einzige selbstleuchtende Himmelskörper, der sich so nahe bei der Erde befindet, daß Einzelheiten der Vorgänge und Strukturen auf seiner Oberfläche beobachtet werden können. Die Erforschung der Sonne liefert deshalb den Schlüssel zum Verständnis der Fixsterne, deren physikalische Eigenschaften denen der Sonne weithin gleichen, die aber wegen ihrer großen Entfernungen von der Erde auch bei stärksten Fernrohrvergrößerungen nur als strukturlose Lichtpunkte erscheinen. Die Sonne bildet damit den zentralen Pfeiler der Brücke zwischen den Objekten unserer engeren kosmischen Umgebung, dem Planetensystem, und der weit entfernten Welt der Fixsterne.

4.1 Integrale physikalische Eigenschaften der Sonne

4.1.1 Durchmesser der Sonne

Ein Vergleich der untergehenden Sonne mit dem aufgehenden Vollmond zeigt, daß die scheinbaren Durchmesser beider Gestirne nahezu gleich groß sind. Sie betragen etwa ein halbes Grad.

Wegen der Exzentrizität der Erdbahn schwankt der *scheinbare Durchmesser* der Sonnenscheibe im Laufe eines Jahres im Intervall (Meßmethoden s. [1], [2]):

$$1891'' \leq \delta \leq 1956''$$

Der kleinste Wert wird Anfang Juli beobachtet, wo sich die Erde im Aphel befindet, der größte Wert beim Periheldurchgang Anfang Januar. Befindet sich die Sonne im Abstand 1 AE von der Erde (vgl. S. 72), so beträgt der scheinbare Durchmesser der Sonnenscheibe $1919,3''$.

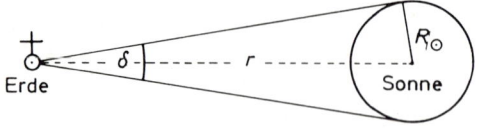

Abb. 4.1 Zur Berechnung des scheinbaren Durchmessers δ der Sonne

Mit der Entfernung r der Erde von der Sonne läßt sich aus dem scheinbaren Durchmesser δ der *wahre Sonnenradius* berechnen (s.Abb.4.1):

$$R_\odot = r \cdot \sin\left(\frac{\delta}{2}\right) \tag{4-1}$$

Für $r = 1$ AE $= 1,496 \cdot 10^{11}$ m ergibt sich also:

$$R_\odot = 6,960 \cdot 10^8 \text{ m}$$

Der Sonnendurchmesser ist daher etwa gleich dem 109-fachen des Erddurchmessers.

Abweichungen von der Kugelgestalt konnten bisher bei der Sonne nicht nachgewiesen werden.

4.1.2 Masse und Dichte der Sonne

Nach dem 3. Keplerschen Gesetz Gl. (2 - 20), S. 92 gilt für die große Halbachse der Ellipsenbahn eines Planeten, der die Masse m_P und die siderische Umlaufszeit T um die Sonne hat:

$$\frac{a^3}{T^2} = \frac{G}{4\pi^2}(m_\odot + m_P) \tag{4-2}$$

Setzt man hier die Daten für die Erde ein, also

$$a = 1,496 \cdot 10^{11} \text{ m} \quad , \quad T = 3,156 \cdot 10^7 \text{ s},$$

so erhält man: $m_\odot + m_P = 1,989 \cdot 10^{30}$ kg

Da die Masse des Systems Erde-Mond nur etwa $6 \cdot 10^{24}$ kg beträgt (vgl. Anhang Tab. 4), kann man sie gegenüber der Sonnenmasse vernachlässigen und erhält damit für diese:

$$m_\odot = 1,989 \cdot 10^{30} \text{ kg}$$

Wegen der verschwindend kleinen Abplattung der Sonne (vgl. oben) ergibt sich daraus für die mittlere Dichte:

$$\bar{\rho}_\odot = \frac{3m_\odot}{4\pi R_\odot^3} = 1409 \text{ kg} \cdot \text{m}^{-3} \doteq 1,409 \text{ g} \cdot \text{cm}^{-3}$$

Die mittlere Dichte der Erde ist mit $5,5 \text{ g} \cdot \text{cm}^{-3}$ etwa viermal so groß.

Aufgaben

1. a) Wie groß ist die Schwerebeschleunigung an der Sonnenoberfläche?
   b) Welchen Betrag hat die Fluchtgeschwindigkeit an der Sonnenoberfläche?
   c) Welche Temperatur müßte der Wasserstoff an der Sonnenoberfläche haben, damit er infolge seiner thermischen Bewegung entweichen würde?
2. Im Abschnitt 2.3 wurde die Behauptung aufgestellt, der Massenmittelpunkt des Systems Erde-Sonne befinde sich 450 km vom Sonnenzentrum entfernt. Berechnen Sie diesen Wert!

4.1.3 Rotation der Sonne

Alle Erscheinungen, die man auf der Sonnenoberfläche über genügend lange Zeit beobachten kann, wandern von Ost nach West über die Sonnenscheibe hinweg. („Ost" und "West" sind auf der Sonnenscheibe entsprechend den irdischen Himmelsrichtungen festgelegt: Blickt man gegen die kulminierende Sonne, d.h. nach Süden, so ist Osten links und Westen rechts.) Die Sonne rotiert also um eine Achse, die ungefähr senkrecht zur Blickrichtung steht. Am einfachsten läßt sich die Sonnenrotation durch Beobachtung von Sonnenflecken zeigen. Legt man mehrere Tage lang die Position von Sonnenflecken auf der Scheibe fest, so erhält man nicht nur die Rotationsdauer, sondern auch die Lage der Rotationsachse.

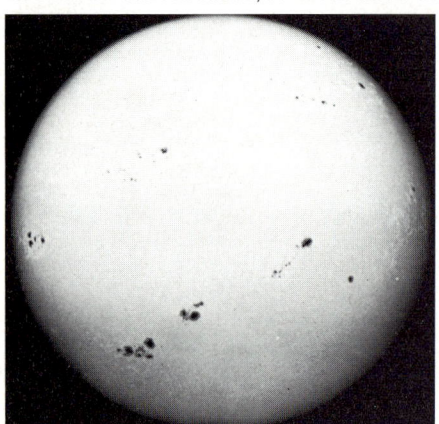 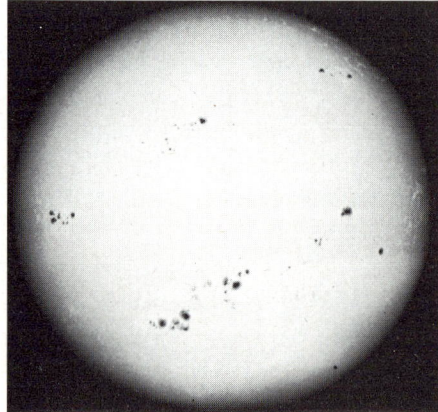

Abb. 4.2 Sonne mit Fleckengruppen an zwei aufeinander folgenden Tagen (links am 8., rechts am 9.11.1956). Norden ist oben. Die scheinbare Ortsveränderung der Flecken auf der Sonnenscheibe im Beobachtungszeitraum (von links nach rechts) ist die Folge der Sonnenrotation

Werden solche Beobachtungen zu verschiedenen Jahreszeiten durchgeführt, so erkennt man aus der scheinbaren Bahn der Flecken auf der Sonnenscheibe, daß die Rotationsachse der Sonne nicht senkrecht auf der Ekliptik steht; die scheinbaren Bahnen der Flecken erscheinen nämlich im Frühjahr und im Herbst gekrümmt.

Will man aus der scheinbaren Lage der Sonnenflecken auf der Sonnenscheibe ihre Position auf der Sonnenoberfläche bestimmen, so benötigt man ein Koordinatensystem auf der Sonne. Wie auf der Erde benützt man dazu ein System von Längenkreisen, die durch die Sonnenpole gehen, und Breitenkreise, deren Ebenen senkrecht zur Sonnenachse liegen. Die heliographische Länge L wird — ebenso wie die geographische Länge — von einem Nullmeridian aus gezählt, dessen Lage jeweils den astronomischen Jahrbüchern entnommen werden kann. Die heliographische Breite B beginnt — wie die geographische Breite — am Äquator mit $B = 0°$ und hat am Nordpol der Sonne den Wert $B = +90°$, am Südpol $-90°$. Der *Positionswinkel* P_0 der Sonnenachse (= Winkel zwischen dem N-S-Durchmesser der Sonnenscheibe und der Projektion der Sonnenachse auf die Sphäre, von N entgegen dem Uhrzeigersinn positiv gemessen) und die heliographischen Koordinaten B_0 und L_0 der Sonnenscheibenmitte M sind in allen astronomischen Jahrbüchern für 0^h WZ jedes Tages verzeichnet; die *synodischen Sonnenrotationen* (= Rotationen relativ zum Beobachter auf der Erde) werden, beginnend mit $L_0 = 0$ am 1. Januar 1954 um 0^h WZ, durchlaufend numeriert.

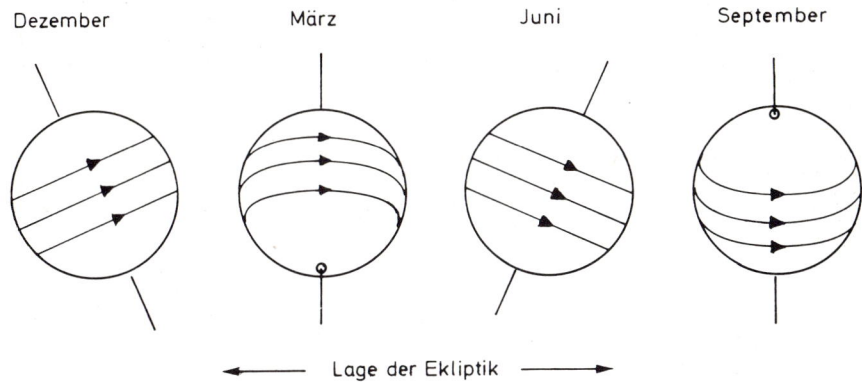

Abb. 4.3 Scheinbare Bahnen der Sonnenflecken auf der Sonnenscheibe zu verschiedenen Jahreszeiten

Zur Bestimmung der heliographischen Koordinaten eines Sonnenflecks sei hier eine graphische Methode beschrieben [3]. Man denkt sich die Sonne um den zur Achse senkrechten Durchmesser AA (s. Abb. 4.5, S. 192) um den Winkel B_0 so gedreht, daß die Sonnenachse parallel zur Sphäre, also senkrecht zur Blickrichtung liegt. Dadurch fällt das Bild des Äquators auf AA und ein bei F beobachteter Sonnenfleck wird nach F' verschoben. Der zur Zeichenebene senkrechte Kreis, auf dem sich der Fleck während dieser Drehung bewegt, wird ebenso wie der Breitenkreis durch F' in die Zeichenebene geklappt. Dann lassen sich die heliographische Breite B des Flecks und die Differenz seiner heliographischen Länge zu der des Scheibenmittelpunkts M aus der Figur ablesen. (Ausführliche Anleitung zu selbständigen Beobachtungen und ihrer Auswertung findet man in [4] und [5]).

Als Ergebnis der Sonnenfleckenbeobachtungen findet man, daß die *Rotationsachse der Sonne* um den Winkel $i = 7° 15'$ gegenüber dem Lot auf der Ekliptik geneigt ist, und daß die Sonne relativ zur Erde mit der Umlaufzeit $T_{syn} = 27{,}275$ d rotiert. Da die jährliche Bewegung der Erde um die Sonne im gleichen Umlaufsinn erfolgt wie die Sonnenrotation, gilt für den Zusammenhang der Winkelgeschwindigkeiten der jährlichen Bewegung der Erde, der synodischen Rotation und der *siderischen Rotation* (relativ zum Fixsternhimmel) der Sonne (vgl. Gl. (2 - 7), S. 85)

$$\frac{2\pi}{T_{sid}} = \frac{2\pi}{T_{syn}} + \frac{2\pi}{T_{Erde}} \, . \tag{4-3}$$

rel. zum Fixsternhimmel   rel. zur Erde

Mit $T_{\text{Erde}} = 365{,}256$ d erhält man daraus:

$$T_{\text{sid}} = 25,380 \text{ d}$$

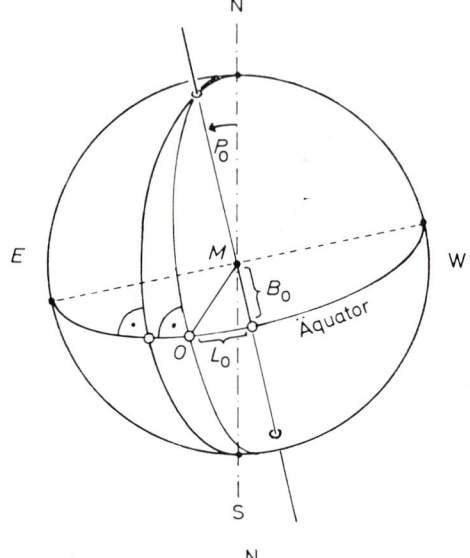

Abb. 4.4 Heliographische Koordinaten L_0 und B_0 des Mittelpunkts M der Sonnenscheibe. O ist der Schnittpunkt des heliographischen Nullmeridians mit dem Sonnenäquator; die heliographische Länge L wird von O aus nach W gerechnet. N-S gibt die Lage des Deklinationskreises der Sonne an. P_0 ist der Positionswinkel der Sonnenachse; er wird von der N-Richtung gegen den Uhrzeigersinn gemessen.

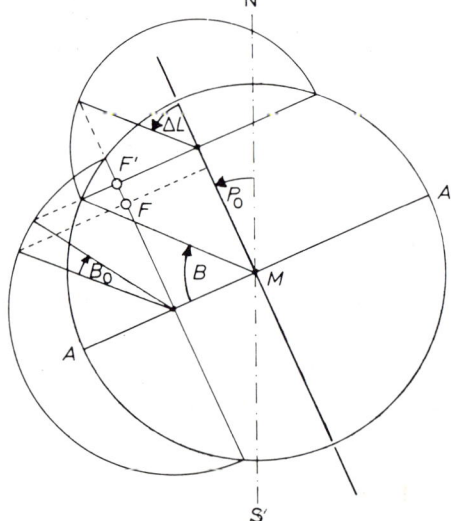

Abb. 4.5 Graphische Methode zur Bestimmung der heliographischen Koordinaten eines Sonnenflecks F. Näheres im Text.

Genauere Untersuchungen der scheinbaren Bewegung von Sonnenflecken zeigen, daß die siderische Rotationsdauer von der heliographischen Breite des betrachteten Flecks abhängt. Verwendet man zur Bestimmung der Rotationsgeschwindigkeit zusätzlich die auch in höheren Breiten beobachtbaren Fackeln, so ergibt sich für die Breitenabhängigkeit der Rotationsdauer die folgende Tabelle:

Tab. 4.1   Siderische Rotationsdauer der Sonne in verschiedenen heliographischen Breiten. Mittelwerte aus Messungen an Flecken (für heliographische Breiten $|B| < 40°$) und Fackeln. Mit zunehmender heliographischer Breite nimmt sowohl die Streuung der Einzelwerte als auch die Differenz zwischen den Ergebnissen aus verschiedenen Meßmethoden stark zu; die Unsicherheit erreicht Beträge von der Größenordnung 1 Tag.

Heliographische Breite B	$0°$	$10°$	$20°$	$30°$	$40°$	$50°$	$60°$	$70°$
Sid. Rotations- dauer T_{sid} in d	25,0	25,2	25,6	26,3	27,2	28,8	31,0	32,9

Die Tab. 4.1 zeigt, daß die Rotationsdauer mit zunehmender heliographischer Breite beträchtlich anwächst. Die Sonne rotiert also nicht wie ein starrer Körper. Man hat vielmehr den Eindruck, als würde die Materie in der Nähe der Rotationspole gebremst; eine Erklärung für dieses Phänomen konnte bis jetzt nicht gefunden werden. Diese Erscheinung – man bezeichnet sie als *differentielle Rotation der Sonne* – bedeutet, daß längs der Breitenkreise überall Relativbewegungen der Sonnenmaterie stattfinden, die zur Ausbildung von vertikalen Wirbeln Anlaß geben müssen. Solche Wirbel scheinen für die Entstehung der Fleckenmagnetfelder eine fundamentale Rolle zu spielen (vgl. 284 f).

Die oben angegebenen Werte für die synodische und die siderische Rotationsdauer der Sonne sind die aus Fleckenbeobachtungen abgeleiteten Mittelwerte und beziehen sich deshalb auf die mittlere Breite der Fleckenzone, also $B = \pm 16°$.

Aufgaben

1. Wie groß ist die Geschwindigkeit eines Punktes auf dem Sonnen-Äquator infolge der Rotation?
2. Die Sonne hat eine ausgedehnte Gashülle. In welchem Abstand von der Rotationsachse würde die Geschwindigkeit der Elementarteilchen dieser Hülle die Fluchtgeschwindigkeit erreichen, wenn sie starr mit der Sonne rotieren würde?

4.1.4 Die Strahlungsleistung der Sonne

Von der Sonne strömt kontinuierlich Strahlungsenergie nach allen Richtungen in den Raum hinaus. Derjenige Teil, der in der Zeiteinheit in der Entfernung 1 AE, also in der Nähe der Erdbahn, auf eine senkrecht zur Strahlungsrichtung stehende Einheitsfläche trifft, wird als *Solarkonstante* bezeichnet. Die Solarkonstante S ist also die Bestrahlungsstärke, die von der Sonne in der Entfernung 1 AE erzeugt wird.

Zur Messung der Solarkonstanten benutzt man *Pyrheliometer*. Diese Geräte bestehen im wesentlichen aus einem Metallblock, dessen eine (ebene) Seitenfläche geschwärzt ist. Während diese Fläche senkrecht von der Sonne bestrahlt wird, mißt man die Änderungsgeschwindigkeit der Temperatur des Metallblocks $\Delta T/\Delta t$. Ist m die Masse des Blocks, c seine spezifische Wärmekapazität und A die bestrahlte Fläche, so gilt für die in der Zeit Δt zugeführte Strahlungsenergie:

$$\Delta Q = S \cdot A \cdot \Delta t$$

Die im Metallblock absorbierte Strahlungsenergie führt zu einer Temperatursteigerung des Metallblocks:

$$\Delta T = \frac{\Delta Q}{c \cdot m} \quad \text{oder} \quad \Delta T = \frac{S \cdot A \cdot \Delta t}{c \cdot m}$$

Daraus erhält man für die Solarkonstante:

$$S = \frac{c \cdot m}{A} \cdot \frac{\Delta T}{\Delta t}$$

Um die Schwächung der Sonnenstrahlung beim Durchgang durch die Erdatmosphäre vernachlässigbar klein zu machen, wird das Pyrheliometer bei modernen Messungen der Solarkonstanten mit Hilfe eines Ballons oder einer Rakete in die Stratosphäre getragen.
Führt man dagegen die Messung am Erdboden durch, so muß man versuchen, die Schwächung der Strahlung durch die Erdatmosphäre zu eliminieren, indem man die Messung bei verschiedenen Sonnenhöhen durchführt. (Anleitungen zu eigenen Messungen findet man z.B. in [6] Bd.I und [7]).

Als bester Wert der Solarkonstanten gilt heute:

$$S = 1{,}36 \cdot 10^3 \text{ W} \cdot \text{m}^{-2}$$

Könnte man die Strahlungsenergie der Sonne vollkommen in elektrische Energie verwandeln, so würde die auf eine Fläche von $\frac{3}{4}$ m^2 senkrecht einfallende Strahlungsleistung der Sonne ausreichen, ein Bügeleisen der Leistung 1000 W zu versorgen.

Multipliziert man die Solarkonstante mit der Oberfläche einer Kugel mit dem Radius 1 AE, so erhält man die gesamte Strahlungsleistung der Sonne:

$$L_\odot = 4\pi r^2 \cdot S = 4\pi \cdot 1{,}496^2 \cdot 10^{22} \text{ m}^2 \cdot 1{,}36 \cdot 10^3 \text{ W} \cdot \text{m}^{-2}$$

$$L_\odot = 3{,}82 \cdot 10^{26} \text{ W}$$

Wegen der beträchtlichen Schwierigkeiten bei der Messung der Solarkonstanten muß damit gerechnet werden, daß S und damit auch $L_\odot$ mit einem relativen Fehler von 1 bis 2% behaftet sind. Die Gesamtstrahlungsleistung eines Fixsterns im allgemeinen und der Sonne im besonderen heißt *„Leuchtkraft"*. Dieser Begriff wird im Kapitel 5 eine besondere Rolle spielen.

4.1.5 Die Oberflächentemperatur der Sonne

Wie über alle physikalischen Eigenschaften der Gestirne, so erhält man auch über die Temperatur der Sonne Informationen nur durch die Strahlung, die auf der Erde ankommt. Grundsätzlich kann zur Temperaturbestimmung eines Strahlers jede Eigenschaft der Strahlung benützt werden, die von der Temperatur abhängt, sofern nur das physikalische Gesetz bekannt ist, das den Zusammenhang dieser Eigenschaft mit der Temperatur des Strahlers beschreibt. Die Aufstellung eines solchen Gesetzes setzt voraus, daß die physikalischen Eigenschaften des Strahlers bekannt sind. Bei der Sonne ist dies nicht der Fall, da ja außer der Temperatur auch alle anderen physikalischen Eigenschaften nur indirekt über die Strahlung ermittelt werden können. Es bleibt also nur die Möglichkeit, ein Modell für den physikalischen Zustand der Sonnenoberfläche zu entwerfen und dieses so zu variieren, daß seine Strahlungseigenschaften mit denen der Sonne übereinstimmen.

Zweckmäßigerweise beginnt man diese schrittweise Annäherung mit dem physikalisch einfachsten Typ des Temperaturstrahlers, dem *schwarzen Strahler*. Ein schwarzer Körper absorbiert alle auf ihn treffende Strahlung vollkommen; nach dem Kirchhoffschen Strahlungsgesetz (s. S. 316) ist deshalb seine Strahlungsleistung bei einer bestimmten Temperatur in allen Spektralbereichen größer als die eines jeden anderen, also nicht schwarzen Temperaturstrahlers.

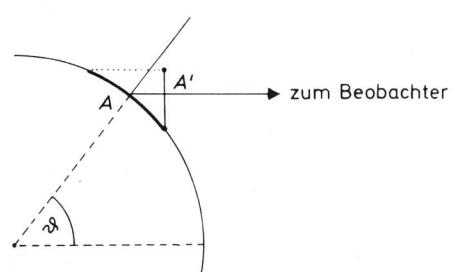

Abb. 4.6 Zur Flächenhelligkeit eines schwarzen Strahlers. Der Beobachter sieht das Flächenstück A perspektivisch verkleinert mit dem Flächeninhalt A'.

Für einen schwarzen Strahler gilt nun das Lambertsche Gesetz: Jedes Flächenelement sendet in einen bestimmten Raumwinkel einen Energiestrom, der zum Kosinus des Winkels zwischen Strahlrichtung und Flächennormale proportional ist:

$$\Phi_\vartheta = \Phi_0 \cdot \cos \vartheta$$

Da aber auch das Flächenelement A dem Beobachter nur in der Größe $A' = A \cdot \cos \vartheta$ erscheint, ist für diesen die Flächenhelligkeit

$$\frac{\Phi_\vartheta}{A'} = \frac{\Phi_0}{A}$$

des schwarzen Strahlers an jeder Stelle gleich groß. Aus der Tatsache, daß die Sonnenscheibe am Rand dunkler ist als in der Mitte (Randverdunkelung, s. S. 216 ff), muß man also schließen, daß die Sonne kein schwarzer Strahler sein kann. Wenn man trotzdem versucht, mit Hilfe der Gesetze des schwarzen Strahlers die Temperatur der Sonnenoberfläche zu ermitteln, so muß man damit rechnen, daß jedes Gesetz einen anderen Temperaturwert liefert. Die beiden einfachsten Gesetze der schwarzen Strahlung sind das Gesetz von Stefan und Boltzmann und das Wiensche Verschiebungsgesetz. Nach dem Stefan-Boltzmannschen Gesetz ist die gesamte, d.h. die über alle Wellenlängen gemessene Strahlungsleistung eines schwarzen Strahlers proportional zur strahlenden Fläche und zur 4.Potenz der absoluten Temperatur des Strahlers. Für eine schwarze Kugel mit dem Radius $R_\odot$ ergibt sich damit die Leuchtkraft:

$$L_\odot = 4\pi \cdot R_\odot^2 \cdot \sigma \cdot T^4 \tag{4-4}$$

Mit der Konstanten $\sigma = 5{,}67 \cdot 10^{-8}$ W$\cdot$m^{-2}K^{-4} und den Werten für Leuchtkraft und Radius der Sonne erhält man daraus für die Temperatur den Wert:

$$T = \sqrt[4]{\frac{3{,}82 \cdot 10^{26}\ \mathrm{W}}{4\pi \cdot 6{,}96^2 \cdot 10^{16}\ \mathrm{m}^2 \cdot 5{,}67 \cdot 10^{-8}\ \mathrm{W} \cdot \mathrm{m}^{-2}\ \mathrm{K}^{-4}}}$$

$$T = 5770\ \mathrm{K}$$

Diese nach dem Stefan-Boltzmann-Gesetz berechnete Temperatur der Sonnenoberfläche heißt *effektive Temperatur*. Wie sich später zeigen wird, kennzeichnen effektive Temperaturen der Oberflächen der Sterne im allgemeinen und der Sonne im besonderen nicht nur ihre Strahlung, sondern auch die mittlere thermische Bewegungsenergie ihrer Atome.

Nach dem Wienschen Verschiebungsgesetz (s. S. 319) gilt für den Zusammenhang der Temperatur eines schwarzen Strahlers mit der Wellenlänge des Intensitätsmaximums:

$$T \cdot \lambda_m = 2{,}9 \cdot 10^{-3}\ \mathrm{m} \cdot \mathrm{K}$$

Neueren Messungen zufolge liegt das Intensitätsmaximum des kontinuierlichen Sonnenspektrums etwa bei $\lambda_m = 455$ nm. Damit liefert das Wiensche Verschiebungsgesetz die Temperatur 6370 K. Da die Intensitätsverteilung im Sonnenspektrum jedoch durch selektive, d.h. gewisse Spektralbereiche bevorzugende Absorptionen für den Beobachter so stark verändert wird, daß sich das Maximum der ungestörten Intensitätsverteilung nur schwer feststellen läßt, ist diese Temperaturbestimmung sehr ungenau. Wenn sie trotzdem dicht bei der effektiven Temperatur liegt, so spricht dies dafür, daß die Sonne tatsächlich mit einer gewissen Berechtigung als schwarzer Strahler betrachtet werden kann. (Dabei ist jedoch zu berücksichtigen, daß rund 40% der Strahlungsenergie der Sonne aus dem relativ schmalen Spektralbereich des sichtbaren Lichts stammen, in dem wir die Sonne als Kugel mit genau definierter Oberfläche sehen. Vergleicht man die verhältnismäßig geringen Strahlungsdichten in den kurz- bzw. langwelligen Flügeln des Sonnenspektrums mit denen des schwarzen Strahlers, so weichen die auf diese Weise ermittelten „Farbtemperaturen" z.T. bis zu 25% von dem oben errechneten Wert ab, der bei 6000 K liegt.)

Aufgaben

1. Die Solarkonstante ist bis auf einen relativen Fehler von etwa 2% bekannt. Wie groß ist der daraus folgende relative Fehler in der effektiven Temperatur der Sonne?
2. a) Welchen Wert hat die Solarkonstante auf dem Merkur (Mittlerer Sonnen-abstand: $r_1 = 0,387$ AE) und auf dem Pluto (Mittlerer Sonnenabstand: $r_2 = 39,5$ AE)?
   b) Unter der Voraussetzung des Strahlungsgleichgewichts soll die Temperatur der von der Sonne senkrecht bestrahlten Oberflächenstellen beider Planeten berechnet werden.

4.2 Innerer Aufbau der Sonne. Erzeugung und Transport der Energie im Sonneninnern

Die Physik des Sonneninnern ist ein Spezialfall der Physik des Sternaufbaus. Dies bedeutet nicht, daß die Sonne ein ganz besonderer Stern wäre — das folgende Kapitel 5 wird vielmehr zeigen, daß es sich bei der Sonne um einen völlig „normalen" Fixstern handelt. Die Sonne zeichnet sich aber dadurch vor den anderen Sternen aus, daß wir von ihr besonders intensive und deshalb informations-reiche Strahlung erhalten. Am Beispiel der Sonne lassen sich daher ausgezeichnet Vorstellungen über den physikalischen Aufbau der Fixsterne entwickeln.

Die Grundlage für die Physik des Sternaufbaus bildet die Kenntnis von Radius, Masse, Leuchtkraft, Oberflächentemperatur und chemischer Zusammensetzung der äußeren Schichten. Auf der Basis dieser beobachteten Eigenschaften müssen Modelle für den Sternaufbau entwickelt werden, aus denen sich Druck- und Temperaturverlauf im Sterninnern herleiten lassen und die Erzeugung und der Transport der Energie im Sterninnern verstanden werden kann.

Die allgemeine Behandlung dieses Problems erfolgt zu Beginn des Abschnitts 5.2. Sie stützt sich jedoch weitgehend auf die Methoden und Ergebnisse der Erforschung des Sonneninnern, die im folgenden mitgeteilt werden.

4.2.1 Temperatur und Dichte im Sonneninnern

Die Temperatur an der Sonnenoberfläche beträgt rund 6000 K (vgl. S. 196). Bei dieser Temperatur kann die Materie nur im gasförmigen Zustand existieren. Wie in stehenden Gewässern oder der Atmosphäre auf der Erde entsteht in der gasförmigen Sonnenmaterie ein Druck, der durch ihr Eigengewicht erzeugt wird und mit zunehmender Tiefe wächst; man bezeichnet ihn als *hydrostatischen Druck*. Da die Sonne ihre Ausdehnung beibehält, muß sie sich in einem hydrostatischen Gleichgewicht befinden. Dieser Gleichgewichtszustand kommt dadurch zustande, daß in jedem Punkt des Sonneninnern der nach innen gerichteten Schwerkraft eine nach außen gerichtete Kraft vom gleichen Betrage entgegenwirkt. Die Ursache dieser Gegenkraft muß in erster Linie im Gasdruck zu suchen sein, der von der thermischen Bewegung der Gasteilchen herrührt. Wäre die Temperatur im Sonneninnern konstant, so müßte sich demnach eine Druck- bzw. Dichteverteilung ergeben, die derjenigen in der Erdatmosphäre ähnelt (vgl. Barometrische Höhenformel S. 311f). Der Mittelwert der Sonnentemperatur läßt sich nun z.B. auf folgenden voneinander verschiedenen Wegen abschätzen:

a) Unter der Voraussetzung des hydrostatischen Gleichgewichts kann man auf die Gasteilchen der Sonne den Virialsatz (s. S. 324f) anwenden, der hier die Form hat: hat:

$$E_{kin} = -\tfrac{1}{2} \cdot E_{pot} \tag{4-5}$$

Nimmt man an, die Sonne sei ein homogener Gasball, so läßt sich ihre Gravitationsenergie berechnen (vgl. S. 322f):

$$E_{pot} = -\tfrac{3}{5} \cdot G \cdot \frac{m_\odot^2}{R_\odot} = -\tfrac{3}{5} \cdot 6,67 \cdot 10^{-11} \text{ m}^3 \text{ kg}^{-1} \text{ s}^{-2} \cdot \frac{(2 \cdot 10^{30} \text{ kg})^2}{7 \cdot 10^8 \text{ m}}$$

$$E_{pot} = -2,3 \cdot 10^{41} \text{ J} \tag{4-6}$$

Die kinetische Energie der Sonnenpartikel setzt sich aus ihrer thermischen Energie und ihrer Rotationsenergie zusammen. Ist v_{max} die Äquatorgeschwindigkeit der Sonnenrotation, so läßt sich leicht eine obere Schranke für die Rotationsenergie der Sonne angeben:

$$E_{rot} < \tfrac{1}{2} \cdot m_\odot \cdot v_{max}^2 \quad \text{oder mit} \quad v_{max} = 2\pi R_\odot/T_\odot = 2,0\,\text{km/s}:$$

$$E_{rot} < 4 \cdot 10^{36} \text{ J} \tag{4-7}$$

Die Rotationsenergie der Sonne kann also in Gl.(4-5) vernachlässigt werden.

Bei der mittleren Temperatur $\bar{T}$ ist die durchschnittliche thermische Bewegungsenergie eines Sonnenpartikelchens $\tfrac{3}{2} \cdot k \cdot \bar{T}$ (k = Boltzmannkonstante). Bezeichnet man die mittlere Masse eines Sonnenpartikelchens mit $\bar{m}$, so enthält die Sonne

$N = m_\odot/\bar{m}$ Teilchen, und ihre gesamte thermische Energie ist $N \cdot \frac{3}{2} \cdot k \cdot \bar{T}$. Der Virialsatz (4-5) bekommt damit die Gestalt:

$$3 \frac{m_\odot}{\bar{m}} \cdot k \cdot \bar{T} = -E_{\text{pot}} \qquad (4\text{-}8)$$

Mit (4-6) und der Sonnenmasse erhält man hieraus für die mittlere Temperatur des Sonneninnern:

$$\bar{T} = \frac{1}{3} \cdot \frac{2,3 \cdot 10^{41}\, \text{J} \cdot \bar{m}}{2 \cdot 10^{30}\, \text{kg} \cdot 1,38 \cdot 10^{-23}\, \text{J} \cdot \text{K}^{-1}} = 2,8 \cdot 10^{33} \frac{\text{K}}{\text{kg}} \cdot \bar{m} \qquad (4\text{-}9)$$

Selbst wenn man hier für $\bar{m}$ die Masse des leichtesten Atoms, also des Wasserstoffatoms ($m_H = 1,67 \cdot 10^{-27}$ kg) einsetzt, ergibt sich aus Gl.(4-9) immer noch eine mittlere Temperatur von $4,6 \cdot 10^6$ K.

Wasserstoff ist das weitaus häufigste Element im Kosmos (s.5.2.4). Deshalb ist es für die hier vorgenommene Abschätzung sicher sinnvoll, anzunehmen, daß auch die Sonne größtenteils aus Wasserstoff besteht. Die Ionisationsenergie des H-Atoms ist 13,6 eV.

Die mittlere thermische Energie der H-Atome bei $\bar{T} = 4,6 \cdot 10^6$ K ist dagegen

$$\tfrac{3}{2}k\bar{T} = \tfrac{3}{2} \cdot 1,38 \cdot 10^{-23} \frac{\text{J}}{\text{K}} \cdot 4,6 \cdot 10^6\, \text{K} = 9,5 \cdot 10^{-17}\, \text{J} = 595\, \text{eV}$$

Wenn aber die H-Atome eine Energie haben, die rund 44 mal so groß wie die Ionisationsenergie ist, führt nahezu jeder Zusammenstoß zwischen ihnen zur Ionisation, d.h. der Wasserstoff muß im Innern der Sonne annähernd zu 100% ionisiert sein. Die Sonne besteht also weitgehend aus einem Wasserstoff-Plasma, d.h. einer Mischung von gleich viel Protonen und Elektronen, so daß die mittlere Elementarteilchenmasse den Betrag hat:

$$\bar{m} = \tfrac{1}{2}(m_p + m_e) = \tfrac{1}{2}(1,67 \cdot 10^{-27} + 9,1 \cdot 10^{-31})\, \text{kg} = 0,84 \cdot 10^{-27}\, \text{kg} \qquad (4\text{-}10)$$

Damit erhält man dann aus Gl. (4-10) als mittlere Temperatur im Innern der Sonne den Wert:

$$\bar{T} = 2,4 \cdot 10^6\, \text{K} \qquad (4\text{-}11)$$

Dieser Wert stellt sicher eine untere Grenze für die mittlere Temperatur der Sonne dar, denn die Sonne ist weder eine homogene Gaskugel, sondern ihre Dichte nimmt nach innen zu, noch besteht sie ausschließlich aus einem Wasserstoffplasma, sondern sie enthält auch schwerere Atomkerne, insbesondere $^4_2$He-Kerne, und in ihren äußeren Schichten, wo die Temperatur niedriger ist, auch Atome und Moleküle, die durch Absorption des Lichts die Fraunhoferschen Linien im Sonnenspektrum erzeugen (vgl. S. 228f). Beide Korrekturen führen aber zu einer Vergrößerung von T, denn die Konzentration der Sonnenmasse wirkt sich auf die potentielle Energie ähnlich aus wie eine Verkleinerung des Radius, d.h. der Betrag von E_{pot} wächst und damit nach G1.(4-8) auch $\bar{T}$. Daß bei größerer mittlerer Teilchenmasse $\bar{m}$ auch die mittlere Temperatur $\bar{T}$ höher liegt, folgt aus Gl.(4-9).

b) Ein anderer Weg zur Abschätzung der mittleren Temperatur des Sonneninnern geht über die Abschätzung des mittleren Drucks in der Sonne. Denkt man sich den Sonnenball in zwei Hälften zerschnitten, so üben diese aufeinander die Gravitationskraft aus:

$$F = G \cdot \frac{m_{\odot}^2}{4r^2}$$

Um den Abstand r der Massenmittelpunkte berechnen zu können, müßte die Dichteverteilung in der Sonne bekannt sein. Für eine Abschätzung genügt es aber, $r = R_{\odot}$ zu setzen. Damit erhält man dann für den Druck, den die Gravitationskraft an der Schnittfläche erzeugt:

$$\bar{p} = \frac{F}{\pi \cdot R_{\odot}^2} = G \cdot \frac{m_{\odot}^2}{4\pi \cdot R_{\odot}^4}$$

$$= 6,67 \cdot 10^{-11} \text{ m}^3 \text{ kg}^{-1} \text{ s}^{-2} \cdot \frac{1}{\pi} \cdot \left(\frac{2 \cdot 10^{30} \text{ kg}}{2 \cdot 49 \cdot 10^{16} \text{ m}^2} \right)^2$$

$$\bar{p} = 8,83 \cdot 10^{13} \text{ Pa} \tag{4-12}$$

Dieser Wert kann nun als Mittelwert des Drucks im Sonneninnern angenommen werden.

Mit der noch nachzuprüfenden Arbeitshypothese, daß die Materie im Sonneninnern als ideales Gas angesehen werden kann, gilt aber die Zustandsgleichung:

$$\bar{p} \cdot V = N \cdot k \cdot \bar{T} \tag{4-13}$$

Führt man hier $N = \dfrac{m_{\odot}}{\bar{m}}, V = \dfrac{m_{\odot}}{\rho_{\odot}}$ und $\bar{m} = 0,84 \cdot 10^{-27}$ kg ein, so ergibt sich mit den Ergebnissen von 4.1.2:

$$\bar{T} = \frac{\bar{m}}{\rho_{\odot} k} \cdot \bar{p} = \frac{0,84 \cdot 10^{-27} \text{ kg} \cdot 8,83 \cdot 10^{13} \text{ N} \cdot \text{m}^{-2}}{1,41 \cdot 10^3 \text{ kg} \cdot \text{m}^{-3} \cdot 1,38 \cdot 10^{-23} \text{ J} \cdot \text{K}^{-1}}$$

$$\bar{T} = 3,8 \cdot 10^6 \text{ K} \tag{4-14}$$

Dieser Wert stimmt gut mit dem über den Virialsatz gewonnenen überein und stellt ebenfalls nur eine untere Schranke für $\bar{T}$ dar. Eine Dichtezunahme nach innen bedeutet nämlich eine Annäherung der Massenmittelpunkte der beiden Sonnenhälften, was zu einer Vergrößerung des mittleren Drucks und damit zu einer Erhöhung der mittleren Temperatur führt. Die gleiche Wirkung hat die bereits unter a) diskutierte Vergrößerung von $\bar{m}$.

Da beide Methoden zu mittleren Temperaturen der gleichen Größenordnung führen, muß mit einer mittleren Temperatur von einigen Millionen Kelvin im Sonneninnern gerechnet werden, d.h. die Temperatur steigt gegen das Zentrum zu stark an. Um zu einer groben Abschätzung der Zentraltemperatur T_z zu kommen, kann man die Annahme machen, die Temperatur falle linear nach außen ab. Und da die Oberflächentemperatur von 6000 K gegenüber der mittleren Temperatur zu vernachlässigen ist, kann man für die Temperatur im Abstand r vom Zentrum den Ansatz machen:

$$T = T_z \left(1 - \frac{r}{R_\odot}\right)$$

Die mittlere Temperatur erhält man hieraus durch Integration über die Masse oder (unter der Voraussetzung konstanter Dichte) über das Volumen:

$$\bar{T} = \frac{1}{V_\odot} \int_0^{V_\odot} T dV = \frac{3T_z}{4\pi \cdot R_\odot^3} \int_0^{R_\odot} \left(1 - \frac{r}{R_\odot}\right) \cdot 4\pi \cdot r^2 dr = \tfrac{1}{4} \cdot T_z$$

Mit (4-14) ergibt sich daraus für die Zentraltemperatur:

$$T_z = 15 \cdot 10^6 \text{ K}$$

Nun ist noch der Beweis dafür nachzutragen, daß das Protonengas im Sonneninnern als ideales Gas betrachtet werden darf. Dazu muß gezeigt werden, daß der „Durchmesser" d_p der Protonen relativ zu ihrem mittleren gegenseitigen Abstand D sehr klein ist. Der „Durchmesser" der Protonen ist sicher kleiner als der kleinste Abstand d, auf den sich zwei mit mittlerer thermischer Energie zentral zusammenstoßende Protonen nähern. Vernachlässigt man die Energieverluste durch Abstrahlung elektromagnetischer Wellen („Bremsstrahlung"), so verwandelt sich die ursprüngliche thermische Bewegungsenergie beider Protonen ganz in potentielle Energie:

$$2 \cdot \tfrac{3}{2} kT = \frac{1}{4\pi\epsilon_0} \cdot \frac{e^2}{d}$$

Daraus ergibt sich für den Minimalabstand:

$$d = \frac{e^2}{12\pi\epsilon_0 k\bar{T}}$$

$$= \frac{(1{,}6 \cdot 10^{-19} \text{ As})^2}{12\pi \cdot 8{,}85 \cdot 10^{-12} \text{ AsV}^{-1}\text{m}^{-1} \cdot 1{,}38 \cdot 10^{-23} \text{ JK}^{-1} \cdot 3{,}8 \cdot 10^6 \text{ K}}$$

$$d = 1{,}5 \cdot 10^{-12} \text{ m} \tag{4-15}$$

Für den mittleren Abstand zweier Protonen im Sonneninnern gilt:

$$D = \sqrt[3]{\frac{V_\odot}{N}} = \sqrt[3]{\frac{V_\odot \bar{m}}{m_\odot}} = \sqrt[3]{\frac{\bar{m}}{\rho_\odot}} = \sqrt[3]{\frac{1{,}67 \cdot 10^{-27} \text{ kg}}{1{,}41 \cdot 10^3 \text{ kg} \cdot \text{m}^{-3}}} \approx 10^{-10} \text{ m}$$

Demnach ist das Verhältnis des Protonendurchmessers zum mittleren Protonen-abstand in der Sonne

$$\frac{d_p}{D} < \frac{d}{D} = 0,015 \ll 1, \quad \text{was zu beweisen war.}$$

Dichte, Druck, Temperatur. Zentralwerte und Verlauf im Sonneninnern
Moderne Modelle für den Sternaufbau liefern im Fall der Sonne die folgenden Zentralwerte:

$$\rho_{\odot z} = 134 \cdot 10^3 \text{ kg} \cdot \text{m}^{-3}; \quad p_{\odot z} = 2,17 \cdot 10^{16} \text{ Pa} (= 2,21 \cdot 10^{11} \text{ at})$$

$$T_{\odot z} = 14,6 \cdot 10^6 \text{ K}$$

Die Abhängigkeit der drei Größen Dichte, Druck und Temperatur vom Zentrums-abstand gemäß modernen Modellrechnungen zeigen die Abbildungen 4.7 bis 4.9. Der über weite Bereiche nahezu lineare Verlauf dieser Größen in einfach-logarith-mischer Darstellung macht deutlich, daß sie näherungsweise Exponentialgesetzen gehorchen (vgl. S. 311ff). Der starke Abfall dieser Größen in der Nähe der Sonnen-oberfläche (für $r/R_\odot > 0,85$) wird im Abschnitt 4.2.3 erklärt werden.

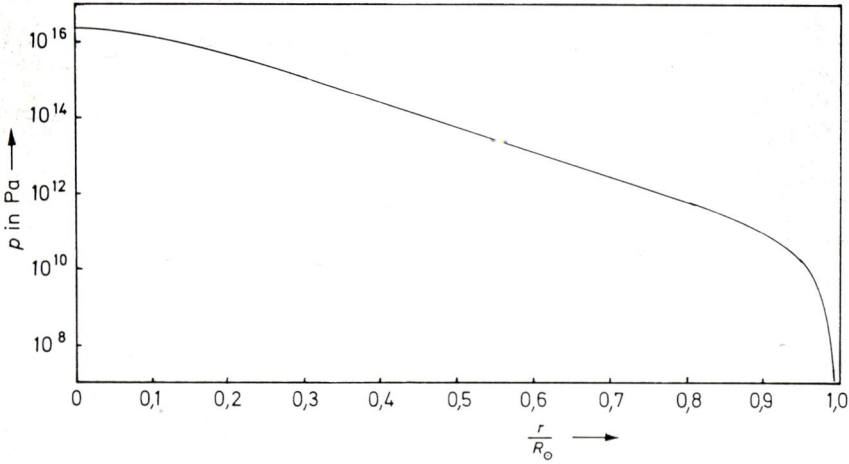

Abb. 4.7 Druckverlauf im Sonneninnern in Abhängigkeit vom Zentrums-abstand r

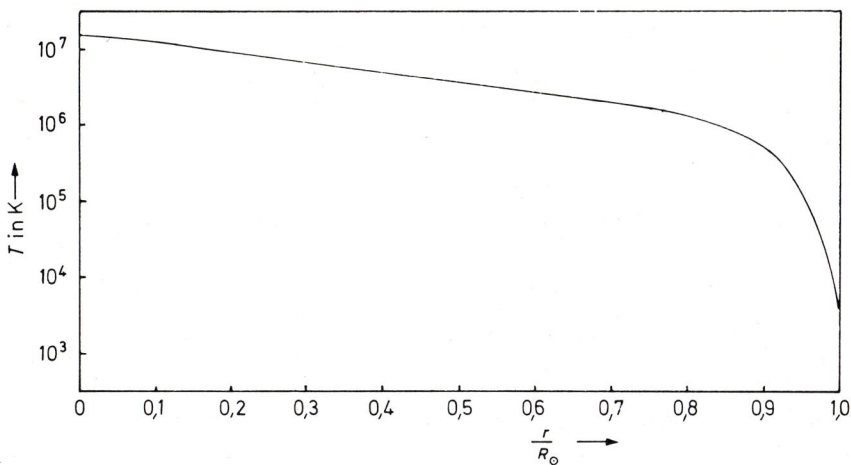

Abb. 4.8 Temperaturverlauf in Sonneninnern in Abhängigkeit vom Zentrumsabstand r

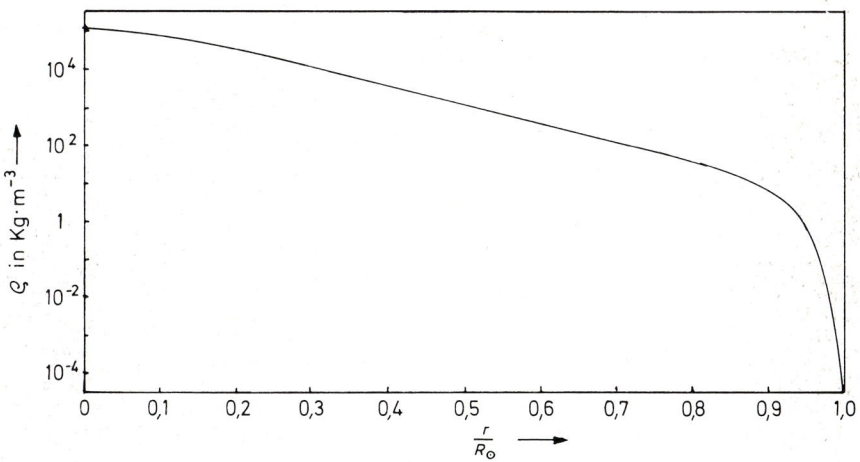

Abb. 4.9 Dichteverlauf im Sonneninnern in Abhängigkeit vom Zentrumsabstand r

Aufgaben

1. Berechnen Sie das Verhältnis des mittleren Moleküldurchmessers $d = 3{,}3 \cdot 10^{-10}$ m der Luftmoleküle zu ihrem mittleren Abstand unter Normalbedingungen und vergleichen Sie das Ergebnis mit dem für das Protonengas im Sonneninnern erhaltenen Wert.

2. Ein Atom der Ordnungszahl z soll vollkommen ionisiert werden.
   a) Welche Ionisationsenergie ist dazu nötig? (Benutzen Sie das Bohrsche Modell des H-Atoms und berechnen Sie damit die Arbeit, die nötig ist, um dem Atom sein letztes Elektron zu nehmen.)
   b) Bis zu welcher Ordnungszahl z_{max} sind die Elemente im Sonnenzentrum ($T_z = 15 \cdot 10^6$ K) nahezu vollständig ionisiert?

3. Für den Strahlungsdruck gilt (s. S. 319ff)

$$p_s = (2,52 \cdot 10^{-16} \text{ Pa} \cdot \text{K}^{-4}) \cdot T^4$$

Der Gesamtdruck im Sonnenzentrum ist $p_{\odot z} = 2,17 \cdot 10^{16}$ Pa, die Zentraltemperatur $T_{\odot z} = 14,6 \cdot 10^6$ K.
Zum Beweis, daß der Strahlungsdruck gegenüber dem Gasdruck in der Sonne keine Rolle spielt, berechne man das Verhältnis β des Strahlungsdrucks zum Gesamtdruck.

4.2.2 Die Energieerzeugung der Sonne

Die mittlere thermische Energie der Sonnenpartikel beträgt bei der mittleren Temperatur $3,8 \cdot 10^6$ K im Sonneninnern:

$$E_{th} = \tfrac{3}{2} \cdot k \cdot \bar{T} = \tfrac{3}{2} \cdot 1,38 \cdot 10^{-23} \text{ J} \cdot \text{K}^{-1} \cdot 3,8 \cdot 10^6 \text{ K} = 7,87 \cdot 10^{-17} \text{ J}$$

oder $\qquad E_{th} = 490 \text{ eV}$

Da die Bindungsenergie der Atome in den Molekülen unter 10 eV liegt, können sich im Innern der Sonne keine Moleküle bilden; sie würden bei Zusammenstößen mit anderen Teilchen sofort wieder dissoziiert. Deshalb ist eine Energieproduktion durch chemische Prozesse (z.B. Oxidation, wie sie auf der Erde bei Verbrennungsprozessen eine Rolle spielt) in der Sonne unmöglich. Es bleiben also nur 2 Prozesse zur Energiegewinnung: Freisetzen von Gravitationsenergie durch Kontraktion und Kernfusionsvorgänge (Kernspaltungsprozesse liefern Energie nur bei Kernen, deren Masse größer ist als die Masse eines Eisenkerns, und so schwere Elemente sind in der Sonne relativ selten; Zerstrahlungsprozesse von Materie erfordern andererseits sehr viel höhere Teilchenenergien, als sie in der Sonne zur Verfügung stehen). Um unter diesen Energiequellen die in der Sonne vorhandenen aussuchen zu können, benötigt man außer der Leuchtkraft $L_\odot$ und der chemischen Zusammensetzung auch eine Abschätzung über die Energie, die von der Sonne im Laufe ihrer Entwicklung bereits abgestrahlt wurde. Nun ist die Sonne sicher älter als die Erde, deren Alter mit Hilfe der Mengenverhältnisse natürlich radioaktiver Stoffe und ihrer Zerfallsprodukte in der Erdrinde auf etwa $4,5 \cdot 10^9$ a angesetzt werden kann. Andererseits sind die ältesten Spuren von Lebewesen in Erdschichten gefunden worden, die rund 10^9 a alt sind. Da aber die Lebensvorgänge an ein verhältnismäßig enges Temperaturintervall gebunden sind, dürfte sich die Leuchtkraft der Sonne in der vergangenen Jahrmilliarde nicht wesentlich geändert haben. Die in dieser Zeit ausgestrahlte Energie läßt sich damit auf

$$L_\odot \cdot t = 3{,}82 \cdot 10^{26} \text{ W} \cdot 3{,}16 \cdot 10^{16} \text{ s} = 1{,}2 \cdot 10^{43} \text{ J}$$

schätzen. Mindestens diese Energie muß also die Energiequelle der Sonne bisher geliefert haben.

Bei einer Kontraktion auf den heutigen Radius $R_\odot$ von einem ursprünglichen Radius R wird nun die Gravitationsenergie frei (s. S. 322ff):

$$E_g = -C \cdot G \cdot m_\odot^2 \left(\frac{1}{R} - \frac{1}{R_\odot} \right)$$

(C ist ein Zahlenfaktor von der Größenordnung 1)

Da nur die Größenordnung der durch Kontraktion freigesetzten Energie interessiert, wurde die Sonnenmasse als konstant angesehen. Aus dem gleichen Grunde kann $R \gg R_\odot$ angenommen werden. Dann ergibt sich für die Größenordnung des fraglichen Energiebetrags:

$$E_g = C \cdot G \cdot m_\odot^2 / R_\odot = C \cdot 6{,}67 \cdot 10^{-11} \text{ m}^3 \text{ kg}^{-1} \text{ s}^{-2} \cdot \frac{(2 \cdot 10^{30} \text{ kg})^2}{7 \cdot 10^8 \text{ m}}$$

$$E_g = C \cdot 3{,}8 \cdot 10^{41} \text{ J}$$

Da C von der Größenordnung 1 ist, hätte die Sonne ihren Energiebedarf in den vergangenen 10^9 a nicht decken können. Demnach bleiben nur noch Kernfusionsprozesse zur Lieferung der Sonnenenergie übrig.

Atomkerne bestehen bekanntlich aus den positiv geladenen Protonen und den elektrisch neutralen Neutronen. Die Tatsache, daß es trotz der elektrostatischen Abstoßung der Protonen stabile Atomkerne gibt, läßt sich nur durch eine Kraft erklären, die zwar eine sehr geringe Reichweite hat, so daß sie außerhalb der Atomkerne relativ zu den elektrischen Kräften vernachlässigbar klein ist, die aber im Kernbereich die Coulomb-Abstoßung der Protonen weit überwiegt (starke Wechselwirkung). Gelingt es also, zwei Atomkerne gegen ihre elektrische Abstoßung so weit zu nähern, daß die starke Wechselwirkung dominiert, so stürzen sie aufeinander zu, wobei Energie frei wird.

Nun ergibt sich aus Streuversuchen von Elementarteilchen an Atomkernen, wie sie z.B. Rutherford durchführte (vgl. Physik-Lehrbuch), daß man für den Radius eines Atomkerns der Massenzahl A (= Protonenzahl Z + Neutronenzahl N) den Ausdruck ansetzen kann (Kernvolumen $\sim$ Massenzahl):

$$R = \sqrt[3]{A} \cdot 1{,}37 \cdot 10^{-15} \text{ m} \tag{4-16}$$

Um zwei Atomkerne mit den Massenzahlen A_1 und A_2 und den Protonenzahlen Z_1 und Z_2 so weit zu nähern, daß die starke Wechselwirkung dominiert (also bis zur „Berührung"), muß nach dem Coulombschen Gesetz die Energie aufgewendet werden:

$$E = \frac{1}{4\pi \cdot \epsilon_0} \cdot \frac{Z_1 Z_2 e^2}{(\sqrt[3]{A_1} + \sqrt[3]{A_2}) \cdot 1{,}37 \cdot 10^{-15} \text{ m}}$$

$$= 1{,}68 \cdot 10^{-13} \text{ J} \cdot \frac{Z_1 Z_2}{\sqrt[3]{A_1} + \sqrt[3]{A_2}}$$

oder $\qquad E \approx \dfrac{Z_1 Z_2}{(\sqrt[3]{A_1} + \sqrt[3]{A_2})} \text{ MeV}$ $\hfill$ (4-17)

In der Tabelle 4.2 sind die Ergebnisse dieser Abschätzung für einige Kerne angegeben. Daraus folgt, daß die Kernfusion umso weniger Energie erfordert, je leichter die beteiligten Kerne sind, aber selbst die Fusion von 2 Protonen erfordert je Proton die Energie von 0,25 MeV, während im Sonnenzentrum die mittlere thermische Energie der Protonen nur den Betrag hat:

$$\bar{E}_p = \tfrac{3}{2} k \cdot T_z = \tfrac{3}{2} \cdot 1{,}38 \cdot 10^{-23} \text{ J} \cdot \text{K}^{-1} \cdot 14{,}6 \cdot 10^6 \text{ K} = 3 \cdot 10^{-16} \text{ J}$$

oder $\qquad \bar{E}_p \approx 2 \text{ keV}$

Tab. 4.2   Zur Überwindung der Coulomb-Barriere benötigte Mindestenergie in MeV, nach Gl. (4-17) abgeschätzt

	$^{1}_{1}\text{H}$	$^{4}_{2}\text{He}$	$^{56}_{26}\text{Fe}$	$^{238}_{92}\text{U}$
$^{1}_{1}\text{H}$	0,5	0,8	5,4	12,8
$^{4}_{2}\text{He}$		1,3	9,6	23,6
$^{56}_{26}\text{Fe}$			88,3	238,7
$^{238}_{92}\text{U}$				682,9

Die mittlere Protonenenergie im Sonnenzentrum ist also weniger als 1% der zur Fusion nötigen Energie. Dies ist für die Sonne existenznotwendig, denn wenn beide Energien von gleicher Größenordnung wären, kämen in der Zeiteinheit so viele Protonenfusionen vor, daß die Sonne wie eine riesige Wasserstoffbombe explodieren müßte.

Die relativ geringe mittlere Protonenenergie im Sonnenzentrum bedeutet aber nicht, daß dort nicht auch Protonen mit höheren thermischen Energien vorkommen würden. Nimmt man nämlich an, daß sich das Protonengas wie ein ideales Gas verhält, so gehorcht die Verteilung der thermischen Energie auf die Protonen einer

Maxwell-Verteilung (vgl. S. 314), wie sie Abb. 4.10 zeigt. Das Maximum dieser Funktion liegt für die Protonen im Sonnenzentrum bei $\frac{3}{2}k \cdot T_z \approx 1,9$ keV. Berechnet man den Bruchteil der Protonen, deren Energie über 250 keV liegt, die also für Protonenfusionen in Frage kommen, so erhält man:

$$\frac{\Delta n_f}{n} \approx 10^{-54}$$

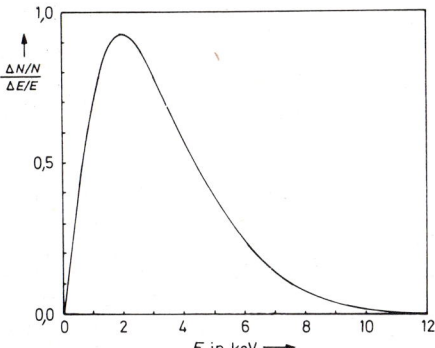

Abb. 4.10 Maxwell-Verteilung der Teilchenenergie in einem idealen Gas, dessen Teilchen die mittlere thermische Bewegungsenergie 1,9 keV besitzen

Da die Gesamtzahl der Protonen in der Sonne $\dfrac{m_\odot}{m_p} = \dfrac{2 \cdot 10^{30}}{1,67 \cdot 10^{-27}} < 1,2 \cdot 10^{57}$ ist, erhält man für die Zahl der fusionsfähigen Protonen in der Sonne:

$$\Delta n_f < 1200$$

Daß zwei dieser 1200 Protonen in der Sonne sich treffen, ist so unwahrscheinlich, daß nach den bisher benutzten Gesetzen der klassischen Physik Kernfusionsprozesse für die Energielieferung der Sonnenstrahlung ebenfalls nicht in Frage kämen.

Nun zeigt aber das Experiment, daß Protonen schon bei wesentlich geringeren Energien in Atomkerne hineingeschossen werden können. Dies ist letzten Endes darauf zurückzuführen, daß Atomkerne in quantenmechanischer Betrachtung keine Kügelchen mit definiertem Radius sind, der Aufenthaltsraum der Nukleonen (Protonen und Neutronen) im Kern also nicht exakt festgelegt ist. Sie befinden sich vielmehr in einem sogenannten *Potentialtopf*, der durch die Überlagerung von abstoßender Coulomb-Kraft und anziehender Kernkraft gebildet wird (s. Abb. 4.11, S. 208), dessen Begrenzung (*Potentialwall*) aber keine feste Wand darstellt. Dies bedeutet, daß Teilchen durch den Potentialwall diffundieren, also z.B. ins Innere des Potentialtopfes gelangen können, ohne die zum Überspringen seines Randes nötige Energie zu besitzen (*Tunnel-Effekt*). Die Wahrscheinlichkeit für diese Diffusion ist umso größer, je größer die Energie des ankommenden Teilchens ist, d.h. je höher es auf den nach oben immer „dünner" werdenden Potentialwall trifft.

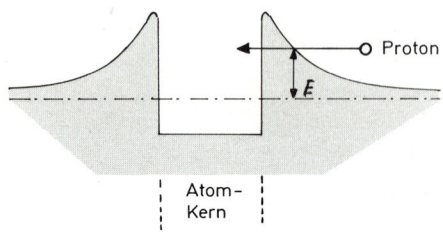

Abb. 4.11 Zum Tunnel-Effekt. Mit zunehmender Energie E des Protons steigt die Wahrscheinlichkeit für sein Eindringen in den Atomkern

Sortiert man nun diejenigen Fusionsprozesse aus, die mit genügender Wahrscheinlichkeit in der Sonne vorkommen, so zeigt es sich, daß im Endergebnis stets 4 Protonen zu einem $^4_2$He-Kern vereinigt werden. Dabei sind 2 Prozesse von besonderer Bedeutung (e^+ = Positron, ν_e = Elektronen-Neutrino, γ = Gamma-Quant):

1. pp-Kette:

$$^1_1H + {}^1_1H \longrightarrow {}^2_1D + e^+ + \nu_e \qquad + 1,19 \, MeV$$

$$^2_1D + {}^1_1H \longrightarrow {}^3_2He + \gamma \qquad + 5,49 \, MeV$$

Der Aufbau des $^4_2$He-Kerns kann nun auf verschiedene Arten erfolgen. Am häufigsten dürfte die folgende Reaktion sein:

$$^3_2He + {}^3_2He \longrightarrow {}^4_2He + {}^1_1H + {}^1_1H \qquad + 12,85 \, MeV$$

2. CNO-Zyklus:

Bei dieser von Bethe und Weizsäcker entdeckten Reaktion findet keine Protonenfusion statt, sondern der Aufbau des $^4_2$He-Kerns spielt sich auf der Basis von Isotopen-Kernen des Kohlenstoffs, Stickstoffs und Sauerstoffs ab, die dabei sozusagen als Katalysatoren wirken. Eine anschauliche Darstellung der weitaus wahrscheinlichsten Variante zeigt die Abb. 4.12. Seine Energiebilanz beträgt 25,03 MeV.

Die Teilchenbilanz kann also für beide Kernfusionsketten in der Form geschrieben werden:

$$4 \cdot {}^1_1H \longrightarrow {}^4_2He + 2e^+ + 2\nu_e + 2\gamma + \Delta E$$

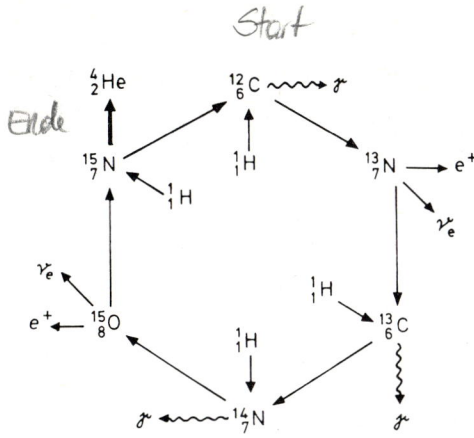

Abb. 4.12 CNO-Zyklus (Bethe-Weizsäcker-Zyklus). Der Prozeß beginnt mit der Fusion Proton-Kohlenstoffkern (oben) und endigt mit der Emission eines Alpha-Teilchens ($^4_2$He, links oben).

Die Elektronenneutrinos verlassen die Sonne nahezu ungestört, denn die Wahrscheinlichkeit, daß sie in Wechselwirkung mit der Sonnenmaterie treten, ist sehr gering („schwache Wechselwirkung"). Nach Abzug der von ihnen mitgenommenen Energie verbleibt je nach Fusionstyp eine positive Energiebilanz von 26,21 MeV bei der pp-Kette und 25,03 MeV beim Haupttyp des CNO-Zyklus, also im Mittel $\Delta E = 25{,}6 \, \text{MeV} = 4{,}1 \cdot 10^{-12} \, \text{J}$.

Damit die Sonne mit diesen Kernfusionsprozessen ihre Strahlungsleistung decken kann, müssen demnach

$$L_\odot / \Delta E \;=\; \frac{3{,}82 \cdot 10^{26} \, \text{W}}{4{,}1 \cdot 10^{-12} \, \text{J}} \;=\; 10^{38} \, \text{s}^{-1}$$

solcher Fusionsprozesse stattfinden. Bis alle $1{,}2 \cdot 10^{57}$ Protonen in der Sonne auf diese Weise verbraucht sind, verstreicht also die Zeit:

$$t_{\text{max}} \;=\; \frac{0{,}3 \cdot 10^{57}}{10^{38} \, \text{s}^{-1}} \;=\; 3 \cdot 10^{18} \, \text{s} \;=\; 10^{11} \, \text{Jahre}$$

Da die Masse des $^4_2$He-Kerns um $5{,}04 \cdot 10^{-29}$ kg kleiner ist als die Massensumme seiner 4 Nukleonen, verliert die Sonne in jeder Sekunde $5 \cdot 10^9$ kg ihrer Masse, indem sie diese nach der Masse-Energie-Relation $E = m \cdot c^2$ (Einstein) in Energie umwandelt.

Die Energieproduktion je Volumeinheit ist außerordentlich stark temperaturabhängig, denn die Zahl der Fusionen in der Zeit- und Masseneinheit ist proportional zur Zahl der dort stattfindenden Zusammenstöße, und diese nimmt mit der mittleren Geschwindigkeit der Stoßpartner zu. Außerdem wächst aber mit

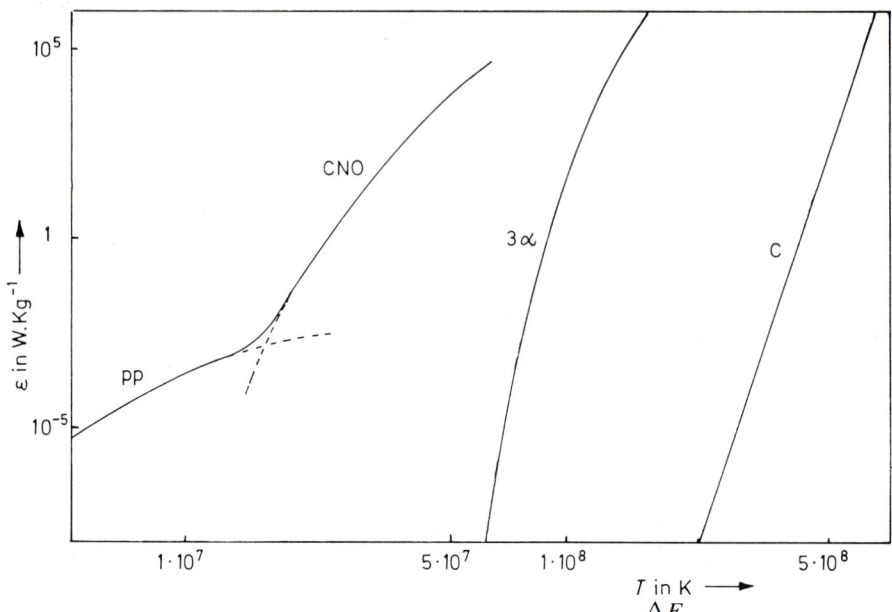

Abb. 4.13 Spezifische Energieerzeugung $\epsilon = \dfrac{\Delta E}{\Delta m \cdot \Delta t}$ beim Wasserstoff-, Helium- und Kohlenstoff- Brennen in Abhängigkeit von der Temperatur des betreffenden Plasmas. Als Ausgangsmaterial wurde ein reines Wasserstoff- bzw. Helium-Plasma der Dichte $10^7 \, kg \cdot m^{-3}$ angenommen, für das Kohlenstoffbrennen ein reines Kohlenstoffplasma mit der Dichte $10^8 \, kg \cdot m^{-3}$.

zunehmender Temperatur auch die Zahl der Teilchen, deren Energie eine Fusion möglich macht (vgl. Abb. 4.10, S. 207), und schließlich ist die Wahrscheinlichkeit für den Tunneleffekt von der „Dicke" des Potentialwalls abhängig (vgl. Abb. 4.11, S. 208), die mit wachsender Energie des stoßenden Protons abnimmt, so daß der Tunneleffekt mit zunehmender Temperatur wahrscheinlicher wird. So ergibt sich eine Temperaturabhängigkeit der spezifischen Energieerzeugung (= Energieerzeugung je Zeit- und Masseneinheit), wie sie in Abb. 4.13 dargestellt ist.

Die Sonne besitzt die mittlere spezifische Energieerzeugung

$$\bar{\epsilon} = \frac{L_\odot}{m_\odot} = \frac{3{,}82 \cdot 10^{26} \, W}{2 \cdot 10^{30} \, kg} = 1{,}9 \cdot 10^{-4} \, W \cdot kg^{-1}$$

und die mittlere Temperatur $3{,}8 \cdot 10^6$ K. Nach Abb. 4.13 muß bei diesen Werten der pp-Prozeß dominieren, doch dürfte im Sonnenzentrum wegen der dort herrschenden höheren Temperatur auch der CNO-Zyklus schon eine Rolle für die Energieproduktion spielen.

Wegen der starken Temperaturabhängigkeit der spezifischen Energieproduktion muß trotz des relativ geringen Temperaturanstiegs im Sonneninnern die Energieproduktion im wesentlichen im Zentralbereich der Sonne erfolgen (vgl. Abb. 4.14).

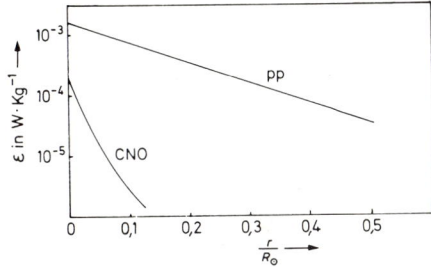

Abb. 4.14 Spezifische Energieerzeugung im Sonneninnern in Abhängigkeit vom Mittelpunktsabstand r für den pp-Prozeß und den CNO-Zyklus

Aufgaben

1. Die durch Kontraktion freiwerdende Gravitationsenergie könnte die Ausstrahlung der Sonne in den vergangenen 4,5 Milliarden Jahren gedeckt haben, wenn die Sonnenmasse gegenwärtig in einem kleinen Kerngebiet der Sonne konzentriert wäre. Welchen Bruchteil des Sonnendurchmessers müßte dieser Bereich haben, und welche Dichte würde in ihm herrschen?

2. Angenommen, die Sonne habe zu Beginn ihrer Energieproduktion durch Kernfusionsprozesse ganz aus Wasserstoff bestanden. Vor wieviel Jahren wäre dies gewesen, wenn heute die Sonne noch zu etwa 60% ihrer Masse aus Wasserstoff besteht und die Leuchtkraft konstant geblieben wäre?

4.2.3 Der Energietransport im Sonneninnern

Die Strahlung der Sonne ist im wesentlichen bestimmt durch die Photosphärentemperatur von rund 6000 K; dies folgt aus der Tatsache, daß die Sonne näherungsweise als schwarzer Strahler dieser Temperatur angesehen werden kann (vgl.4.1.5). Die von der Photosphäre abgestrahlte Energie stammt also aus dem thermischen Energievorrat der Sonne. Da die Quelle dieser Wärmeenergie in der Nähe des Sonnenzentrums liegt (vgl.4.2.2), muß sie durch irgendeinen Mechanismus von dort zur Oberfläche transportiert worden sein, wo sie abgestrahlt wird.

Auf der Erde kennt man 3 Arten des Transports von Wärmeenergie: Wärmeleitung, Wärmekonvektion, Wärmestrahlung. Es ist deshalb grundsätzlich möglich, daß alle drei Typen auch beim Energietransport in Sternen vorkommen. Inwieweit sie in der Sonne eine Rolle spielen, soll im Folgenden untersucht werden.

Wärmeleitung

Wird in der Zeitspanne Δt durch das Flächenelement ΔA die Wärmeenergie ΔQ transportiert, so gilt:

$$\frac{\Delta Q}{\Delta A \cdot \Delta t} = \lambda \cdot \frac{\Delta T}{\Delta x} \qquad (4\text{-}18)$$

Hier bedeutet Δx die Strecke, auf der sich die Temperatur um ΔT ändert; $\Delta T/\Delta x$ ist also das Temperaturgefälle. Die Proportionalitätskonstante λ heißt Wärmeleitfähigkeit.

Da nach Abb. 4.14 die Energieproduktion im wesentlichen innerhalb einer Kugel um das Sonnenzentrum mit dem Radius $r = R_\odot/2$ abläuft, muß der Wärmeenergiestrom durch die Oberfläche dieser Kugel der gleiche sein wie durch die Sonnenoberfläche. Nun erhält man aus Abb. 4.8 für $r/R_\odot = 0{,}5$ das Temperaturgefälle (vgl. S. 311 f):

$$\frac{\Delta T}{\Delta x} = (-)\,1{,}6 \cdot 10^{-2}\ \mathrm{K \cdot m^{-1}}$$

Würde also der Wärmeenergietransport in der Sonne ausschließlich durch Wärmeleitung getragen, so müßte sich mit $\Delta Q/\Delta t = L_\odot$ und $\Delta A = 4\pi \cdot r^2 = \pi \cdot R_\odot^2$ für die Wärmeleitfähigkeit des Sonnenplasmas bei $r = 0{,}5 R_\odot$ der Betrag ergeben:

$$\lambda = \frac{L_\odot}{\pi \cdot R_\odot^2 \cdot (\Delta T/\Delta x)} = \frac{3{,}82 \cdot 10^{26}\ \mathrm{W}}{\pi \cdot 49 \cdot 10^{16}\ \mathrm{m^2} \cdot 1{,}6 \cdot 10^{-2}\ \mathrm{K \cdot m^{-1}}}$$

$$\lambda = 1{,}6 \cdot 10^{10}\ \frac{\mathrm{W}}{\mathrm{K \cdot m}}$$

Nun ist zwar das Plasma im Sonneninnern ein sehr guter Wärmeleiter, aber Abschätzungen seiner Wärmeleitzahl liefern Werte, die um mehrere Zehnerpotenzen unter $1{,}6 \cdot 10^{10}\ \mathrm{W \cdot K^{-1} \cdot m^{-1}}$ liegen, d.h. daß der Energietransport in der Sonne nur zu einem unwesentlichen Bruchteil durch Wärmeleitung erfolgt.

Wärmekonvektion

Es liegt nahe, die Wärmekonvektion in der Sonne mit der Wärmekonvektion in der Erdatmosphäre zu vergleichen, denn in beiden Fällen handelt es sich um ideale Gase.

In unseren Breiten wird die von der Sonne auf die Erdoberfläche eingestrahlte Wärme normalerweise im thermischen Gleichgewicht wieder in Form von Strahlung an die Luft bzw. den Weltraum abgegeben. An heißen Sommertagen kann aber die Aufheizung bestimmter, gut wärmeabsorbierender Bereiche des Erdbodens so stark werden, daß die Wärmestrahlung nicht mehr ausreicht, um ein thermisches Gleichgewicht herzustellen. Dann steigt die Temperatur bodennaher Luftschichten an, ihre Dichte sinkt gegenüber der Umgebungsdichte ab, sie erfahren einen

Auftrieb und beginnen aufzusteigen. Wie überall in der Atmosphäre, so sinkt auch in den aufsteigenden Luftpaketen, die der Flieger als „Thermik" bezeichnet, der Druck, so daß sie sich ausdehnen. Die für die Ausdehnung nötige Energie wird dabei der inneren Energie des aufsteigenden Gaspakets entnommen; seine Temperatur sinkt somit während des Aufstiegs. Da dieser Prozeß wegen der schlechten Wärmeleitfähigkeit der Luft nahezu ohne Wärmeaustausch mit der Umgebung erfolgt, spricht man von adiabatischer Ausdehnung. Während also in der Umgebung des Thermikkanals ein bestimmtes Temperaturgefälle $\Delta T/\Delta h$ herrscht, tritt im Thermikkanal selbst ein adiabatisches Temperaturgefälle $(\Delta T/\Delta h)_{ad}$ auf. Wäre in gleichen Höhen immer $\Delta T/\Delta h = (\Delta T/\Delta h)_{ad}$, so bliebe die Temperatur-differenz, die das aufsteigende Luftpaket beim Start am Erdboden gegenüber der Umgebung hatte, immer gleich groß; es hätte deshalb stets eine kleinere Dichte als die Umgebung und stiege daher immer weiter. Eine hinreichende Bedingung für das Auftreten von Thermik ist also, daß der Betrag des Temperaturgefälles in der Atmosphäre mindestens so groß wie der des adiabatischen Temperaturgefälles ist:

$$\left|\frac{\Delta T}{\Delta h}\right| - \left|\left(\frac{\Delta T}{\Delta h}\right)_{ad}\right| \geqq 0 \qquad (4\text{-}19)$$

Berechnet man nun das adiabatische Temperaturgefälle im Sonneninnern und vergleicht es mit dem tatsächlich vorhandenen Temperaturgefälle, so zeigt es sich, daß die Bedingung Gl.(4-19) nur dort erfüllt sein kann, wo die Sonnenmaterie sich nicht wie ein ideales Gas verhält, d.h. wo die Zusammenstöße zwischen den Gasteilchen nicht elastisch verlaufen, sondern teilweise zu Stoßionisation führen. Da die Sonne zum größten Teil aus Wasserstoff besteht, muß es sich dabei um jene rund 10^8 m dicke Schicht im Bereich $0{,}84 \cdot R_\odot < r < 0{,}98 \cdot R_\odot$ handeln, die das nahezu vollkommen ionisierte Sonneninnere von der neutralen Wasserstoff enthaltenden Photosphäre trennt. Abb. 4-8 zeigt, daß in dieser Schicht die Temperatur sehr rasch von etwa 10^6 K auf 10^4 K abfällt; $\Delta T/\Delta h$ hat hier also einen relativ großen Betrag.
Gleichzeitig ist aber in diesem Bereich das adiabatische Temperaturgefälle $(\Delta T/\Delta h)_{ad}$ besonders klein. Die aufsteigenden Plasmapakete können nämlich die zur Ausdeh-nung nötige Energie zu einem beträchlichen Teil aus der Rekombinationsenergie decken, die bei der Vereinigung von Proton und Elektron zu einem H-Atom frei wird; deshalb sinkt die thermische Energie und damit die Temperatur der aufsteigenden Gaspakete in dieser Zone langsamer als sonst.

Man kann abschätzen, daß in dieser *Wasserstoffkonvektionszone* die Aufstiegs-geschwindigkeiten der Gaspakete bei 1 km/s liegen. Genauere Untersuchungen zeigen, daß damit die Wärmekonvektion in dieser Schicht nahezu den gesamten Energietransport übernimmt.

Wärmestrahlung

Nach den Überlegungen zur Rolle der Wärmekonvektion und der Wärmeleitung in der Sonne muß unterhalb der Wasserstoffkonvektionszone und in der Photosphäre die Wärmestrahlung nahezu ausschließlich für den Wärmeenergietransport verantwortlich sein. Dabei spielt sich im Sonneninnern folgendes ab:

Die bei den Kernfusionsprozessen freiwerdenden Gammastrahlen übertragen durch Compton-Effekt Energie auf die freien Elektronen des Plasmas. Diese geben beim Vorübergang an anderen geladenen Teilchen wieder elektromagnetische Strahlung ab (Bremsstrahlung).

Durch diesen Mechanismus wird die im Sonnenzentrum entstandene Energie nur sehr langsam zur Oberfläche transportiert. Die Zeit, welche die Energie vom Sonnenzentrum bis zur Photosphäre benötigt, kann man abschätzen, indem man die gesamte thermische Energie der Sonne (s.Gl.(4-5) und (4-6)) $E_{th} = 1,2 \cdot 10^{41}$ J durch ihre Strahlungsleistung $L_\odot = 3,8 \cdot 10^{26}$ W dividiert. Man erhält

$$\tau \approx \frac{L_\odot}{E_{th}} = \frac{1,2 \cdot 10^{41} \text{ J}}{3,8 \cdot 10^{26} \text{ W}} = 3 \cdot 10^{14} \text{ s} = 10^7 \text{ a}$$

Dies bedeutet, daß die elektromagnetische Strahlung, welche die Sonnenoberfläche heute verläßt (und nach wenigen Minuten auf der Erde ankommt), vor rund 10 Millionen Jahren erzeugt worden ist und deshalb nur Rückschlüsse über den Zustand der Sonnenenergiequelle vor dieser Zeitspanne zuläßt. Angesichts der sehr langsamen Zustandsänderungen innerhalb der gegenwärtigen, langanhaltenden stabilen Entwicklungsphase der Sonne sind diese 10^7 Jahre allerdings nur ein kurzer Zeitraum.

Anders liegt die Situation bei der Neutrinostrahlung der Sonne. Wegen der schwachen Wechselwirkung der (masse- und ladungslosen) Elektronen-Neutrinos, die bei den Kernfusionsprozessen in den Zentralbereichen der Sonne entstehen (vgl. S. 208), haben sie eine freie Weglänge von rund 10^{18} m, d.h. die Wahrscheinlichkeit eines Neutrino-Einfangs in der Sonne ist verschwindend gering. Da sich die Neutrinos mit Lichtgeschwindigkeit bewegen, liefern sie innerhalb von wenigen Minuten Informationen über die Energiequelle im Sonnenzentrum nahezu ungestört auf die Erde. Schwierig ist allerdings der Empfang dieser Informationen, da die Neutrinos natürlich auch mit irdischer Materie kaum wechselwirken. Versuche zum Nachweis dieser Neutrino-Strahlung sind im Gang, doch liegen noch keine endgültigen Ergebnisse vor.

Zusammenfassung zu 4.2 „Innerer Aufbau der Sonne. Erzeugung und Transport der Energie im Sonneninnern"

1. Die Unveränderlichkeit des Durchmessers und der Strahlungsleistung der Sonne deutet darauf hin, daß im Sonneninnern an jeder Stelle Gasdruck und Schweredruck im Gleichgewicht sind („hydrostatisches Gleichgewicht"). Da der Schweredruck zum Sonnenzentrum hin zunimmt, muß dies auch für den Gasdruck gelten.

2. Die Temperatur steigt zum Sonnenzentrum hin auf etwa $15 \cdot 10^6$ K an. Die Hauptbestandteile der Sonne, Wasserstoff und Helium, sind — abgesehen von den äußersten Schichten mit einer Dicke von weniger als 10% des Sonnenradius — vollkommen ionisiert. Dieses Plasma im Sonneninnern verhält sich weitgehend wie ein ideales Gas.

3. Infolge der hohen Temperatur können in der Nähe des Sonnenzentrums Kernfusionsprozesse ablaufen, bei denen aus 4 Protonen ein Heliumkern aufgebaut wird. Diese Kernverschmelzungen liefern die Strahlungsenergie der Sonne.

4. Die im Zentralbereich der Sonne produzierte Energie wird in Form von elektromagnetischer Strahlung durch das solare Plasma nach außen transportiert. In den äußersten Schichten, wo die Temperatur steil auf den Randwert von 6000 K abfällt und der Ionisationsgrad von Wasserstoff und Helium gegen null geht, findet der Energietransport jedoch weitgehend durch Konvektion statt.

4.3. Die ruhige Sonne

Die Sonne ist der einzige Fixstern, auf dessen Oberfläche Einzelheiten beobachtet werden können. Am einfachsten lassen sich Strukturen auf der Sonne zeigen, indem man das Sonnenbild mit Hilfe eines Fernrohrs auf einen senkrecht zur optischen Achse angebrachten weißen Schirm projiziert. Direkte Beobachtungen durchs Fernrohr sind nur mit entsprechenden Vorrichtungen zur Dämpfung des Sonnenlichts möglich, bei kleinen Fernrohren z.B. mit Dämpfgläsern; bei größeren Fernrohren benützt man Helioskope, bei denen durch Reflexion an Prismen oder Glasflächen oder auch durch Polarisation das Sonnenlicht so weit geschwächt wird, daß man mit einem Dämpfglas beobachten kann (s. [8]). Blickt man ohne solche Vorrichtungen durch ein Fernrohr auf die Sonne, so wird die Netzhaut des Auges sofort zerstört!

Das Sonnenbild stellt sich bei diesen Beobachtungsmethoden als kreisförmige Scheibe dar, die eine Reihe von Details zeigt:

1. Die Flächenhelligkeit der Sonnenscheibe nimmt von der Mitte zum Rand hin ab (*Mitte-Rand-Verdunkelung*).
2. Der Sonnenrand erscheint absolut scharf.

3. Sonnenbilder von genügend hoher Auflösung zeigen eine körnige Struktur der Sonnenoberfläche (*Granulation*).

Außer diesen Erscheinungen, die man zu jeder Zeit beobachten kann, gibt es auf der Sonnenoberfläche auch mehr oder weniger rasch veränderliche Phänomene, von denen die *Sonnenflecken* das auffälligste und deshalb bekannteste darstellen; sie zeigen eine beträchtliche Aktivität der Sonnenoberfläche an.

Es ist deshalb zweckmäßig, die Beobachtungen auf der Sonne in zwei Gruppen einzuteilen, je nachdem sie der *ruhigen* oder der *aktiven* Sonne zuzuordnen sind.

Im vorliegenden Abschnitt soll die ruhige Sonne, in 4.4 dann die aktive Sonne behandelt werden.

4.3.1 Die Photosphäre. Randverdunkelung und Granulation

Die Temperatur der Sonnenoberfläche von etwa 6000 K (vgl. S. 196) zwingt zu dem Schluß, daß die Sonne ein Gasball sein muß, dessen Dichte nach außen mit abnehmendem Schweredruck immer geringer wird. Das Bild der Sonne müßte demnach eine nach außen abnehmende Flächenhelligkeit mit diffuser Grenze zeigen. Tatsächlich beobachtet man auch eine Abnahme der Flächenhelligkeit von der Mitte der Sonnenscheibe zum Rand hin (vgl.Abb.4.15), aber der Sonnenrand erscheint auch bei starker Vergrößerung absolut scharf, wie z.B. der Rand einer glühenden Metallkugel.

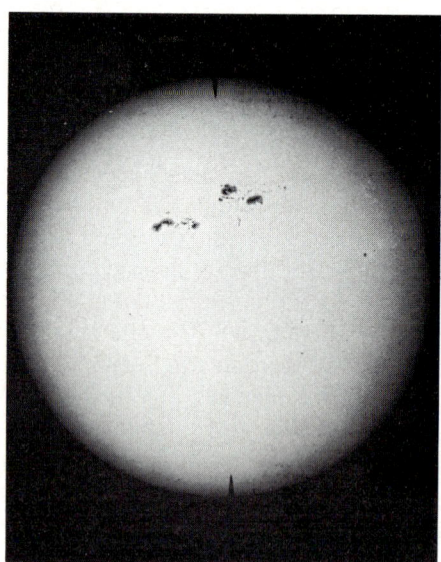

Abb. 4.15 Sonnenscheibe mit Fleckengruppen und Randverdunkelung. Das Sonnenbild zeigt eine starke Abnahme der Flächenhelligkeit von der Mitte zum Scheibenrand. Der Rand selbst erscheint scharf definiert.

Demnach stammt die sichtbare Strahlung der Sonne — wie das Licht einer glühenden Metallkugel — aus einer außerordentlich dünnen Schicht. Diese Schicht bezeichnet man als *Photosphäre.*

Die Randverdunkelung

Die Mitte-Rand-Variation der Flächenhelligkeit auf der Sonnenscheibe kann man leicht messen, indem man das Projektionsbild der Sonne über ein Photometer wandern läßt. (Genauere Beobachtungsanweisungen s. [9], [10]). Verwendet man hierbei Farbfilter, so zeigt es sich, daß der Helligkeitsabfall zum Sonnenrand hin im blauen Spektralbereich stärker ist als im roten, also mit abnehmender Wellenlänge zunimmt (s.Abb. 4.16); die Sonne erscheint am Rand röter als in der Mitte der Scheibe.

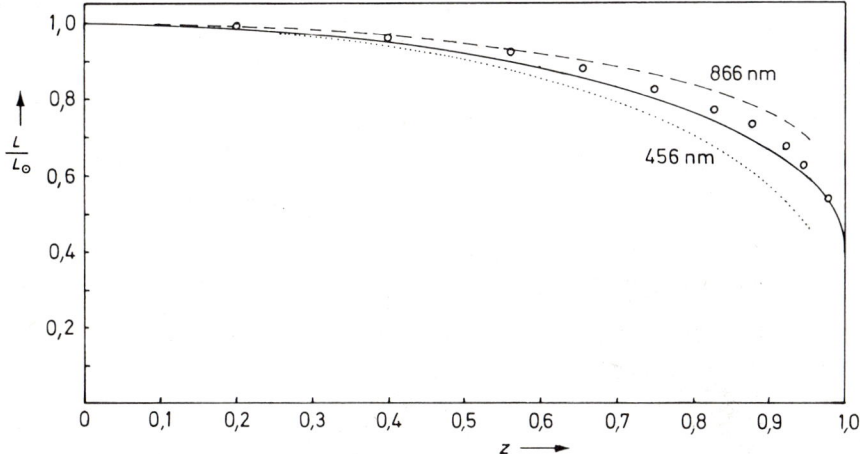

Abb. 4.16 Flächenhelligkeit der Sonnenscheibe in Bruchteilen des Zentralwerts als Funktion des Abstandes z vom Scheibenzentrum (z in Einheiten des Sonnenradius). ——— Gesamtstrahlung berechnet nach Gl. (4-20), ∘ ∘ ∘ ∘ beobachtete Gesamtstrahlung (nach Minnaert), ... bei $\lambda = 456$ nm (violett), − − − − bei $\lambda = 866$ nm (IR)

Aus dem Verlauf der Randverdunkelung unmittelbar am Sonnenrand folgt, daß der steile Helligkeitsabfall von etwa 40% der zentralen Flächenhelligkeit auf null in einer Zone erfolgt, deren Dicke unterhalb der durch die Luftunruhe bedingten Bildunschärfe liegt, d.h. kleiner als 1″ ist. Genauere Untersuchungen des Helligkeitsabfalls in dieser Randzone können bei totalen Sonnenfinsternissen durchgeführt werden. Dabei wird unmittelbar vor (oder nach) der vollständigen Bedeckung der Sonnenscheibe durch den Mond die Helligkeitsabnahme (oder -zunahme) der schmaler (oder breiter) werdenden Sonnensichel gemessen; daraus erhält man für die Dicke der Photosphäre, also derjenigen Schicht, in welcher der erwähnte steile

Helligkeitsabfall erfolgt, ungefähr $\frac{1}{4}''$. Bei einem scheinbaren Sonnenradius von etwa $1000''$ (vgl. S. 188) entspricht dies der Dicke

$$h = \frac{1/4}{1000} \cdot 7 \cdot 10^8 \, \text{m} \approx 200 \, \text{km}$$

Die Wellenlängenabhängigkeit der Randverdunkelung deutet darauf hin, daß es sich dabei um einen Temperatureffekt handelt, denn erfahrungsgemäß ist die Farbe eines glühenden Körpers durch seine Temperatur bestimmt: Bei abnehmender Temperatur geht Weißglut in Rotglut über (vgl. S. 314f). Mit diesem Hinweis läßt sich die beobachtete Mitte-Rand-Variation in folgender Weise deuten und zur Bestimmung des Temperaturverlaufs in der Photosphäre auswerten. Die Photosphäre ist verhältnismäßig wenig durchsichtig. Die Undurchsichtigkeit dieser Gasschicht rührt von der Absorption des Lichts durch negative Wasserstoff-Ionen her. Diese Vorgänge der *Absorption* und *Reemission* (= Wiederausstrahlung) werden S. 242ff behandelt, wo die Entstehung des kontinuierlichen Spektrums der Photosphäre erklärt wird. Innerhalb der rund 200 km dicken Schicht nimmt die Durchsichtigkeit von außen nach innen sehr schnell ab, denn an der Obergrenze der Photosphäre ist die Dichte der absorbierenden negativen Ionen verschwindend klein, nimmt aber nach unten rasch zu.

Abb. 4.17 zeigt die unterschiedliche Einblicktiefe in der Mitte und am Rand der Sonnenscheibe. In der Sonnenscheibenmitte können wir am tiefsten in die Photosphäre hineinblicken. Von hier gegen den Rand nimmt die Einblicktiefe gleichmäßig und deutlich ab. Aus der Randzone erreicht uns nur Licht, das aus der hohen Photosphäre ausgestrahlt wurde. Für das aus tieferen Schichten kommende Licht ist hier der Weg bis zur Oberfläche so lang, daß es vor dem Verlassen der Photosphäre nochmals absorbiert wird.

Aus der Abb. 4.17 ergibt sich demnach, daß die als Temperatureffekt erkannte Mitte-Rand-Variation der Flächenhelligkeit mit der Höhe der Schicht verknüpft ist, aus der wir die Strahlung empfangen. Je näher der Bereich, aus dem wir sichtbares Licht erhalten, am Zentrum der Sonnenscheibe liegt, desto tiefer in der Photosphäre befindet sich die lichtaussendende Schicht, und desto heißer ist sie. Da aber die Flächenhelligkeit mit der Temperatur stark zunimmt − beim schwarzen Strahler nach dem Stefan-Boltzmann-Gesetz proportional zu T^4 (vgl. S. 318) −, muß die Flächenhelligkeit in der Mitte der Sonnenscheibe höher sein als am Rand.

Theoretische Überlegungen zum physikalischen Aufbau der Photosphäre liefern für die Flächenhelligkeit der Gesamtstrahlung in 1.Näherung die Beziehung:

$$L = L_0 \cdot \tfrac{2}{5} (1 + \tfrac{3}{2} \sqrt{1 - z^2}) \tag{4-20}$$

Hier ist $z = x/R_\odot$ der in Einheiten des Sonnenradius $R_\odot$ gemessene Abstand von der Mitte der Sonnenscheibe und L_0 die Flächenhelligkeit im Scheibenzentrum (vgl. Abb. 4.16, S. 217).

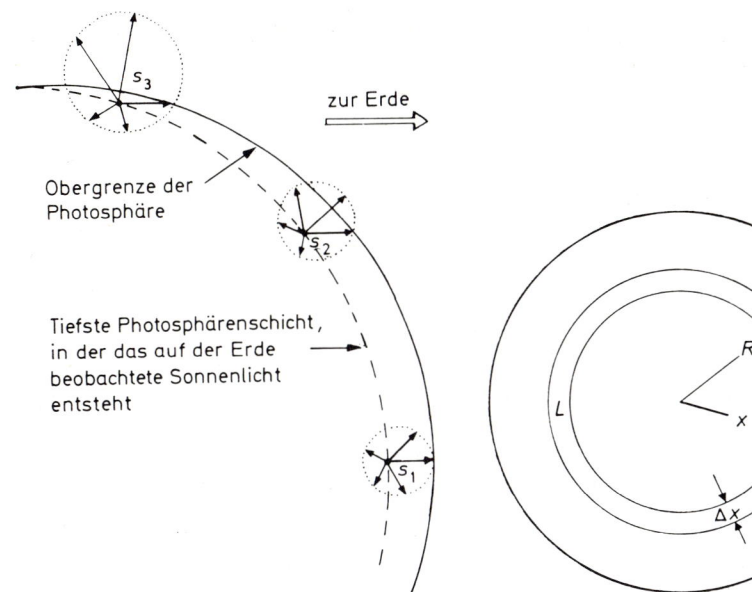

Abb. 4.17 Einblicktiefe in die Photosphäre (Schematisch. Die Dicke der Photosphäre entspricht beim Maßstab der Zeichnung der Dicke der Grenzlinie). Die Länge der Pfeile kennzeichnet die freie Weglänge der Photonen; sie nimmt mit zunehmender Tiefe in der Photosphäre ab

Abb. 4.18 Zur Berechnung der mittleren Flächenhelligkeit der Sonnenscheibe. L ist die Flächenhelligkeit im Abstand x vom Scheibenmittelpunkt

Für den Mittelwert der Flächenhelligkeit der ganzen Sonnenscheibe gilt (vgl. Abb. 4.18):

$$\bar{L} = \frac{1}{\pi R_\odot^2} \int_0^{R_\odot} L \cdot 2\pi x \, dx$$

Setzt man hier die Gl. (4-20) ein, so liefert die Integration:

$$\bar{L} = \tfrac{4}{5} \cdot L_0 \tag{4-21}$$

Damit kann man das Randverdunkelungsgesetz (4-20) in der Form schreiben:

$$L = \frac{\bar{L}}{2}(1 + \tfrac{3}{2}\sqrt{1 - z^2}) \tag{4-22}$$

Verlauf von Temperatur, Druck und Dichte in der Photosphäre

Auf den Zusammenhang zwischen Flächenhelligkeit und Temperatur eines Strahlers wurde oben schon hingewiesen. Verwendet man für die Photosphäre das Modell eines schwarzen Strahlers, das bereits in 4.1.5 mit Erfolg benützt worden ist, so gilt nach dem Stefan-Boltzmann-Gesetz

$$L = \sigma \cdot T^4 \quad \text{und im Mittel} \quad \bar{L} = \sigma \cdot (5770\,\text{K})^4 \tag{4-23}$$

Setzt man dies in Gl. (4-22) ein, so erhält man für die Temperatur der Photosphäre im Abstand z vom Scheibenzentrum:

$$T_z = \sqrt[4]{\tfrac{1}{2} + \tfrac{3}{4}\sqrt{1 - z^2}} \cdot 5770\,\text{K} \tag{4-24}$$

Speziell ist am Sonnenrand, wo man nur die äußersten Schichten der Photosphäre sieht:

$$T_{\text{oben}} = \sqrt[4]{\tfrac{1}{2}} \cdot 5770\,\text{K} = 4852\,\text{K} \tag{4-25}$$

In der Mitte der Sonnenscheibe, von wo uns Strahlung aus allen Schichten der Photosphäre erreicht, ist:

$$T_0 = \sqrt[4]{\tfrac{5}{4}} \cdot 5770\,\text{K} = 6100\,\text{K} \tag{4-26}$$

Nimmt man als einfachstes Modell an, daß die Temperatur in der Photosphäre linear mit der Höhe abnimmt und daß alle Schichten den gleichen Beitrag zur Gesamtstrahlung in der Mitte der Sonnenscheibe liefern, so erhält man für die Temperatur der untersten Photosphärenschichten mit (4-25) und (4-26):

$$T_{\text{unten}} = 2T_0 - T_{\text{oben}} = 7350\,\text{K} \tag{4-27}$$

Den genauen Temperaturverlauf in der Photosphäre kann man mit Hilfe des Randverdunkelungsgesetzes herleiten. Mit plausiblen Annahmen über den physikalischen Aufbau von Sternatmosphären lassen sich dann daraus der Druck- und Dichteverlauf in der Photosphäre ermitteln. Ein solches Modell des Photosphärenaufbaus, das auf der Basis aller verfügbaren Beobachtungsdaten im Jahre 1967 von einer Gruppe von Sonnenphysikern im Hotel „De Bilderberg" bei Arnheim entwickelt worden ist, liefert die in den Abb. 4.19 bis 4.21 dargestellten Höhenabhängigkeiten von Temperatur, Druck und Dichte in der Photosphäre.

Granulation

Bereits mit Instrumenten von etwa 3 Zoll freier Öffnung erkennt man bei gutem Seeing (das Seeing wird durch die Luftunruhe bestimmt; vgl. S. 37f) eine fluktuierende körnige Struktur der Photosphäre, die man als *Granulation* bezeichnet (vgl. Abb. 4.22, S. 222). Die mittleren Abstände der Granulenzentren lassen sich durch statistische Methoden zu etwa $2,5''$ abschätzen. Eine genauere Erforschung der Struktur einzelner Granula ist vom Erdboden aus nicht möglich, denn das Auflösungsvermögen der Fernrohre (vgl. S. 37f) ist bei Sonnenbildern entscheidend durch die Luftunruhe bestimmt und liegt selbst bei sehr gutem Seeing am Erdboden in der Regel bei $1''$ bis $2''$, d.h. es hat die gleiche Größenordnung wie die Granula

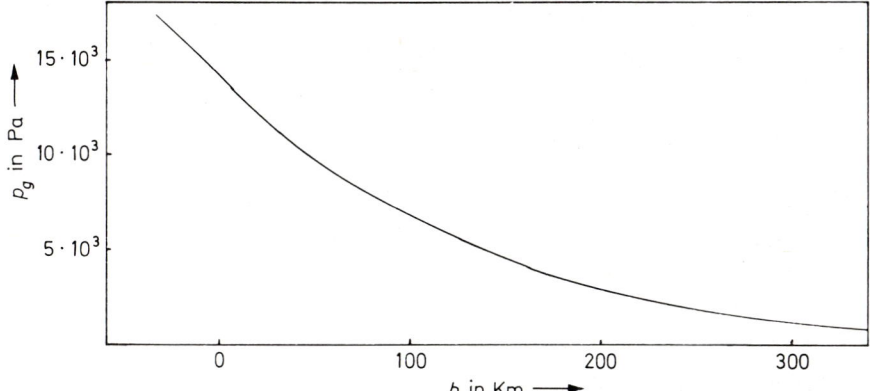

Abb. 4.19 Abnahme des Gasdrucks mit zunehmender Höhe in der
Photosphäre über einem willkürlich angenommenen Nullniveau (,,Bilderberg-Modell'')

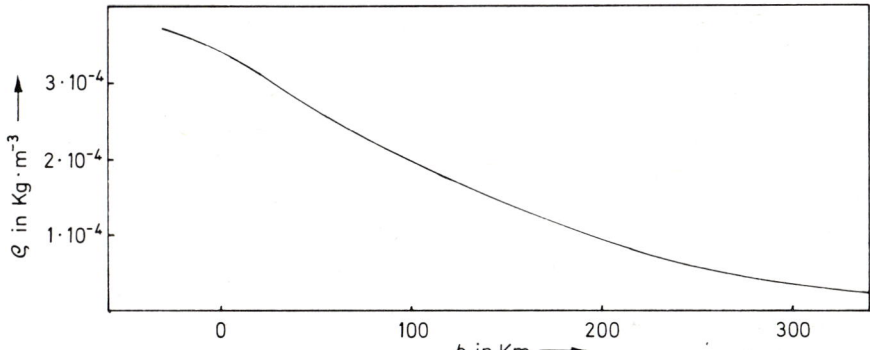

Abb. 4.20 Abnahme der Dichte mit zunehmender Höhe in der Photosphäre über einem willkürlich angenommenen Nullniveau
(,,Bilderberg-Modell'')

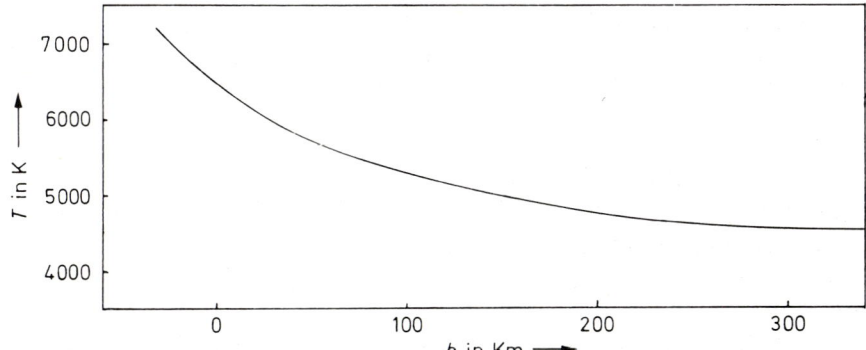

Abb. 4.21 Abnahme der Temperatur mit zunehmender Höhe in der
Photosphäre über einem willkürlich angenommenen
Nullniveau (,,Bilderberg-Modell'')

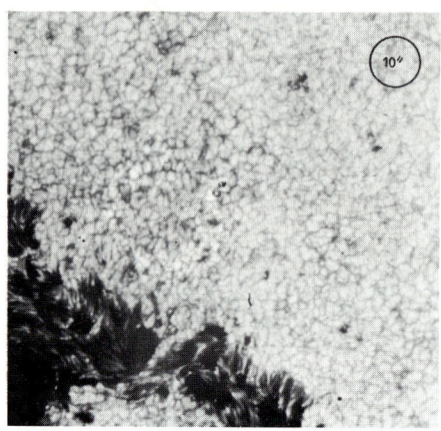

Abb. 4.22 Granulation der Sonnenphotosphäre, aufgenommen mit
einem Teleskop, das von einem Stratosphärenballon in 27 km
Höhe getragen worden war (Stratoskop I, 17.8.1959). Die
Belichtungszeit lag bei 0,001 s, das Auflösungsvermögen bei
0,4″. Der Durchmesser des Kreises oben rechts beträgt 10″

selbst. Der sicherste Weg zur Ausschaltung der Luftunruhe sind photographische
Aufnahmen der Sonne mit sehr kurzen Belichtungszeiten von einem Ort oberhalb
der Erdatmosphäre (d.h. von Erdsatelliten aus) oder wenigstens oberhalb der
Troposphäre, die das Seeing im wesentlichen bestimmt (d.h. mit Ballonteleskopen,
s. Abb. 4.22). In besonders günstigen Fällen sind auch am Erdboden Aufnahmen
mit einer Auflösung von etwa 0,4″ gelungen. Diese hochauflösenden Bilder der
Photosphäre zeigen, daß die Durchmesser der Granula kleiner als 5″ sind (eine untere
Grenze läßt sich nicht angeben, da sie bis jetzt noch durch das Auflösungsvermögen
bestimmt ist). Die Durchmesserwerte häufen sich jedoch stark zwischen 1″ und 2″
mit einem Mittelwert von 1,3″, was einem linearen Durchmesser von etwa 1000 km
entspricht, d.h. die mittlere Fläche eines Granulums ist mit der Fläche der
iberischen Halbinsel vergleichbar.

Die Granula sind durch schmale, dunkle Streifen von weniger als 0,5″ Breite
voneinander getrennt. Die Flächenhelligkeit dieser intergranularen Gebiete liegt um
10% bis 30% unter derjenigen der Granula. Da die Flächenhelligkeit proportional
zur 4.Potenz der effektiven Temperatur ist, entspricht einem Flächenhelligkeits-
unterschied von 20% ein Unterschied der effektiven Temperaturen von 5%; dies
sind bei 6000 K Photosphärentemperatur rund 300 K.

Jede Abbildung der Sonne, welche die Granulation zeigt, läßt auch eine dauernde
Änderung im Detail erkennen, wenn man längere Zeit beobachtet: Während
einzelne Granulen verschwinden, entstehen andere neu. Die durchschnittliche
Lebensdauer eines Granulums ist von der Größenordnung 10 min. Da man auf

Zeitrafferaufnahmen dieser Vorgänge den Eindruck einer brodelnden Flüssigkeit hat, liegt es nahe, mit Hilfe des Dopplereffekts nach Bewegungen in der Photosphäre zu suchen, die für das Entstehen und Vergehen der Granulen verantwortlich sein könnten. Nun erfaßt der Dopplereffekt nur die Relativgeschwindigkeit Lichtquelle – Beobachter, d.h. die Geschwindigkeitskomponente in Blickrichtung. Es ist deshalb nötig, die Geschwindigkeit $\vec{v}$ der Photosphärenmaterie in eine horizontale und eine vertikale Komponente aufgespalten zu denken und diese – an verschiedenen Stellen der Sonnenoberfläche – getrennt zu messen.

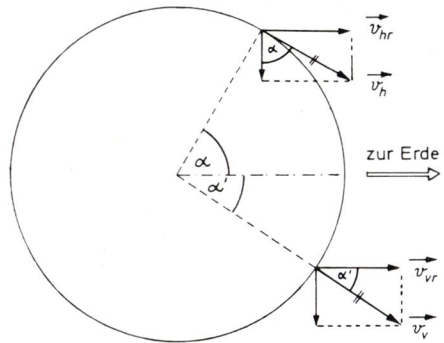

Abb. 4.23 Relativgeschwindigkeiten in bezug auf einen irdischen Beobachter bei horizontaler Bewegung (oben) und vertikaler Bewegung (unten) in der Photosphäre der Sonne.
$v_{hr} = v_h \cdot \sin\alpha$;
$v_{vr} = v_v \cdot \cos\alpha'$.

Die Vertikalkomponente $\vec{v_v}$ beobachtet man zweckmäßigerweise in der Mitte der Sonnenscheibe, da hier $v_{vr} = v_r \cdot \cos\alpha$ für $\alpha = 0$ seinen größten Wert hat, während die Horizontalkomponente am Sonnenrand beobachtet wird (s. Abb. 4.23). Zur Messung des Dopplereffekts bildet man die zu untersuchende Stelle der Sonnenscheibe auf den Spalt des Spektrographen ab. Da hierbei der Spalt Granula und intergranulare Gebiete durchschneidet, ergibt sich ein Bild, wie es die Abb. 4.24 (S. 224) zeigt: Senkrecht zum Spalt treten im kontinuierlichen Spektrum Streifen verschiedener Helligkeit auf; die hellen Streifen sind die Spektren der vom Spalt geschnittenen Granulen, die dunkleren Streifen gehören zu den intergranularen Bereichen. Fraunhoferlinien, die parallel zum Spalt und senkrecht zu diesem Streifensystem stehen, haben sägezahnartig verformte Kanten (s. Abb. 4.25, S. 225), wobei einem „Zahn" auf der einen Seite in der Regel eine „Lücke" auf der anderen Seite entspricht; die einzelnen Stellen der Fraunhoferlinien – die verschiedenen Bereichen der Granulation entsprechen – sind also verschieden stark verschoben. Beobachtet man das Spektrum längere Zeit, so erkennt man, daß die Sägezahnstruktur sich verändert. Da die lokale Verbiegung der Fraunhoferlinien nur durch den Dopplereffekt erklärt werden kann, müssen in der Photosphäre tatsächlich Bewegungen von Gasmassen stattfinden, deren Geschwindigkeiten örtliche und zeitliche Schwankungen aufweisen.

Abb. 4.24 Zur Entstehung des Granulationsspektrums. Aufnahme der
Sonnenscheibenmitte vom Stratosphärenballon aus (Spektro-
stratoskop des Fraunhofer-Instituts, 17.5.1975). Die dunkle
Linie ist das Bild des Spektrographenspalts. Im Ausschnitt
eine Fraunhoferlinie des Granulationsspektrums, durch
Dopplereffekte deformiert. (Länge des Spalts 60″; Belichtungszeit der Granulation 0,004 s, des Spektrums 8 s)

Die Sonnenmitte liefert auf einer kurz belichteten Spektrographenaufnahme die
Ortsabhängigkeit der Vertikalgeschwindigkeit. Dabei beobachtet man längs der
hellen Spektralstreifen, also in den Granula, bei etwa 3/4 aller Fälle eine Dopplerverschiebung nach kleineren Wellenlängen, während längs der dunklen Streifen, d.h.
im intergranularen Bereich, bei etwa dem gleichen Bruchteil der Fälle eine
Verschiebung nach größeren Wellenlängen auftritt (s. Abb. 4.24). In den Granulen
bewegt sich demnach die Materie in der Regel nach oben, während sie in den
intergranularen Gebieten absinkt. Aus den Linienverbiegungen erhält man
Geschwindigkeiten der Größenordnung $v_r = 1\,\mathrm{km\cdot s^{-1}}$.

Ein Modell der Granulation kann man sich herstellen, indem man Paraffin in einem
Metallbehälter mit horizontalem Boden gleichmäßig von unten erwärmt. Streut
man z.B. Aluminiumpulver in das flüssige Paraffin, so kann man die Konvektions-
bewegung beobachten: Es bilden sich Konvektionszellen, in deren Mitte die Materie
aufsteigt, während sie an den Rändern dieser Zellen absinkt. Je nach der Schichtdicke können zwei Konvektionstypen auftreten: Bei dünner Schicht (relativ zur
horizontalen Ausdehnung) sind die Konvektionszellen stabil (*zellulare* oder

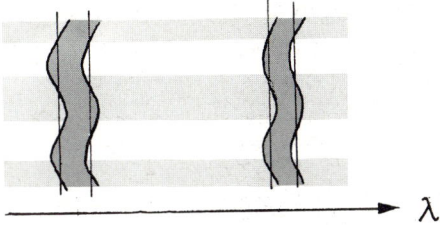

Abb. 4.25 Deformation von Fraunhoferlinien durch den Dopplereffekt infolge von vertikalen Bewegungen in der Granulation (schematisch). Helle Streifen: Aufsteigende Materie in den Granulen. Dunkle Streifen: Absinkende Materie im intergranularen Bereich

stationäre Konvektion), während bei dickeren Schichten die zellulare Struktur dauernden Veränderungen unterworfen ist; dabei lösen sich einzelne Volumelemente ohne erkennbare zeitliche oder räumliche Regelmäßigkeit vom Gefäßboden, steigen auf und verteilen sich unter Wärmeabgabe über die Oberfläche (*turbulente* oder *nichtstationäre* Konvektion). Diese nichtstationäre Form entspricht den Vorgängen in der Photosphäre, welche die Granulation erzeugen, denn auch dort sind die Zellen nicht stabil.

Die Lebensdauer einer solchen Zelle bei nichtstationärer Konvektion ergibt sich in diesem Modellversuch größenordnungsmäßig gleich dem Quotienten von Schichtdicke H_g und Aufstiegsgeschwindigkeit v_g, also gleich der Aufstiegszeit t_g. Überträgt man dieses Ergebnis auf die Sonnengranulation, so kommt man zu der Schichtdicke:

$$H_g = v_g \cdot t_g = 1\,\text{km} \cdot \text{s}^{-1} \cdot 600\,\text{s} = 600\,\text{km}$$

Die Schichtdicke der Granulation ist also von der gleichen Größenordnung wie der Durchmesser der Granulen. Dies beobachtet man auch im Modellversuch bei turbulenter Konvektion, während bei zellularer Konvektion die Zelldurchmesser 2 bis 3 mal so groß sind.

Oszillationen

Betrachtet man nicht die Ortsabhängigkeit der Dopplerverschiebung auf einer Momentaufnahme, d.h. zu einem bestimmten Zeitpunkt, sondern verfolgt die Zeitabhängigkeit der Dopplerverschiebung an einer bestimmten Stelle nahe des Sonnenscheibenzentrums, so zeigt sich im statistischen Mittel, daß Betrag und Vorzeichen der Dopplerverschiebungen sich periodisch ändern. Die mittlere Periode dieser *Oszillationen* ist $T \approx 5$ min, und die Geschwindigkeit der vertikalen Bewegung an einer Stelle läßt sich im Mittel näherungsweise darstellen durch die Geschwindigkeit-Zeit-Funktion einer gedämpften Schwingung

$$v = v_m \cdot e^{-\delta t} \cos(\omega t) \quad \text{mit} \quad \delta \approx 0{,}004\,\text{s}^{-1}, \omega = \frac{2\pi}{T} \approx 0{,}02\,\text{s}^{-1},$$

wobei die Geschwindigkeitsamplitude v_m mit zunehmender Höhe von $0,2\,\text{km}\cdot\text{s}^{-1}$ auf $1,0\,\text{km}\cdot\text{s}^{-1}$ anwächst. Nach durchschnittlich 3 Perioden — es wurden aber schon über 10 Perioden beobachtet — ist die Oszillation abgeklungen, denn dann ist $e^{-\delta t} = 0,03$, und Geschwindigkeitsamplituden, die nur 3% des Anfangswertes betragen, liefern keinen meßbaren Dopplereffekt mehr.

Diese gedämpften Schwingungen der Photosphärenatome zeigen, daß durch die Photosphäre vertikal nach oben *Schallwellen* laufen. Wie beim Anfahren eines Güterzuges nur die Bewegung des einzelnen Wagens beobachtet werden kann, nicht aber das aufeinanderfolgende ruckartige Spannen der Kupplungen, das nur durch ein klapperndes Geräusch angezeigt wird, so kann auch in der Photosphäre nicht die Ausbreitung der Schallwelle, sondern nur die Bewegung der Atome beobachtet werden. Benützt man zur Berechnung der Ausbreitungsgeschwindigkeit der Energie die von Laplace angegebene Gleichung für die Schallgeschwindigkeit in Gasen

$$c_s = \sqrt{\frac{c_p}{c_v} \cdot \frac{R^*}{M^*} \cdot T} \qquad (4\text{-}28)$$

(R^* ist die universelle Gaskonstante, M^* die molare Masse), so erhält man unter der Voraussetzung, daß in der Photosphäre der Wasserstoff das weitaus häufigste Element ist (vgl. Tab. 4.4, S. 241), mit $c_p/c_v = 5/3$, $M = 1\,\text{kg/kmol}$ und $T = 6000\,\text{K}$ für die Schallgeschwindigkeit in der Photosphäre den Wert:

$$c_s = 9\,\text{km/s}$$

Die Schallgeschwindigkeit c_s ist also wesentlich größer als die Schwingungsgeschwindigkeit der Photosphärenatome, wie auch beim Güterzugmodell die Fortpflanzungsgeschwindigkeit der Kupplungsspannung von Wagen zu Wagen viel größer als die Wagengeschwindigkeit ist.

Supergranulation

Spektrogramme vom Sonnenrand zeigen ebenfalls örtlich und zeitlich veränderliche Deformationen der Fraunhoferlinien, die jedoch hier von horizontalen Bewegungen in der Photosphäre herrühren müssen. Genauere Untersuchungen ergaben, daß die Materie in Zellen von $20\,000\,\text{km}$ bis $40\,000\,\text{km}$ Durchmesser mit Geschwindigkeiten v_h von einigen $100\,\text{m/s}$ radial nach außen strömt. Die Geschwindigkeit nimmt mit der Höhe zu.

Die Lebensdauer der Zellen beträgt im Mittel $t_s = 1\,\text{d}$. Für die Schichtdicke dieser sogenannten Supergranulation liefert das Labormodell die Größenordnung

$$H_s = v_h \cdot t_s \approx 0,5\,\text{km}\cdot\text{s}^{-1} \cdot 8,6\cdot 10^4\,\text{s} \approx 4\cdot 10^4\,\text{km}$$

Auch hier ist also die Zellengröße von der gleichen Größenordnung wie die Schichtdicke.

Da H_s größenordnungsmäßig der Dicke der Wasserstoffkonvektionszone entspricht (vgl. S. 213), kann angenommen werden, daß zwischen dieser und der Supergranulation ein direkter Zusammenhang besteht. Weil jedoch eine Theorie der nichtstationären Konvektionsvorgänge in Gasen bis heute nur in Ansätzen existiert, können über die Art dieses Zusammenhangs nur Vermutungen aufgestellt werden. So kann man z.B. zeigen, daß die obere Photosphäre wegen des nach oben abnehmenden Temperaturgefälles $\Delta T/\Delta h$ im Strahlungsgleichgewicht sein muß; dort findet also keine Konvektion mehr statt. Die beobachteten Bewegungsvorgänge könnten dann etwa folgendermaßen erklärt werden: Die in der Wasserstoffkonvektionszone unter der Photosphäre aufsteigenden Gasmassen prallen von unten gegen die stabil geschichtete Photosphäre und erzeugen in ihr — etwa wie ein Platzregen auf einem Blechdach — Schwingungen mit der beobachteten 5 min-Periode; diese führen zu einem akustischen Rauschen, dessen optisches Kennzeichen die Granulation ist.

Bezeichnet man mit ρ die Dichte der Photosphäre, so wird von diesen Schwingungen im Volumelement ΔV die Energie $\Delta E = \frac{1}{2}\rho\Delta V \cdot v_m^2$ transportiert (v_m ist wieder die Geschwindigkeitsamplitude der Schwingung). Der Energiestrom $\left(= \dfrac{\text{Energie}}{\text{Fläche} \times \text{Zeit}} \right)$ der Schallwellen in der Photosphäre wird damit

$$\Phi_w = \frac{\Delta E}{\Delta V} \cdot c_s = \frac{1}{2} \cdot \rho \cdot v_m^2 \cdot c_s \tag{4-29}$$

Nun nimmt mit wachsender Höhe in der Photosphäre sowohl die Dichte als auch die Temperatur, und damit nach Gl. (4-28) die Schallgeschwindigkeit ab; da aber wegen der im Verhältnis zum Sonnenradius sehr geringen Dicke der Photosphäre in ihr der Energiestrom Φ_w nahezu konstant bleiben muß, folgt aus Gl. (4-29), daß die Geschwindigkeitsamplitude v_m nach oben zunimmt; gerade dies beobachtet man tatsächlich.

Aufgaben

1. a) Welche Energie transportieren nach Gl. (4-29) die Schallwellen in der Zeiteinheit durch die Photosphäre nach außen (Mittlere Dichte in der Photosphäre $\rho = 2 \cdot 10^{-4} \, \text{kg} \cdot \text{m}^{-3}$, Geschwindigkeitsamplitude $v_m = 0{,}6 \, \text{km} \cdot \text{s}^{-1}$, Schallgeschwindigkeit $c_s = 9 \, \text{km} \cdot \text{s}^{-1}$)?
   b) Welcher Bruchteil der Gesamtstrahlungsleistung der Sonne ist dies?

2. In welchem Bereich liegt nach den Gl. (4-25) und (4-27) die mittlere thermische Energie der Photosphärenatome?

4.3.2 Spektrum und chemische Zusammensetzung der Photosphäre

Läßt man Sonnenlicht auf den Spalt eines Spektroskops fallen, so erhält man ein kontinuierliches Spektralband mit der Farbenfolge violett-blau-grün-gelb-rot. Senkrecht zur Dispersionsrichtung, also parallel zum Spalt, ist es von einer großen Zahl dunkler Linien durchsetzt, die sich schon beim ersten Anblick deutlich durch ihre Stärke unterscheiden (s. Abb. 4.26). Diese Linien wurden am Anfang des 19.Jahrhunderts entdeckt, und da Joseph von Fraunhofer (1787—1826) im Jahre 1814 als erster ein Verzeichnis von 567 solcher Linien zusammengestellt hat, nennt man sie *Fraunhoferlinien*. Eine kleine Anzahl der von Fraunhofer verzeichneten dunklen Linien im Sonnenspektrum entsteht nicht auf der Sonne, sondern in der Erdatmosphäre; diese Linien erkennt man daran, daß sich ihre Stärke mit der Höhe der Sonne über dem Horizont ändert und daß sie keine Dopplerverschiebung infolge der Sonnenrotation erfahren. Für die folgenden Betrachtungen sind nur die auf der Sonne selbst erzeugten Linien interessant. Eine moderne Zusammenstellung verzeichnet 22 000 Fraunhoferlinien mit genauen Angaben über Wellenlängen, Linienstärken usw.

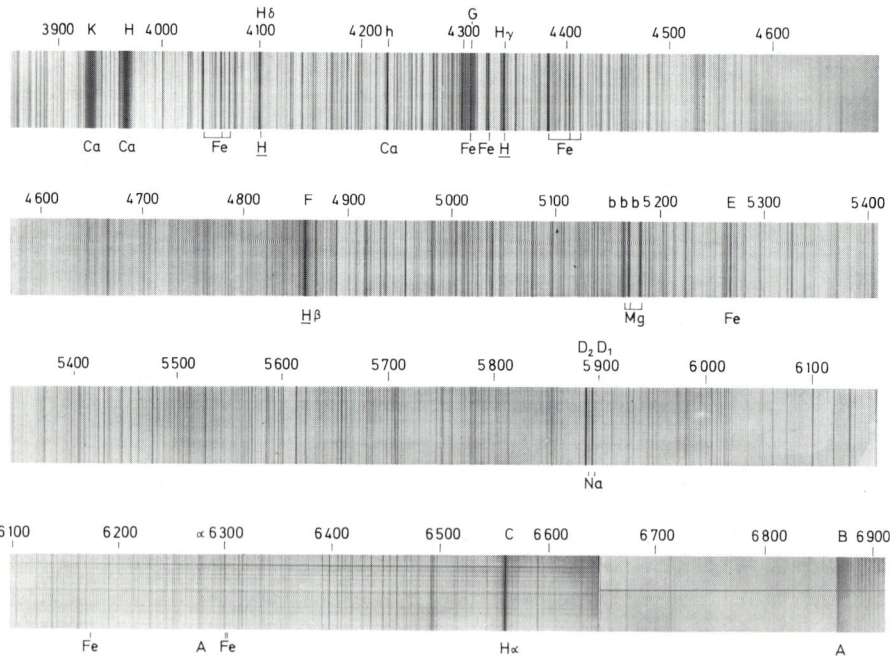

Abb. 4.26 Fraunhoferspektrum der Sonne im Wellenlängenbereich von 390 nm (äußerstes Violett) bis 690 nm (helles Rot).

Wie das Sonnenspektrum bestehen auch die Spektren aller Fixsterne aus einem hellen Kontinuum und dunklen Linien. Die Fraunhoferlinien sind die wichtigste Informationsquelle für die Erforschung der physikalischen Oberflächeneigenschaften der Sterne. Im folgenden werden für den Fixstern Sonne zunächst Entstehung und Informationsgehalt der Fraunhoferlinien behandelt; daran schließen sich dann Erörterungen über die Entstehung des Kontinuums an.

Die Entstehung der Fraunhoferlinien

Dunkle Spektrallinien in einem hellen Kontinuum kann man auch im Labor erzeugen, wenn man das Licht einer hellen Glühlichtquelle, die ja ein kontinuierliches Spektrum erzeugt, durch ein Gas schickt, dessen Temperatur unter der Lichtquellentemperatur liegt. Die dunklen Linien, die man dann im Spektroskop beobachten kann, haben bei verschiedenen Gasen verschiedene Wellenlängen; ihre Stärke und Anzahl hängt ebenfalls von dem verwendeten Gas ab. Sendet das Gas selbst auch Licht aus, so beobachtet man nach dem Abschalten der Glühlichtquelle genau dort helle Linien auf dunklem Grund, wo vorher dunkle Linien auf hellem Grund zu sehen waren.

Nun zeigen atomphysikalische Experimente, daß die Elektronenhüllen der Atome nicht beliebige Energien besitzen können. Wie die Lageenergie einer Handvoll Schrotkörner, die man auf eine Treppe streut, nur ganz bestimmte, von der Höhe der Treppenstufen abhängige Beträge annehmen kann, so kann auch die Elektronenhülle eines Atoms sich nur auf ganz bestimmten, von der Art des Atoms abhängigen Energieniveaus befinden. Der Übergang zu einem höheren Energieniveau erfordert die Aufnahme, der Übergang zu einem niedrigeren Energieniveau die Abgabe eines ganz bestimmten Energiequantums. Geschieht die Energieabgabe durch Emission, die Energieaufnahme durch Absorption elektromagnetischer Strahlung, so ruft ein solches Energiequantum in unserem Auge einen bestimmten Lichteindruck hervor, der einer bestimmten Wellenlänge entspricht. Nach der Lichtquantentheorie von Einstein gilt für den Zusammenhang zwischen der Energie E_{ph} des vom Atom ausgesandten oder absorbierten Lichtquants (oder Photons) und seiner Frequenz f bzw. Wellenlänge λ die Gleichung:

$$E_{ph} = h \cdot f \quad \text{bzw.} \quad E_{ph} = \frac{c \cdot h}{\lambda} \tag{4-30}$$

Hier bedeutet h das Plancksche Wirkungsquantum und c die Lichtgeschwindigkeit. – Da die Wellenlänge des Lichts im sichtbaren Spektralbereich vom roten zum violetten Ende abnimmt, müssen die Photonen des roten Lichts eine kleinere Quantenenergie haben als die des violetten Lichts.

Mit diesen Vorstellungen läßt sich nun die Entstehung eines Emissionslinienspektrums verstehen. Zur Erklärung eines Absorptionslinienspektrums ist aber noch eine zusätzliche Überlegung nötig. Wenn eine Gaswolke G (s. Abb. 4.27) aus der gerichtet einfallenden Kontinuumsstrahlung sämtliche Lichtquanten absorbiert, deren Wellenlängen für das betreffende Gas charakteristisch sind, so sinkt trotzdem an den betroffenen Stellen des Spektrums die Intensität nicht auf null ab. Im Strahlungsgleichgewicht muß die Gaswolke nämlich die gesamte Energie wieder abstrahlen, die sie absorbiert hat. Diese Emission geschieht allerdings nach allen Seiten, so daß der Beobachter nur einen relativ kleinen Bruchteil davon erhält.

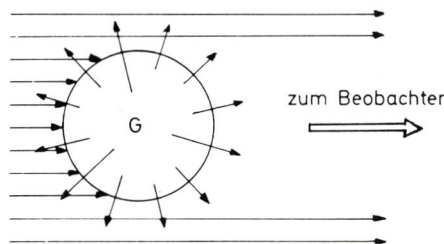

Abb. 4.27 Zur Entstehung der Fraunhoferlinien. Auf eine Gaswolke G fällt parallele Strahlung ein; die Gaswolke emittiert im Strahlungsgleichgewicht die gesamte absorbierte Strahlungsenergie, jedoch ohne Vorzugsrichtung

Jedenfalls bleibt aber für den Beobachter eine gewisse Restintensität in den Absorptionslinien. Bei starker Absorption stammt diese Restintensität nur aus den Schichten der Gaswolke, die dem Beobachter am nächsten sind, während die Restintensität schwächerer Absorptionslinien auch aus tieferen Schichten geliefert werden kann.

Wenn jedes Atom ein charakteristisches Linienspektrum aussendet, so muß es möglich sein, auch aus dem Absorptionslinienspektrum einer Gaswolke auf die Elemente zu schließen, die in der Gaswolke vorkommen. Tatsächlich gelang es bereits im Jahre 1859 den Physikern G.R.Kirchhoff (1824–1887) und R.W. Bunsen (1811–1899), eine Reihe von Fraunhoferlinien bestimmten Elementen zuzuordnen (vgl. Tab. 4.3). Diese Entdeckung bildete die Grundlage für die Erforschung der chemischen Zusammensetzung der Himmelskörper.

Für eine quantitative Spektralanalyse eines Sternspektrums genügt es jedoch nicht, die beobachteten Fraunhoferlinien zu identifizieren. Der Astronom läßt sich hier mit einem Kriminalisten vergleichen, der aus den in einem Zimmer gefundenen Fingerabdrücken zwar feststellen kann, welche Personen dort irgendeinen Gegenstand ohne Handschuhe angefaßt haben, aber damit noch nicht alle Personen kennt, die sich im Zimmer aufgehalten haben; so liefern auch die Fraunhoferlinien im Sonnenspektrum nur diejenigen Elemente, die in dem betrachteten Spektralbereich Absorptionslinien erzeugen. Und wie aus der Anzahl der Fingerabdrücke einer bestimmten Person nicht die Dauer ihres Aufenthalts im Zimmer entnommen werden kann, so ist die Stärke einer Absorptionslinie nicht einfach proportional zu der Zahl der Atome des betreffenden Elements auf dem Lichtweg durch die Gaswolke. Für eine quantitative Analyse des Fraunhoferspektrums ist es deshalb nötig, die Entstehung der Absorptionslinien etwas genauer ins Auge zu fassen.

Tab. 4.3 Einige besonders intensive Fraunhoferlinien mit der von Fraunhofer eingeführten Kennzeichnung durch Buchstaben, ihrer Zuordnung zu bestimmten Elementen und ihrer Wellenlänge. Da die Intensität einer Linie kein Kennzeichen für die Häufigkeit des erzeugenden Elements ist, gibt die Tabelle keinen Hinweis über Elementhäufigkeiten in der Photosphäre der Sonne

Buchstabe (nach Fraunhofer)	Identifizierung	Wellenlänge $\dfrac{\lambda}{nm}$
C	H_α	656,3
D_1	Na	589,6
D_2	Na	589,0
F	H_β	486,1
g	H_γ	434,0
G	Überblendung mehrerer Linien von Fe, Ca, Ti^+, CH	430,8
—	Ca	422,7
h	H_δ	410,2
H	Ca^+	396,8
K	Ca^+	393,4

Das Profil der Spektrallinien

Nach der Einsteinschen Lichtquantentheorie entsteht eine Absorptionslinie der Wellenlänge λ, wenn ein Atom die Energie $\Delta E = h \cdot c/\lambda$ absorbiert (vgl. Gl. (4-30)). Dabei geht ein Elektron im Atom von dem Energieniveau E_m zu einem höheren Energieniveau E_k über; es gilt demnach:

$$E_k - E_m = \frac{h \cdot c}{\lambda} \qquad (4\text{-}31)$$

Aus dieser Gleichung folgt, daß bei scharfen Energieniveaus auch die Wellenlänge, bei der die Absorption stattfindet, sehr genau bestimmt wäre, die Absorptionslinie also sehr schmal sein müßte. In Wirklichkeit sind die Energieniveaus im Atom jedoch nicht ideal scharf. Durch die natürliche Unschärfe der Energieniveaus erhalten die Spektrallinien eine endliche Breite, die sogenannte *natürliche Linienbreite* $\Delta\lambda_N = 1,2 \cdot 10^{-5}$ nm. Linien mit so geringer Breite treten aus zwei Gründen in den Sternspektren nicht auf. Das Atom benötigt zur Absorption eines Lichtquants eine Zeit von der Größenordnung 10^{-8} s. Wenn während dieser Zeit nahe Vorübergänge anderer Atome stattfinden, so wird der Absorptionsvorgang durch die Wechselwirkung der elektrischen Felder gestört und die Energieänderung wird „fehlerhaft"; die von den Atomen der Gaswolke erzeugte Absorptionslinie wird verbreitert. Diesen Störvorgang bezeichnet man als *Stoßdämpfung*; die daraus folgende Linienverbreiterung heißt *Druckverbreiterung*.

Außerdem führt die thermische Bewegung der Atome zu einem Dopplereffekt, der die Wellenlänge des absorbierten Lichtquants verschiebt: Bewegt sich das absorbierende Atom in Richtung auf den Beobachter zu, so werden Photonen kleinerer

Wellenlänge absorbiert als sie sich aus Gl. (4-31) ergeben würde; bewegt sich das Atom vom Beobachter weg, so ist sie größer. Da aber alle Bewegungsrichtungen gleichberechtigt sind, muß die thermische Bewegung der Atome zu einer Verbreiterung der Spektrallinien führen.

Nun gilt ganz allgemein für die relative Wellenlängenänderung durch den Dopplereffekt, wenn v_r die Relativgeschwindigkeit zwischen Lichtquelle und Beobachter ist:

$$\frac{\Delta\lambda}{\lambda} = \frac{v_r}{c}$$

Berücksichtigt man die Maxwellsche Geschwindigkeitsverteilung (s. S. 314), so ist die mittlere Relativgeschwindigkeit bei der Temperatur T:

$$\overline{v_r} = \sqrt{\frac{2R^*T}{M^*}}$$

(R^* ist die universelle Gaskonstante, M^* die molare Masse). Damit ergibt sich für die Dopplerverbreiterung einer Spektrallinie:

$$\Delta\lambda_D = \frac{\lambda}{c}\sqrt{\frac{2R^*T}{M^*}} \qquad\qquad (4\text{-}32)$$

So ist z.B. in der Photosphäre die mittlere Dopplerverbreiterung der sehr schwachen Ti-Linie mit der Wellenlänge $\lambda = 549{,}084$ nm ($M^* = 47{,}9$ kg/kmol, $T = 6\cdot10^3$ K):

$$\Delta\lambda_D = \frac{5{,}491\cdot10^{-7}\,\text{m}}{3\cdot10^8\,\text{m}\cdot\text{s}^{-1}}\sqrt{\frac{2\cdot8{,}314\cdot10^3\,\text{J}\cdot\text{K}^{-1}\,\text{kmol}^{-1}\cdot6\cdot10^3\,\text{K}}{47{,}9\,\text{kg}\cdot\text{kmol}^{-1}}}$$

$$\Delta\lambda_D = 0{,}0026\,\text{nm}$$

Demgegenüber ist die natürliche Linienbreite vollkommen unwesentlich und kann deshalb vernachlässigt werden.

Dopplereffekt und Stoßdämpfung verändern aber nicht nur die Breite, sondern auch die Form der Spektrallinie, ihr *Profil*, und zwar in einer für den betreffenden Effekt charakteristischen Weise. Das Linienprofil läßt sich beschreiben durch eine Funktion, die den Intensitätsverlust ΔI in der Linie in Abhängigkeit von der Wellenlänge λ angibt. Bezeichnet man mit λ_0 die Wellenlänge des Linienzentrums, so liefern theoretische Betrachtungen, die hier zu weit führen würden, die folgenden Funktionen:

$$\Delta I \sim e^{-\frac{(\lambda-\lambda_0)^2}{\Delta\lambda_D^2}} \qquad \text{für reine Dopplerverbreiterung}$$

$$\Delta I \sim \frac{1}{(\lambda-\lambda_0)^2 + (\Delta\lambda_s)^2} \qquad \text{für reine Druckverbreiterung}$$

Hier ist $\Delta\lambda_D$ die durch Gl. (4-32) gegebene Dopplerverbreiterung; sie gibt an, in welchem Abstand vom Linienzentrum der Intensitätsverlust auf den e-ten Teil des Maximalwerts im Linienzentrum gefallen ist. Entsprechend gibt $\Delta\lambda_s$ den Abstand vom Linienzentrum, in dem der Intensitätsverlust auf die Hälfte gesunken ist; $\Delta\lambda_s$ ist also ein Maß für die Stoßdämpfung.

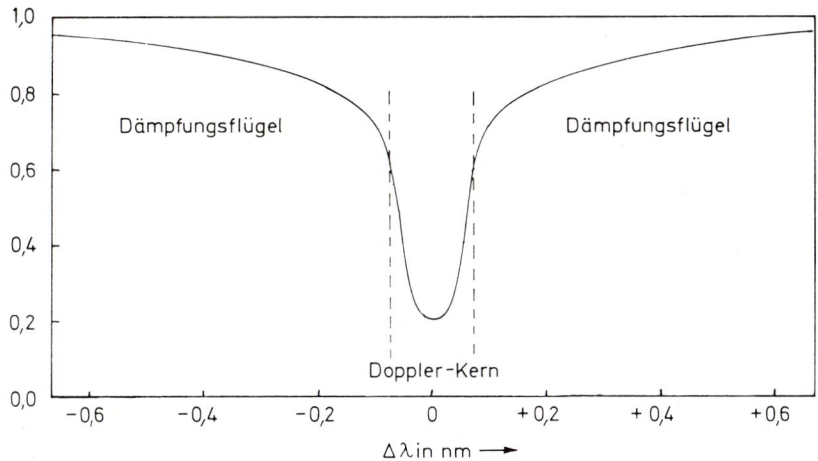

Abb. 4.28 Profil der Wasserstoff-Linie H_α (Wellenlänge $\lambda = 656,3$ nm) aus dem Utrechter photometrischen Atlas des Sonnenspektrums (Beispiel einer „starken" Linie)

Die mit zunehmendem Abstand vom Linienzentrum rasch abfallende Exponentialfunktion beschränkt die Wirkung des Dopplereffekts auf den Kern der Linie. Da der Intensitätsverlust durch Druckverbreiterung viel langsamer abnimmt, wenn man sich vom Linienzentrum entfernt, wirkt sich die Druckverbreiterung besonders auf die Linienflügel aus (vgl. Abb. 4.28).

Die Äquivalentbreite einer Absorptionslinie

Die in einer Absorptionslinie fehlende Intensität des Kontinuums nimmt sowohl mit der Tiefe ΔI_0 der Linie, als auch mit ihrer Halbwertsbreite zu (s. Abb. 4.29); sie ist

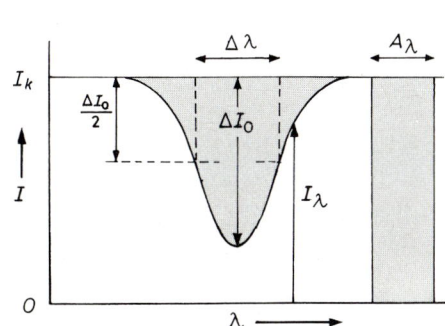

Abb. 4.29 Zur Definition der Halbwertsbreite $\Delta\lambda$ und der Äquivalentbreite A_λ einer Absorptionslinie. I_k ist die Intensität des Kontinuums im Bereich der Linie, ΔI_0 ist die zentrale Einsenkung der Linie und I_λ die Restintensität bei der Wellenlänge λ

also proportional zur Fläche der Linie. Ersetzt man diese Fläche durch eine Rechteckfläche, deren Höhe der Kontinuumsintensität I_k am Ort der Linie entspricht, so ist die Breite A_λ dieser Rechteckfläche bei gegebener Höhe I_k ein Maß für die in der Linie absorbierte Lichtintensität; deshalb nennt man A_λ die Äquivalentbreite der Linie.

Bei der Aufnahme des Spektrums der Sonne oder eines Fixsterns geht stets in der Aufnahmeapparatur Lichtintensität durch Absorption und Reflexion verloren. Im Bereich einer einzelnen Fraunhoferlinie ist aber der in der Apparatur verloren gegangene Bruchteil der Lichtintensität sicher überall gleich. Dies bedeutet, daß alle Ordinaten in Abb. 4.29 im gleichen Verhältnis verkürzt werden. Dann ändert sich aber die Äquivalentbreite nicht; die Äquivalentbreite ist also eine Invariante jeder Messung.

Die Analyse der Fraunhoferlinien. Boltzmann- und Saha-Gleichung. Elementhäufigkeiten in der Photosphäre

Da eine bestimmte Fraunhoferlinie durch eine ganz bestimmte Energieänderung in ganz bestimmten Atomen oder Ionen erzeugt wird, z.B. durch den Übergang vom Energieniveau $E_{i,\,m}$ zur Endenergie $E_{i,\,k}$ eines i-fach ionisierten Atoms, muß die Äquivalentbreite der Linie mit der Zahl der Atome bzw. Ionen zunehmen, die sich in der von dem untersuchten Lichtbündel durchsetzten absorbierenden Schicht auf dem Ausgangsenergieniveau $E_{i,\,m}$ befinden. Nimmt man als Querschnitt des Licht- bündels die Flächeneinheit, so ist diese Zahl $N_{i,\,m} \cdot H$, wenn H die Dicke der Schicht und $N_{i,\,m}$ die Zahl der Atome in der Volumeinheit auf dem betrachteten Ausgangsenergieniveau ist. Nun muß aber berücksichtigt werden, daß nicht alle Energieänderungen im Atom gleich wahrscheinlich sind. Ein Maß für die Wahr- scheinlichkeit eines Übergangs zwischen dem m-ten und dem k-ten Energieniveau ist die sogenannte Oszillatorenstärke f_{mk}, die quantentheoretisch berechnet werden kann. Die Gesamtabsorption in einer Linie und damit die Äquivalentbreite muß also mit $f_{mk} \cdot N_{i,\,m} \cdot H$ zunehmen. Für schwache Linien gilt die einfache Beziehung:

$$A_\lambda \sim f_{mk} \cdot N_{i,\,m} \cdot H \quad \text{oder} \quad A_\lambda = \gamma_\lambda \cdot f_{mk} \cdot N_{i,\,m} \cdot H \qquad (4\text{-}33)$$

Für eine Absorptionslinie mit der Wellenlänge λ_0 liefert die Theorie:

$$\gamma_\lambda = \lambda_0^2 \cdot 8,8 \cdot 10^{-15} \text{ m}$$

Die Proportionalität zur Gesamthöhe H der absorbierenden Schicht beweist, daß Gl. (4-33) nur gilt, wenn die zu der betreffenden Absorptionslinie beitragenden Atome über die ganze Schicht verteilt sind; dies bedeutet, daß die Restintensität in der Linie aus allen Bereichen der absorbierenden Gasschicht stammen muß. Diese Bedingung ist nur bei schwacher Absorption erfüllt, d.h. wenn der größte Teil der Lichtquanten die ganze Schicht ungestört durchsetzt.

Ist der Bruchteil der Lichtquanten, der beim Durchqueren der Gasschicht absorbiert wird, nicht mehr vernachlässigbar klein, so wird die Gl. (4-33) unbrauchbar. Dies ist bei allen stärkeren Fraunhoferlinien der Fall. Welche Beziehung dann zwischen der Äquivalentbreite A_λ und der Anzahl $N_{i,m}H$ der absorbierenden Atome im Lichtweg gilt, kann hier außer Betracht bleiben, denn im Sonnenspektrum kommen so viele schwache Fraunhoferlinien vor, daß mit ihnen allein schon eine chemische Analyse der Photosphäre durchgeführt werden kann. Dagegen spielt dieses Problem bei der chemischen Analyse von Sternatmosphären eine entscheidende Rolle, da in den Spektren vieler Fixsterne wegen ihrer geringen Helligkeit nur die stärksten Absorptionslinien ausgemessen werden können (vgl. 5.2.5).

Im Folgenden soll nun gezeigt werden, wie mit Hilfe schwacher Fraunhoferlinien die chemische Zusammensetzung der Photosphäre ermittelt werden kann. Jeder der dazu nötigen Schritte wird durch Beispiele erläutert.

1.Schritt: Man bestimmt für eine schwache Fraunhoferlinie, deren Herkunft (Element, Ionisationsstufe i, Anfangs- und Endenergieniveau $E_{i,m}$ und $E_{i,k}$) und Oszillatorenstärke f_{mk} bekannt sind, die Äquivalentbreite A_λ und berechnet daraus nach Gl. (4-33) das Produkt $N_{i,m}H$.

Nun liegen aber die Fraunhoferlinien im Sonnenspektrum oft so dicht, daß zwischen ihnen die Intensität I_k des ungestörten Kontinuums nicht mehr direkt gemessen werden kann. Dadurch sind die Äquivalentbreiten einzelner Linien mit beträchtlichen Unsicherheiten behaftet. Da jedoch die Besetzungszahlen $N_{i,m}H$ nur von den Ausgangsniveaus der Linien abhängen, faßt man Gruppen von Linien mit dem gleichen Ausgangsniveau, sogenannte Multipletts, oder wenigstens solche mit nahezu gleichem Ausgangsniveau, die zur gleichen Ionisationsstufe eines bestimmten Elements gehören, zur Mittelwertsbildung zusammen.

Beispiel: Unsöld [11] berechnete aus einer Reihe von schwachen Linien des neutralen Magnesiums im Sonnenspektrum die Anzahl der Magnesium-Atome verschiedener Anregungszustände in einer vertikalen Säule der Photosphäre von 1 m² Querschnitt. Dabei ergab sich u.a. (χ ist die Anregungsenergie):

$$N_{0,1}H = 3{,}16 \cdot 10^{23}\ \mathrm{m}^{-2}\ \text{für den Grundzustand } (\chi_{0,1} = 0\,\mathrm{eV})$$
$$N_{0,m}H = 6{,}46 \cdot 10^{19}\ \mathrm{m}^{-2}\ \text{für das Anregungsniveau } \chi_{0,m} = 5{,}82\,\mathrm{eV}.$$

2.Schritt: Aus der räumlichen Dichte $N_{i,m}$ der Atome, die sich auf der Ionisationsstufe i im Energieniveau der Nummer m befinden, muß nun die Gesamtzahl aller Atome bzw. Ionen des betreffenden Elements bestimmt werden, also die Summe

$$N = \sum_i \sum_m N_{i,m}. \tag{4-34}$$

Dies wäre einfach, wenn die Besetzungszahlen $N_{i,m}$ für alle Ionisationsstufen i und Energieniveaus m bestimmt werden könnten. Da dies aber wegen der Vielzahl von Energieniveaus in der Regel nicht möglich ist, benötigt man eine Gesetzmäßigkeit, die den Zusammenhang zwischen den Besetzungszahlen einzelner Niveaus und der Gesamtzahl aller Atome bzw. Ionen des betreffenden Elements liefert.

Ein Gesetz, das dieses Problem wenigstens teilweise löst, ist das Boltzmannsche Theorem (vgl. S. 314). Es gibt das Verhältnis der Besetzungszahlen des m-ten und des 1.Energieniveaus der i-ten Ionisationsstufe an:

$$\frac{N_{i,m}}{N_{i,1}} = \exp\left(-\frac{\chi_{i,m}}{kT}\right)$$

Hier wurde für die Differenz der Energien des m-ten und des 1.Zustandes $E_{i,m} - E_{i,1} = \chi_{i,m}$ gesetzt; $\chi_{i,m}$ ist also die Energie, die dem Atom zugeführt werden muß, um es vom Grundzustand der i-ten Ionisationsstufe in den m-ten Anregungszustand zu versetzen.

Bei der obigen Form des Boltzmann-Theorems wurde allerdings nicht berücksichtigt, daß manche Energieniveaus unter dem Einfluß äußerer Magnetfelder in mehrere Komponenten aufgespalten werden. Ist die Zahl dieser Komponenten der beiden betrachteten Niveaus $g_{i,m}$ bzw. $g_{i,1}$, so gilt das Boltzmann-Theorem nur für die Besetzungszahlen der einzelnen Komponenten, so daß statt der obigen Gleichung gilt:

$$\frac{N_{i,m}}{g_{i,m}} \cdot \frac{g_{i,1}}{N_{i,1}} = \exp\left(-\frac{\chi_{i,m}}{kT}\right) \tag{4-35}$$

Dies ist die Boltzmann-Gleichung für die Verteilung der Atome bzw. Ionen einer bestimmten Ionisationsstufe auf die verschiedenen Anregungszustände. Aus ihr läßt sich bereits ein erster Wert für die Anregungstemperatur des betreffenden Gases gewinnen.

Beispiel: Die beiden Energieniveaus des Mg aus dem vorhergehenden Beispiel haben die Gewichte $g_{0,1} = 1$ bzw. $g_{0,m} = 10$. Damit folgt aus Gl. (4-35) für die Anregungstemperatur des Mg I in der Photosphäre die Gleichung:

$$\frac{6{,}46 \cdot 10^{19} \cdot 1}{10 \cdot 3{,}16 \cdot 10^{23}} = \exp\left(-\frac{5{,}82 \cdot 1{,}6 \cdot 10^{-19}\,\text{J}}{1{,}38 \cdot 10^{-23}\,\text{J} \cdot \text{K}^{-1}} \cdot \frac{1}{T}\right)$$

$$T = 6250\,\text{K}$$

Da zur Bestimmung dieser Temperatur nur wenige Linien des Mg benutzt wurden, ist die Genauigkeit des Ergebnisses relativ gering.

Nun benötigt man noch ein Gesetz für die Verteilung der Ionen auf die verschiedenen Ionisationsstufen. Bei einer bestimmten Temperatur stellt sich stets ein dynamisches Gleichgewicht ein z.B. zwischen Ionen der Ionisationsstufe 1 und freien Elektronen auf der einen und neutralen Atomen auf der anderen Seite, wobei durch Zusammenstöße laufend Atome ionisiert werden, aber in der Zeit- und Volumeinheit wieder ebenso viele Ionen durch Elektroneneinfang in ein neutrales Atom übergehen. Ähnliche dynamische Gleichgewichte kommen bei chemischen Prozessen vor, wo sie durch das *Massenwirkungsgesetz* beschrieben werden. Im vorliegenden Fall des Ionisationsgleichgewichts hätte das Massenwirkungsgesetz bei N_e freien Elektronen in der Volumeinheit die Form:

$$\frac{N_{1,1} \cdot N_e}{N_{0,1}} = f(T)$$

Die Funktion $f(T)$ läßt sich ebenfalls aus dem Boltzmann-Theorem herleiten (s.z.B. [12]); dann erhält man mit der Elektronenmasse m_e, dem Planckschen Wirkungsquantum h und der Ionisationsarbeit χ_0:

$$\frac{N_{1,1} \cdot N_e}{N_{0,1}} = 2\frac{g_{1,1}}{g_{0,1}} \left(\frac{\sqrt{2\pi m_e kT}}{h}\right)^3 \exp\left(-\frac{\chi_0}{kT}\right) \qquad (4\text{-}36)$$

Diese Gleichung wird nach ihrem Entdecker, dem Inder Megh Nad Saha, als *Saha-Gleichung* bezeichnet.

Kombiniert man die Saha-Gleichung mit den beiden aus Gl. (4-35) erhaltenen Beziehungen

$$\frac{N_{1,m}}{g_{1,m}} = \frac{N_{1,1}}{g_{1,1}} \cdot \exp\left(-\frac{\chi_{1,m}}{kT}\right) \quad \text{und} \quad \frac{N_{0,k}}{g_{0,k}} = \frac{N_{0,1}}{g_{0,1}} \cdot \exp\left(-\frac{\chi_{0,k}}{kT}\right),$$

so erhält man eine Gleichung für das Verhältnis der Besetzungszahlen zweier Energieniveaus in verschiedenen Ionisationsstufen:

$$\frac{N_{1,m}}{g_{1,m}} \cdot \frac{g_{0,k}}{N_{0,k}} = \frac{2}{N_e}\left(\frac{\sqrt{2\pi m_e kT}}{h}\right)^3 \cdot \exp\left(-\frac{\chi_{1,m} - \chi_{0,k} + \chi_0}{kT}\right) \quad (4\text{-}37)$$

Hat man mindestens 2 Paare von Besetzungszahlen beliebiger Anregungszustände aus aufeinanderfolgenden Ionisationsstufen, so erhält man 2 Gleichungen vom Typ (4-37), aus denen die Elektronendichte N_e und die Ionisationstemperatur T bestimmt werden können.

Beispiel: Magnesium besitzt die Ionisationsarbeit $\chi_0 = 7{,}65$ eV, und für das Verhältnis der Besetzungszahlen des Niveaus mit der Anregungsenergie $\chi_{1,m} = 8{,}82$ eV (einfach ionisiertes Magnesium, Mg^+) und des Grundzustandes des neutralen Magnesiums Mg $\chi_{0,k} = 0{,}00$ eV gilt:

$$\lg\left(\frac{N_{1,m}}{g_{1,m}} \cdot \frac{g_{0,k}}{N_{0,k}}\right) = -7{,}27$$

Die Ionisationsenergie des Titan ist $\chi'_0 = 6,81\,\text{eV}$, und für das Verhältnis der Besetzungszahlen der Niveaus mit den Anregungsenergien $\chi'_{1,m} = 1,30\,\text{eV}$ des Ti^+ und $\chi'_{0,k} = 1,50\,\text{eV}$ des Ti ergibt sich:

$$\lg\left(\frac{N'_{1,m}}{g'_{1,m}} \cdot \frac{g'_{0,k}}{N'_{0,k}}\right) = +1,44$$

Schreibt man nun die Gleichung (4-37) einmal für das Magnesiumniveaupaar und einmal für das Titanniveaupaar an, dividiert die beiden Gleichungen und logarithmiert, so hat man eine Bestimmungsgleichung für die Ionisationstemperatur; aus ihr ergibt sich

$$T = 5700\,\text{K}$$

Setzt man diesen Wert in Gl. (4-37) ein, so erhält man die Elektronendichte:

$$N_e = 10^{20}\,\text{m}^{-3}$$

Führt man dies nicht nur für zwei, sondern für möglichst viele Niveaupaare durch, so erhält man als Mittelwerte für die Photosphäre der Sonne:

$$T = 5675\,\text{K} \quad \text{und} \quad N_e = 4 \cdot 10^{19}\,\text{m}^{-3}$$

Da das Licht der hier verwendeten schwachen Fraunhoferlinien auch aus tieferen Photosphärenschichten stammt, sind dies Mittelwerte durch die ganze Photosphäre. Dabei ist bemerkenswert, daß die Ionisationstemperatur gut mit der effektiven Temperatur von 5770 K (vgl. S. 196) übereinstimmt, die nach einer vollkommen anderen Methode erhalten wurde. Deshalb dürfte auch die Ionisationstemperatur nach außen in ähnlicher Weise abnehmen wie die effektive Temperatur.

Statt der Elektronendichte N_e wird häufig der Elektronendruck angegeben. Wendet man die Gesetze der kinetischen Theorie der Gase auf die freien Elektronen an, so gilt für den Elektronendruck

$$p_e = N_e kT \tag{4-38}$$

Mit Hilfe der Saha-Gleichung läßt sich abschätzen, daß der Elektronendruck in der Photosphäre nach außen viel stärker sinkt als die Temperatur; am oberen Rand der Photosphäre beträgt der Elektronendruck nur wenige Promille seines Werts an der Photosphärenbasis (vgl. Aufg. 1).

3. Schritt: Nachdem die Mittelwerte der Ionisationstemperatur und des Elektronendrucks in der Photosphäre bekannt sind, können aus der Boltzmann- und der Saha-Gleichung auch die mittleren Dichten der verschiedenen Elemente bestimmt werden. Summiert man nämlich Gl. (4-35) über alle Anregungszustände m einer bestimmten Ionisationsstufe, so erhält man mit den Abkürzungen

$$N_i = \sum_m N_{i,m} \qquad\qquad u_i(T) = \sum_m g_{i,m} \cdot \exp\left(-\frac{\chi_{i,m}}{kT}\right)$$

die Gleichung:

$$\frac{N_i}{N_{i,1}} = \frac{u_i(T)}{g_{i,1}}$$

(4-39)

(Die u_i bezeichnet man als Zustandssummen)
Eliminiert man $N_{i,1}$ aus Gl. (4-35) und (4-39), so folgt:

$$\frac{N_{i,m}}{N_i} = \frac{g_{i,m}}{u_i(T)} \exp\left(-\frac{\chi_{i,m}}{kT}\right)$$

(4-40)

Da die rechte Seite dieser Gleichung für jedes Element berechnet werden kann, ergibt sich aus ihr für einen aus der Äquivalentbreite berechneten Wert von $N_{i,m}H$ der zugehörige Wert N_iH, also die Zahl der Ionen einer bestimmten Sorte in einer vertikalen Säule mit der Flächeneinheit als Querschnitt.

Beispiel: Für die Photosphärentemperatur von 5765 K erhält man als Näherungswerte der Zustandssummen für das neutrale Mg den Betrag $u_0 = 1,1$, für Mg^+ den Betrag $u_1 = 2$. Nun ergibt sich aus Gl. (4-40)

$$N_iH = u_i(T)\frac{N_{i,m}H}{g_{i,m}} \exp\left(\frac{\chi_{i,m}}{kT}\right)$$

Setzt man hier die bereits bei den vorhergehenden Beispielen verwendeten Werte $N_{0,1}H = 3,16 \cdot 10^{23}$ m^{-2} und $g_{0,1} = 1$ ein, so erhält man mit $T = 5765$ K und der Anregungsenergie des Grundzustandes $\chi_{0,1} = 0,00$ eV:

$$N_0H = 3,5 \cdot 10^{23} \text{ m}^{-2}$$

Da nach dem vorhergehenden Beispiel

$$\frac{N_{1,m}}{g_{1,m}} = \frac{N_{0,1}}{g_{0,1}} \cdot 10^{-7,27}$$

ist, erhält man entsprechend mit $\chi_{1,m} = 8,82$ eV:

$$N_1H = 2 \cdot 3,16 \cdot 10^{23} \text{ m}^{-2} \cdot 10^{-7,27} \cdot \exp\left(\frac{8,82 \cdot 1,6 \cdot 10^{-19} \text{ K}}{1,38 \cdot 10^{-23} \cdot T}\right)$$

$$N_1H = 17,2 \cdot 10^{23} \text{ m}^{-2}$$

Wenn die Besetzungszahlen N_iH nicht für alle Ionisationsstufen bekannt sind, kann auch NH nicht berechnet werden. Nun gibt es aber die Möglichkeit, die Besetzungszahlen aller Ionisationsstufen zu berechnen, wenn nur eine davon bekannt ist. Setzt man nämlich in der Sahagleichung (4-36) $m = 1$, wendet sie auf die $(i + 1)$-te und die i-te Ionisationsstufe an statt auf die 1. und 0. und eliminiert dann $N_{i+1,1}$ und $N_{i,1}$ mit Hilfe von Gl. (4-39), so erhält man:

$$\frac{N_{i+1}}{N_i} = \frac{2}{N_e} \frac{u_{i+1}}{u_i} \left(\frac{\sqrt{2\pi m_e kT}}{h}\right)^3 \cdot \exp\left(-\frac{\chi_i}{kT}\right)$$

(4-41)

Beispiel: Die Ionisationsarbeit für das 2-fach ionisierte Magnesium Mg^{2+} ist $\chi_1 = 15{,}03$ eV; die Zustandssumme u_2 bei Photosphärentemperatur hat die Größenordnung 1. Demnach ist N_2/N_0 für Magnesium in der Photosphäre von der Größenordnung

$$\exp\left(-\frac{\chi_1 - \chi_0}{kT}\right) = \exp\left(-\frac{7{,}38 \cdot 1{,}6 \cdot 10^{-19}}{1{,}38 \cdot 10^{-23} \cdot 5677}\right) = 10^{-6{,}5}$$

Das Magnesium kommt also in der Photosphäre vorwiegend in neutralem und einfach ionisiertem Zustand vor; höhere Ionisationsstufen haben demgegenüber vernachlässigbar kleine Besetzungszahlen. Für die Dichte des Magnesiums in der Photosphäre ergibt sich damit:

$$NH = N_0 H + N_1 H = (3{,}5 + 17{,}2) \cdot 10^{23} \text{ m}^{-2} = 20{,}7 \cdot 10^{23} \text{ m}^{-2}$$

Auf die hier am Beispiel des Magnesiums demonstrierte Art können nun auch die Häufigkeiten anderer Elemente bestimmt werden, allerdings nur in relativen Werten, da die Höhe H der homogen gedachten Photosphäre vorläufig noch unbekannt ist. Schließlich läßt sich mit den Werten von NH für die wichtigsten Elememte auch der Gasdruck an der Basis der Photosphäre berechnen, denn wenn m die Masse eines Atoms ist, so gilt für den von dem betreffenden Element erzeugten „hydrostatischen" Partialdruck (g ist die Schwerebeschleunigung in der Photosphäre):

$$\Delta p_g = m \cdot N \cdot H \cdot g \tag{4-42}$$

Der Gesamtdruck ergibt sich dann nach dem Daltonschen Gesetz als Summe der Partialdrücke.

Will man über eine solche Grobanalyse hinaus die Höhenabhangigkeit von Temperatur, Elektronendruck, Gasdruck und chemischer Zusammensetzung in der Photosphäre ermitteln, so konstruiert man auf Grund der Ergebnisse der Grobanalyse eine Modellatmosphäre, für die man die Äquivalentbreiten der Fraunhoferlinien berechnet, die Ergebnisse mit der Beobachtung vergleicht und das Modell schrittweise so weit verbessert, bis genügende Übereinstimmung zwischen Rechnung und Beobachtung besteht. Ein solches Modell liegt den Abb. 4.19, 4.20, 4.21 und 4.30 zugrunde. Die Tabelle 4.4 gibt das Ergebnis einer Feinanalyse der chemischen Zusammensetzung der Photosphäre wieder. Die Tabelle zeigt, daß Wasserstoff das weitaus häufigste Element in der Photosphäre ist; auf 16 H-Kerne kommt nur 1 Kern des nächsthäufigen Elements He. Alle übrigen hier aufgeführten Elemente liefern zusammen nur etwa 0,14% der Photosphärenatome (s. Aufg. 2); ihr Beitrag zur Massendichte ist allerdings höher: Etwa 24% der Sonnenmasse besteht aus Helium, rund 2% aus schwereren Elementen, und alles übrige ist Wasserstoff. Damit ist nachträglich die schon in 4.2 benutzte Arbeitshypothese, die Sonne bestehe im wesentlichen aus Wasserstoff, gerechtfertigt.

Tab. 4.4 Logarithmen der Verhältnisse von Atomzahl N eines Elements zur Anzahl N_H der Wasserstoffatome in der Photosphäre (Um negative Werte zu vermeiden, wurde überall 12,0 addiert.) Stand 1973 (nach [15])

Ordnungszahl	1	2	6	7	8	10	11	12	13	14
Element	H	He	C	N	O	Ne	Na	Mg	Al	Si
$\lg\left(\dfrac{N}{N_H}\right)+12,0$	12,0	10,8	8,6	7,9	8,9	8,0	6,3	7,5	6,4	7,6

Ordnungszahl	16	20	21	22	23	24	25	26	27	28
Element	S	Ca	Sc	Ti	V	Cr	Mn	Fe	Co	Ni
$\lg\left(\dfrac{N}{N_H}\right)+12,0$	7,2	6,4	3,0	4,6	4,1	5,9	5,4	7,6	4,6	6,4

Ein Vergleich der Abb. 4.19 (S. 221) und 4.30 zeigt, daß der Elektronendruck in der Photosphäre weniger als 0,01% des Gasdrucks beträgt. Setzt man Gleichverteilung der thermischen Energie voraus, so folgt aus Gl. (4-38), daß in der Photosphäre die Elektronendichte N_e rund 10^4 mal geringer als die Dichte der Atome und Ionen ist. In der Tat können Wasserstoff und Helium wegen ihren hohen Ionisationsenergien bei 6000 K nur unwesentlich ionisiert sein. Die Photosphärenelektronen stammen also überwiegend von den Elementen mit geringeren Ionisationsenergien, insbesondere den Metallen.

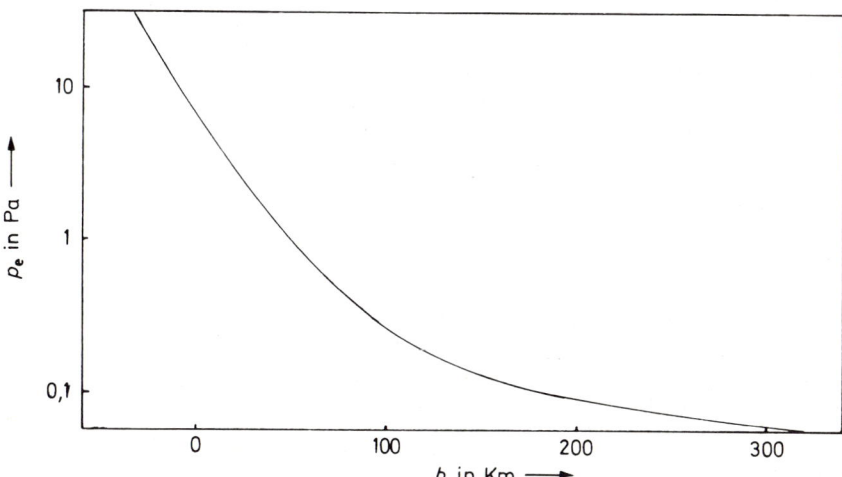

Abb. 4.30 Abnahme des Elektronendrucks mit zunehmender Höhe in der Photosphäre über einem willkürlich angenommenen Nullniveau („Bilderberg-Modell"; s.a. Abb. 4.19–4.21)

Die Entstehung des kontinuierlichen Spektrums der Photosphäre

Wie das Fraunhoferspektrum der Photosphäre entsteht, wurde zwar am Anfang dieses Abschnitts 4.3.2 geklärt. Aber gerade auf Grund der hierzu entwickelten Vorstellungen über die Lichtemission und -absorption eines Gases erscheint es nun vollkommen unverständlich, wie die Photosphäre ein kontinuierliches Spektrum aussenden kann. Denn alle bisherigen Überlegungen führten zu dem Schluß, daß die Photosphäre eine leuchtende Gasschicht darstellt, die wegen ihrer hohen Temperatur praktisch keine Moleküle enthält. Leuchtende einatomige Gase senden aber infolge der für jedes Gas charakteristischen sprunghaften Energieänderungen in der Atomhülle Linienspektren aus. Wie läßt sich dann die Entstehung des kontinuierlichen Spektrums der Photosphäre erklären?

Aus der Grundgleichung (4-30) der Lichtquantentheorie $E_{ph} = h \cdot c/\lambda$ folgt, daß bei der Entstehung eines kontinuierlichen Spektrums, d.h. eines Spektrums, in dem – mindestens im sichtbaren Spektralbereich – alle beliebigen Wellenlängen vorkommen, keine einschränkenden Bedingungen für die Photonenenergien gelten können. Dies ist dann der Fall, wenn die Energie der strahlenden Teilchen nicht „gequantelt" ist, also beliebige Beträge annehmen kann. Nun befinden sich in der Photosphäre wegen ihrer hohen Temperatur viele freie Elektronen, die grundsätzlich jede beliebige kinetische Energie besitzen können. Deshalb können sie auch beliebige Energiebeträge abgeben und daher nach Gl. (4-30) Photonen beliebiger Wellenlänge aussenden. Je nachdem, ob das Elektron nach der Energieabstrahlung immer noch frei oder aber von einem Ion eingefangen worden ist, spricht man von „frei-frei-Strahlung" oder von „frei-gebunden-Strahlung".

Nach den Gesetzen der Elektrodynamik strahlt ein Elektron nur dann Energie ab, wenn es beschleunigt wird. Dazu muß es in die Nähe eines anderen geladenen Teilchens, also eines Ions oder eines anderen Elektrons kommen. Wird es dabei nicht von einem Ion eingefangen, so kann es höchstens seine ganze Bewegungsenergie, also im Mittel $\frac{3}{2} kT$ abgeben. Ein solches Elektron könnte also bei frei-frei-Übergängen nur Wellenlängen aussenden, die größer sind als die Grenzwellenlänge

$$\lambda_{min} = \frac{hc}{\Delta E} = \frac{2hc}{3kT} = \frac{2 \cdot 6{,}63 \cdot 10^{-34} \text{ Js} \cdot 3 \cdot 10^8 \text{ m} \cdot \text{s}^{-1}}{3 \cdot 1{,}38 \cdot 10^{-23} \text{ J} \cdot \text{K}^{-1} \cdot 6 \cdot 10^3 \text{ K}}$$

$$\lambda_{min} = 1{,}6 \cdot 10^{-6} \text{ m} \tag{4-43}$$

Da das sichtbare Spektrum etwa im Bereich $400 \text{ nm} < \lambda < 750 \text{ nm}$ liegt, befindet sich die Grenzwellenlänge 1600 nm bereits im Infrarot. Deshalb darf man nicht erwarten, daß die frei-frei-Strahlung einen wesentlichen Beitrag zum kontinuierlichen Spektrum der Photosphäre im sichtbaren Bereich liefert. Sie dürfte jedoch im Infraroten mit zunehmender Wellenlänge eine immer größere Rolle spielen, denn je kleiner eine Energieänderung ist, desto häufiger dürfte sie vorkommen.

Zur Erklärung des kontinuierlichen Spektrums im sichtbaren Bereich kommt also nur die frei-gebunden-Strahlung in Betracht. Da die Photosphäre zum größten Teil aus Wasserstoff besteht, könnte man dabei zuerst an eine Strahlung denken, die beim Einfang freier Elektronen durch Protonen entsteht. Dazu wäre es jedoch nötig, daß ein beträchtlicher Teil des Wasserstoffs in der Photosphäre ionisiert wäre. Nun ist aber die Ionisationsenergie des Wasserstoffs mit 13,6 eV verhältnismäßig hoch gegenüber der mittleren thermischen Energie

$$\tfrac{3}{2} kT = \tfrac{3}{2} \cdot 1,38 \cdot 10^{-23} \, J \cdot K^{-1} \cdot 6000 \, K = 1,24 \cdot 10^{-19} \, J = 0,78 \, eV \qquad (4\text{-}44)$$

der Atome und Elektronen in der Photosphäre. Deshalb ist der Wasserstoff in der Photosphäre sicher nur zu einem sehr kleinen Bruchteil ionisiert. Tatsächlich liefert die Saha-Gleichung (4-41), wenn man die Zustandssummen $u_0 = 2, u_1 = 1$ einsetzt, näherungsweise:

$$\frac{N_1}{N_0} = \frac{1}{4 \cdot 10^{19} \, m^{-3}} \cdot 1,12 \cdot 10^{27} \exp\left(-\frac{13,6 \cdot 1,6 \cdot 10^{-19}}{1,38 \cdot 10^{-23} \cdot 6000}\right) = 10^{-4}$$

Nur 0,01% der Wasserstoffatome sind also ionisiert. Demnach dürfte der Elektroneneinfang durch Protonen keinen wesentlichen Beitrag zum Photosphärenkontinuum leisten.

Zwar steigt mit abnehmender Ionisationsenergie der Ionisationsgrad rasch an; z.B. hat Caesium mit der Ionisationsenergie 3,9 eV in der Photosphäre einen so hohen Ionisationsgrad, daß auf ein neutrales Atom etwa $3 \cdot 10^5$ Ionen kommen. Da aber die Teilchendichte des Caesium in der Photosphäre rund 10^{10} mal geringer als die des Wasserstoffs ist, sind Cs-Ionen immer noch seltener als Protonen. Die frei-gebunden-Strahlung der schwereren Elemente kann daher ebenfalls keinen merklichen Beitrag zum Photosphärenkontinuum leisten.

Zusammenfassend muß man also feststellen, daß die Kontinuumsstrahlung der Photosphäre einerseits nur durch frei-gebunden-Übergänge der Elektronen entstehen kann, andererseits aber Elektroneneinfang durch Protonen oder andere Ionen zu wenig effektiv ist, als daß damit die intensive Strahlung der Photosphäre erklärt werden könnte. Die Lösung des Problems gelang R. Wildt in Jahre 1938 durch folgende Überlegung: Das eine Elektron des H-Atoms schirmt die positive Kernladung nach außen so unvollständig ab, daß das H-Atom noch ein weiteres Elektron binden kann, wodurch ein (negatives) H⁻-Ion entsteht. Die Bindungsenergie dieses zweiten Elektrons ist sehr viel geringer als die des ersten; sie beträgt nur 0,75 eV. Gerade dieser kleine Wert der Bindungsenergie ist jedoch dafür verantwortlich, daß die beim Einfang von Elektronen durch Wasserstoff-Atome entstehende frei-gebunden-Strahlung in der Photosphäre sehr intensiv ist. Einerseits liegt die langwellige Grenze dieser Strahlung nach Gl. (4-30) bei der Wellenlänge

$$\lambda_{max} = \frac{h \cdot c}{0,75 \, eV} = 16,6 \cdot 10^{-7} \, m = 1660 \, nm. \qquad (4\text{-}45)$$

Strahlung dieser Wellenlänge tritt auf, wenn das eingefangene Elektron keine kinetische Energie besaß. Da die kinetische Energie der Elektronen aber nach oben nicht begrenzt ist, überdeckt die bei der Bildung des H^--Ions freigesetzte Strahlung den ganzen Spektralbereich der kurzen Wellen bis ins ferne Infrarot, wo dann die frei-frei-Strahlung intensiver zu werden beginnt. Zum andern folgt aber aus den oben angestellten Überlegungen, daß sowohl freie Elektronen (infolge der Ionisation von Metallen) als auch neutraler Wasserstoff in der Photosphäre in großer Menge vorhanden sind; die Wahrscheinlichkeit für solche Einfangprozesse dürfte deshalb sehr hoch sein.

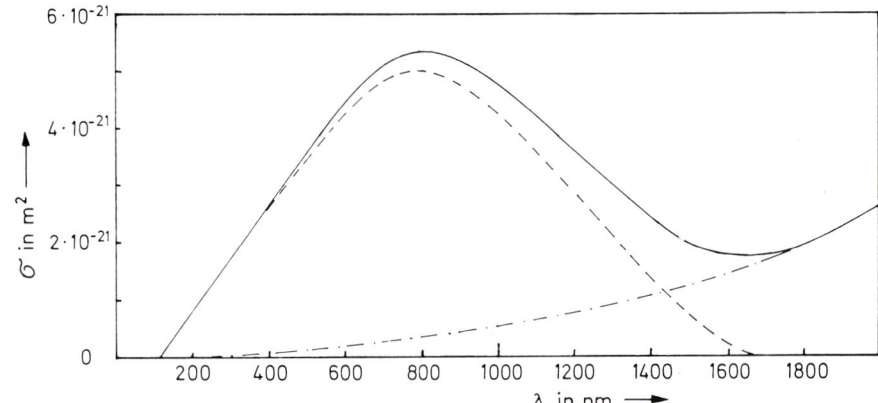

Abb. 4.31 Kontinuierliche Absorption in der Photosphäre in Abhängigkeit von der Wellenlänge. σ ist diejenige Querschnittsfläche,
die ein H^--Ion haben müßte, wenn die Lichtschwächung durch
Schattenwurf dieser Ionen entstünde.
– – – – gebunden-frei-Übergänge ($H^- \rightarrow H + e^-$)
– · – · – frei-frei-Übergänge der Elektronen
————— Gesamtabsorption als Summe der beiden Komponenten

Da aber die zur Trennung des Elektrons vom H^--Ion nötige Energie von 0,75 eV sehr dicht bei der mittleren thermischen Energie der Photosphärenpartikel liegt, die 0,78 eV beträgt, werden H^--Ionen sehr häufig bei Zusammenstößen mit anderen Teilchen in Elektronen und H-Atome zerlegt. Dadurch bleibt der Vorrat an freien Elektronen und neutralen H-Atomen immer genügend hoch. Die Zerlegung der H^--Ionen kann aber auch durch die Absorption eines Photons erfolgen. Dies ist der Grund für die bereits auf S. 218 erwähnte Undurchsichtigkeit der Photosphäre; einerseits wird durch die Zerlegung der H^--Ionen die von unten in die Photosphäre eindringende Strahlung weitgehend absorbiert, andererseits wird durch die Bildung von H^--Ionen die absorbierte Strahlungsenergie an der Oberfläche der Photosphäre wieder abgegeben.

Aufgaben

1. Die Temperatur der Photosphäre fällt von 7350 K an der unteren auf 4850 K an ihrer oberen Grenze ab. Was für ein Verhältnis der Elektronendrücke an der unteren und der oberen Photosphärengrenze ergibt die Saha-Gleichung, wenn man voraussetzt, daß das Besetzungsverhältnis $N_{1,m}/N_{0,k}$ durch die ganze Photosphäre nahezu konstant ist und die Ionisationsenergie der Metalle, von denen die freien Elektronen der Photosphäre in der Mehrzahl stammen, im Mittel 6 eV ist?

2. Wie groß ist der Prozentsatz der Atome bzw. der Masse, mit dem die in Tab. 4.4 aufgeführten Elemente mit Ordnungszahlen $z > 2$ zur Zusammensetzung der Photosphärenmaterie insgesamt beitragen?

3. Das kontinuierliche Spektrum der Photosphäre hat sein Intensitätsmaximum bei der Wellenlänge 500 nm.
   a) Welche Energie haben Photonen, die dieser Wellenlänge zuzuordnen sind?
   b) Welche Temperatur müßte das Photosphärengas haben, wenn es im thermischen Gleichgewicht mit diesen Photonen stünde?

4.3.3 Chromosphäre und Übergangsschicht zur Korona

Daß über der Photosphäre der Sonne noch weitere gasförmige Schichten liegen, zeigt jede totale Sonnenfinsternis sehr eindrucksvoll. Während der partiellen Anfangsphase einer solchen totalen Sonnenfinsternis schiebt sich der Mond vor die Sonnenscheibe und verdeckt diese immer mehr, so daß die Helligkeit am Erdboden laufend abnimmt, bis sie plötzlich mit dem Zeitpunkt der vollständigen Bedeckung der Photosphäre (2.Kontakt) um etwa 5 Zehnerpotenzen abfällt. In diesem Augenblick leuchtet über dem zuletzt bedeckten Photosphärenteil eine dünne, rosafarbene Sichel auf, die sogenannte *Chromosphäre* (= farbige Kugel), die nach außen an die weiß leuchtende, weit ausgedehnte Korona grenzt. Unmittelbar vor dem 3.Kontakt, also bevor der Mond die Photosphäre wieder frei gibt, wiederholt sich das Schauspiel in umgekehrter Reihenfolge.

Die Sichtbarkeit der Chromosphäre ist auf wenige Sekunden nach dem 2. und vor dem 3.Kontakt beschränkt. Aus dieser Sichtbarkeitsdauer kann man ableiten, daß die Chromosphäre bis in eine Höhe von etwa 10 000 km über der Photosphäre reicht.

Während der untere Teil der Chromosphäre im Fernrohr einen homogenen Eindruck macht, zeigen die oberen fünf Sechstel eine Struktur, die an eine brennende Prärie erinnert. Ihre Elemente sind schmale, helle Flammenzungen mit dem mittleren Durchmesser 1000 km, die bis zu 20 000 km hoch reichen können (mittlere Höhe 10 000 km); man bezeichnet sie als *Spicula* (spiculum = Spitze). Beobachtungen im extremen UV, bei denen die Korona schon in einer Höhe von 2000 km über der Photosphäre nachgewiesen werden konnte, unterstreichen die Inhomogenität der oberen Chromosphäre.

Die Flächenhelligkeit der Chromosphäre ist bedeutend geringer als die Helligkeit der Photosphäre; die Helligkeit der Korona ist — verglichen mit Photosphäre und Chromosphäre — extrem schwach. Wenn bei einer totalen Sonnenfinsternis Chromosphäre und Korona sichtbar werden, so ist dies darauf zurückzuführen, daß der als Blende vor der Sonnenscheibe stehende Mond die Entstehung von Streulicht in der Erdatmosphäre verhindert. Die Zeit, während der man bei einer totalen Finsternis Chromosphäre und Korona beobachten kann, ist sehr kurz. Es sind daher immer wieder Versuche unternommen worden, Instrumente zu konstruieren, die mit Hilfe von Blenden das aus der Photosphäre stammende Streulicht stark reduzieren und dadurch wenigstens die Chromosphäre und den innersten, hellsten Teil der Korona sichtbar machen. Diese Versuche hatten erst Erfolg, als B. Lyot

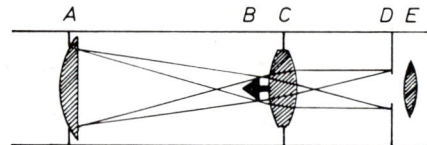

Abb. 4.32 Aufbau des Koronographen von Lyot (schematisch). Erläuterungen im Text. *A* Objektivlinse, *B* Kegelblende, *C* Feldlinse, die *A* nach *D* abbildet, *D* Austrittsblende zur Abschirmung des am Objektivrand bei *A* gebeugten Lichts, *E* Okular bzw. Projektionsobjektiv.

bemerkte, daß außer dem in der Erdatmosphäre entstehenden Streulicht auch das Streulicht ausgeschaltet werden muß, das im Fernrohr selbst entsteht. Mit dem von Lyot entwickelten Koronographen (s. Abb. 4.32) kann die Chromosphäre auch außerhalb der totalen Sonnenfinsternisse beobachtet werden. Dabei handelt es sich um ein Teleskop, bei dem das vom Objektiv entworfene Sonnenbild auf die Spitze eines stumpfen Kegels fällt, dessen Achse auf der optischen Achse des Teleskops liegt und dessen Grundkreis etwas größer als das Sonnenbild ist; dieser Kegel reflektiert das gesamte Photosphärenlicht von der Achse weg nach vorn, wo es durch einen Blendensatz aufgefangen und absorbiert wird. Mit Hilfe einer Feldlinse, in deren Mitte der Blendenkegel sitzt, wird dafür gesorgt, daß außer dem von der Chromosphäre und inneren Korona kommenden Licht möglichst wenig Streulicht ins Okular fällt, so daß dort bei genügend klarer Luft und gutem Seeing die inneren Teile der Sonnenatmosphäre beobachtet werden können (s. Abb. 4.33). Dabei

Abb. 4.33 Innere Korona mit Spiculen. Aufnahmen mit dem Koronographen, oben im Licht der D_3-Linie des Heliums, Mitte und
unten im Licht der $H\alpha$-Linie des Wasserstoffs

lassen sich auch Filmaufnahmen der Chromosphäre herstellen, auf denen man das
Entstehen und Vergehen der Spicula beobachten und statistisch auswerten kann.
So fand man, daß die Spicula eine mittlere Lebensdauer von der Größenordnung
10 min haben und daß sie mit Geschwindigkeiten zwischen 10 und 30 km/s
aufsteigen.

Das Spektrum der Chromosphäre

Spektrographische Untersuchungen der Chromosphäre können nach verschiedenen
Methoden durchgeführt werden. Da die Chromosphäre bei Sonnenfinsternisbeob-
achtungen stets als schmale Sichel erscheint, erübrigt sich ein Spektrographenspalt;
man benötigt nur ein Objektivprisma, dessen brechende Kante senkrecht zur
Relativbewegungsrichtung von Sonne und Mond, d.h. tangential zur Chromosphärensichel steht, um ein Spektrum der Chromosphäre zu erhalten. Dann zeigt
sich dem Beobachter am Fernrohr ein eindrucksvolles Schauspiel: Sobald die
Photosphäre vom Mond bedeckt ist (was allerdings wegen der gebirgigen Mondoberfläche nicht schlagartig vor sich geht), verschwindet das mit Fraunhoferlinien (in

Form der schmaler werdenden Photosphärensichel) durchzogene kontinuierliche Spektrum der Photosphäre, und an seiner Stelle leuchtet auf dunklem Grund ein Emissionslinienspektrum (ebenfalls mit sichelförmigen Linien) auf. Da es nach der vollständigen Bedeckung der Chromosphäre durch den Mond, also spätestens nach einigen Sekunden, wieder verschwindet, bezeichnet man es als *Flash-Spektrum* (flash = Blitz) (s. Abb. 4.34). Wenn die am Sonnenrand beobachtete Chromosphäre ein Emissionslinienspektrum und kein kontinuierliches Spektrum wie die Photosphäre zeigt, so folgt daraus, daß der in der Photosphäre wirksame Absorptions- und Emissionsmechanismus durch Zerfall und Bildung von H⁻-Ionen in der Chromosphäre keine Rolle mehr spielt. Die Grenze zwischen Photosphäre und Chromosphäre ist also durch das nahezu völlige Verschwinden der in der Photosphäre vorhandenen H⁻-Ionen definiert. Eine Erklärung hiefür ergibt sich aus dem Ergebnis der Identifizierung von Chromosphärenlinien.

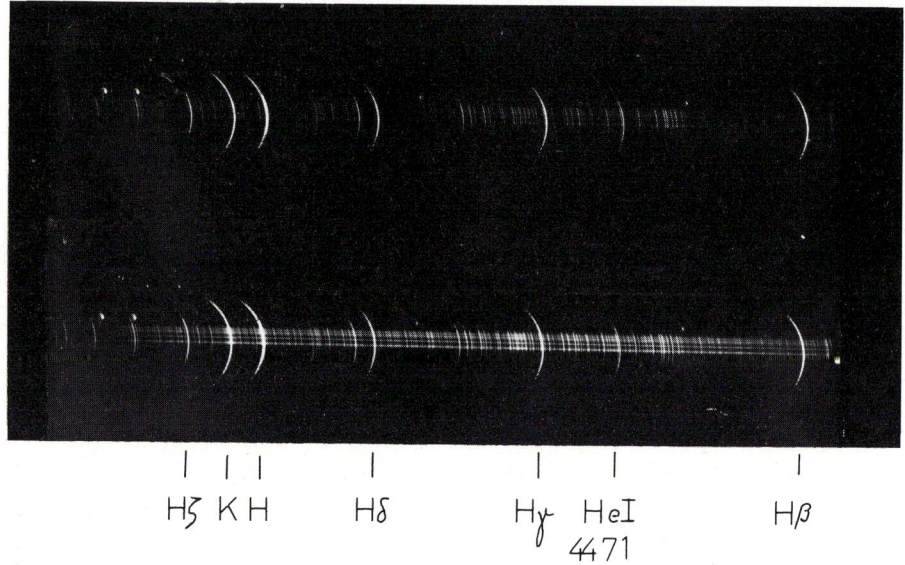

Abb. 4.34 Flash-Spektrum der Chromosphäre, gewonnen während der totalen Sonnenfinsternis vom 25.2.1952

Schon ein flüchtiger Vergleich des Chromosphärenspektrums mit dem Fraunhoferspektrum der Photosphäre zeigt deutliche Unterschiede: Die Linien, zu deren Erzeugung eine hohe Anregungsenergie nötig ist, also insbesondere Linien, die von Ionen emittiert werden, sind relativ stärker, die Linien von geringer Anregungsenergie sind relativ schwächer als im Photosphärenspektrum. Außerdem treten Linien hoher Anregungsenergie von Elementen auf, die im Photosphärenlicht fehlen, so z.B. Linien des neutralen Heliums, besonders die gelbe D_3-Linie mit der Wellenlänge 587,6 nm, deren erste Beobachtung im Jahre 1868 zur Entdeckung des

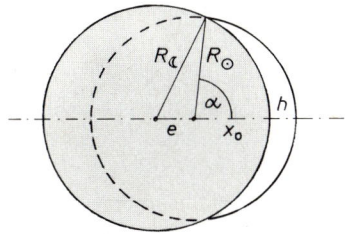

Abb. 4.35 Zur Entstehung des Flash-Spektrums. Der Zentriwinkel 2α einer sichelförmigen Spektrallinie ist von der Höhe h in der Chromosphäre abhängig, in der die betreffende Linie entsteht.

Heliums führte. Die rötliche Färbung der Chromosphäre wird durch die intensive Balmerlinie $H\alpha$ des Wasserstoffs verursacht. Nur das Licht der untersten Chromosphärenschichten zeigt im wesentlichen die Fraunhoferlinien in Emission, stellt also ein umgekehrtes Photosphärenspektrum dar.

Die Länge der Sichelbögen, d.h. deren Zentriwinkel α (s. Abb. 4.35), ist ein Kennzeichen für die maximale Höhe in der Chromosphäre, bis zu der die betreffenden Linien auftreten. Dabei fällt auf, daß die Linien mit hoher Anregungsenergie bis in große Höhen der Chromosphäre hinauf entstehen. Umgekehrt beobachtet man Metallinien mit geringen Anregungsenergien nur im unteren Sechstel der Chromosphäre (s. Tab. 4.5).

Tab. 4.5   Anregungsenergie und maximale Nachweishöhe in der Chromosphäre für einige Linien des Flash-Spektrums

Element und Ionisationsstufe	Wellenlänge $\dfrac{\lambda}{nm}$	Anregungsenergie $\dfrac{\chi}{eV}$	Höhe $\dfrac{h}{km}$
Ca^+ (H und K)	396,3/393,4	9,23/9,25	14 000
H_α	656,3	12,04	12 000
H_β	486,1	12,69	9 000
H_γ	434,0	13,00	8 000
He	447,1	23,63	7 500
He (D_3)	587,6	22,97	7 500
Fe^+, Ti^+			2 500
Na, Mg			1 500
Fe, Ti			300

Die Höhe, bis zu welcher die Linien des Flash-Spektrums entstehen, erhält man noch besser durch eine zweite spektrographische Methode. Dazu legt man den Spektrographenspalt auf einem Sonnenradius quer durch die Chromosphärensichel und verschiebt nun die Photoplatte parallel zum Spalt, so daß die Linien in die Länge gezogen werden. Da beim 2.Kontakt während dieses Vorgangs die Chromosphäre von unten nach oben vom Mond bedeckt wird, werden die Linien umso länger abgebildet, je höher ihr Entstehungsort in der Chromosphäre liegt (Moving-plate-Spektrum, s. Abb. 4.36). Die hellsten Linien der Chromosphäre können übrigens mit einem derartig querstehenden Spalt des Spektrographen auch außerhalb von Finsternissen beobachtet werden. Bei dieser Methode zeigt sich deutlich, daß die starken Chromosphärenlinien hauptsächlich in den Spicula entstehen.

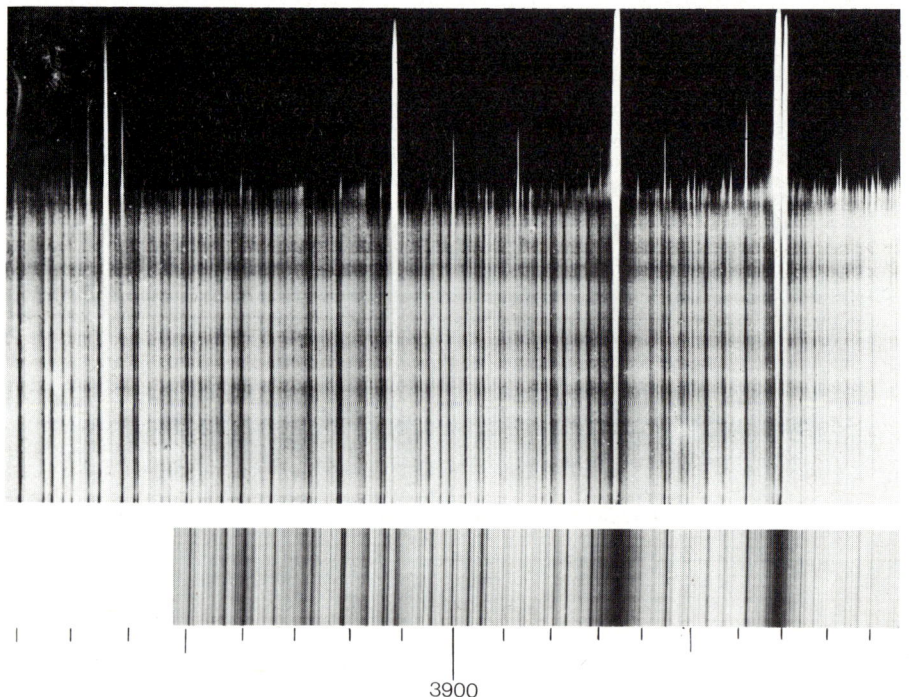

3900

Abb. 4.36 Moving-plate-Spektrum der Chromosphäre, gewonnen während der totalen Sonnenfinsternis vom 30.8.1905. Übergang von der Photosphäre (unten) zur Chromosphäre. Die Länge der Linien kennzeichnet die maximale Höhe ihrer Entstehung in der Chromosphäre. Die beiden starken, nahezu zusammenfallenden Linien rechts sind die Linie H_ϵ des Wasserstoffs und H des Ca^+. Links davon die starke K-Linie des Ca^+

Bei der Beobachtung der Chromosphäre wirkt sich die Absorption des Lichts in der Erdatmosphäre stärker aus als bei der Untersuchung der viel helleren Photosphäre. Absorbieren doch die in der Atmosphäre enthaltenen Gase in sehr unterschiedlichen Spektralbereichen, so daß durch die Überlagerungen ihrer Absorptionswirkungen die Atmosphäre beinahe für alle Wellenlängen mehr oder weniger stark absorbiert. Gut durchlässig ist sie nur in zwei Bereichen, nämlich etwa zwischen 300 nm und 1000 nm, also im sichtbaren Spektralbereich und seiner unmittelbaren Umgebung, und zwischen 1 mm und 20 m, d.h. im Radiowellengebiet. Die kurzwellige Grenze wird durch das Ozon bestimmt; außerdem wirkt sich die Streuung des Lichts an den Luftmolekülen mit abnehmender Wellenlänge immer stärker aus. Die Infrarotabsorption ist hauptsächlich auf den Wasserdampf in der Atmosphäre zurückzuführen; sie reicht bis ins Gebiet der Millimeterwellen, während oberhalb von 20 m die Ionosphäre die von außen kommenden Wellen reflektiert. Um das Chromosphärenspektrum im Spektralbereich $\lambda < 300$ nm beobachten zu können, muß mit Teleskopen in Raketen oder Satellitenstationen außerhalb der Atmosphäre gearbeitet werden. Da das Photosphärenkontinuum in diesem Spektralbereich mit abnehmender Wellenlänge rasch an Intensität abnimmt (vgl. S. 242ff), heben sich die Emissionslinien der Chromosphäre immer deutlicher vom verblassenden kontinuierlichen Untergrund ab, d.h. man kann hier das Sonnenbild direkt auf den Spektrographenspalt werfen und benötigt keinen Koronographen zur Abdeckung der Photosphäre. Neben den Linien des neutralen Heliums bei 58,4 nm und des einfach ionisierten Heliums He^+ bei 30,4 nm und 25,6 nm dominiert die Lyman-α-Linie des Wasserstoffs bei 121,6 nm. Eine Zusammenstellung starker Emissionslinien in diesem Bereich zeigt die Tabelle 4.6.

Tab. 4.6 Emissionslinien der Chromosphäre und Korona im Ultraviolett- und Röntgengebiet. Linien mit Anregungsenergien höher als 200 eV stammen aus der Korona.

Wellenlänge $\dfrac{\lambda}{nm}$	Element und Ionisationsstufe	Ionisationsenergie $\dfrac{\chi}{eV}$
25,6	He^+	54
28,3	Fe^{14+}	390
30,4	He^+	54
36,8	Mg^{8+}	328
58,4	He	25
97,7	C^{2+}	48
102,6	H (Lyman β)	14
103,2/103,8	O^{5+}	138
117,5	C^{2+}	48
120,7	Si^{2+}	33
121,6	H (Lyman α)	14

Auch im sichtbaren Spektralbereich kann man die Chromosphäre vor der Sonnenscheibe beobachten, allerdings nur bei bestimmten Wellenlängen. Im Kern starker
Fraunhoferlinien ist die Absorption nämlich so intensiv, daß die Restintensität nur
aus den höchsten Schichten stammt, in denen die absorbierenden Atome oder Ionen
vorkommen. Diese Schichten liegen, wie die Tabelle 4.5 zeigt, z.B. für die H- und
K-Linie des ionisierten Kalziums oder die Hα-Linie des Wasserstoffs schon in der
Chromosphäre. Photographiert man also die Sonne durch eine Filterkombination,
die nur für das Licht aus einem schmalen Wellenlängenbereich im Kern einer starken
Fraunhoferlinie durchlässig ist, so erhält man ein Bild derjenigen Schicht in der
mittleren oder unteren Chromosphäre, aus der das Restlicht in der Linie stammt.
Je tiefer die Linieneinsenkung, umso höher liegt die erfaßte Schicht. Durch
Variation der zur Abbildung benützten Wellenlänge innerhalb der Linie können
verschiedene Schichten der Chromosphäre erfaßt werden (s. Abb. 4.37).

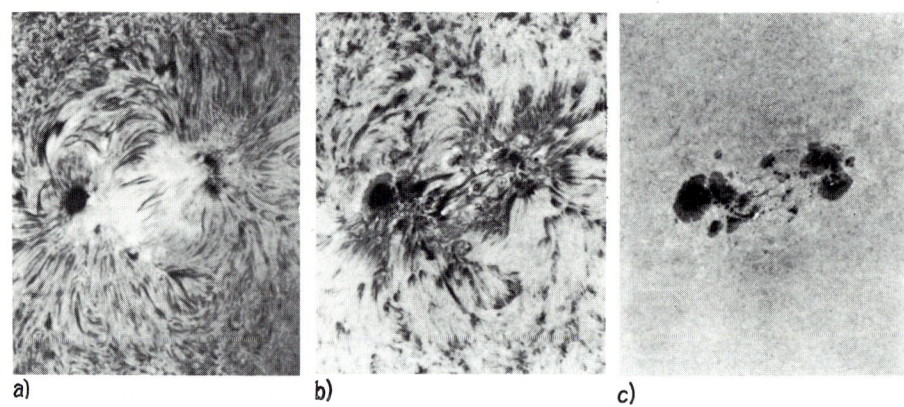

a)   b)   c)

Abb. 4.37 Filtergramme eines Doppelflecks im Lichte der Hα-Linie des
Wasserstoffs (vgl. Abb. 4.28). (a) im Linienzentrum
($\lambda = 656,28$ nm), (b) $\Delta\lambda = 0,08$ nm und (c) $\Delta\lambda = 0,15$ nm vom
Linienzentrum entfernt ($\lambda_b = 656,36$ nm, $\lambda_c = 656,43$ nm).
Je größer der Abstand vom Linienzentrum, desto tiefer
liegen die Wasserstoffwolken, von denen das Licht stammt;
bei (c) erfaßt man den Bereich der Photosphäre

Statt dieser sogenannten Filtergramme kann man auch das Sonnenbild über den
Spalt eines Spektrographen führen, bei dem durch einen entsprechend angebrachten
Austrittsspalt nur Licht einer ganz bestimmten Wellenlänge im Kern einer starken
Fraunhoferlinie ausgeblendet wird. Ein solcher Spektrograph liefert dann eine Folge
von Bildern der auf den Eintrittsspalt fallenden Streifen des Sonnenbildes in einem
schmalen Wellenlängenbereich, die anschließend zu einem Gesamtbild, einem

Spektroheliogramm, zusammengesetzt werden können. Filtergramme bzw. Spektroheliogramme der ungestörten Chromosphäre zeigen je nach der ausgewählten Schicht verschiedene Strukturen (s. Abb. 4.37), wobei die Helligkeitsunterschiede sowohl auf Temperaturunterschiede als auch auf unterschiedliche Dopplerverschiebungen zurückzuführen sind (s.Abb. 4.38).

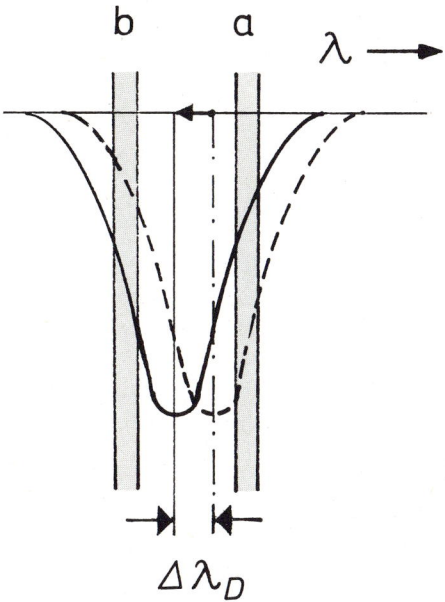

Abb. 4.38 Die Verschiebung einer Absorptionslinie durch Dopplereffekt nach kürzeren Wellenlängen erzeugt in einem bei a aufgestellten Monochromator eine Aufhellung, bei b eine Verdunkelung der betreffenden Stelle auf der Sonnenoberfläche

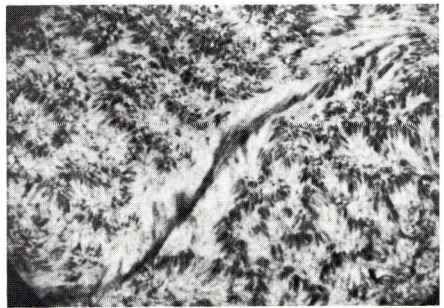

Abb. 4.39 Netzwerk der Supergranulation mit den dunklen fine mottles. (Hα-Filtergramm bei der Wellenlänge Hα + 0,05 nm). Der diagonal verlaufende dunkle Streifen ist ein Filament (vgl. 4.4.3)

Im einzelnen erkennt man auf den Hα-Filtergrammen bei sehr gutem Seeing folgende Einzelheiten (s. Abb. 4.39, S. 253):
1. Dunkle Körner mit Durchmessern zwischen 600 und 1600 km und Lebensdauern von durchschnittlich 10 Minuten (*fine mottles*).
2. Diese Körner bilden rundliche Büschel mit 2000 km bis 8000 km Durchmesser und Lebensdauern von einigen Stunden (*coarse mottles*).
3. Diese Büschel bilden ein Netzwerk mit Maschenweiten von etwa 20 000 km bis 40 000 km und Lebensdauern von der Größenordnung 1 Tag.

Eine Deutung dieser Beobachtungsergebnisse ist angesichts der inhomogenen Struktur der Chromosphäre, die von den Spicula angezeigt wird, sehr schwierig. Trotzdem kann man folgendes aussagen:

1. Die Beobachtung, daß die Emissionslinien hoher Anregungsenergie in höheren Chromosphärenschichten entstehen als diejenigen niedrigerer Anregungsenergie, zeigt eine Temperatursteigerung mit zunehmender Höhe an — was allerdings zuerst einmal völlig unverständlich ist, denn in allen tieferen Schichten der Sonne fällt die Temperatur nach außen. Aber das Auftreten der Helium-Linien mit Anregungsenergien von etwa 23 eV (s. Tab. 4.5) läßt sich nur durch eine mittlere Temperatur von mehr als 10 000 K erklären (vgl. Aufg. 1). Das thermodynamische Gleichgewicht muß jedoch in der Chromosphäre stark gestört sein, sonst könnten nicht Linien verschiedenster Anregungsenergie in der gleichen Höhe entstehen (s. Tab. 4.5).

2. Wenn beim Beginn der Totalitätsphase einer Sonnenfinsternis die Intensität des sichtbaren Sonnenlichts auf weniger als 0,01% absinkt, obwohl die Chromosphäre mindestens 20 mal so dick wie die Photosphäre und ihre Temperatur im Mittel rund doppelt so hoch ist wie die Photosphärentemperatur, muß die Dichte der Chromosphäre sehr viel kleiner als die der Photosphäre sein.
Die Dichte der Chromosphäre nimmt mit zunehmender Höhe ab, wie dies in Analogie zur Erdatmosphäre zu erwarten ist, und zwar kann aus der Intensitätsabnahme der einzelnen Linien des Flash-Spektrums im Lauf der Bedeckung der Chromosphäre durch den Mond die Dichteabnahme der betreffenden Elemente mit zunehmender Höhe ermittelt werden. In einer isothermen Chromosphäre (überall gleiche Temperatur) wäre nach der barometrischen Höhenformel (s. S. 313f) die Dichte der Atome eines bestimmten Elements in einem bestimmten Anregungszustand gegeben durch die Gleichung:

$$N_n(h) = N_n(0) \cdot \exp\left(-\frac{m_n g}{k \cdot T} \cdot h\right) \tag{4-46}$$

Für die sogenannte Äquivalenthöhe

$$H_n = \frac{k \cdot T}{m_n g}, \tag{4-47}$$

die angibt, in welcher Höhe die Dichte auf den e-ten Teil ($\approx 37\%$) gefallen ist, ergeben sich die Werte in Tab. 4.7.

Tab. 4.7 Äquivalenthöhen einiger Atome und Ionen in der Chromosphäre (Als Äquivalenthöhe bezeichnet man diejenige Höhe, in der die Lichtemission der betreffenden Atome bzw. Ionen auf etwa 37% des Wertes an der Basis der Chromosphäre gefallen ist.)

	H	He	Mg	Al	Mn	Fe	H^+	He^+	Mn^+	Fe^+
$\dfrac{H_n}{km}$	649	1240	400	361	336	403	1300	3333	625	592

Die Ionen reichen also bis in größere Höhen als die neutralen Atome, d.h. der Bruchteil der ionisierten Atome, der Ionisationsgrad, nimmt mit der Höhe zu; auch dies ist ein Hinweis für eine Temperaturzunahme mit der Höhe in der Chromosphäre.

Für die Metalle erhält man ungefähr gleiche Äquivalenthöhen. Da sich aber die Temperatur mit der Höhe ändert, hängen die Äquivalenthöhen von der geometrischen Höhe in der Chromosphäre ab, wie es die Abb. 4.40 zeigt. Wäre die Chromosphäre im hydrostatischen Gleichgewicht, so könnte man nach Gl. (4-47) zu den Äquivalenthöhen die Temperaturen berechnen, und die Abb. 4.40 würde dann auch den Temperaturanstieg in der Chromosphäre wiedergeben; nimmt man z.B. für $h = 0$ noch die Temperatur der oberen Photosphäre von 4800 K an, so entspricht der fünffachen Äquivalenthöhe für $h = 4000$ km auch die fünffache Temperatur, d.h. 24 000 K. Dabei wurde aber nicht berücksichtigt, daß die Existenz der Spicula auf eine turbulente Struktur der Chromosphäre hinweist, daß also die Höhe, bis zu der bestimmte Atome oder Ionen in der Chromosphäre nachgewiesen werden können, nicht nur vom Temperaturverlauf mit der Höhe, sondern auch von den turbulenten Bewegungen der chromosphärischen Materie bestimmt ist.

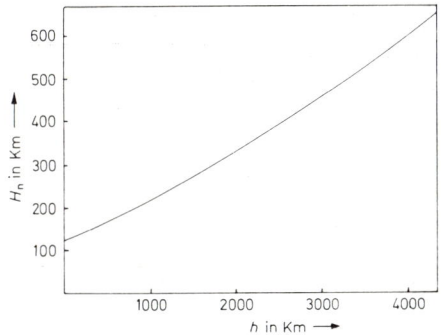

Abb. 4.40 Mittlere Äquivalenthöhen H_n der Metalle in Abhängigkeit von der geometrischen Höhe h in der Chromosphäre (H_n gibt an, in welcher Höhe die Intensität der betreffenden Emissionslinie auf 37% gesunken ist)

3. Die Maschen des Netzwerks der fine mottles entsprechen in ihren Ausdehnungen und Lebensdauern der Supergranulation, hängen also vermutlich wie diese mit den in der Wasserstoffkonvektionszone aufsteigenden Gaspaketen zusammen.

4. Die Entstehung der Spicula ist noch nicht geklärt. Helligkeitsmessungen zeigen, daß die Dichte der chromosphärischen Materie in ihnen größer ist als im interspikularen Bereich. Basisdurchmesser und Lebensdauer der Spicula stimmen im Mittel weitgehend mit den Dimensionen und Lebensdauern der fine mottles überein. Deshalb liegt die Vermutung nahe, daß es sich in beiden Fällen um die gleichen Erscheinungen handelt; die fine mottles stellten dann die Projektion der Spicula auf die Sonnenscheibe dar. Dann erhebt sich allerdings die Frage, warum in Abb. 4.39 (S. 253) die fine mottles dunkler als ihre Umgebung erscheinen.
In den Spiculen bewegt sich die Materie nach oben. Sind diese mit den fine mottles identisch, so müßte sich in den fine mottles die Materie auf den Beobachter zu bewegen. Nun ist die Abb. 4.39 (S. 253) ein Hα-Filtergramm, das bei einer etwas größeren Wellenlänge als der von Hα aufgenommen wurde. In Abb. 4.38 (S. 253) entspricht dies der Stellung a, und die Bewegung der leuchtenden Materie auf den Beobachter zu liefert eine Linienverschiebung durch Dopplereffekt nach kleineren Wellenlängen, was nach Abb. 4.38 (S. 253) zu einer Aufhellung der fine mottles gegenüber ihrer Umgebung führen müßte.
Den gegenteiligen Beobachtungsbefund kann man entweder durch eine geringere Dichte oder durch eine geringere Temperatur der fine mottles gegenüber der Umgebung deuten. Nähme man jedoch an, daß die fine mottles aus weniger dichter Materie als die Umgebung bestehen, so stünde dies im Widerspruch zu den Untersuchungsergebnissen an den Spikulen, und man müßte die Hypothese einer Identität von fine mottles und Spicula fallen lassen. Erklärt man die geringere Helligkeit der fine mottles als Temperatureffekt, so müßte in der vom Filtergramm Abb. 4.39 erfaßten Chromosphärenschicht die Temperatur der fine mottles bzw. der Spicula unter der Umgebungstemperatur liegen. Diese Annahme ist verträglich mit den Vorstellungen über die Aufheizung der Chromosphäre und Korona, die im Folgenden entwickelt werden.

Die Übergangsschicht

Der Temperaturanstieg, den man in der Chromosphäre mit zunehmender Höhe feststellt, muß auf einen Stau der von der Sonne nach außen strömenden Energie zurückzuführen sein. Dabei kann es sich nicht um Strahlungsenergie handeln, denn nach dem 2.Hauptsatz der Wärmelehre strömt Wärmeenergie — in diesem Fall in Form von Wärmestrahlung der Photosphäre — niemals von einem Körper tieferer zu einem Körper höherer Temperatur. Dagegen kommen für den Energietransport von der Photosphäre zur Korona die Druckwellen in Frage, die von den aufsteigenden Gaspaketen der Wasserstoffkonvektionszone in der Photosphäre erzeugt werden (vgl. S. 220ff). Berechnet man nach Gl. (4-29) den Energiestrom, den diese Wellen durch die untere Chromosphäre transportieren, so erhält man einen Betrag, der völlig ausreicht, die Linienemission der Chromosphäre zu decken (die Emission der Korona ist noch wesentlich geringer).

Es muß also nur noch geklärt werden, durch welchen Mechanismus die Wellenenergie in thermische Energie verwandelt wird. Setzt man c_s aus Gl. (4-28) in (4-29) ein und berücksichtigt, daß nach der Zustandsgleichung idealer Gase zwischen Druck p, Dichte ρ und Temperatur T bei der mittleren Molmasse M^* der Zusammenhang besteht

$$\rho = \frac{M^* \cdot p}{R^* \cdot T},$$

so erhält man für die Energiestromstärke:

$$\Phi_w = \frac{1}{2}\sqrt{\frac{c_p}{c_v} \cdot \frac{M^*}{R^*}} \cdot \frac{p}{\sqrt{T}} \cdot v_m^2 \tag{4-48}$$

Nun nimmt in der Chromosphäre der Druck p — wie in der Erdatmosphäre — mit wachsender Höhe ab, während die Temperatur T nach oben ansteigt; die mittlere Molmasse M^* nimmt ebenfalls mit zunehmender Höhe ab, denn bei wachsender Temperatur steigt der Ionisationsgrad der Materie und damit die Zahl der freien Elektronen relativ zur Anzahl der Atome und Ionen. Dann muß aber nach Gl. (4-48) die Geschwindigkeitsamplitude der mit der Wellenausbreitung verbundenen Teilchenschwingung nach oben zunehmen.

Nähert sich dabei die Teilchengeschwindigkeit v_m der Schallgeschwindigkeit c_s, so wächst die Verdichtung der Materie an der Wellenfront stark an; es bildet sich eine sogenannte Stoßwelle aus, wie sie am Bug eines Flugzeuges entsteht, wenn dieses die Schallgeschwindigkeit erreicht. Im Gegensatz zum Flugzeug können aber die Teilchen in der Schallwelle die Wellenfront nicht durchstoßen, d.h. es bleibt stets $v_m < c_s$. Die Teilchen werden also bei der Annäherung an die Wellenfront gebremst und geben ihre Schwingungsenergie als thermische Bewegungsenergie an die Umgebung ab, was zu einer starken Aufheizung der hochverdichteten Stoßwellenfront führt. Die Zone, in der diese Umwandlung der Wellenenergie in thermische Energie vor sich geht, bezeichnet man als „*Übergangsschicht*" (zwischen Chromosphäre und Korona).

Die in der Übergangsschicht auftretende starke Temperatursteigerung auf nahezu 10^6 K muß nach der Zustandsgleichung idealer Gase $p \sim \rho T$ mit einem entsprechenden Dichteabfall verknüpft sein, denn der Gesamtdruck ist bei hydrostatischem Gleichgewicht gleich dem Gravitationsdruck, und dieser ändert sich in der betrachteten Schicht kaum.

Wegen der hohen Temperatur der Übergangsschicht ist dort die Elektronendichte relativ hoch, da sehr viele Atome ionisiert sind (vgl. Aufg. 3); die elektrische

Leitfähigkeit eines solchen Plasmas ist deshalb sehr gut. Weil aber gute elektrische Leiter stets auch gute Wärmeleiter sind, ist die Wärmeleitfähigkeit der Übergangsschicht ebenfalls gut. Der steile Temperaturanstieg in der Übergangsschicht nach außen führt also zu einem Wärmestrom von der unteren Korona zur Chromosphäre durch die Übergangsschicht. Die von den Schallwellen durch die Chromosphäre nach oben transportierte mechanische Energie wird so nach ihrer Umwandlung in Wärmeenergie teilweise wieder zur Chromosphäre zurückgeleitet und heizt diese von oben her auf.

Eine gewisse Bestätigung dieser Vorstellungen über die Chromosphäre und die Übergangsschicht liefert die Radiostrahlung, über die im Zusammenhang mit der koronalen Radiostrahlung auf S. 265 berichtet wird.

Aufgaben

1. Die D_3-Linie des neutralen Heliums ($\lambda = 587,6$ nm) entsteht durch den Sprung des Leuchtelektrons im He-Atom von dem Ausgangsniveau mit der Energie $\chi_{0,3} = 22,97$ eV.
   a) Welche Energie hat das zugehörige Endniveau dieser Linie?
   b) Welche Temperatur ist nach Gl. (4-40) nötig, damit 0,1% bzw. 1,0% der Helium-Atome die Anregungsenergie $\chi_{0,3}$ besitzen ($g_{0,3} = 15, u_0 = 1$)?

2. An der Basis der Chromosphäre beträgt die Dichte der Materie $\rho_0 = 6 \cdot 10^{-10}$ kg $\cdot$ m^{-3}, die Geschwindigkeitsamplitude der Teilchen $v_m = 10$ km $\cdot$ s^{-1} und die Schallgeschwindigkeit $c_s - 15$ km $\cdot$ s^{-1}. Welchen Betrag hat nach Gl. (4-29) die Energiestromdichte der Schallwellen?

3. Außerhalb der Spicula läßt sich die Elektronendichte in Abhängigkeit von der Temperatur und der Höhe in der Chromosphäre zwischen 2000 km und 10 000 km in guter Näherung durch die Boltzmann-Gleichung darstellen:

$$N_e(h) = N_e(0) \cdot \exp\left(-\alpha \frac{h}{T}\right)$$

   mit $\alpha = 5,7 \cdot 10^{-3}$ K $\cdot$ m^{-1} und $N_e(0) = 3,5 \cdot 10^{17}$ m^{-3}.
   Wie ändert sich der Ionisationsgrad des Wasserstoffs ($\chi_0 = 13,6$ eV) nach der Saha-Gleichung (4-41) in diesem Höhenintervall, wenn bei 2000 km Höhe noch mit 5000 K, bei 10 000 km mit 10 000 K im interspicularen Bereich gerechnet wird ($u_0 = 2, u_1 = 1$)?

4.3.4 Die Sonnenkorona

Wenn bei einer totalen Sonnenfinsternis die Mondscheibe nicht nur die Photosphäre, sondern auch die Chromosphäre bedeckt hat, zeigt sich das in den Abb. 4.41

und 4.42 wiedergegebene Bild: Die dunkle Mondscheibe ist von einem weiß leuchtenden Strahlenkranz umgeben, der sogenannten *Korona* (= Kranz, Krone), deren Helligkeit nach außen abnimmt, aber selbst mit bloßem Auge oft über mehrere Sonnendurchmesser vom Mondrand entfernt noch wahrgenommen werden kann. Die Gestalt dieses Strahlenkranzes ist von Finsternis zu Finsternis verschieden; sie hängt deutlich mit der Fleckentätigkeit der Sonne zusammen (vgl. 4.4.1): Besitzt die Sonne viele Flecken, so zeigt die Korona ungefähr radial nach allen Richtungen verlaufende Strahlen (Maximum-Korona), während bei geringer Fleckentätigkeit der Sonne in der Äquatorzone starke Strahlenbüschel und an den Polen kurze Polarstrahlen auftreten (Minimum-Korona).

Die Gesamthelligkeit der Korona ist ungefähr der millionste Teil der Photosphärenhelligkeit. Die Abnahme ihrer Flächenhelligkeit mit zunehmendem Abstand vom Zentrum der Sonnenscheibe kann dargestellt werden durch die sogenannte Baumbach-Formel:

$$I = I_0 \left(\frac{2{,}56}{z^{17}} + \frac{1{,}42}{z^7} + \frac{0{,}053}{z^{2,5}} \right) \cdot 10^{-6} \qquad (4\text{-}49)$$

Dabei ist I_0 die Flächenhelligkeit der Sonnenmitte und $z = r/R_{\odot}$ der Abstand vom Mittelpunkt der Sonnenscheibe, gemessen in Sonnenradien.

In unmittelbarer Nähe des Sonnenrandes ($z \approx 1$) dominiert das 1.Glied in der Klammer, das einen sehr starken Helligkeitsabfall anzeigt, aber für $z > 1{,}3$ bereits keine Rolle mehr spielt.

Das Koronaspektrum

Die wichtigsten Informationen über den physikalischen Zustand der Sonnenkorona werden aus einer Analyse ihres Spektrums gewonnen. Das Koronaspektrum unterscheidet sich wesentlich von den Spektren der Photosphäre und Chromosphäre und ist aus mehreren Komponenten zusammengesetzt.

a) *K-Korona* (K = kontinuierlich): Kontinuierliches Spektrum mit der gleichen relativen Intensitätsverteilung wie im Photosphärenspektrum. Die K-Korona dominiert für $z < 1{,}3$. Ihre Intensität fällt nach außen rasch ab.

b) *F-Korona* (F = Fraunhofer): Kontinuierliches Spektrum mit Fraunhoferlinien, das eine nahezu unveränderte Kopie des Photosphärenspektrums darstellt. Es herrscht in der äußeren Korona für $z > 2{,}5$ vor.

c) *L-Korona* (L = Linien): In der inneren Korona bei $z < 1{,}5$ überlagert sich dem kontinuierlichen Spektrum ein Emissionslinienspektrum mit etwa 30 Linien.

Abb. 4.41 Sonnenkorona: Fleckenminimum (Finsternis vom 30. 6. 1954)

Abb. 4.42 Sonnenkorona: Fleckenmaximum (Finsternis vom 7. 3. 1970)

Die L-Korona

Die im Spektrum der inneren Korona auftretenden Emissionslinien konnten erst um 1940 identifiziert und einigen hochionisierten Metallatomen zugeordnet werden; vorher neigten die Astronomen lange dazu, die nicht identifizierten Linien einem noch unbekannten Element „Koronium" zuzuschreiben. Die stärkste Linie ist die „grüne Koronalinie", mit der Wellenlänge 530,3 nm, die vom 13-fach ionisierten Eisen (Fe^{13+}) stammt. Die zugehörige Ionisationsenergie $\chi = 355$ eV deutet auf eine sehr hohe Temperatur der Korona, denn die Energie der Teilchen, die durch Stöße solche Ionen erzeugen, kann man nach der Gleichung $\chi = \frac{3}{2} kT$ abschätzen und erhält:

$$T = \frac{2}{3} \frac{\chi}{k} = \frac{2 \cdot 355 \cdot 1{,}6 \cdot 10^{-19} \text{ J}}{3 \cdot 1{,}38 \cdot 10^{-23} \text{ J} \cdot \text{K}^{-1}} = 2{,}7 \cdot 10^6 \text{ K}$$

Auch wenn man für die Korona eine Maxwellverteilung der Teilchengeschwindigkeiten (s. S. 314) voraussetzt, d.h. wenn man berücksichtigt, daß die Ionisationswirkung auch von Teilchen ausgehen kann, deren thermische Energie höher als $\frac{3}{2}kT$ liegt, muß man mit einer Koronatemperatur von der Größenordnung 10^6 K rechnen.

Aus der Dopplerverbreiterung der grünen Koronalinie ergibt sich ebenfalls eine Temperatur von einigen 10^6 K. Setzt man nämlich in Gl. (4-32) die oben berechnete Temperatur ein, so ergibt sich für die Dopplerbreite der Linie:

$$2\Delta\lambda_D = 2 \frac{\lambda}{c} \sqrt{\frac{2kT}{m_{Fe}}} =$$

$$2 \frac{5{,}3 \cdot 10^{-7} \text{ m}}{3 \cdot 10^8 \text{ m/s}} \sqrt{\frac{2 \cdot 1{,}38 \cdot 10^{-23} \text{ J} \cdot \text{K}^{-1} \cdot 2{,}7 \cdot 10^6 \text{ K}}{56 \cdot 1{,}67 \cdot 10^{-27} \text{ kg}}}$$

$$2\Delta\lambda_D = 0{,}1 \text{ nm}$$

Gerade dieser Wert wird aber beobachtet.

Auch die anderen Emissionslinien der Korona gehören zu sehr hoch ionisierten Atomen, deren Existenz sich nur durch eine Temperatur von der Größenordnung 10^6 K deuten läßt. Als Beispiele seien hier erwähnt Ca^{11+} bis Ca^{14+}, Fe^{9+} bis Fe^{14+}, Ni^{11+} bis Ni^{15+} (vgl. Aufg. 1).

Die K-Korona

Subtrahiert man vom Koronaspektrum die Linienemission der L-Korona, die etwa 1% des Koronalichts liefert, so erhält man die aus der K- und F-Korona bestehende „Weiße Korona". Da die F-Korona das gleiche Spektrum wie die Photosphäre besitzt, während die K-Korona keine Absorptionslinien aufweist, können mit Hilfe der Fraunhoferlinien die Anteile der beiden Komponenten an der weißen Korona getrennt werden. Ist nämlich ΔI die zentrale Einsenkung einer Fraunhoferlinie im

Spektrum der weißen Korona, I_K bzw. I_F die Kontinuumsintensität der K- bzw. F-Korona am Ort dieser Linie, so sind Gesamtintensität $I = I_K + I_F$ und relative Einsenkung $\Delta I/I$ meßbar, während vom Photosphärenspektrum her $\Delta I/I_F$ bekannt ist. Der Quotient

$$\frac{\Delta I/I}{\Delta I/I_F} = \frac{I_F}{I}$$

ist also bekannt, und hieraus läßt sich mit bekanntem I auch I_F berechnen, d.h. die Intensität der F-Korona; für die K-Korona-Intensität folgt dann $I_K = I - I_F$. Daß in der Nähe des Sonnenrandes die K-Korona, weit draußen die F-Korona dominiert, wurde bereits erwähnt. Die Intensitäten der beiden Komponenten besitzen also eine verschiedene Abhängigkeit vom Abstand z vom Sonnenzentrum, so daß die Baumbach-Formel (4-49) in 2 Komponenten zerfällt:

$$I_K = I_0 \left(\frac{2{,}56}{z^{17}} + \frac{1{,}12}{z^7} \right) \cdot 10^{-6} \qquad (4\text{-}49\text{a})$$

$$I_F = I_0 \left(\frac{0{,}30}{z^7} + \frac{0{,}053}{z^{2,5}} \right) \cdot 10^{-6} \qquad (4\text{-}49\text{b})$$

Abb. 4.43 gibt eine logarithmische Darstellung des Intensitätsverlaufes beider Komponenten.

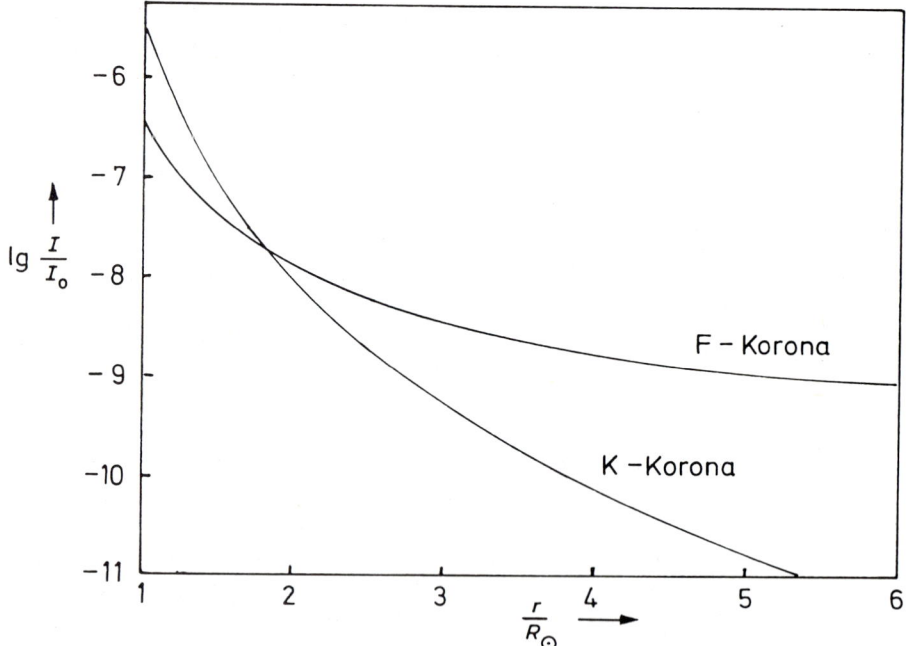

Abb. 4.43 Flächenhelligkeit der Korona (in Einheiten der Flächenhelligkeit der Photosphäre in der Mitte der Sonnenscheibe) als Funktion des Abstandes r vom Zentrum der Sonnenscheibe

Die Tatsache, daß das kontinuierliche Spektrum der weißen Korona die gleiche Energieverteilung aufweist wie das der Photosphäre, deutet darauf hin, daß das von der Korona ausgesandte Licht nicht dort entstanden ist, sondern nur gestreutes Photosphärenlicht ist; es handelt sich also um einen ähnlichen Vorgang wie bei der Streuung des Sonnenlichts an den Wassertröpfchen des bewölkten Himmels: Auch das vom bewölkten Himmel kommende Licht zeigt ein Spektrum, das sich dem Augenschein nach von dem des direkten Sonnenlichts nicht unterscheidet. Enthält die Luft allerdings keine Wassertröpfchen, so ist das an ihren Molekülen gestreute Sonnenlicht bekanntlich blau, d.h. die Streuung des Lichts an Molekülen erfolgt selektiv: Kurzwelliges Licht wird bevorzugt gestreut. Näherungsweise kann man für das Verhältnis der Intensitäten des gestreuten Lichts I_s und des einfallenden Lichts I_e die Beziehung ansetzen:

$$\frac{I_s}{I_e} \sim \frac{1}{\lambda^p} \qquad (p \geqq 0)$$

Dabei nimmt der Exponent p mit zunehmender Größe der streuenden Teilchen ab. Er hat für streuende Atome oder Moleküle den Wert $p = 4$ (Rayleigh-Streuung), für Teilchen von der Größenordnung der Wellenlänge der gestreuten Strahlung ist $p \approx 1$, und für Teilchen, deren Durchmesser groß ist relativ zur Lichtwellenlänge, nähert sich p dem Wert 0, d.h. solche Teilchen streuen nichtselektiv. Diese Abhängigkeit von der Teilchengröße zeigt die Streuung des Sonnenlichts in der Erdatmosphäre sehr deutlich: Bei sehr reiner Luft ist der Himmel tiefblau, d.h. es liegt Rayleigh-Streuung vor, während mit zunehmender Trübung der Luft durch Staub und Dunst die blaue Farbe immer mehr in Weiß übergeht, da die groben Staub- und Dunstteilchen nichtselektiv streuen. Bei der Sonne stimmt die spektrale Intensitätsverteilung der Kontinua von Photosphäre und weißer Korona völlig überein; die Streuung erfolgt demnach nichtselektiv ($p = 0$). Nach den obigen Überlegungen würde dies bedeuten, daß die Korona aus Staubteilchen besteht. Dieser Schluß ist für die K-Korona sicher falsch; bei einer Temperatur von 10^6 K können nicht einmal mehr neutrale Atome existieren, und Staubkörnchen würden sofort verdampfen. Außerdem muß erklärt werden, warum sich das Spektrum der K-Korona von dem der Photosphäre durch das Fehlen von Fraunhoferlinien unterscheidet. Für die Streuung des Lichts in der K-Korona ist also sicher ein anderer Mechanismus verantwortlich als in der Erdatmosphäre.

Nun besteht die innere Korona aus einem hochionisierten Gas, das viele freie Elektronen enthält. Da das Licht zu den elektromagnetischen Wellen gehört — es unterscheidet sich nur durch die Wellenlänge von Radiowellen oder Röntgenstrahlen —, breiten sich im Licht elektrische Wechselfelder aus, in denen die Elektronen und Ionen der inneren Korona senkrecht zur Lichtausbreitungsrichtung Kräfte erfahren und dadurch in Schwingungen versetzt werden. Wegen ihrer sehr viel größeren Masse ist die Schwingungsamplitude der Ionen so viel kleiner als die der Elektronen, daß nur die Elektronenschwingungen eine Rolle spielen. Die mit der Frequenz der Lichtwelle schwingenden Elektronen senden aber wie der

Wechselstrom in einem Sendedipol wieder Wellen gleicher Frequenz aus, und zwar in alle Richtungen mit Ausnahme der Schwingungsrichtung. Bezüglich der Wellenlänge erfolgt daher die Streuung des Lichts an freien Elektronen nichtselektiv, wie man dies in der K-Korona auch beobachtet. Dagegen werden von der Erde aus gewisse Schwingungsrichtungen bevorzugt beobachtet; das Streulicht ist polarisiert. Schwingt nämlich ein Elektron nach Abb. 4.44 in der Zeichenebene mit der Amplitude x, so ist die von der Erde aus beobachtete Amplitude $x' < x$, während bei einem senkrecht zur Zeichenebene schwingenden Elektron $x' = x$ ist. Demnach müßte man auf der Erde bevorzugt solches Koronalicht beobachten, dessen Schwingungsebene senkrecht zum Radius der Sonnenscheibe steht. Gerade dies stellt man aber tatsächlich fest.

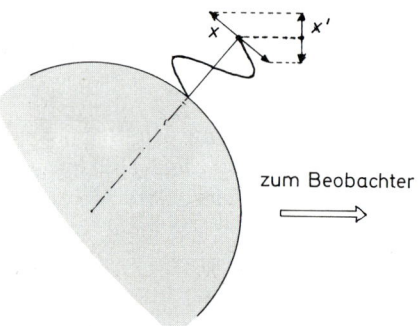

Abb. 4.44 Zur Polarisation des Lichts bei der Streuung an freien Elektronen in der Korona. Eine senkrecht zur Zeichenebene schwingende Lichtwelle behält bei der Streuung ihre Amplitude x bei

Es bleibt nun noch die Frage zu klären, weshalb das Spektrum der K-Korona keine Fraunhoferlinien enthält. Dies wird jedoch sofort verständlich, wenn man sich die Dopplerverbreiterung der Fraunhoferlinien berechnet, die bei der Streuung an den Elektronen der inneren Korona bei einer Temperatur von 10^6 K auftreten müssen. Nach (4-32) ergibt sich nämlich:

$$\Delta\lambda_D = \frac{\lambda}{c}\sqrt{\frac{2kT}{m_e}} = \frac{\lambda}{3\cdot 10^8\ \mathrm{ms^{-1}}}\sqrt{\frac{2\cdot 1{,}38\cdot 10^{-23}\ \mathrm{JK^{-1}}\cdot 10^6\ \mathrm{K}}{9{,}1\cdot 10^{-31}\ \mathrm{kg}}}$$

$$\Delta\lambda_D = 0{,}018\cdot\lambda$$

Die Na-D-Linien, die im Photosphärenspektrum die Breite $\Delta\lambda = 4\cdot 10^{-12}$ m besitzen, müßten demnach im Spektrum der inneren Korona die Breite haben:

$$\Delta\lambda_D = 0{,}018\cdot 589\ \mathrm{nm} = 11\ \mathrm{nm}$$

Sie wären also rund 3000 mal breiter als in der Photosphäre und – wegen des unveränderlichen Energiedefizits in der Linie – auch 3000 mal weniger tief. Dies bedeutet, daß die Fraunhoferlinien bei der Streuung des Photosphärenlichts an den schnellen Elektronen der inneren Korona durch den Dopplereffekt vollkommen verwischt werden, so daß nur noch von den stärksten Linien schwache Einsenkungen nachgewiesen werden können.

Die F-Korona

Aus der Tatsache, daß das Spektrum der F-Korona ein getreues Abbild des Photosphärenspektrums einschließlich der Fraunhoferlinien darstellt, muß man schließen, daß die F-Korona durch nichtselektive Streuung des Photosphärenlichts an Staubkörnchen hervorgerufen wird. Da aber in Sonnennähe aller Staub verdampfen muß, handelt es sich bei der F-Korona um eine Erscheinung, die nicht in der unmittelbaren Umgebung der Sonne, sondern im interplanetaren Raum zwischen Sonne und Erde zustande kommt. Im interplanetaren Raum befinden sich große Mengen fein verteilter staubförmiger Materie, die stark zur Ebene der Ekliptik hin konzentriert ist. Das Vorhandensein des interplanetaren Staubes ist dem Beobachter auf der Erde seit langer Zeit durch das Phänomen des Zodiakallichts bekannt (vgl. S. 185f). Diese interplanetare Materie bringt auch die Erscheinung der F-Korona hervor; das Photosphärenlicht wird an den zwischen Sonne und Erde befindlichen Staubpartikeln gestreut, wahrscheinlich überwiegend in Erdnähe. Beim Blick von der Erde zur Sonne scheint es so, als sei die F-Korona ein Bestandteil der Korona selbst.

Die F-Korona ist nur bei totalen Sonnenfinsternissen beobachtbar. Ihr Intensitätsmaximum liegt im Bereich der äußeren Korona; mit abnehmender Entfernung von der Sonne wird sie immer stärker von der inneren, helleren K-Korona überstrahlt.

Die Radio-Kontinuumsstrahlung der Sonne

Außer der Linienemission der L-Korona strahlt die Korona auch elektromagnetische Wellen mit kontinuierlichem Spektrum aus. Bei einer Temperatur von etwa 10^6 K liegt nämlich die mittlere thermische Energie der Koronateilchen bei

$$E_{th} = \tfrac{3}{2}kT = \frac{3 \cdot 1,38 \cdot 10^{-23} \text{ J} \cdot \text{K}^{-1} \cdot 10^6 \text{ K}}{2} = 130 \text{ eV}$$

Deshalb muß das häufigste Element der Sonnenmaterie, d.h. der Wasserstoff mit seiner Ionisationsenergie von 13,6 eV, nahezu vollkommen ionisiert sein. Die innere Korona besteht also aus einem Protonen-Elektronen-Plasma. Nun war bereits bei der Frage nach der Ursache des Photosphärenkontinuums (vgl. S. 242ff) darauf hingewiesen worden, daß infolge der gegenseitigen Beschleunigungen von Elektronen und Protonen elektromagnetische Wellen entstehen (frei-frei-Strahlung). Diese Wellen werden nun beim Durchgang durch das Plasma gebrochen — eine Erscheinung, die eine gewisse Ähnlichkeit zur Brechung des Sternlichts in der Erdatmosphäre hat. Und wie in der Erdatmosphäre die Brechungszahl n mit der Luftdichte zunimmt, so hängt auch die Brechungszahl eines Plasmas für elektromagnetische Wellen mit der Elektronendichte zusammen, allerdings nach einem vollkommen anderen Gesetz:

$$n = \sqrt{1 - (9 \cdot 10^{-16}\,\mathrm{m}) \cdot N_e \cdot \lambda^2} \qquad (4\text{-}50)$$

Weil n eine reelle Zahl sein muß, gilt für die Wellenlänge der elektromagnetischen Wellen, die sich im Plasma ausbreiten können, die Bedingung:

$$\lambda < \lambda_0 \quad \text{mit} \quad \lambda_0 = \frac{1}{3 \cdot 10^{-8}\,\mathrm{m}^{1/2}\sqrt{N_e}} \qquad (4\text{-}51)$$

Da N_e von außen nach innen zunimmt, nimmt λ_0 ab, d.h. eine nach innen laufende Welle muß – sofern λ nicht zu klein ist – eine Stelle erreichen, an der (4-51) nicht mehr erfüllt ist; sie kann also nicht mehr weiter nach innen laufen und wird total nach außen reflektiert.

Nun läßt sich die Elektronendichte N_e der inneren Korona aus ihrer Flächenhelligkeit berechnen, und zwar erhält man aus (4-49a):

$$N_e = \left(\frac{2,99}{z^{16}} + \frac{1,20}{z^6} \right) \cdot 10^{14}\,\mathrm{m}^{-3} \qquad (4\text{-}52)$$

Setzt man (4-52) in (4-51) ein, so ergibt sich die Grenzwellenlänge λ_0 in Abhängigkeit von der Entfernung z vom Sonnenzentrum (in Einheiten des Sonnenradius). Das Ergebnis zeigt die Abb. 4.45; für die Zone in unmittelbarer Nähe des Sonnenrandes liefert die Messung (ausgezogene Kurve) etwas kleinere Werte als die Rechnung.

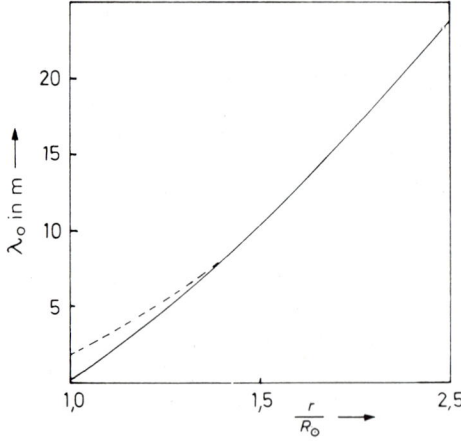

Abb. 4.45 Grenzwellenlänge der koronalen Radiostrahlung in Abhängigkeit von der Entfernung r vom Sonnenzentrum.
——— beobachtet, – – – – berechnet nach Gl. (4-51/52)

Strahlung der Wellenlänge 10 m kann also z.B. nur aus den Bereichen mit $z = 1,5$ empfangen werden. Wo diese Strahlung entstanden ist, läßt sich nur schwer feststellen, denn die Korona reflektiert an der Schicht bei $z = 1,5$ auch diejenigen Wellen mit 10 m Wellenlänge, die von außen nach innen laufen; es scheint also nur so, als sei diese Schicht die Hauptquelle für die 10 m-Wellen-Strahlung der Korona. Die Korona verhält sich demnach bezüglich ihrer Radiostrahlung ähnlich wie die Photosphäre bezüglich ihrer Lichtstrahlung: Die Strahlung scheint aus einer sehr dünnen Schicht zu kommen. Und wie die Photosphäre im sichtbaren Spektralbereich, so verhält sich die Korona im Radiowellengebiet wie ein schwarzer Strahler, allerdings mit einem von der Wellenlänge abhängigen Radius. (Z.B. hat die „Radiosonne" bei der Wellenlänge 10 m den Radius $1,5 R_\odot$, bei der Wellenlänge 1,5 m dagegen nur $1,25 R_\odot$.) Deshalb kann man aus der Intensität der koronalen Radiostrahlung mit Hilfe des Strahlungsgesetzes von Rayleigh und Jeans (s. S. 318, Gl. (6)) die sogenannte Strahlungstemperatur T_s der Korona bestimmen. Nach Rayleigh-Jeans gilt nämlich für die Strahlungsleistung, die aus der Oberflächeneinheit eines schwarzen Strahlers bei der Frequenz f in einem Frequenzband der Breite $\Delta f = 1$ Hz emittiert wird:

$$\frac{\Delta P_{st}}{\Delta A \cdot \Delta f} = 2\pi \left(\frac{f}{c}\right)^2 k T_s \tag{4-53}$$

Diese Strahlung erzeugt, wenn sie von der Sonne mit dem Radius R ausgesandt wird, auf der Erde, also in der Entfernung e von der Sonne, die Bestrahlungsstärke:

$$E_f = \left(\frac{R}{e}\right)^2 \cdot 2\pi \left(\frac{f}{c}\right)^2 k T_s \tag{4-54}$$

Als nach der Entdeckung der solaren Radiostrahlung zum ersten Mal die Radiostrahlung der ruhigen Sonne gemessen werden konnte, ergab sich bei der Frequenz $f = 175$ MHz ($\lambda = 1,7$ m) eine Bestrahlungsstärke der Antenne vom Betrag $E_f = 6,1 \cdot 10^{-22}$ Wm^{-2} Hz^{-1}. Nach Abb. 4.45 ist der Radius R der Radiosonne für diese Wellenlänge nahezu gleich dem Sonnenradius $R_\odot = 7 \cdot 10^8$ m, so daß man für die Strahlungstemperatur der Sonne bei dieser Frequenz den Wert erhält:

$$T_s = \frac{1}{2\pi} \left(\frac{e \cdot c}{R \cdot f}\right)^2 E_f/k$$

$$= \frac{1}{2\pi} \left(\frac{1,5 \cdot 10^{11} \text{ m} \cdot 3 \cdot 10^8 \text{ ms}^{-1}}{7 \cdot 10^8 \text{ m} \cdot 1,75 \cdot 10^8 \text{ Hz}}\right)^2 \cdot \frac{6,1 \cdot 10^{-22} \text{ Wm}^{-2} \text{ Hz}^{-1}}{1,38 \cdot 10^{-23} \text{ JK}^{-1}}$$

$$T_s = 0,95 \cdot 10^6 \text{ K}$$

Dieser Wert entspricht den auf anderen Wegen ermittelten Temperaturwerten der inneren Korona.

Im Hinblick auf diese Ergebnisse liegt die Vermutung nahe, daß auch die Chromosphäre und Photosphäre Radiowellen aussenden, allerdings mit anderen Wellenlängen als die Korona. So erhält man aus Gl. (4-38) und der Abb. 4.30 für die Photosphäre die mittlere Elektronendichte $N_e = 10^{19}$ m^{-3}. Die Grenzwellenlänge der Radiostrahlung in der Photosphäre ergibt sich damit aus (4-51) zu etwa 1 cm. Tatsächlich empfängt man auf der Erde solare Radiostrahlung dieser Wellenlänge mit einer Bestrahlungsstärke, aus der sich eine Strahlungstemperatur von einigen 10^3 K errechnen läßt; dieser Wert stimmt gut mit der Photosphärentemperatur von rund 6000 K überein. Mit zunehmender Wellenlänge steigt auch die Strahlungstemperatur, bis sie bei den Meterwellen den konstanten Wert von etwa 10^6 K erreicht. Dieser Anstieg der Strahlungstemperatur entspricht dem Anstieg der Ionisationstemperatur in der Chromosphäre und Übergangsschicht, was zu der Annahme berechtigt, die Dezimeterwellenstrahlung stamme in erster Linie aus der Chromosphäre. Dies wird durch die Verteilung der Flächenhelligkeit im Dezimeterwellenbereich bestätigt: Während die Sonne im Meterwellenbereich eine Helligkeitsverteilung mit Randverdunkelung aufweist, also der Helligkeitsverteilung des sichtbaren Lichts ähnelt, zeigt die Sonne im Dezimeterwellenbereich eine Randaufhellung, deren Maximum unmittelbar außerhalb des Photosphärenrandes, d.h. im Bereich der Chromosphäre liegt; diese Randaufhellung kommt dadurch zustande, daß der von der Erde zur Sonne gezogene Sehstrahl bei tangentialem Verlauf eine wesentlich dickere Chromosphärenschicht durchläuft als in der Mitte der Sonnenscheibe. (Daß bei den Meterwellen kein solcher Effekt auftritt, ist auf den raschen Abfall der Elektronendichte nach außen zurückzuführen.)

Die Korona strahlt nicht nur thermische Radiostrahlung aus, sondern auch Röntgenstrahlung. Die Tatsache, daß die intensivste Emissionslinie der Korona, die grüne Koronalinie des Fe^{13+}, eine Anregungsenergie von 355 eV erfordert, zwingt zu der Folgerung, daß in der inneren Korona genügend Elektronen mit dieser Energie vorhanden sein müssen, die Eisenatome durch Zusammenstöße in diesen Ionisationszustand versetzen können. Nach der Einsteinschen Gleichung (4-30) gilt dann für die Größenordnung der Wellenlänge von frei-frei-Strahlung und frei-gebunden-Strahlung, die von solchen Elektronen beim Vorübergang an anderen geladenen Teilchen bzw. beim Einfang durch Ionen emittiert wird:

$$\lambda \approx \frac{h \cdot c}{E} = \frac{6{,}6 \cdot 10^{-34}\ \text{Js} \cdot 3 \cdot 10^8\ \text{ms}^{-1}}{355 \cdot 1{,}6 \cdot 10^{-19}\ \text{J}} = 3{,}5 \cdot 10^{-9}\ \text{m}$$

Die Wellenlänge dieser Strahlung ist also größenordnungsmäßig über hundert mal kleiner als die des sichtbaren Lichts; sie liegt im Bereich der Röntgenstrahlung. Weil die Energie des freien Elektrons keinen Quantenbedingungen unterworfen ist, handelt es sich um Röntgenstrahlung mit kontinuierlichem Spektrum (Bremsstrahlung). Außerdem tritt im Röntgengebiet auch eine Linienemission auf, die von hochionisierten Atomen (z.B. Fe^{16+}!) stammt. Da diese Ionen nur in der innersten Korona vorkommen, ist dort die Quelle der Röntgenstrahlung der ruhigen Sonne zu suchen.

Der Sonnenwind

Wie die Aufheizung der Korona zustande kommt, wurde bereits S. 256f beschrieben: Schallwellen, die von der Wasserstoffkonvektionszone unter der Photosphäre erzeugt und beim Durchgang durch die Chromosphäre und die Übergangsschicht zu Stoßwellen aufgesteilt werden, verwandeln in der innersten Korona ihre Schallwellenenergie in Wärme, die aber von der Korona wegen ihrer geringen Dichte nicht abgestrahlt werden kann. Die Koronatemperatur steigt deshalb so weit an, bis das Temperaturgefälle in der Übergangsschicht zur Chromosphäre groß genug geworden ist, um die überschüssige Wärmeenergie durch Wärmeleitung zur Chromosphäre zurückzutransportieren, wo sie ausgestrahlt werden kann.

Obwohl die Temperatur der Korona nach außen stark absinkt, kann sie sich nicht im „hydrostatischen Gleichgewicht" befinden. Eine kurze Überlegung zeigt nämlich, daß der von der Wärmebewegung der Teilchen herrührende Druck größer ist als der Schweredruck. Für eine isotherme Atmosphäre gilt nach der Barometer-Formel (s. S. 313f):

$$p = p_0 \cdot \exp\left(-\frac{E_{\mathrm{pot}}}{kT}\right)$$

Hier ist p_0 der Druck an der Basis der Korona, also in der Entfernung $R_\odot$ vom Sonnenzentrum, p der Druck in der Entfernung R, so daß für die Differenz der potentiellen Energie von Teilchen der Masse m die Gleichung gilt:

$$E_{\mathrm{pot}} = -G \cdot m \cdot m_\odot \left(\frac{1}{R} - \frac{1}{R_\odot}\right)$$

Für $R \gg R_\odot$ erhält man daher näherungsweise den Druck:

$$p_\infty = p_0 \cdot \exp\left(-G\frac{mm_\odot}{R_\odot kT}\right)$$

Die Korona kann in guter Näherung als Wasserstoff-Plasma behandelt werden, in dem die Protonendichte gleich der Elektronendichte N_e ist. Dann erhält man für den Druck in der Korona nach der kinetischen Theorie der Gase $p = 2N_e kT$, also mit den Daten für die innere Korona (vgl. Gl. 4-52) $N_e = 4{,}2 \cdot 10^{14}$ m^{-3}, $T = 10^6$ K:

$$p_0 = 2 \cdot 4{,}2 \cdot 10^{14}\ \mathrm{m}^{-3} \cdot 1{,}38 \cdot 10^{-23}\ \mathrm{J \cdot K}^{-1} \cdot 10^6\ \mathrm{K} = 0{,}012\ \mathrm{Pa}$$

Setzt man dies in die Barometerformel ein, so erhält man für den Druck einer isothermen Korona in sehr großer Entfernung von der Sonne:

$$p_\infty = 0{,}012\ \mathrm{Pa} \cdot \exp\left(-\frac{6{,}67 \cdot 10^{-11} \cdot 2 \cdot 10^{30} \cdot 0{,}83 \cdot 10^{-27}}{7 \cdot 10^8 \cdot 1{,}38 \cdot 10^{-23} \cdot 10^6}\right) \approx 10^{-7}\ \mathrm{Pa}$$

Im interplanetaren Raum herrscht eine Teilchendichte der Größenordnung $N = 10^8$ m^{-3}. Selbst wenn das interplanetare Medium im thermischen Gleichgewicht mit der Sonnenstrahlung eine Temperatur von rund 6000 K hätte, wäre sein Druck nur $p < 10^{-11}$ Pa, also viel geringer als der Grenzdruck der Korona; dies ist auch noch der Fall, wenn man die Temperaturabnahme der Korona nach außen berücksichtigt. Die Korona kann also nicht im hydrostatischen Gleichgewicht sein. In der Tat strömt dauernd Koronamaterie in den interplanetaren Raum ab. Dieser sogenannte Sonnenwind besteht im wesentlichen aus Elektronen und Protonen und hat in der Nähe der Erdbahn eine Teilchendichte von etwa $5 \cdot 10^6$ m^{-3} und die mittlere Geschwindigkeit $v = 400$ km $\cdot$ s^{-1}.

Die Vermutung, daß eine solche Strömung von Koronamaterie von der Sonne weg existiere, drängt sich jedem Beobachter einer totalen Sonnenfinsternis (oder einer Photographie davon) auf. Aber erst in den fünfziger Jahren dieses Jahrhunderts beschäftigte sich die theoretische Astrophysik intensiver mit diesem Problem, nachdem Biermann darauf hingewiesen hatte, daß die Richtung der Gasschweife von Kometen (vgl. S. 177) nicht durch den Lichtdruck der Sonne erklärt werden könne. Bereits die ersten Erdsatelliten (Mariner 2, 1962) bestätigten dann die theoretischen Daten über Teilchendichte und Geschwindigkeit.

Da wegen der geringen Dichte des Sonnenwindes (sie entspricht etwa dem extremsten Hochvakuum, das heute auf der Erde erzeugt werden kann) Zusammenstöße zwischen Teilchen sehr unwahrscheinlich sind, bewegen sich alle ungefähr radial von der Sonne weg. Betrachtet man einen Teilchenstrahl, der von einem Punkt des Sonnenäquators auszugehen scheint, so bildet dieser im Raum eine Spirale, die ziemlich genau die gleiche Gestalt hat wie der Wasserstrahl eines rotierenden Rasensprengers: Ist ω die Winkelgeschwindigkeit der Sonne bzw. des Rasensprengers, v die Teilchengeschwindigkeit, so dreht sich die Teilchenquelle in der Zeit t um den Winkel $\varphi = \omega t$, während sich die zur Zeit $t = 0$ ausgestoßenen Teilchen im Abstand $r = v \cdot t$ vom Zentrum der Quelle befinden. Deshalb gilt für die räumliche Form des Teilchenstrahls zu einem bestimmten Zeitpunkt die Gleichung (in Polarkoordinaten):

$$r = \frac{v}{\omega} \cdot \varphi$$

Für den Winkel α, unter dem diese sogenannte logarithmische Spirale einen zur Sonne konzentrischen Kreis mit Radius r schneidet, ergibt sich:

$$\tan \alpha = \frac{\Delta r}{r \cdot \Delta \varphi} = \frac{v}{r \cdot \omega}$$

Setzt man hier den Radius der Erdbahn $r = 1{,}5 \cdot 10^{11}$ m, die siderische Winkelgeschwindigkeit der Sonne $\omega \doteq 2{,}87 \cdot 10^{-6}$ s^{-1} und die oben angegebene Teilchengeschwindigkeit $v = 4 \cdot 10^5$ m $\cdot$ s^{-1} ein, so erhält man $\tan \alpha = 0{,}93$; die Spirale sollte also die Erdbahn nahezu unter 45° schneiden.

Nun kann man diesen Winkel messen. Die Sonne besitzt nämlich wie die meisten Himmelskörper ein magnetisches Feld. Ein Strom geladener Teilchen erfährt aber in einem Magnetfeld eine Kraft senkrecht zur Stromrichtung und senkrecht zur Magnetfeldrichtung – dies gilt für den Sonnenwind ebenso wie für elektrische Ströme in Leitern. Diese Kraft verhindert eine Bewegung der Sonnenwindpartikel quer zu den magnetischen Feldlinien; sie können sich nur längs der Feldlinien ungestört fortbewegen. Nach dem Gegenwirkungsprinzip (actio = reactio) übt aber nicht nur das Magnetfeld auf den Sonnenwind, sondern auch der Sonnenwind auf das Magnetfeld Kräfte aus. Dadurch werden die magnetischen Feldlinien so deformiert, daß bei der Rotation der Sonne möglichst wenig Wechselwirkungen zwischen dem mitrotierenden Magnetfeld und den radial wegfliegenden Sonnen- windpartikeln auftreten. Dies ist dann der Fall, wenn die Feldlinien die Form der oben hergeleiteten logarithmischen Spiralen annehmen; dann gleitet ein relativ zum Fixsternhimmel radial von der Sonne wegfliegendes Teilchen an der mit der Sonne rotierenden spiraligen Feldlinie entlang, erfährt also vom Magnetfeld der Sonne keine Kraft; das Magnetfeld ist in den Sonnenwind „eingefroren". Mit Hilfe von Erdsatelliten und Raumsonden hat man das solare Magnetfeld in der Nähe der Erdbahn untersucht und dabei festgestellt, daß seine Feldlinien mit der Erdbahn einen Winkel von etwa 45° bilden; dies ist eine indirekte Bestätigung für die oben skizzierte Theorie der Bewegung von Sonnenwindteilchen.

Seit im Jahre 1962 durch die Venus-Sonde Mariner 2 die ersten sicheren Daten über den von der Sonne kommenden Partikelstrom gemessen worden sind, wird der Sonnenwind intensiv mit Erdsatelliten und Raumsonden erforscht. Dabei werden laufend neue Erkenntnisse über den Sonnenwind selbst und das mit ihm gekoppelte solare Magnetfeld gewonnen.

Aufgaben

1. Außer der „grünen Koronalinie" mit der Wellenlänge 530,3 nm sind in der L-Korona besonders wichtig die „rote Koronalinie" mit der Wellenlänge 637,4 nm und der Halbwertsbreite 96 pm, die dem 9-fach ionisierten Eisen Fe^{9+} (Ionisationsenergie 235 eV) zugeschrieben wird, und die „gelbe Koronalinie" des 14-fach ionisierten Kalziums Ca^{14+} (Ionisationsenergie 820 eV) mit der Wellenlänge 569,4 nm und der Halbwertsbreite 149 pm.
Welche Ionisationstemperatur erhält man aus der Annahme der Energiegleich- verteilung, und welche Dopplertemperatur ergibt sich mit der Voraussetzung, daß die Linienbreite ausschließlich durch den Dopplereffekt hervorgerufen wird?

2. Welchen Energie- und welchen Massenverlust erfährt die Sonne in der Zeiteinheit durch den Sonnenwind, wenn man annimmt, daß dieser überall im Abstand 1 AE die gleiche Stärke wie auf der Erdbahn hat ($2 \cdot 10^{12}$ Teilchen $\cdot m^{-2} s^{-1}$, wovon je die Hälfte Elektronen und Protonen sind)?
In welcher Zeit wäre die ganze Korona (Masse $m_k = 8 \cdot 10^{14}$ kg) abgeströmt?

3. a) Welchen thermischen Energieinhalt besitzt die Korona, wenn man mit der mittleren Temperatur 10^6 K, der mittleren Teilchendichte ($\approx$ zweifache Elektronendichte N_e) $0{,}5 \cdot 10^{14}$ m^{-3} und der Ausdehnung $1R_\odot$ rechnet?
b) Wie lange würde es dauern, bis diese Energie ausgestrahlt ist, wenn man mit einer Korona-Leuchtkraft von $6 \cdot 10^{19}$ W rechnet?

Zusammenfassung zu 4.3 „Die ruhige Sonne"

1. Im Aufbau der beobachtbaren äußeren Bereiche der Sonne lassen sich mindestens 3 Schichten unterscheiden: Photosphäre, Chromosphäre und Korona; sie gehen jedoch stetig ineinander über.

2. In der Photosphäre wird die aus dem Sonneninnern kommende Energie in die Strahlung umgewandelt, die wir auf der Erde beobachten: Elektromagnetische Strahlung mit kontinuierlichem Spektrum, die weitgehend der Strahlung eines schwarzen Körpers mit ungefähr 6000 K entspricht. Die atomaren Prozesse, die dieser Energieumwandlung zugrunde liegen, sind auf eine nur etwa 200 km dicke Schicht beschränkt; sie führen zu einer sehr starken Absorption des Lichts in der Photosphäre. Diese Tatsachen sind die Gründe für die scharfe Begrenzung des Sonnenrandes.
Dem kontinuierlichen Spektrum der Photosphäre sind die Fraunhoferschen Absorptionslinien überlagert. Aus den Stärkeverhältnissen der verschiedenen Fraunhoferlinien können Temperatur, Dichte und chemische Zusammensetzung der Photosphäre ermittelt werden.

3. Die Chromosphäre ist nur beobachtbar, wenn das Photosphärenlicht durch den Mond, durch Blenden oder Filter abgeschirmt wird. Sie ist etwa 50 mal dicker als die Photosphäre, besitzt aber eine sehr viel kleinere Dichte; ihre Temperatur liegt im Mittel bei einigen 10^4 K und steigt nach außen an. Das Licht der Chromosphäre zeigt ein Emissionslinienspektrum, das bei totalen Sonnenfinsternissen kurz nach dem 2. und vor dem 3.Kontakt als „Flash-Spektrum" beobachtet werden kann. In der Übergangsschicht zwischen Chromosphäre und Korona wird die aus der Wasserstoffkonvektionszone in Form von mechanischen Wellen nach oben transportierte Energie durch Bildung von Stoßwellen in thermische Energie umgewandelt, die zur Aufheizung der Korona dient.

4. Die Korona ist ein hochionisiertes Plasma mit einer Temperatur der Größenordnung 10^6 K. Ihr Licht besteht zum größten Teil aus Photosphärenlicht, das an den freien Elektronen der Korona gestreut wurde; es besitzt deshalb die gleiche

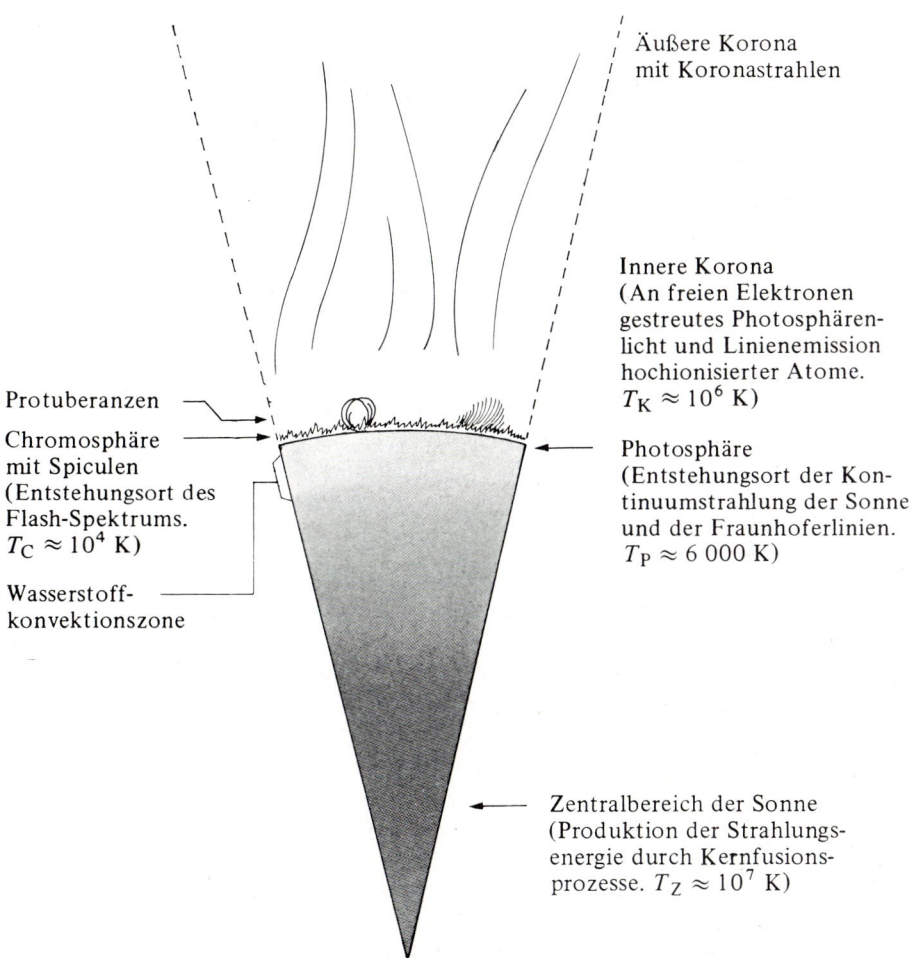

Äußere Korona
mit Koronastrahlen

Innere Korona
(An freien Elektronen
gestreutes Photosphären-
licht und Linienemission
hochionisierter Atome.
$T_K \approx 10^6$ K)

Protuberanzen

Chromosphäre
mit Spiculen
(Entstehungsort des
Flash-Spektrums.
$T_C \approx 10^4$ K)

Photosphäre
(Entstehungsort der Kon-
tinuumstrahlung der Sonne
und der Fraunhoferlinien.
$T_P \approx 6\,000$ K)

Wasserstoff-
konvektionszone

Zentralbereich der Sonne
(Produktion der Strahlungsenergie durch Kernfusionsprozesse. $T_Z \approx 10^7$ K)

Abb. 4.46 Die verschiedenen Schichten im Aufbau der Sonne (Die Dicke
der Photosphäre beträgt im Maßstab der Abbildung nur
0,02 mm)

Intensitätsverteilung wie das Photosphärenkontinuum, aber ohne Fraunhoferlinien,
da diese durch den Dopplereffekt bei der Streuung an den sehr schnellen Elektronen
verwischt werden.

Dem Korona-Kontinuum überlagert sich ein Emissionslinienspektrum, das von sehr
hoch ionisierten Atomen stammt.

Die Korona befindet sich nicht im hydrostatischen Gleichgewicht. Infolgedessen
strömt dauernd Koronamaterie in den interplanetaren Raum hinaus. In diesen
Sonnenwind ist das solare Magnetfeld „eingefroren".

4.4 Die aktive Sonne

Schon in frühester Zeit haben die Menschen vermutlich beim Betrachten der auf-
oder untergehenden Sonne (nur in diesen Phasen kann man die Sonne gefahrlos mit
ungeschütztem Auge beobachten!) zuweilen dunkle Flecken auf der Sonnenscheibe
wahrgenommen. Erste schriftliche Zeugnisse darüber finden sich in chinesischen
Chroniken. Aber auch die Zeitgenossen Karls des Großen berichten von einem Fleck
auf der Sonne, der am 17. März 807 zu sehen gewesen sei.

Unmittelbar nach der Erfindung des Fernrohrs um 1610 häuften sich die Berichte
über Beobachtungen von Flecken auf der Sonnenscheibe, und schon die ersten
systematischen Beobachtungsreihen mit diesen an sich noch sehr unvollkommenen
Instrumenten brachten die Gewißheit, daß die Oberfläche der Sonne, die bis dahin
als der Inbegriff der Reinheit gegolten hatte, zu manchen Zeiten durch zahlreiche
Flecken „verunstaltet" war. Dabei fiel es bald auf, daß Zahl und Größe der Flecken
zeitlichen Schwankungen unterworfen waren; die Sonne war also nicht das ewig
gleich leuchtende Weltenauge, sondern auf ihrer Oberfläche spielten sich Prozesse
ab, die an Krankheiten erinnerten — die ersten variablen Erscheinungen auf der
Sonnenoberfläche, die *Sonnenaktivität*, war damit entdeckt.

Die Entwicklung der Beobachtungstechnik führte bald zur Entdeckung weiterer
Zeichen der Sonnenaktivität, von denen außer den Flecken in der Gegenwart
besonders die Eruptionen zum Gegenstand oft sensationell aufgemachter Berichte
in den Massenmedien wurden. Interessant wurde dieses Thema durch den Nachweis
von Einwirkungen der Sonnenaktivität auf die Biosphäre der Erde; daraus konnten
leicht furchterregende Prognosen über die solare Bedrohung der Menschheit
abgeleitet werden — moderne Abwandlungen der Mythen vom schrecklichen
Sonnengott, die in den Kulturen der heißen Zonen der Erde zu Hause sind. Die
Produktion solcher Halbwahrheiten ist um so leichter, je weniger die betreffenden
Erscheinungen wissenschaftlich erforscht sind; und tatsächlich sind die Ursachen
der Sonnenaktivität noch weitgehend unbekannt. Einen Überblick über unsere
Kenntnisse von den wichtigsten solaren Aktivitätserscheinungen geben die folgenden
Abschnitte.

4.4.1 Sonnenflecken

Entwirft man mit dem Fernrohr (oder Fernglas) ein Projektionsbild der Sonnenscheibe, so findet man darauf in den meisten Fällen dunkle Flecken. Führt man
solche Beobachtungen über längere Zeit durch, so fällt neben der Bewegung der
Flecken durch die Sonnenrotation (vgl. 4.1.3) auf, daß die Flecken eine deutliche
Tendenz zur Gruppenbildung haben. Als Maß für die Häufigkeit von Sonnenflecken
wurde 1848 von R. Wolf die Sonnenfleckenrelativzahl R eingeführt: Sind an einem

Tag g Fleckengruppen mit insgesamt f Einzelflecken vorhanden, so ist die Relativzahl für diesen Tag:

$$R = k(10g + f) \qquad (4\text{-}55)$$

(k ist ein Normierungsfaktor; er wurde für den von Wolf benutzten Fraunhofer-Refraktor in Zürich, der 8 cm Öffnung und 64-fache Vergrößerung hat, gleich 1 gesetzt. Für andere Beobachtungsinstrumente muß k durch Vergleich der mit diesen Instrumenten erhaltenen Werte von $10g + f$ mit den täglich veröffentlichten Züricher Standard-Relativzahlen bestimmt werden.) Ist also nur ein Einzelfleck vorhanden, so ist die Standard-Relativzahl $R = 11$. Die größten Relativzahlen, die beobachtet wurden, liegen bei $R = 300$.

Neuere Untersuchungen über die von den Sonnenflecken bedeckte Fläche F zeigen, daß zwischen der Fleckenfläche und der Relativzahl im Mittel eine lineare Beziehung besteht:

$$F = 16{,}7 \cdot 10^{-6} \, A \cdot R \qquad (4\text{-}56)$$

Dabei ist $A = 3{,}04 \cdot 10^{18}$ m^2 die Fläche der Sonnenhalbkugel. Die sehr leicht zu bestimmende Relativzahl ist also ein statistisches Maß für die von den Flecken bedeckte Fläche der uns zugewandten Sonnenhemisphäre. Weil die Gesamtfläche der Flecken wiederum ein Kennzeichen für die Sonnenaktivität überhaupt ist, eignet sich die Relativzahl sehr gut zu statistischen Untersuchungen über die Sonnentätigkeit, insbesondere ihre Periodizität und Zusammenhänge zwischen der Sonnenaktivität und geophysikalischen bzw. biologischen Vorgängen.

Fleckenzyklen

Da seit Anfang des 17.Jahrhunderts Berichte über Sonnenfleckenbeobachtungen vorliegen, konnten danach die Relativzahlen bis ins 17.Jahrhundert zurückverfolgt werden. Dabei zeigen sich starke Schwankungen der Relativzahlen von Tag zu Tag. Bildet man jedoch Mittelwerte über längere Zeiträume, so erkennt man deutlich eine Zu- und Abnahme mit einer mittleren Periodenlänge von etwa 11 Jahren, wobei aber die Abstände aufeinanderfolgender Maxima zwischen 7 und 17 Jahren schwanken (s. Abb. 4.47, S. 276). Auch die Höhen der Maxima sind beträchtlichen Schwankungen unterworfen: Sie liegen zwischen 45 und 200 und zeigen ebenfalls eine Periodizität, jedoch mit einer ungefähr 80-jährigen Periode.

Die 11-jährigen Fleckenzyklen werden seit dem Minimum von 1755 durchlaufend numeriert; der Zyklus Nr.20 begann also etwa zur Zeit $1755 + 19 \cdot 11 = 1964$ (nach der Züricher Statistik genau Mitte September 1964). Bei schwachen Maxima dauern Anstieg und Abnahme der Relativzahlen etwa gleich lang; bei stärkeren Maxima bleibt der Abfall der Relativzahlen ungefähr gleich steil, wird aber auf Kosten der Anstiegszeit verlängert, so daß bei starken Maxima der Anstieg auf 3 Jahre verkürzt, der Abfall auf 8 Jahre verlängert werden kann (vgl. Abb. 4.48, S. 276).

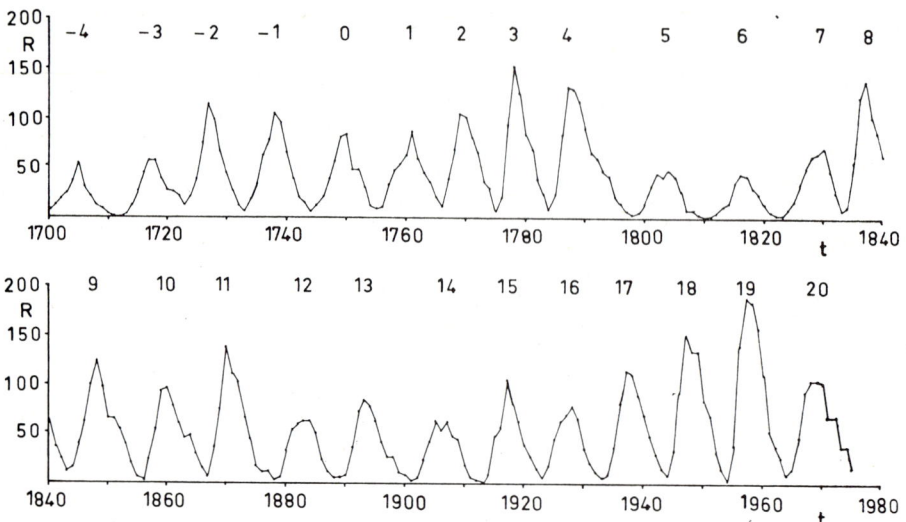

Abb. 4.47 Jahresmittel der Sonnenflecken-Relativzahlen von 1700 bis
1975. Die Zahlen über den Maxima sind die Nummern
der Zyklen

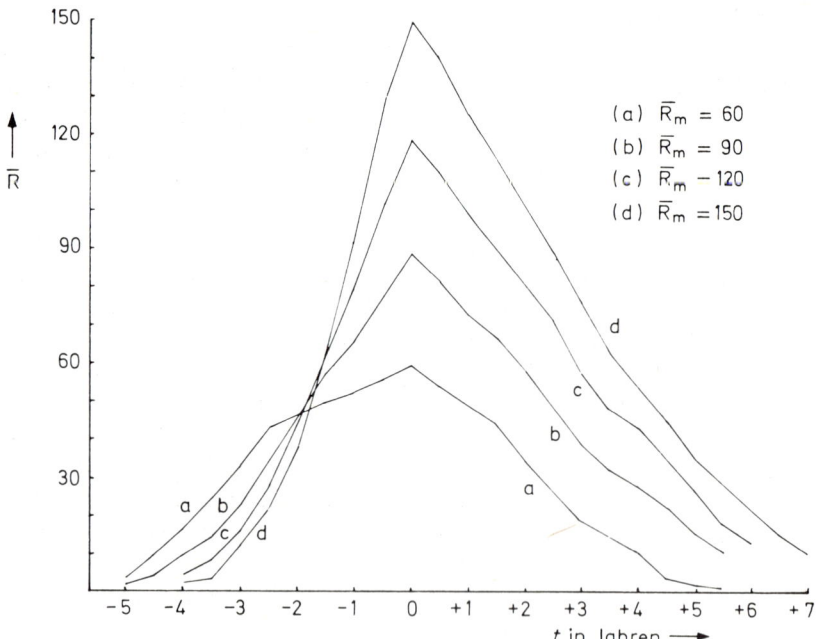

Abb. 4.48 Durchschnittliche ausgeglichene Monatsmittel der Sonnenflecken-Relativzahlen $\bar{R}$ für Zyklen mit verschiedener
Maximumshöhe R_m in Abhängigkeit von der Zeit. Der Zeitpunkt des Maximums wurde als Zeitnullpunkt gewählt

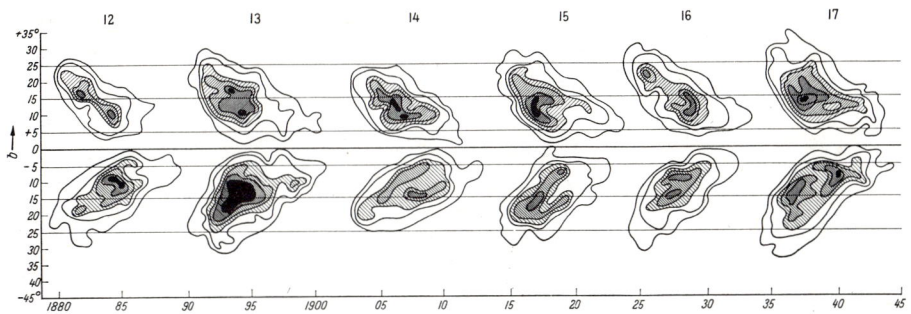

Abb. 4.49 Häufigkeitsverteilung der Sonnenflecken in verschiedenen heliographischen Breiten in Abhängigkeit von der Zeit („Schmetterlingsdiagramm"). Die Kurven sind Linien gleicher Häufigkeit. Je dunkler die Schraffur, desto größer die Anzahl der beobachteten Flecken. Am oberen Bildrand die Nummern der Zyklen

Daß es sich bei der Fleckentätigkeit der Sonne in Wirklichkeit nicht um einen periodischen Vorgang handelt wie z.B. bei einer Schwingung, sondern daß voneinander unabhängige Zyklen aufeinander folgen, erkennt man deutlich aus der Verteilung der Flecken auf der Sonne. Die Fleckenproduktion ist nämlich stets auf zwei 10° bis 15° breite Streifen beschränkt, die symmetrisch zum Sonnenäquator liegen. Wenn nach einem Minimum wieder die ersten Flecken sichtbar werden, also zu Beginn eines neuen Zyklus, liegen diese Streifen in den heliographischen Breiten $B \approx \pm 35°$. Mit zunehmender Fleckentätigkeit verschieben sich die Entstehungszonen zum Äquator hin, bis am Ende des Zyklus die letzten Flecken in einer durchschnittlichen Breite von $\pm 8°$ verschwinden (vgl. Abb. 4.49). Dabei kommt es vor, daß im Minimum bereits die ersten Flecken des neuen Zyklus in hohen Breiten auftreten, bevor die letzten Flecken des vorhergehenden Zyklus in niederen Breiten verschwunden sind. Diese zeitliche Überlappung der Zyklen beweist, daß die Fleckentätigkeit kein echter periodischer Vorgang sein kann.

Außer der 11-jährigen und der 80-jährigen Periodizität der Sonnenflecken konnten neuerdings bei genaueren Analysen der Sonnenaktivität eine Periode von 5,6 und eine noch kürzere von 3,5 Jahren nachgewiesen werden. Außerdem ließen sich aus historischen Zeugnissen über die Häufigkeit von Polarlichtern, deren Auftreten eng mit der Sonnenaktivität verknüpft ist (vgl. S. 301), die Sonnenfleckenmaxima bis ins 12.Jahrhundert zurückverfolgen. Dabei ergab sich ein deutlicher Hinweis für eine Zunahme der Höhe der höchsten Maxima in den 80-jährigen Zyklen bis etwa zum Jahr 1600, während sie seither wieder laufend abnimmt.

Entwicklung und Lebensdauer von Sonnenflecken

Die *Sonnenflecken* sind Erscheinungen der Photosphäre. Sie entstehen und vergehen nach bestimmten Gesetzmäßigkeiten. Die Entstehung eines Sonnenflecks kündigt sich durch einzeln oder in Gruppen auftretende dunkle Poren in der Photosphäre an, von denen die meisten in kurzer Zeit wieder verschwinden, während sich einige innerhalb von Stunden zu Flecken vergrößern. Die meisten Fleckengruppen sind aber bereits am nächsten Tag nicht mehr zu sehen. Nur wenige, größere Gruppen haben eine höhere Lebenserwartung. Diese besitzen am 2. Tag eine längliche Gestalt (Längsrichtung etwa parallel zu den Breitenkreisen), wobei sich die Einzelflecken an den Enden der Gruppe jeweils um einen besonders starken Fleck scharen. Den in der Rotationsrichtung vorausgehenden dieser beiden Hauptflecken nennt man den *p-Fleck* (p = preceding), den nachfolgenden bezeichnet man als *f-Fleck* (f = following). Die heliographische Breite des p-Flecks ist stets etwas kleiner als die des f-Flecks. Beide Hauptflecken entwickeln um ihren dunklen Kern, die *Umbra,* einen weniger dunklen Hof, die *Penumbra* (vgl. Abb. 4.50). Nach etwa zehn Tagen erreicht die Fleckengruppe ihre größte Ausdehnung: Zwischen den Hauptflecken haben sich meist zahlreiche kleine Einzelflecken gebildet, die in den folgenden Tagen wieder verschwinden. Dann bildet sich der f-Fleck zurück und verschwindet ebenfalls, während der p-Fleck eine rundliche Form annimmt und oft noch wochenlang bestehen bleibt, bevor auch er kleiner wird und schließlich verschwindet. Eine Klassifikation der verschiedenen Entwicklungsstufen zeigt Abb. 4.51. Eine große Gruppe durchläuft alle Typen A–B– . . . –J–A, während kleinere Gruppen die Typen um F auslassen, indem sie diese überspringen oder die Stufen umgekehrt wieder zurücklaufen. Statistische Angaben über die Fleckenentwicklung enthält die Tabelle 4.8. Sie gibt an, welcher Prozentsatz der Flecken den jeweiligen Typ durchläuft, und wie lang die Flecken im Mittel zum Durchlaufen des betreffenden Typs benötigen.

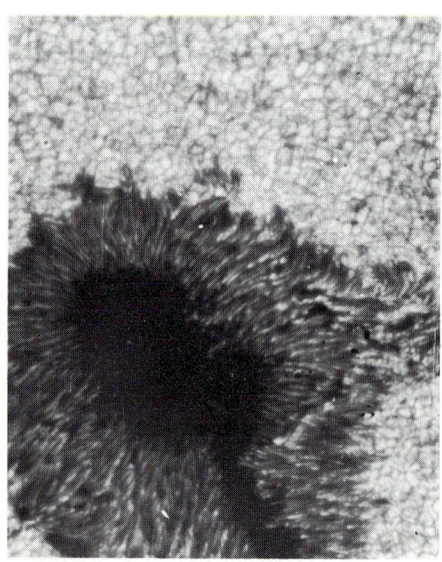

Abb. 4.50 Sonnenfleck. Aufnahme mit einem ballongetragenen Teleskop in der Stratosphäre (Stratoskop I, 4.9.1957)

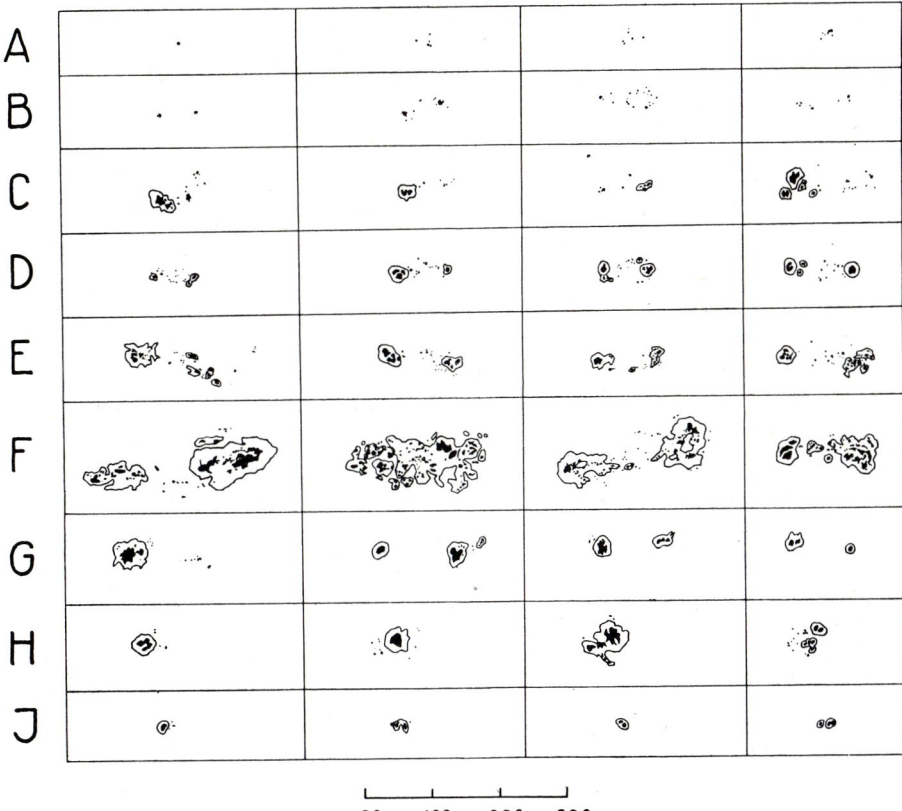

0°　10°　20°　30°

Abb. 4.51 Züricher Klassifikation der Sonnenfleckengruppen, erläutert durch 4 Beispiele jeder Klasse

Tab. 4.8 Prozentsätze der Fleckengruppen, die während des Zyklus Nr.18 die ersten Typen der Waldmeierschen Klassifikation (Abb. 4.51) durchlaufen haben, und die mittleren Zeiten, die sie zum Durchlaufen der betreffenden Typen benötigten (nach Mattig).

Typ	%	Verweilzeit in Tagen		
		Anstieg	Abfall	Gesamt
A	39	–	–	2,3
B	17	3,0	3,1	6,1
C	13	4,8	4,9	9,7
D	15	6,4	9,7	16,1
E	11	8,9	25,5	34,4
F	5	12,6	33,5	45,9

Durch ihre Wanderung über die Sonnenscheibe gestatten die Sonnenflecken eine direkte Beobachtung der Sonnenrotation. Aus der Bestimmung der Rotationsgeschwindigkeit von Flecken in verschiedenen heliographischen Breiten stammen die Kenntnisse über die differentielle Rotation der Sonnenoberfläche (vgl. S. 193). Es ist nicht selten, daß voll ausgebildete Doppelfleck-Gruppen (Typ F) am rechten Sonnenrand verschwinden und nach etwa 2 Wochen — im einzelnen verändert, aber als Ganzes eindeutig identifizierbar — am linken Sonnenrand wieder auftauchen.

Temperaturen und Magnetfelder der Sonnenflecken

Über die Physik der Sonnenflecken ist bis heute wegen der enormen Schwierigkeiten bei der Bildauflösung wenig bekannt. Am einfachsten lassen sich die Abmessungen und die effektive Temperatur der Flecken bestimmen. Die Umbra hat im Mittel einen Durchmesser von der Größenordnung 10 000 km; dies entspricht einer Fläche, wie sie etwa der afroasiatische Doppelkontinent besitzt. Es kommen jedoch Flecken vor, deren Fläche hundert mal so groß ist. Das Verhältnis der Flächenhelligkeiten von Umbra und ungestörter Photosphäre wurde neuerdings außerhalb der Erdatmosphäre zu 1 : 10 ermittelt; die Flächenhelligkeit der Penumbra ist 8 mal so groß wie die der Umbra. Die Sonnenflecken sind also auch in der Umbra nicht völlig schwarz; dieser Eindruck wird nur durch den großen Kontrast zwischen Photosphären- und Fleckenhelligkeit hervorgerufen. Nach dem Stefan-Boltzmann-Gesetz (s. S. 318) ergibt das Verhältnis 1 : 10 für die Umbra die Temperatur

$$T_{\text{eff}} = \sqrt[4]{0{,}1} \cdot 6000\,\text{K} \approx 3400\,\text{K}$$

Diese niedrige Temperatur wirkt sich auch auf das Umbra-Spektrum aus: Die Fraunhoferlinien neutraler Atome sind stärker, die der Ionen schwächer als im Photosphärenspektrum (vgl. Tab. 4.3, S. 231). Außerdem enthält das Umbra-Spektrum zahlreiche Linien von Molekülen, die in der Photosphäre nicht existieren können.

Den Schlüssel zum Verständnis der Sonnenfleckenphysik lieferte die Entdeckung ihrer Magnetfelder — das Aufschließen des ganzen Problemkreises ist allerdings bis heute nur zum Teil gelungen.

Wie alle unsere Kenntnisse über astronomische Objekte, so stammen auch die Informationen über kosmische Magnetfelder aus der Strahlung, die wir aus dem Weltraum empfangen; eine Ausnahme bildet hier nur die Erforschung des Planetensystems durch Raumsonden. Die wichtigste Wirkung von Magnetfeldern auf Atome, die Strahlung aussenden oder empfangen, ist der *Zeeman-Effekt*. Nach den Bohrschen Vorstellungen über den Aufbau der Atome läßt er sich folgendermaßen plausibel machen: Bringt man ein Atom in ein Magnetfeld, so erfahren die um den Kern kreisenden Elektronen wie alle elektrischen Ströme in Magnetfeldern Kräfte, die zu einer zusätzlichen Drehung des ganzen Atoms um die Richtung des Magnetfelds führen. Wenn diese Drehbewegung die gleiche Richtung hat wie die Bahnbewegung des Elektrons, so addieren sich die Geschwindigkeiten, d.h. die Energie des Elektrons wächst, während sie bei gegenläufiger Drehung abnimmt. Diese Energieänderung ist proportional zur magnetischen Flußdichte B und hängt außerdem von der Lage der Elektronenbahnebene relativ zum Magnetfeld ab. Nach den Gesetzen der Quantentheorie sind aber nur ganz bestimmte Lagen der Elektronenbahnen im Magnetfeld möglich; infolgedessen kommen nur ganz bestimmte Energieänderungen der Elektronen vor. Die Energieniveaus spalten also im Magnetfeld in mindestens zwei Komponenten auf, was dann auch zu einer Aufspaltung der Spektrallinien führen muß, die beim Übergang der Elektronen von einem Energieniveau zu einem anderen entstehen (vgl. S. 229). Blickt man in Richtung der magnetischen Feldlinien, so führt die Drehung des Atoms zur zirkularen Polarisation des von den Atomen ausgesandten oder absorbierten Lichts, die in den beiden Linienkomponenten entgegengesetzten Drehsinn hat. Ist die Blickrichtung senkrecht zum Feld, so tritt außer den beiden verschobenen Linienkomponenten, die senkrecht zur Feldrichtung linear polarisiert sind, auch noch die unverschobene Linie auf; ihre Polarisationsrichtung liegt parallel zum Magnetfeld. Die Abbildungen 4.52a und 4.52b zeigen diese beiden Fälle der Dublett- und Triplett-Aufspaltung. Die Pfeile bzw. Kreise unter den Linien deuten die Polarisation der verschiedenen Komponenten an.

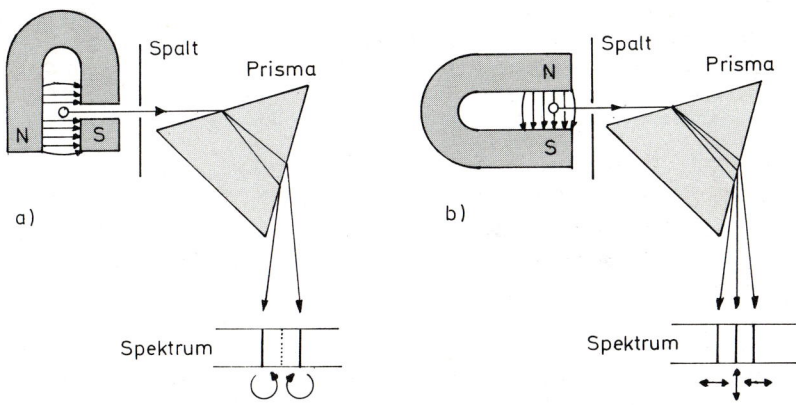

Abb. 4.52 Zur Aufspaltung der Spektrallinien von Atomen, die sich in einem äußeren Magnetfeld befinden (Zeeman-Effekt).
(a) longitudinaler, (b) transversaler Zeeman-Effekt. Die Pfeile bzw. Kreise unter den Spektrallinien deuten die Polarisation an

Für den Betrag der Linienaufspaltung liefert die Theorie:

$$\Delta\lambda_z = \left(46{,}7\,\frac{m}{Vs}\right) \cdot \lambda^2 \cdot B \cdot g \qquad (4\text{-}57)$$

(Der Zahlenfaktor g hängt von der Art der Aufspaltung ab.)

Nach der Abschätzung der Dopplerverbreiterung auf S. 232 ergab sich in der Photosphäre eine Linienbreite von 2,6 pm für die Ti-Linie mit der Wellenlänge $\lambda = 549,1$ nm. Damit die Zeeman-Aufspaltung die gleiche Größe erreicht, müßte (bei $g = 1$) die magnetische Flußdichte B den Betrag 0,18 T (1 T = 1 Vs/m^2 = 10^4 G) haben. Dies ist mehr als das 3000-fache der Stärke des erdmagnetischen Feldes, dessen Flußdichte in mittleren geographischen Breiten bei $0,5 \cdot 10^{-4}$ T liegt. Deshalb kann die Zeeman-Aufspaltung der Fraunhoferlinien nur in starken Magnetfeldern gemessen werden. In schwachen Feldern werden die Linien durch den Zeeman-Effekt nur verbreitert, d.h. die verschiedenen Komponenten überlappen sich. Gelingt es jedoch, aus den Linienflügeln das verschiedene Polarisationsverhalten der Komponenten herauszufiltern, so kann man damit ebenfalls die magnetische Flußdichte bestimmen; dies ist mit modernen Einrichtungen bis herunter zu Flußdichten von etwa 10^{-5} T möglich.

Diese Untersuchungen von Fleckenmagnetfeldern lieferten folgende Ergebnisse: Alle Sonnenflecken besitzen Magnetfelder. Etwa 90% der Fleckengruppen sind bipolar, d.h. der p- und der f-Fleck besitzen verschiedene magnetische Polung. Während eines Fleckenzyklus bleibt die Polung erhalten; z.B. war im 20.Zyklus, der 1964 begann, auf der Nordhalbkugel der Sonne der p-Fleck ein Nordpol, der f-Fleck ein Südpol; auf der Südhalbkugel war die Polung umgekehrt. Beim folgenden Zyklus wechselt die Polung; dann ist auf der Nordhalbkugel der p-Fleck ein Südpol usw. Demnach dauert ein magnetischer Fleckenzyklus 22 Jahre (s. Abb. 4.53).

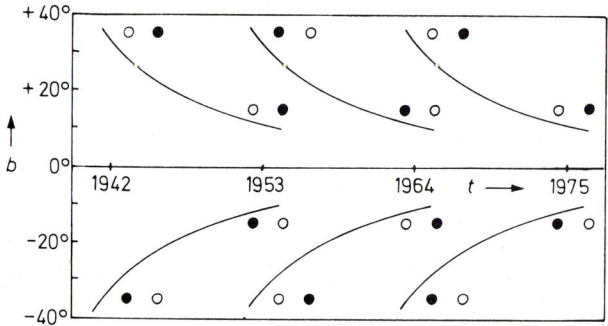

Abb. 4.53 Polarität der bipolaren magnetischen Regionen auf der Nord- und Sübhalbkugel der Sonne während des 18., 19. und 20. Aktivitätszyklus. ● magnetischer Nordpol, ○ magnetischer Südpol

Beinahe alle übrigen Fleckengruppen, also nahezu 10%, sind unipolar; entweder existiert nur ein Hauptfleck, oder dieser besitzt noch einige kleinere Begleiter mit gleicher Polung wie der Hauptfleck. Oft ist dann der andere Pol durch ein schwaches Magnetfeld an einer benachbarten Stelle angedeutet, an der sich zwar kein Fleck befindet, aber manchmal später einer auftritt. Dies deutet darauf hin, daß die

Ursache der Fleckenbildung in den mit ihnen verbundenen Magnetfeldern zu suchen ist. Weniger als 1% der Fleckengruppen zeigen ein komplizierteres magnetisches Verhalten; sie sollen im weiteren außer Betracht bleiben.

Die Gestalt des Magnetfelds eines Einzelflecks zeigt Abb. 4.54. Zu beachten ist bei dieser Darstellung, daß mit dem Zeeman-Effekt im wesentlichen nur das Magnetfeld in der Photosphäre erfaßt werden kann, d.h. in einer Schicht, deren Dicke relativ zum mittleren Fleckdurchmesser sehr klein ist. Die Pfeile in Abb. 4.54 geben also nicht auf ihrer ganzen Länge den Verlauf der Feldlinien an, sondern zeigen nur die Feldrichtung in einer sehr dünnen Schicht; die Länge der Pfeile ist ein Maß für den Betrag der magnetischen Flußdichte B.

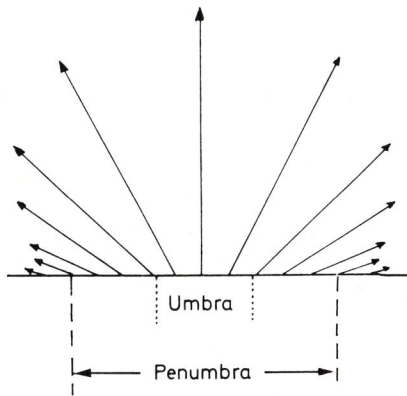

Abb. 4.54 Magnetfeld eines Sonnenflecks (Schematische Darstellung nach Mattig). Die Länge der Pfeile kennzeichnet den Betrag, die Richtung der Pfeile die Richtung der magnetischen Flußdichte in der Photosphäre

Der Zentralbetrag der Flußdichte nimmt mit der Fleckengröße zu und hat z.B. für einen Fleck, dessen Fläche 0,01% der Hemisphärenfläche beträgt, im Durchschnitt den Betrag 0,2 T. Bei sehr großen Flecken scheint die Flußdichte jedoch einem Maximalwert zuzustreben, der bei 0,4 T liegen dürfte. Die Abnahme der magnetischen Flußdichte B gegen den Fleckenrand kann man näherungsweise durch die Gleichung darstellen:

$$B(r) = \frac{B(0)}{1 + \left(\dfrac{r}{b}\right)^2}$$

(r ist der Abstand vom Fleckenzentrum, b der Penumbraradius.)

Eine grobe Näherung für den Winkel α, den die Feldlinien mit der Vertikalen bilden, gibt die Gleichung:

$$\alpha = \frac{r}{b} \cdot 90°$$

Am äußeren Rand der Penumbra verlaufen demnach die Feldlinien nahezu horizontal. Eine ganz ähnliche Gestalt besitzt das Magnetfeld am Ende einer langen, stromdurchflossenen Spule in einer Schicht, die relativ zum Spulendurchmesser sehr dünn ist und senkrecht zur Spulenachse liegt.

Sonnenflecken sind die am leichtesten beobachtbare Teilerscheinung aus dem Gesamtkomplex der Sonnenaktivität; es ist jedoch bisher nicht gelungen, eine geschlossene Theorie dieses Phänomens aufzustellen. Sicher ist lediglich, daß das Auftreten starker lokaler Magnetfelder mit verschiedenen Erscheinungen der Sonnenaktivität, so auch mit der Fleckentätigkeit der Sonne in ursächlichem Zusammenhang steht. Man kennt aber den Mechanismus nicht, durch den bei der Existenz solcher Magnetfelder der Transport thermischer Energie aus der Wasserstoffkonvektionszone in den Fleckenbereich vermindert und dadurch die Temperaturerniedrigung im Fleck relativ zur ungestörten Photosphäre hervorgerufen wird. Schon die beobachtbaren Erscheinungen sind sehr kompliziert. Als Beispiel dafür sei nur erwähnt, daß die starken lokalen Magnetfelder zwar den Transport thermischer Energie zur Photosphäre behindern, was dann das Strahlungsdefizit der Flecken zur Folge hat, daß sie aber den Transport mechanischer Energie zu den aktiven Gebieten der Chromosphäre und Korona zu verstärken scheinen, denn diese Bereiche zeichnen sich durch höhere Dichte und Temperatur aus (vgl. S. 294f).

Wenn man die Erscheinung der Sonnenflecken und überhaupt den ganzen Komplex der Sonnenaktivität verstehen will, muß man zuerst die Frage nach der Entstehung der starken lokalen Magnetfelder an der Sonnenoberfläche zu beantworten versuchen. Erste Ansätze dazu lieferte bereits 1926 Bjerknes; eine umfassende Theorie des solaren Magnetfeldes wurde jedoch erst 1960 von Babcock aufgestellt. Das Babcock-Modell ist nur auf Beobachtungsergebnissen aufgebaut und läßt noch sehr viele Fragen offen; es liefert aber Ansätze zum Verständnis der Ursachen des Magnetfeldes der Sonne und gibt Hinweise für das Zustandekommen seiner Wirkungen.

Babcock geht von der Tatsache aus, daß außerhalb der durch starke lokale Magnetfelder gekennzeichneten Aktivitätsbereiche der Sonne großräumige schwache Magnetfelder gemessen werden, besonders in den Polarzonen bei heliographischen Breiten zwischen etwa 55° und 90°. Als Ursache dieser schwachen Magnetfelder nimmt Babcock ein magnetisches Dipolfeld geringer Feldstärke an, dessen Feldlinien in den erwähnten Polarzonen die Sonnenoberfläche durchstoßen und dort in den Meridianebenen verlaufen (s. Abb. 4.55a). Um die beiderseits des Sonnenäquators bis zu den heliographischen Breiten von etwa +40° und −40° auftretenden

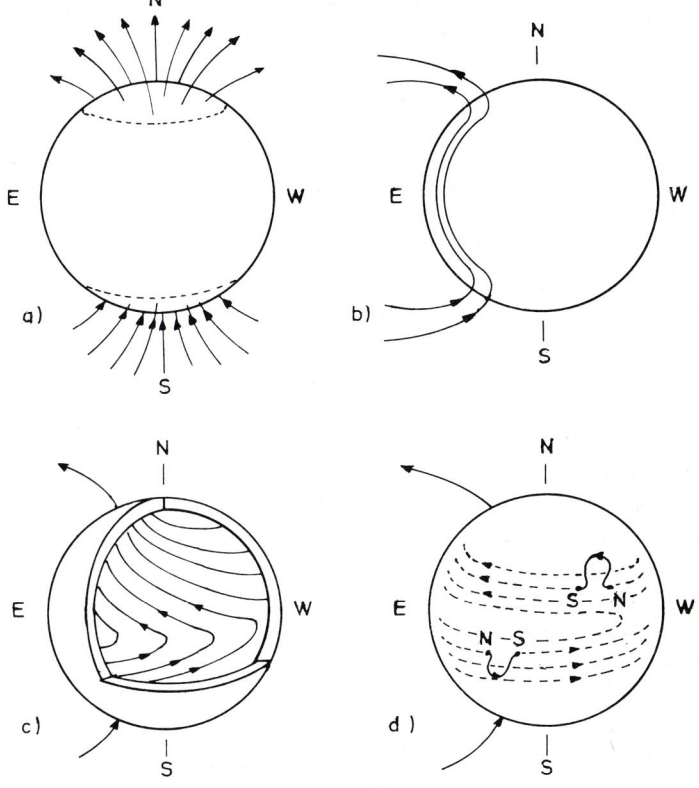

Abb. 4.55 Das globale Magnetfeld der Sonne und seine Veränderung
infolge der differentiellen Rotation. (Näheres im Text)

Fleckenmagnetfelder erklären zu können, nimmt Babcock an, daß das Magnetfeld
der Sonne nicht wie bei der Erde durch das Zentrum geht, sondern zwischen $+55°$
und $-55°$ heliographischer Breite ziemlich nahe der Oberfläche verläuft (s. Abb.
4.55b).

Die Ursache für das Auftreten eines solchen Magnetfeldes ist die große Zahl von
freien Elektronen und Ionen im Sonneninnern. Durch die differentielle Rotation
der oberflächennahen Schichten der Sonne (vgl. S. 193) entstehen großräumige
Ströme dieser Ladungsträger, die das solare Magnetfeld erzeugen.

Diese elektrischen Ströme erfahren, wenn sie quer zu den magnetischen Feldlinien
verlaufen, Kräfte nach innen oder außen. Da sich die Sonnenmaterie aber nicht
radial bewegen kann, bremsen diese Kräfte die Bewegung der Ladungsträger relativ
zum Magnetfeld. Nach dem Gegenwirkungsprinzip üben sie dabei entgegengesetzte
Kräfte auf das Magnetfeld aus, und da sich die Ladungsträger nur längs der magnetischen Feldlinien kräftefrei bewegen können, wird auf diese Weise das Magnetfeld

im Sonneninnern durch die differentielle Rotation zunehmend so deformiert, daß die Feldlinien immer mehr parallel zu den Breitenkreisen gezogen werden; das solare Magnetfeld ist in das Plasma unter der Photosphäre „eingefroren" (s. Abb. 4.55c).

Nun gewinnt man aus Feilspanbildern von Magnetfeldern den Eindruck, als wirkten quer zu den Feldlinien abstoßende Kräfte, welche die Feldlinien möglichst weit voneinander zu entfernen suchen. Dieser Eindruck hat einen physikalischen Hintergrund; in einem Magnetfeld herrscht tatsächlich außer dem Gasdruck p_g auch ein magnetischer Druck p_m. Der Gesamtdruck in einem Magnetfeld ist also

$$p = p_g + p_m.$$

Bei der Verformung des solaren Magnetfeldes in der Schicht unter der Äquatorzone der Sonne nimmt die Feldliniendichte, also die Feldstärke und damit der magnetische Druck laufend zu. Da aber an jeder Stelle der Sonne hydrostatisches Gleichgewicht herrscht (vgl. S. 198), ist der Gesamtdruck p für jede Stelle in der Sonne konstant. Nimmt also p_m zu, so muß der Gasdruck p_g abnehmen. Dadurch sinkt die Dichte des betreffenden Gebietes relativ zu seiner Umgebung und es erfährt einen Auftrieb. Bei einer bestimmten kritischen Feldstärke wird dieser Auftrieb so stark, daß der betreffende Teil des Magnetfeldes in Form einer Schleife durch die Photosphäre gehoben wird. An den beiden Durchstoßstellen entwickeln sich dann die Hauptflecke einer bipolaren Fleckengruppe (s. Abb. 4.55d, S. 285 und Abb. 4.56).

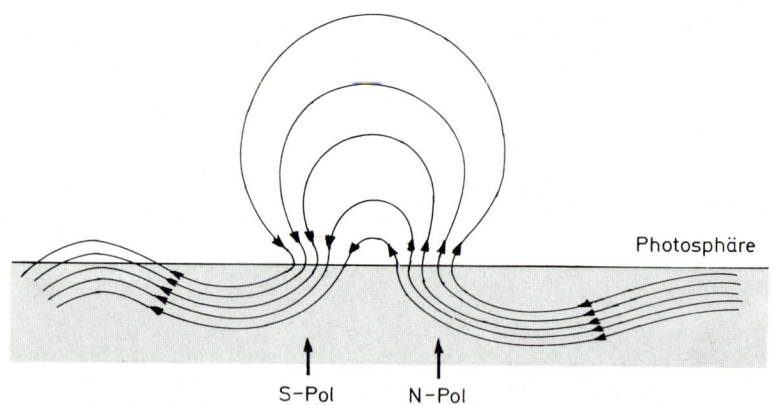

Abb. 4.56 Entstehung eines bipolaren magnetischen Gebiets nach Bjerknes (Näheres s. Text). Der über die Photosphäre hochgehobene Teil des Bündels magnetischer Feldlinien dehnt sich aus, da dort der Druck nach oben abnimmt und der magnetische Druck stets kleiner als der Gesamtdruck sein muß

Es ist plausibel, daß die kritische Feldliniendichte sich zuerst in mittleren helio-graphischen Breiten einstellt, die Sonnenflecken eines neuen Zyklus also zuerst dort entstehen, und daß außerdem die unmittelbare Umgebung des Sonnenäquators selbst von Flecken frei bleiben dürfte, weil dort keine Feldlinienverdichtung auftritt.

4.4.2 Sonnenfackeln

Auf guten Projektionsbildern der Sonnenscheibe erkennt man oft in den dunkleren Randgebieten faserige Aufhellungen, die sogenannten *Sonnenfackeln* (s. Abb. 4.57). Da das Licht, das uns aus der Randzone der Sonnenscheibe erreicht, nur aus den höchsten Schichten der Photosphäre stammt (vgl. S. 217ff), müssen auch die Fackeln Erscheinungen der oberen Photosphäre sein. Tatsächlich sind sie auf Filtergrammen oder Spektroheliogrammen (vgl. S. 252f) der Chromosphäre noch deutlicher zu sehen, besonders gut im Licht der Fraunhoferlinie K des ionisierten Kalziums, die am violetten Ende des sichtbaren Spektralbereichs liegt. Beobachtet man im mono-chromatischen Licht einer der starken Emissionslinien im UV oder Röntgengebiet,

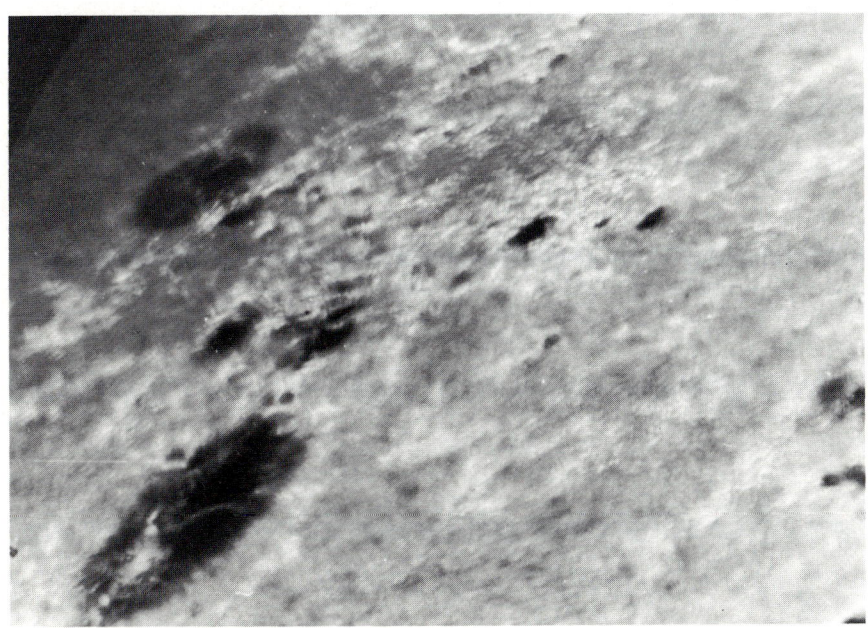

Abb. 4.57 Photosphärische Fackeln am Rand der Sonnenscheibe in der Umgebung von Sonnenflecken

die in Tab. 4.6 zusammengestellt sind, so wird der Helligkeitskontrast zwischen den Fackelgebieten und der ungestörten Chromosphäre um so größer, je kleiner die Wellenlänge der benutzten Linie ist, d.h. je höher der Entstehungsort der Strahlung über der Photosphäre liegt. Die im weißen Licht der Photosphäre beobachtbaren Fackeln sind also nur eine Randerscheinung eines chromosphärischen Phänomens. Deshalb zeigen auch die photosphärischen wie die chromosphärischen Fackeln die gleiche Feinstruktur wie die ungestörte Chromosphäre, also insbesondere das Netzwerk der coarse mottles (vgl. S. 253f), das sich unter günstigen Beobachtungsbedingungen in Fackelgranulen auflösen läßt.

Besonders aufschlußreich sind Vergleiche von Filtergrammen mit gleichzeitig aufgenommenen Magnetogrammen. Magnetogramme gewinnt man nach einem von Leighton angegebenen Verfahren, indem man die vom Zeeman-Effekt hervorgerufenen Polarisationserscheinungen (vgl. S. 280f) in den beiden Flügeln einer geeigneten Fraunhoferlinie subtrahiert. Dabei rufen die zirkular polarisierten Komponenten, die von parallel zum Sehstrahl liegenden Magnetfeldern herrühren, je nach der Feldrichtung Aufhellungen oder Verdunkelungen hervor, so daß man aus der Helligkeit die Polarität ablesen kann. Die Abbildungen 4.58 a, b und c zeigen die enge Bindung der Fackeln an die bipolaren magnetischen Regionen. Die Beobachtungen deuten darauf hin, daß es sich bei den Fackeln um Wolken verdichteter Materie in der unteren und mittleren Chromosphäre handelt, deren Temperatur über der des ungestörten Chromosphärengases in ihrer Umgebung liegt. Meist befinden sich in den photosphärischen Schichten unterhalb der Fackelwolken Sonnenflecken oder Fleckengruppen.

Die Fackeln nehmen jedoch bedeutend größere Flächen ein als die zugehörigen Flecken. Auch in der Lebensdauer unterscheiden sich Fackeln und Flecken beträchtlich: Ein Fackelgebiet existiert durchschnittlich dreimal so lang wie die zugehörige Fleckengruppe. Die Statistik der Fackeln, ihr Auftreten in Aktivitätszonen mit elfjährigem Zyklus, entspricht weitgehend der Fleckenstatistik. Das Auftreten von Fackeln über Aktivitätsgebieten, in denen zwar Magnetfelder, doch keine Flecken vorhanden sind, zeigt aber deutlich, daß die Fackeln bedeutend bessere Indikatoren für die Bereiche und die Stärke der Sonnenaktivität sind als die Sonnenflecken. In diesem Zusammenhang ist es wichtig, daß innerhalb der chromosphärischen Fackeln die stärksten Aktivitätserscheinungen auftreten, die in der Sonnenatmosphäre zu beobachten sind, die Eruptionen; sie werden in 4.4.4 behandelt.

Die beiden Filtergramme Abb. 4.58b und 4.58c zeigen die chromosphärischen Fackeln im Lichte einer Kalzium- und einer Wasserstofflinie; das Ca^+-Filtergramm erfaßt eine höhere Schicht als das H_α-Filtergramm. Beide Bilder demonstrieren sehr deutlich die Anordnung der Aktivitätsbereiche in zwei zum Sonnenäquator parallelen Gürteln. Stärke der Aktivität und heliographische Breite der Gürtel auf diesen Bildern sind typisch für eine Zeit des Sonnenflecken- und Aktivitätsmaximums.

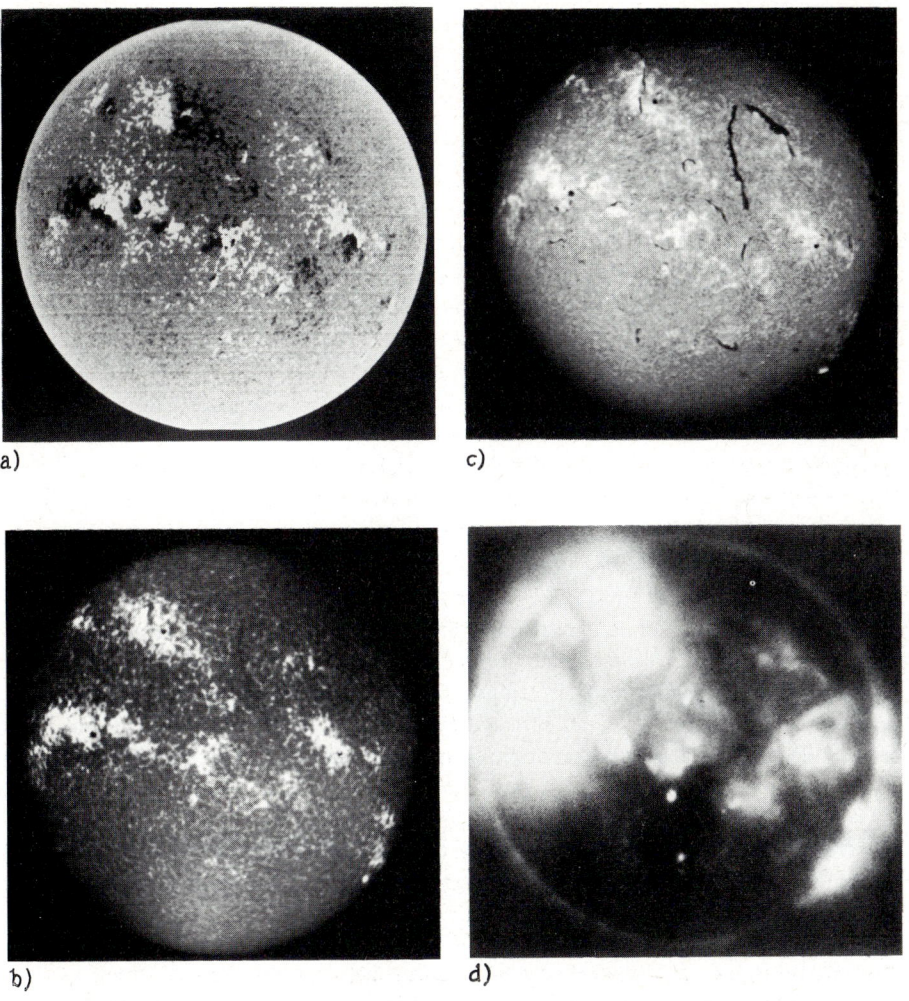

Abb. 4.58 (a) Magnetogramm der Sonne. Schwarze und weiße Stellen kennzeichnen verschiedene magnetische Polarität. (b) Filtergramm der Sonne im Licht der K-Linie des Ca^+. (c) Filtergramm der Sonne im Licht der Hα-Linie des H. (d) Aufnahme der Sonne (von einer Rakete aus) im Bereich der weichen Röntgenstrahlung (0,3 nm $<\lambda<$ 6,0 nm) Alle 4 Bilder stammen vom 7.3.1970. Bemerkenswert ist die Übereinstimmung der magnetisch aktiven Gebiete im Magnetogramm mit den Aktivitätszentren der Filtergramme und der Röntgenaufnahme

Hochauflösende Magnetographen zeigen auch außerhalb der Sonnenflecken, also in der ungestörten Photosphäre, einzelne Gebiete von Granulengröße mit magnetischen Feldstärken von einigen 10^{-2} T; gerade an diesen Stellen findet man auch helle Fackelgranulen. Diese Beobachtung beweist, daß das Auftreten von Fackeln in ursächlichem Zusammenhang mit starken lokalen Magnetfeldern steht.

Neben den mit Flecken assoziierten Fackeln treten vor und während des Sonnenfleckenminimums in der Nähe der Sonnenpole, d.h. in heliographischen Breiten höher als $55°$, rundliche Aufhellungen mit Durchmessern um 2000 km auf, die sogenannten polaren Fackeln. Sie sind stets regellos verteilt und nicht zu Gruppen vereint. Auf Magnetogrammen zeigt sich auch für die polaren Fackeln eine enge Koinzidenz mit Magnetfeldern. Ein Zusammenhang der polaren Fackeln mit den Polarstrahlen der Minimumkorona (vgl. S. 259) ist sehr wahrscheinlich.

4.4.3 Protuberanzen

Formen und Beobachtungsmöglichkeiten

Wenn der Mond während einer totalen Sonnenfinsternis sich vor die Sonnenscheibe geschoben hat und die letzten Teile der Chromosphärensichel verschwunden sind, beobachtet man oft auf dem weißlich nebligen Hintergrund der inneren Korona leuchtend rote Gebilde verschiedenster Gestalt, die *Protuberanzen* (engl. prominences). Ihre Farbe deutet schon darauf hin, daß ihr Spektrum dem Flash-Spektrum der Chromosphäre ähnelt. Deshalb muß die Temperatur in den Protuberanzen von der Größenordnung der Chromosphärentemperatur sein, also bei 10^4 K liegen. Mit Spektroheliographen und Koronographen (vgl. S. 246/252) kann man Protuberanzen auch außerhalb der Sonnenfinsternisse beobachten, wenn man im Licht einer von der Protuberanz ausgesandten Spektrallinie arbeitet, z.B. der H_α-Linie des Wasserstoffs.

Die Abbildungen 4.59 und 4.60 zeigen Protuberanzen verschiedener Formen. Das Objekt der Abb. 4.59 (S. 291) gehört zu den ruhenden oder stationären Protuberanzen; diese Gebilde haben meist eine sehr lange Lebensdauer. Abb. 4.60 (S. 292) enthält eruptive und Fleckenprotuberanzen; dabei handelt es sich um rasch ablaufende, heftige Materiebewegungen über Flecken oder Eruptionen (vgl. 4.4.4).

Protuberanzen können nicht nur am Sonnenrand, sondern auch auf der Sonnenscheibe beobachtet werden. Da ihre Temperatur beträchtlich unter der Temperatur der umgebenden Korona von etwa 10^6 K liegt, projizieren sie sich auf Spektroheliogrammen oder Filtergrammen als dunkle Fäden oder größere, langgestreckte Gebilde auf den hellen Untergrund. Protuberanzen in dieser Erscheinungsform heißen *Filamente;* dieser Name stammt aus der Zeit, als man die Identität von Filamenten und Randprotuberanzen noch nicht erkannt hatte. Das H_α-Filtergramm

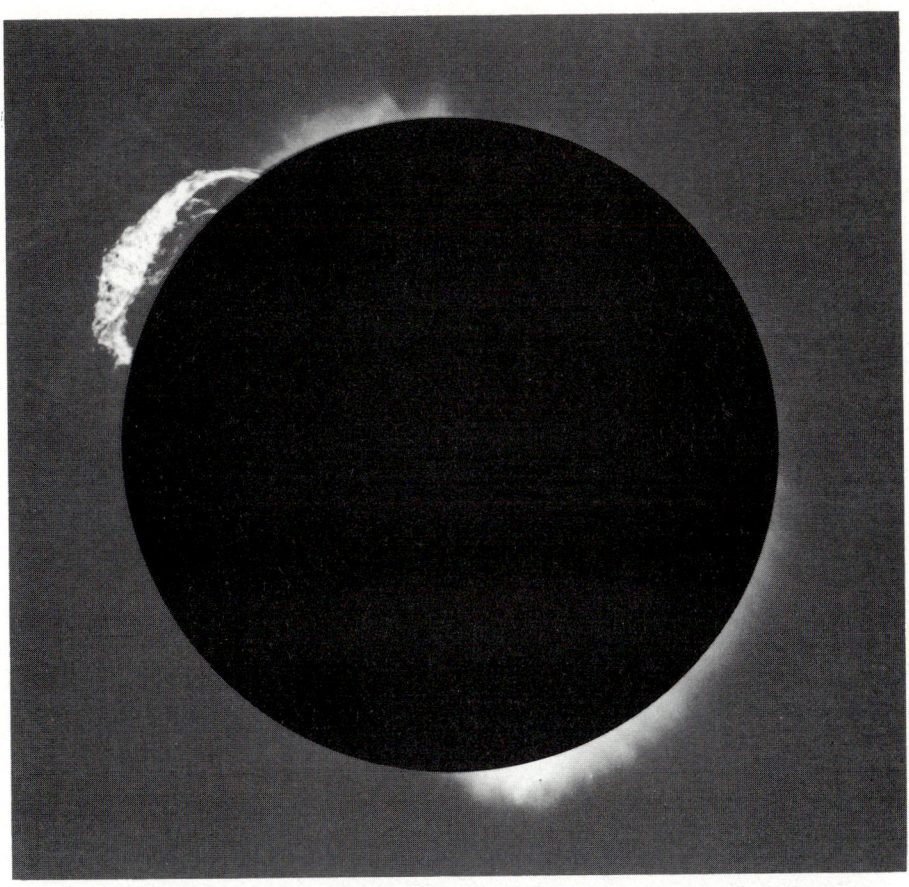

Abb. 4.59 Große stationäre Protuberanz. Die Protuberanz wurde erstmals am 22.3.1919 beobachtet. Die Aufnahme stammt von
der Sonnenfinsternis vom 29.5.1919. Unmittelbar nach dieser
Aufnahme wurde die Protuberanz aktiv: Der Hauptteil hob
sich von der Sonne ab, während der Rest zur Chromosphäre
zurückströmte.

Abb. 4.58c zeigt mehrere Filamente, zwei große im rechten oberen Quadranten.
Aus der doppelten Erscheinungsform der Protuberanzen als Filament und Rand-
protuberanz ergeben sich vielfältige Möglichkeiten, die Formen der Protuberanzen
und ihre Entwicklung zu beobachten. Dabei ist es besonders eindrucksvoll, die
– infolge der Sonnenrotation sich vollziehende – Verwandlung einer langlebigen,
stationären Protuberanz vom dunklen Filament in eine über den Sonnenrand
hinausragende leuchtende Erscheinung zu verfolgen.

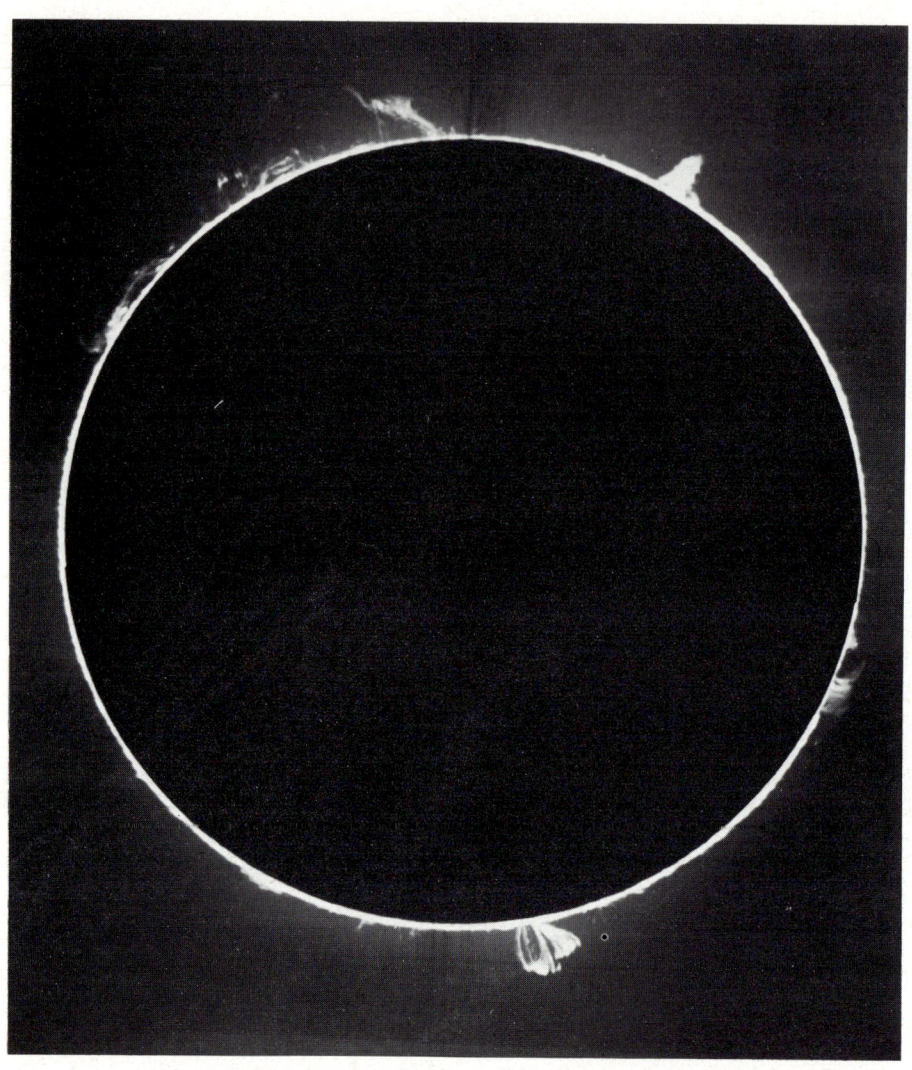

Abb. 4.60 Verschiedene Protuberanzen-Typen am Sonnenrand im Licht
der K-Linie des Ca⁺. Die Photosphäre ist durch eine Kreis-
blende abgedeckt. Unten eine Fleckenprotuberanz, oben zwei
eruptive Protuberanzen

Die fadenförmige Gestalt der Filamente beweist, daß ihre Dicke sehr klein sein
muß; sie liegt im Mittel bei 7000 km, während Beobachtungen der Protuberanzen
am Sonnenrand eine durchschnittliche Höhe von 40 000 km ergeben. Da die

mittlere Länge der Protuberanzen bei 200 000 km liegt, kann man als Modell einer Protuberanz einen 1 mm starken Pappestreifen von 6 mm Höhe und 30 mm Länge so auf einen Fußball stellen, daß seine Ebene ungefähr senkrecht zur Tangentialebene steht.

Aktive Gebiete, Fleckenprotuberanzen, Entstehung und Lebensweg einer stationären Protuberanz

Die Entstehung einer Protuberanz ist eng verknüpft mit der Ausbildung der sogenannten Aktiven Gebiete, aus denen auch die Fackeln und Flecken hervorgehen. Dabei spielt sich folgendes ab: Nach der Babcockschen Theorie, die bereits S. 284f skizziert wurde, beginnt der Vorgang damit, daß ein Bündel magnetischer Feldlinien schleifenförmig über die Photosphäre gehoben wird. Dabei zeigen sich in den Filtergrammen der K-Linie des Ca^+ zwischen benachbarten Supergranulen die ersten kleinen Fackeln, die sich dann in den folgenden Tagen entlang den Rändern der Supergranulen ausbreiten und schließlich ein Oval erfüllen, dessen Längsrichtung etwa parallel zum Sonnenäquator liegt. Während sich in dem Fackelfeld die Durchstoßbereiche des Magnetfelds zu zwei getrennten Magnetpolen entwickeln, treten dort dunkle Poren und kleine Flecke auf und leiten damit die Entwicklung einer Fleckengruppe ein. Gleichzeitig steigt in der Korona über dem Aktiven Gebiet die Helligkeit an. In den folgenden zwei bis drei Wochen dehnt sich das bipolare Gebilde weiter aus und wird längs der Breitenkreise auseinandergezogen. Dabei treten Eruptionen (vgl. 4.4.4) und andere Aktivitätserscheinungen auf, darunter

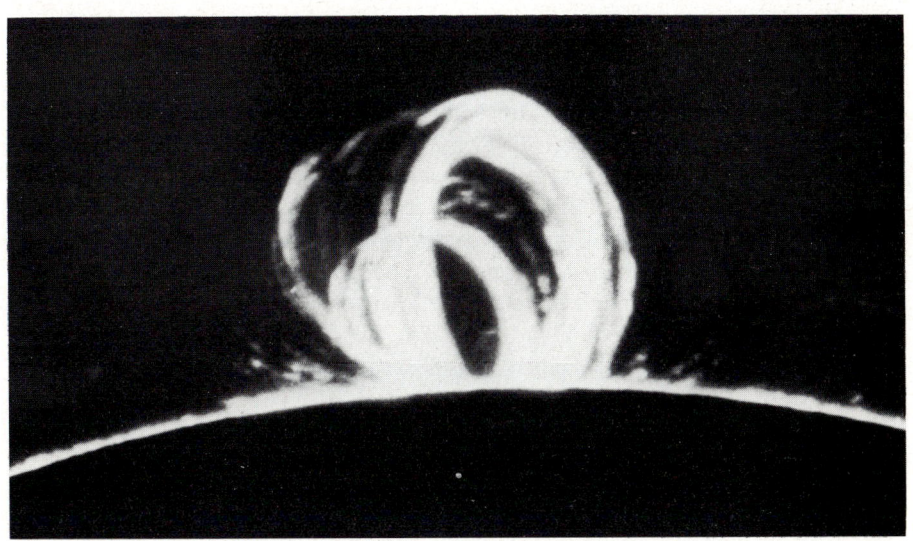

Abb. 4.61 Fleckenprotuberanz. Die bogenförmige Struktur markiert den Verlauf der magnetischen Feldlinien über dem zugehörigen Fleckengebiet

kurzlebige Fleckenprotuberanzen, die mit ihrer meist bogenförmigen Struktur den Verlauf des Magnetfeldes des Aktiven Gebiets oberhalb der Photosphäre markieren (s. Abb. 4.60, S. 292, am unteren Rand und Abb. 4.61, S. 293); sie ändern oft innerhalb von Minuten ihre Gestalt, bis sie schließlich nach einigen Tagen wieder verschwinden. Im Höhepunkt der Entwicklung des Aktiven Gebiets hat sich über ihm in der Korona ein ausgedehntes Gebiet mit höherer Dichte ausgebildet („koronale Kondensation").

Nachdem die Fleckengruppe den Höhepunkt ihrer Entwicklung überschritten hat, konzentriert sich die Helligkeit des chromosphärischen Netzwerks auf zwei Fackel-gebiete in der Umgebung der beiden Magnetpole des Gebiets, und zwischen ihnen entsteht ein stationäres Filament („ruhende" Protuberanz). Es ist in der Regel zuerst etwa in N-S-Richtung ausgestreckt, zeigt jedoch schon beim ersten Auf-tauchen eine schwache Neigung gegen die Meridiane; deutet man diese als Folge der differentiellen Rotation der Sonne, so müßte das Filament vor dem Sichtbarwerden schon etwa 3 Wochen existiert haben. Es wächst nun polwärts, und zwar pro Umdrehung der Sonne im Durchschnitt um 10^5 km, und wird gleichzeitig durch die differentielle Rotation in die Länge gezogen und immer mehr parallel zum Äquator gedreht, während zuerst die Flecken und einige Wochen später auch die Fackeln verschwinden. Die Protuberanz überlebt die anderen Aktivitäts-erscheinungen oft um mehrere Monate, bis sie sich schließlich vom äquatornahen Ende her auflöst.

Strömungserscheinungen und Endphasen bei stationären Protuberanzen

Die stationäre Entwicklung, bei der die Protuberanz trotz lebhafter innerer Strömungen äußerlich ihre Gestalt unverändert beibehält, wird meist von Instabilitätsphasen unterbrochen, die einige Minuten bis Stunden andauern, und nach deren Ablauf die Protuberanz wieder stationär wird. Diese Aktivität der Protuberanzen kann sehr vielfältige Formen annehmen. Meist beginnt sie mit einer rasch zunehmenden inneren Unruhe. Dann treten komplizierte Strömungen auf, die zu radikalen Formveränderungen der Protuberanz führen können. Dabei kann man zwei Aktivitätstypen unterscheiden. Beim ersten Typ strömt Materie horizontal von der Krone des Filaments ab und mündet im Bogen in die Chromosphäre ein, wobei die Strömung augenscheinlich längs der magnetischen Feldlinien erfolgt; der Materiestrom endigt deshalb oft über einem benachbarten Sonnenfleck. Dieser Prozeß kann zur Auflösung der ganzen Protuberanz führen, doch baut sie sich in der Regel nach dem Abklingen des aktiven Stadiums wieder in der alten Form auf, indem Materie aus der Korona sich auf dem alten „Gerüst" kondensiert, das vermutlich von dem Magnetfeld des zugehörigen bipolaren Aktiven Gebiets geliefert wird. Beim zweiten Typ fliegt die Protuberanz in den Weltraum hinaus. Dabei kann die Aufstiegsgeschwindigkeit von etwa $100 \, \text{km} \cdot \text{s}^{-1}$ auf das Zehnfache anwachsen, jedoch in der Regel nicht gleichmäßig, sondern ruckartig, wobei dazwischen Phasen gleichförmiger Bewegungen liegen, deren Dauer im Mittel von der Größenordnung einer Stunde ist. Bei solchen „aufsteigenden Protuberanzen" wurden Höhen von mehr als einem Sonnendurchmesser über der Photosphäre gemessen. Während der Aufstiegsphase fließt oft ein Teil der Materie in benachbarte „Senken" ab.

Die Physik der Protuberanzen

Zur physikalischen Erklärung dieser Phänomene muß man davon ausgehen, daß die Protuberanz gerade an der Grenze der beiden Polaritätsbereiche eines Aktiven Gebiets entsteht. Dort verlaufen die magnetischen Feldlinien horizontal. Die in der Protuberanz durch irgend einen Effekt auf den 100. Teil der Umgebungstemperatur abgekühlte Koronamaterie besitzt eine 100 mal größere Dichte als ihre Umgebung, da in horizontaler Richtung Druckgleichgewicht bestehen dürfte. Sie müßte deshalb nach unten fallen, da der Auftrieb kleiner als ihr Gewicht ist. Nun ist aber die in der Protuberanz verdichtete Materie immer noch hochionisiert (vgl. Tab. 4.6, S. 251). Deshalb kann eine solche Bewegung quer zu den magnetischen Feldlinien nicht stattfinden, denn durch die Kräfte, die im Magnetfeld auf bewegte Ladungen wirken, werden die Bahnen der Elektronen und Ionen um die Feldlinien aufgewickelt, d.h. das Protuberanzenplasma bleibt im Magnetfeld hängen. Zwar fließt auch im stationären Zustand Materie seitlich längs der magnetischen Feldlinien zur Chromosphäre ab, aber aus der Korona wird dauernd verdichtete Materie nachgeliefert; dies führt zu einer deutlichen Verkleinerung der Koronadichte in der Umgebung einer Protuberanz. Der Vorgang ist also vergleichbar mit einem lang anhaltenden Regen auf der Erde, bei dem die Regenwolken durch Kondensation der Luftfeuchtigkeit laufend gespeist werden.
Ändert sich die magnetische Feldstärke, so werden im Protuberanzenplasma Wirbelströme induziert, die ihrerseits im Magnetfeld Kräfte erfahren; dies könnte die Ursache eines Protuberanzenaufstiegs sein.

Da die Protuberanz nur auf dem horizontalen Teil des Magnetfelds im Gleichgewicht ist, muß ihre Dicke relativ gering sein. Andererseits genügen kleine Verschiebungen des Magnetfelds, um das Protuberanzenplasma auf den Feldlinien seitlich abgleiten zu lassen.

Wie alle Erscheinungen der Sonnenaktivität stellen auch die Protuberanzen ein physikalisch außerordentlich schwieriges Problem dar, von dessen Lösung man noch weit entfernt ist.

4.4.4 Eruptionen. Terrestrische Wirkungen der Sonnenaktivität

Bei der Überwachung solarer Aktivitätserscheinungen beobachtet man — allerdings sehr selten — im Projektionsbild der Sonne Lichtausbrüche, die nur wenige Minuten andauern; man bezeichnet sie als *Eruptionen* oder treffender, mit dem auch in den deutschen Sprachgebrauch übernommenen englischen Fachausdruck, als *Flares* (flare = plötzliches Aufleuchten). Viel besser sind sie zu beobachten, wenn man das

Photosphärenkontinuum mit Hilfe eines Filters ausblendet, das nur die Strahlung einer vom Flare ausgesandten Spektrallinie durchläßt. Auf diese Weise kann man — besonders im Lichte der H_α-Linie des Wasserstoffs — sehr oft Flares beobachten, in einer großen Fleckengruppe im Mittel täglich einen großen und zehn bis hundert mittlere und kleinere; dabei treten nicht selten an der gleichen Stelle wiederholt Flares auf. Die mittlere tägliche Eruptionszahl in einer Fleckengruppe hängt eng mit der Sonnenfleckenrelativzahl R zusammen.

Die Eruptionen bilden sich in den Gebieten der chromosphärischen Fackeln. Beobachtungen am Sonnenrand zeigen, daß der sichtbare Teil der Flares in der Regel nicht über die Chromosphäre hinaufreicht.

Eruptionen sind die markantesten Äußerungen der Sonnenaktivitat. Wenn die Tagespresse über aufsehenerregende Vorgänge auf der Sonne berichtet, handelt es sich in den meisten Fällen um Eruptionen. Die Abb. 4.62 zeigt in sechs Bildern die Entwicklung einer großen Eruption.

Die Klassifikation der Flares nach der maximalen Größe der in H_α leuchtenden Fläche führt zur Einteilung in „Importanz"- Klassen (s. Tab. 4.9). Die Helligkeit wird durch die Zusätze f (faint = schwach), n (normal) und b (bright = hell) qualitativ gekennzeichnet. Die Importanzklasse S bedeutet „Subflares", deren Fläche unter 0,01% der Sonnenhemisphäre liegt.

Tab. 4.9 Einteilung der Eruptionen in Importanzklassen (neue Klassifikation ab 1.1.1966). Die relative Häufigkeit wurde im Beobachtungszeitraum von Juli 1957 bis Dezember 1962 ermittelt. (Nach A. Bruzek)

Importanz-klasse	Eruptionsfläche in Millionstel der Sonnenhalbkugel	Mittlere Dauer	Relative Häufigkeit
S	< 100	Sekunden	–
1	100– 250	20 min	92,8%
2	250– 600	30 min	6,5%
3	600–1200	60 min	0,6%
4	>1200	180 min	0,1%

Das Flare-Spektrum unterscheidet sich im sichtbaren Spektralbereich nur wenig vom Flash-Spektrum der oberen Chromosphäre. Auffallend sind die starken Emissionslinien der Balmer-Serie des Wasserstoffs, die außerdem stark verbreitert sind. Die Art der Verbreiterung läßt sich nicht durch thermischen Dopplereffekt erklären (vgl. S. 232), sondern deutet auf eine Aufspaltung der Linien hin, wie sie in elektrischen Feldern auftritt (Stark-Effekt). Nur bei Flares der Importanzklassen 3 und 4 beobachtet man gelegentlich ein kontinuierliches Spektrum, dessen Intensität aber weit unter der des Photosphärenspektrums liegt.

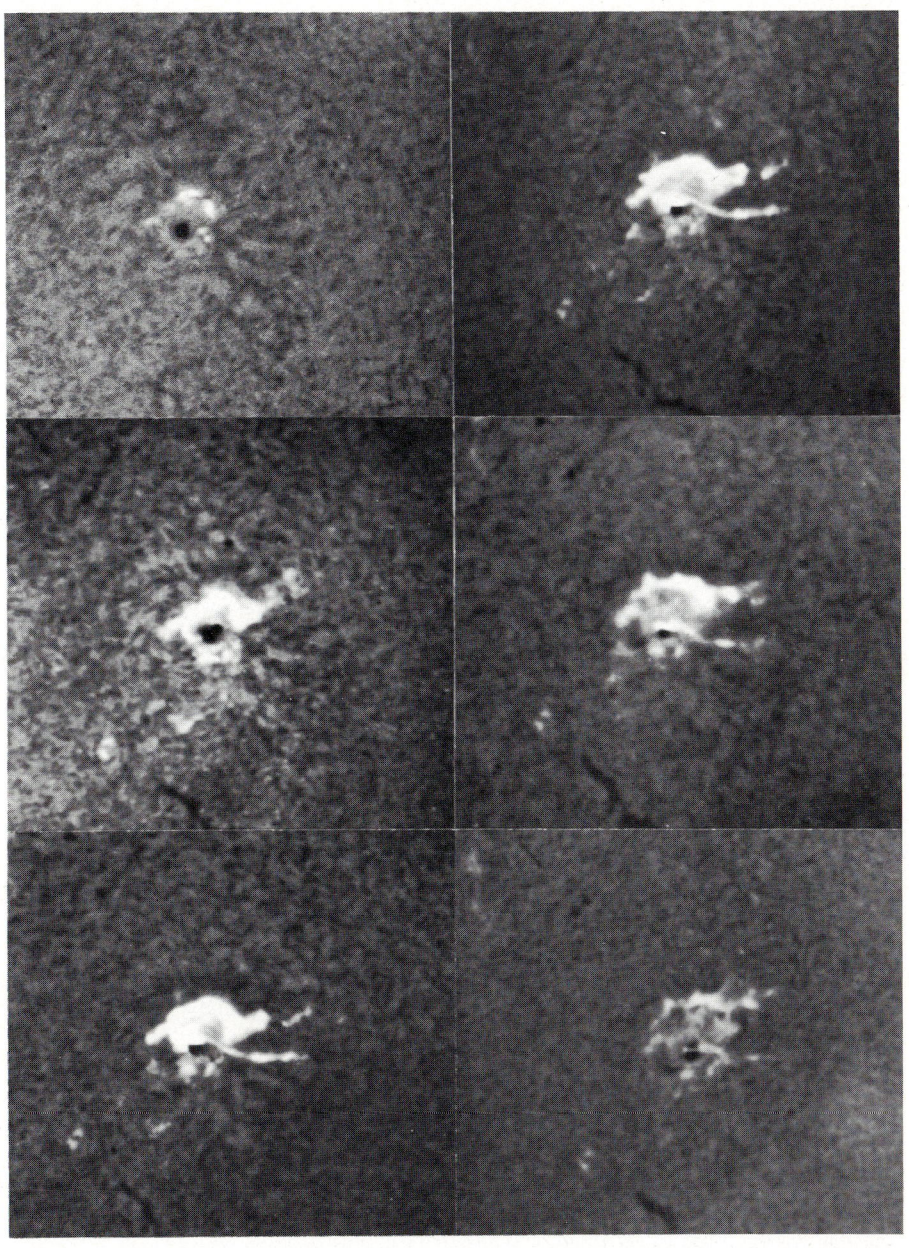

Abb. 4.62 Entwicklung einer großen Eruption. (25.6.1960) Aufnah-
mezeiten: Linke Reihe von oben: 11.37, 11.41, 12.16 Uhr
WZ, rechte Reihe von oben: 12.27, 13.07, 13.53 Uhr WZ

Das Spektrum größerer Eruptionen enthält außerhalb des sichtbaren Bereichs elektromagnetische Strahlung fast aller Wellenlängen. So wurden von Raketen und Raumsonden aus zahlreiche sonst für die Korona charakteristische Emissionslinien im extremen UV gefunden, insbesondere aber eine weiche Röntgenstrahlung, die im Wellenlängenbereich zwischen 0,1 nm und 2 nm etwa 100 bis 1000 mal intensiver ist als die gesamte weiche Röntgenstrahlung der ruhigen Sonne; Beobachtungen am Sonnenrand zeigen, daß ihr Entstehungsort über dem optischen Flare in 20 000 km Höhe liegt. Ihr Spektrum setzt sich aus einer kontinuierlichen Komponente und zahlreichen Emissionslinien hochionisierter Metalle (z.B. Fe^{24+}!) zusammen.

Die Ionosphäre der Erde und ihre Veränderung durch die Flare-Strahlung

Bei manchen Flares wurden auch kurze Ausbrüche (Bursts) harter Röntgenstrahlung beobachtet; die typische Burstdauer liegt bei 1 min, die Energie ihrer Quanten ist von der Größenordnung 10^5 eV, was nach der Einsteinschen Gleichung (4-30) Wellenlängen um 0,01 nm entspricht. Diese harte Röntgenstrahlung beeinflußt beim Auftreffen auf die Erdatmosphäre die sogenannte D-Schicht der Ionosphäre. Die Ionosphäre ist ein System ionisierter Luftschichten, das für die Radiowellen des Kurzwellenbereichs zwischen 10 m und 50 m wie ein Spiegel wirkt und dadurch für die große Reichweite der Kurzwellensender verantwortlich ist. (s. S. 146 und Abb. 3.24c). Die Ursache der Ionisation dieser Schichten ist die Absorption der UV- und Röntgenstrahlung, die dauernd von der Sonne abgestrahlt wird. Und da die verschiedenen Luftmoleküle und -Atome unterschiedliche Ionisationsenergien besitzen, besteht die Ionosphäre aus mehreren Komponenten in verschiedener Höhe, von denen für den Kurzwellenverkehr neben der E-Schicht in 85 bis 140 km Höhe (Elektronendichte $N_e = 10^{11}$ m^{-3}) besonders die darüber liegenden Schichten F_1 zwischen 140 und 200 km ($N_e = 3 \cdot 10^{11}$ m^{-3}) und F_2 in 200 bis 1000 km Höhe ($N_e = 10^{12}$ m^{-3}) entscheidend wichtig sind. Nach Gl. (4-50) ist die Brechung elektromagnetischer Wellen in diesen Schichten um so stärker, je größer die Elektronendichte N_e ist. So erhält man z.B. bei der Wellenlänge $\lambda = 33,3$ m für die drei Schichten die Brechungsindizes:

$$n_E = 0,95; \quad n_{F_1} = 0,84; \quad n_{F_2} = 0,0 \quad \text{(Totalreflexion)}$$

Die nur tagsüber vorhandene D-Schicht in der Höhe zwischen 60 und 85 km, die von der weichen Röntgenstrahlung der Sonne erzeugt wird, hat mit der Elektronendichte $N_e = 10^9$ m^{-3}, also dem Brechungsindex $n_D \approx 1$, nahezu keine ablenkende Wirkung, schwächt jedoch die hindurchlaufenden Kurzwellen; in der D-Schicht ist nämlich die Luftdichte schon so hoch, daß die Schwingungen der freien Elektronen durch Zusammenstöße mit den Molekülen und Ionen beträchtlich gedämpft werden. Solange wenige freie Elektronen vorhanden sind, ist die Absorption der Kurzwellen in der D-Schicht gering. Steigt aber durch die mit einem Flare verbundene Verstärkung der solaren Röntgenstrahlung der Ionisationsgrad und damit die Elektronendichte der D-Schicht, so absorbiert diese die einfallende Kurzwellenstrahlung, bevor sie an den E- oder F-Schichten reflektiert werden kann; der Kurzwellenverkehr über größere Entfernungen bricht zusammen (Mögel-Dellinger-Effekt).

Besonders diese weitreichenden Folgen starker Eruptionen waren der Anlaß für eine weltweite Überwachung der Sonnenaktivität, deren Ergebnisse täglich in Form der sogenannten URSI-Gramme (URSI = Union Radio Scientifique Internationale) von verschiedenen Sendern auf der ganzen Welt ausgestrahlt werden.

Das gehäufte Auftreten kurzwelliger Flare-Strahlung während eines Sonnenflecken-maximums erzeugt aber nicht nur singuläre Erscheinungen in der Erdatmosphäre wie den Mögel-Dellinger-Effekt. Da die hohe Temperatur der Erdatmosphäre ober-halb 200 km Höhe auf die Absorption der XUV-Strahlung (Röntgen- und UV-Strahlung) zurückzuführen ist, muß die im 11-jährigen Zyklus der Sonnenaktivität schwankende Flare-Häufigkeit mit ihren XUV-Bursts eine Temperaturzunahme der Hochatmosphäre im Sonnenfleckenmaximum zur Folge haben. Tatsächlich steigt die mittlere Temperatur oberhalb 200 km Höhe während des Sonnenfleckenmaxi-mums auf etwa 1500 K an, während sie im Fleckenminimum bei 1000 K liegt.

Moderne Satellitenbeobachtungen der Strahlungsausbrüche großer Flares mit Gammaspektrometern ergaben starke Linienemissionen mit den Quantenenergien 0,5 MeV und 2,2 MeV. Derartig hohe Energien lassen sich nicht mehr durch Energie-änderungen in der Elektronenhülle von Atomen erklären, sondern deuten auf Vorgänge im Atomkern oder im Bereich der Elementarteilchen hin. In der Tat entspricht die kleinere der beiden Energien gerade der Ruhenergie des Elektrons $m_e \cdot c^2 = 9,1 \cdot 10^{-31}$ kg $\cdot (3 \cdot 10^8$ ms$^{-1})^2 = 8,19 \cdot 10^{-14}$ J $= 0,51$ MeV. Treffen ein Elektron und ein Positron zusammen, so zerstrahlen sie, d.h. sie verschwinden, und es entstehen (wegen des Impulserhaltungssatzes) 2 Gammaquanten, die in entgegen-gesetzter Richtung auseinanderfliegen und jeweils die Energie 0,51 MeV mitnehmen. Dagegen stammt die Energie 2,2 MeV wahrscheinlich von der Fusion eines Protons mit einem Neutron; der Massendefekt des entstehenden Deuterons entspricht nämlich der Energie

$$(m_p + m_n - m_d)c^2 = (1,6725 + 1,6748 - 3,3434) \cdot$$
$$10^{-27} \text{ kg} \cdot 9 \cdot 10^{16} \text{ m}^2 \text{ s}^{-2}$$
$$= 3,51 \cdot 10^{-13} \text{ J} = 2,2 \text{ MeV},$$

die in Form von Gammastrahlung abgegeben wird. Sowohl das Auftreten von Positronen wie auch das von Neutronen in den äußeren Schichten der Sonne ist aber nur durch Kernreaktionen verständlich. Diese müssen in erster Linie durch Protonenstöße ausgelöst werden, wobei Mindestenergien von 0,5 MeV nötig sind (vgl. S. 205f). Solche hochenergetischen Teilchen konnten nach großen Eruptionen sogar schon in der Erdatmosphäre nachgewiesen werden als Zunahme der kosmischen Strahlung im Energiebereich 10^7 eV bis 10^{10} eV. Die Primärteilchen dieser Strahlung solaren Ursprungs sind zu 86% Protonen, zu 13% Alphateilchen, und der Rest besteht aus schwereren Kernen. Sie erzeugen durch Reaktionen mit den Atom-kernen der Luftmoleküle Kaskadenschauer von Sekundärteilchen, die am Erdboden nachgewiesen werden können, und zwar im Mittel eine halbe Stunde nach dem Flare-Ausbruch. Die Primärteilchen müssen sich also mit Geschwindigkeiten von der Größenordnung 10^5 km·s^{-1} bewegen.

Flare-Korpuskularstrahlung. Störungen des Erdmagnetfeldes. Polarlichter

Auswürfe von Materie können bei großen Eruptionen in verschiedener Form vorkommen. Als *Spritzprotuberanz* (Surge) bezeichnet man das Herausschießen von Materie in einem geradlinigen oder leicht gekrümmten Strahl mit Geschwindigkeiten von einigen 100 km/s, wobei Höhen über 10^5 km erreicht werden können, ohne daß die Verbindung mit der Quelle, die meist am Rande des Flares liegt, verloren geht (s. Abb. 4.60 am oberen Sonnenrand). Benachbarte ruhende Protuberanzen werden durch vorbeischießende Surges in der Regel aktiviert und aufgelöst, wobei die Protuberanzenmaterie zur Chromosphäre abfließt.

Außer kosmischer Strahlung und Surges tritt bei großen Flares noch eine weitere Art von Teilchenemission auf. Es handelt sich um *Plasmawolken* (Elektronen und Ionen), die etwa 20 bis 40 Stunden nach der Beobachtung des Flares auf der Erde eintreffen, also Geschwindigkeiten von 1000 bis 2000 km/s haben. Durch Koronographenbeobachtungen von Satelliten aus konnte der Aufstieg solcher Wolken in der Korona direkt verfolgt werden. Da diese Wolken geladener Teilchen sich mit dem Sonnenwind längs der Feldlinien des interplanetaren Magnetfelds der Sonne bewegen (vgl. S. 270), treffen sie nur dann die Erde, wenn die Feldlinien, auf denen die Wolken laufen, die Erdbahn schneiden, und wenn Erde und Wolke gleichzeitig den Schnittpunkt erreichen. Die Wahrscheinlichkeit für diese doppelte Koinzidenz ist nicht sehr groß; deshalb beobachten wir in den meisten Fällen nur das „Mündungsfeuer" dieser Materieauswürfe, also den Flare, ohne daß wir von dem „Geschoß", d.h. der Plasmawolke, getroffen werden. Beim Auftreffen auf das Magnetfeld der Erde werden die geladenen Teilchen abgelenkt. Die frontal auftreffenden Partikel werden dabei in die Richtung, aus der sie kamen, reflektiert, erfahren also die Impulsänderung $2mv$. Da bei einer Teilchendichte N in der Zeiteinheit auf die Flächeneinheit Nv Teilchen auftreffen, entsteht dadurch der Druck $p = 2Nmv^2$ auf das Magnetfeld der Erde, so daß dieses komprimiert wird, bis sein Eigendruck p_{mag} dem Druck des Plasmas das Gleichgewicht hält. Bei der Flußdichte B des erdmagnetischen Feldes ist $p_{mag} = \frac{1}{2}B^2/\mu_0$ (μ_0 ist die magnetische Feldkonstante). Damit erhält die Gleichgewichtsbedingung die Form:

$$2Nmv^2 = \frac{B^2}{2\mu_0}$$

Eine Vergrößerung der Teilchendichte N und der Teilchengeschwindigkeit v gegenüber dem von der ruhigen Sonne kommenden Sonnenwind durch die von den Flares ausgestoßenen Plasmawolken muß also zuerst eine Verstärkung des Erdmagnetfeldes zur Folge haben. Nach dem Eindringen der Teilchen ins Erdmagnetfeld bilden sich jedoch Ringströme um die Dipolachse der Erde aus, deren Eigenmagnetfeld das der Erde schwächt. Deshalb sinkt nach dem anfänglichen Anstieg die magnetische Feldstärke am Erdboden wieder ab. Die Amplitude dieser magnetischen Stürme, die mit ihren Feldstärkenschwankungen einige Stunden anhalten können, beträgt manchmal bis zu einigen Prozent der Normalfeldstärke. Oft dauert es mehrere Tage, bis die Störung des Erdmagnetfeldes ganz abgeklungen ist. Durch die raschen Änderungen des Erdmagnetfeldes während eines solchen magnetischen Sturmes treten in Kabeln und Telefonleitungen zuweilen beträchtliche Störspannungen auf; so wurde z.B. am 16.April 1938 in Mitteleuropa durch einen magnetischen Sturm eine Spannung von 0,5 V pro km Leitung induziert, am 24.März 1940 in Nordamerika sogar 5 V/km, so daß zwischen den Endpunkten der Leitungen Spannungen von einigen 100 bis 1000 V lagen!

Die ins Magnetfeld der Erde einsickernden Plasmapartikel verändern einerseits die Elektronendichte der Ionosphäre, besonders der F_2-Schicht (ionosphärische Stürme), was einen Mögel-Dellinger-Effekt zur Folge haben kann; andererseits regen die Schwärme energiereicher Teilchen — allerdings auf komplizierten Umwegen — die Moleküle der Hochatmosphäre durch Stöße zum Leuchten an und erzeugen dadurch die Polarlichter. Die Häufigkeit der starken Polarlichter ist daher ein Indiz für die Sonnenaktivität. Schwache Polarlichter können in den Polarregionen der Erde in jeder klaren Nacht beobachtet werden; sie werden durch die Partikelstrahlung des Sonnenwindes verursacht.

Die Energiedichte in einem Flare-Gebiet

Eine Abschätzung der kinetischen Energie von Plasmawolken, die von großen Flares ausgestoßen wurden, liefert Beträge der Größenordnung 10^{25} J. Die gesamte beim Flare-Phänomen freigesetzte Energie kann also mindestens diese Größenordnung erreichen. Bei einem Flare der Importanzklasse 4 kann man mit einer Fläche von $3 \cdot 10^{15}$ m^2 und einer Maximalhöhe von 30 000 km rechnen, was einem Volumen des angeregten Gebiets von höchstens 10^{23} m^3 entspricht. Die Energiedichte in diesem Bereich müßte also vor dem Ausbruch mindestens $100 \, \text{J} \cdot \text{m}^{-3}$ betragen haben. Die thermische Energiedichte der Chromosphäre ist um mehrere Zehnerpotenzen geringer (s. Aufg. 2), kann also nicht die Quelle der Flare-Energie sein. Dagegen besitzt das Magnetfeld mittlerer Flecken mit einer Flußdichte der Größenordnung $B = 0,1$ T (vgl. S. 282) eine Energiedichte vom Betrag $\frac{1}{2}B^2/\mu_0 = 4000 \, \text{J/m}^3$. Es ist deshalb sehr wahrscheinlich, daß die Energie eines Flare aus lokalen Magnetfeldern aktiver Gebiete stammt. Welche Mechanismen aber für die sehr schnelle Umwandlung der magnetischen Energie in die beobachteten Energieformen (hochenergetische Partikelstrahlung und elektromagnetische Strahlung verschiedenster Wellenlängen) verantwortlich ist, ist noch nicht geklärt. Die Versuche, Magnetfeldänderungen bei Flares zu beobachten, haben — wegen der enormen beobachtungstechnischen Schwierigkeiten — noch keine sicheren Resultate erbracht.

Auswirkungen der Sonnenaktivität auf biologische und meteorologische Vorgänge auf der Erde

Die Vermutung liegt nahe, daß Wirkungen der intensiven elektromagnetischen und korpuskularen Strahlung der aktiven Sonne nicht auf die Hochatmosphäre der Erde beschränkt sind, sondern auch die Troposphäre, also insbesondere die Großwettervorgänge und − mindestens indirekt − auch die Biosphäre beeinflussen. Tatsächlich liegen verschiedene derartige Beobachtungen vor. So fielen in den letzten 100 Jahren in Mitteleuropa strenge Winter oft mit Sonnenfleckenmaxima zusammen. In den Tropen mit ihrem sehr regelmäßigen Wetterablauf kann man eine 11-jährige Periodizität der Jahresmitteltemperaturen feststellen mit Amplituden von einigen Zehntel Kelvin; im Fleckenminimum erreicht die Jahrestemperatur ihren höchsten, im Maximum den tiefsten Wert. Dem entsprechen periodische Änderungen des Pegelstandes großer Binnengewässer, z.B. des Kaspischen Meeres: Im Sonnenfleckenmaximum hat auch der Wasserstand sein Maximum, d.h. die mittlere Niederschlagsmenge muß in diesem Zeitraum innerhalb des Einzugsgebietes höher liegen als im Fleckenminimum. Diese Schwankungen der Niederschlagsmengen wirken sich wieder auf die Breite der Jahresringe mancher Bäume aus, die in den Fleckenmaxima oft zwei- bis dreimal so breit sind wie im Minimum; so konnten an den Jahresringen jahrtausendealter Bäume (Sequoia gigantea) die Sonnenfleckenzyklen bis zum Jahr 1000 v.Chr, zurückverfolgt werden. Neuere Untersuchungen der Blitzhäufigkeit in England ergaben, daß die Zahl der Blitzschläge im Jahr zwischen 1930 und 1973 ziemlich genau mit den Jahresmittelwerten der Sonnenfleckenrelativzahlen schwankten, wobei im Sonnenfleckenmaximum die Blitzhäufigkeit etwa doppelt so groß war wie im Minimum.

Da alle Lebensvorgänge beträchtlichen statistischen Schwankungen unterliegen, können periodische Einwirkungen der Sonnenaktivität auf die Biosphäre nur schwer von dem hohen „Rauschpegel" der statistischen Schwankungen isoliert werden, wenn nicht sehr lange Beobachtungsreihen vorliegen. Es ist deshalb nicht von der Hand zu weisen, daß im Laufe weiterer Untersuchungen noch andere Wirkungen der Sonnenaktivität auf Lebewesen nachgewiesen werden können.

Zusammenfassende Übersicht über die Beobachtbarkeit der Eruptionen und ihrer terrestrischen Wirkungen

Die Eruptionen bestehen aus der Emission von elektromagnetischer Strahlung und Korpuskularstrahlung.

1. Die elektromagnetische Strahlung der Flares ist in mehreren Spektralbereichen beobachtbar
   a) Gammastrahlung: Linienemission
   b) XUV-Strahlung: Linienemission und Kontinuumstrahlung
   c) Sichtbare Strahlung: Helligkeitsausbrüche in den Fackel-Wolken, besonders stark in H_α

d) Radiofrequenzstrahlung: Kontinuumstrahlung; sie entsteht in der Korona als Sekundäreffekt der bei einer Eruption ausgesandten Korpuskelstrahlung (s. 4.4.5)

2. Als terrestrische Wirkungen der Flare-XUV-Strahlung werden beobachtet
   a) Primär-Effekt: Verstärkte Ionisierung der untersten Ionosphärenschicht
   b) Sekundäreffekte: Zusammenbrechen des Kurzwellenverkehrs (Mögel-Dellinger-Effekt)
      Starke Magnetfeldänderungen, die gleichzeitig mit dem Sichtbarwerden des Flare auftreten, also nicht identisch sind mit den magnetischen Stürmen, die als Folge der Flare-Korpuskularstrahlung auftreten (s.u.)

3. Die Flare-Korpuskularstrahlung kann auf der Sonne als Eruptionsprotuberanz beobachtet werden, auf der Sonnenscheibe dunkel, am Sonnenrand hell. Sie besteht aus Elektronen und Protonen.

4. Als Wirkungen der Flare-Korpuskularstrahlung können im Umkreis der Erde beobachtet werden
   a) Magnetische Stürme und Polarlichter, ausgelöst durch Protonen und Elektronen mit einer Laufzeit von 1 Tag und länger
   b) Verstärkung der kosmischen Strahlung, hervorgerufen durch Atomkerne sehr hoher Energie, die von der Sonne abgestrahlt werden und eine Laufzeit unter 1 Stunde haben

4.4.5 Die Radiostrahlung der aktiven Sonne

Radiostrahlung der Eruptionen (Bursts vom Typ II bis V)

Die enormen Beschleunigungen geladener Partikel, die im Zusammenhang mit Eruptionen der oberen Importanzklassen auftreten, lassen auch intensive Strahlungsausbrüche im Radiowellengebiet erwarten. Tatsächlich werden mehrere Typen solcher „Radio-Bursts" beobachtet.

Am Beginn der meisten Eruptionen werden Strahlungsausbrüche im Meterwellengebiet festgestellt, die nur wenige Sekunden dauern und in dieser Zeit ihre Wellenlänge sehr rasch von etwa 60 cm auf einige Meter vergrößern (Typ III). Die Änderungsgeschwindigkeiten der Frequenz liegen in der Größenordnung 20 MHz/s. Die Bandbreite der Strahlung ist sehr klein, meist zwischen 10 und 100 MHz; charakteristisch ist dabei, daß häufig gleichzeitig die erste Oberschwingung (doppelte Frequenz) auftritt, die sich vollkommen gleich verhält. Da der Ursprung der Radiostrahlung der Korona von der Wellenlänge abhängt (vgl. S. 265ff), bedeutet die Wellenlängenvergrößerung eine Verlagerung des Ursprungsorts in der Korona von innen nach außen. Aus den Gleichungen (4-51) und (4-52) erhält man aus der Frequenzänderungsgeschwindigkeit die Aufstiegsgeschwindigkeit; sie liegt zwischen 60 000 km/s und 150 000 km/s. Diesem Burst vom Typ III folgt meist eine breitbandige kontinuierliche Emission in einem großen Teil des Meterwellenbereichs, die nach einigen Minuten wieder abklingt (Typ V). Einige Minuten nach dem Flare-Ausbruch treten manchmal Ausbrüche im Meterwellengebiet auf, deren Bandbreite nur wenige MHz beträgt und die ihre Wellenlänge ebenfalls vergrößern, jedoch nur mit der Geschwindigkeit von etwa 1 MHz/s, was einer Aufstiegsgeschwindigkeit von der Größenordnung 1000 km/s entspricht. Die Intensität dieser Typ-II-Bursts kann auf mehr als das Hundertfache (bis zum Hunderttausendfachen!) der ungestörten Meterwellenintensität ansteigen. Der Typ II tritt im Sonnenfleckenmaximum im Mittel nur alle 50 Stunden auf, ist also wesentlich seltener als der Typ III. Auch der Typ II ist meist von der 1.Oberschwingung begleitet. Da auf Bursts vom Typ II oft geomagnetische Stürme folgen, liegt es nahe, ihre Ursache in den durch die Korona fliegenden Plasmawolken zu suchen, während Typ III durch Wolken hochenergetischer Elektronen angeregt werden dürfte. Diese Teilchen regen auf ihrem Weg durch die Korona das koronale Plasma zu Schwingungen an, in erster Linie in der Eigenfrequenz des Plasmas, aber dabei ist — wie bei der Anregung akustischer Schwingungen — das Auftreten der 1.Oberschwingung sehr wahrscheinlich.

Auch im Anschluß an den Typ II werden manchmal kontinuierliche Emissionen mit einer Bandbreite von einigen 100 MHz beobachtet. Die Intensität dieses Typs IV nimmt langsam zu und dann wieder ab. Im Gegensatz zu dem nur wenige Minuten dauernden Typ-II-Burst kann die Strahlung des Typs IV länger als die optische Erscheinung des Flare andauern. Sie setzt sich außerdem in der Regel aus mehreren Komponenten im Zentimeter-, Dezimeter- und Meterwellenbereich zusammen. Der Ursprung der Zentimeterwellenbursts vom Typ IV konnte in der Korona geortet werden; es handelt sich um ausgedehnte Bereiche, in denen Wolken von Elektronen mit der hohen mittleren Energie von 3 MeV in einem Magnetfeld eingefangen sind. Da man oft nach diesen Typ-IV-Bursts des Zentimeterwellenbereichs einen Anstieg der solaren Komponente der kosmischen Strahlung beobachtet, könnte man an folgenden Entstehungsmechanismus denken: Durch starke elektrische Felder, die infolge von Induktionswirkungen bei raschen Magnetfeldänderungen auftreten, werden die Teilchen des koronalen Plasmas bis in die Nähe der Lichtgeschwindigkeit beschleunigt. Die hochenergetischen Elektronen senden bei ihren spiraligen Bewegungen um die magnetischen Feldlinien sogenannte Synchrotronstrahlung aus, während die viel trägeren Protonen vom Magnetfeld nicht festgehalten werden können und als kosmische Strahlung entweichen.

Außer diesen Bursts vom Typ IV kommen im Zentimeterwellenbereich nur noch kurze Strahlungsimpulse mit Halbwertszeiten zwischen 0,1 und 0,7 min vor, die gleichzeitig mit dem optischen Flare einsetzen.

Eine schematische Darstellung der verschiedenen Radiostrahlungsausbrüche, die mit einem Flare verknüpft sind, zeigt Abb. 4.63, und zwar in Abhängigkeit von der Zeit und von der Wellenlänge.

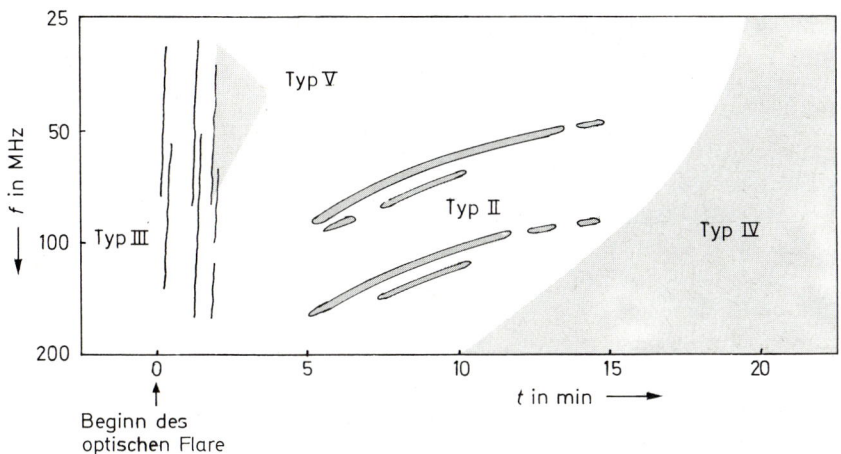

Abb. 4.63 Zeitabhängigkeit der Frequenzen von Radiostrahlungsaus-
brüchen auf der Sonne (Schematische Darstellung).
Kennzeichnend für die Bursts vom Typ II und III ist das
gleichzeitige Auftreten der Grundschwingung und der 1.
Oberschwingung.

Die langsam variable Komponente der Radiostrahlung

Neben den Radiobursts, die mit dem Auftreten von Flares verknüpft sind, sendet
die aktive Sonne noch zwei weitere Arten von Radiostrahlung aus, die aber wesentlich schwächer als die Bursts sind. Eine langsam variable Komponente im Spektralbereich $1,5\,\text{cm} < \lambda < 1\,\text{m}$, deren Intensitätsmaximum bei der Wellenlänge 15 cm
liegt und deren Stärke ungefähr parallel zu den Fleckenrelativzahlen variiert; im
Sonnenfleckenmaximum ist sie etwa fünfmal so stark wie die Strahlung der ruhigen
Sonne in diesem Spektralbereich. Ihr Ursprungsort fällt mit den koronalen Kondensationen zusammen, die sich über den Aktiven Gebieten ausbilden (vgl. S. 293ff).
Normalerweise liegt in den Höhen, in denen diese Kondensationen auftreten, die
Elektronendichte so niedrig, daß die Korona nach Gl. (4-51) für Zentimeterwellen
völlig durchsichtig ist (vgl. Abb. 4.45, S. 266). Steigt jedoch in den koronalen
Kondensationen die Elektronendichte auf das Hundertfache an, so sinkt die
Grenzwellenlänge auf den zehnten Teil, so daß die Kondensationen für Zentimeterwellen undurchlässig werden und in diesem Spektralbereich thermische Strahlung
mit einer effektiven Temperatur von etwa $4 \cdot 10^6$ K emittieren.
Da die langsam variable Radiostrahlung der Sonne ein empfindlich reagierender und
leicht zu kontrollierender Indikator für die Sonnenaktivität ist, wird sie seit den
fünfziger Jahren regelmäßig gemessen.

Die Rauschstürme (Bursts vom Typ I)

Eine weitere Radiostrahlungskomponente der aktiven Sonne sind die sogenannten
Rauschstürme. Dies sind in dichter Folge auftretende Strahlungsstöße vom Typ I
(Anstieg etwa 0,1 s, Abfall etwas länger; Bandbreite einige MHz) im Meterwellen-

bereich, die sich einem wachsenden Strahlungsuntergrund überlagern. Die Rauschstürme entstehen stets über Sonnenflecken, jedoch nicht über allen, so daß zwischen ihrer Häufigkeit und der Sonnenfleckenrelativzahl nur ein loser Zusammenhang besteht. Die Strahlung der Rauschstürme ist zirkular polarisiert, vermutlich durch das Fleckenmagnetfeld. Dem scheint zu widersprechen, daß Radiostrahlung mit Wellenlängen über 1 m nach Abb. 4.45 nur aus Bereichen mit $r/R_\odot > 1{,}06$, also aus Höhen von über 40 000 km stammen kann, wo das Fleckenmagnetfeld nur noch sehr schwach ist. Wie diese Beobachtungen zu deuten sind, ist vorläufig noch völlig unklar. Ein einzelner Rauschsturm kann stunden- oder sogar tagelang anhalten, und er erreicht seine maximale Stärke, wenn der zugehörige Sonnenfleck ungefähr in der Mitte der Sonnenscheibe angekommen ist; demnach wird die Strahlung der Rauschstürme in einem relativ engen Strahlenkegel radial, also in vertikaler Richtung, von der Sonne abgestrahlt.

Obwohl die Energie der Radiostrahlung der aktiven Sonne hauptsächlich in den kurzdauernden und seltenen Bursts steckt, ist sie insgesamt nach vorsichtigen Schätzungen 250 mal stärker als die gesamte Radiostrahlung der ruhigen Sonne. Trotzdem liegt ihre Intensität noch um etwa 10 Zehnerpotenzen unter der im sichtbaren Spektralbereich emittierten Strahlung. Die Bedeutung der solaren Radiostrahlung als Informationsquelle ist jedoch sehr groß und steigt laufend.

Die Tabelle 4.10 gibt einen zusammenfassenden Überblick über die Radiofrequenzstrahlung der aktiven Sonne.

Aufgaben

1. Welche kinetische Energie haben die Protonen der solaren Komponente der kosmischen Strahlung, wenn sie innerhalb einer halben Stunde nach einem Flare die Erde erreichen?

2. Die mittlere Teilchendichte in der Chromosphäre ist von der Größenordnung $N = 10^{17} \text{ m}^{-3}$, die mittlere Chromosphärentemperatur liegt bei 10^4 K. Welche Größenordnung ergibt sich hieraus für die thermische Energiedichte der Chromosphäre?

Zusammenfassung zu 4.4 „Die aktive Sonne"

1. Die Sonne zeigt mehr oder weniger rasch sich verändernde Erscheinungen auf ihrer Oberfläche, die man insgesamt als Sonnenaktivität bezeichnet. Die wichtigsten dieser Erscheinungen sind die Sonnenflecken, die Fackeln, die Protuberanzen und die Eruptionen (Flares).

Tab. 4.10 Übersicht über die verschiedenen Komponenten der Radiofrequenzstrahlung der aktiven Sonne

Komponente	Zeitlicher Verlauf	Entstehungs-Gebiet	Entstehungs-mechanismus	Zusätzliche Bemerkungen
Langsam variable Komponente	Variation mit der Sonnenrotation (etwa 4 Wochen) und dem Aktivitätszyklus (11 Jahre)	Chromosphäre Korona	Frei-frei-Übergänge thermischer Elektronen	
Rauschstürme (Bursts Typ I)	Strahlungsstöße in dichter Folge; Dauer des Sturms: Stunden oder Tage	Korona über großen Fleckengebieten	Nichtthermische Strahlung unbekannter Herkunft	Eng gebündelt senkrecht zur Sonnenoberfläche
Bursts Typ III	Beginn: Unmittelbar nach dem Aufleuchten des Flare Dauer: Sekunden	Korona über Eruptionen; Quelle steigt nach oben	Plasmaschwingungen, angeregt durch schnelle Elektronen	Drift nach längeren Wellen
Bursts Typ V	Beginn: Nach dem Abklingen des Typs III Dauer: Minuten	Korona über Eruptionen	Plasmaschwingungen, angeregt durch schnelle Elektronen	
Bursts Typ II	Beginn: Etwa 5 min nach dem Aufleuchten des Flare Dauer: Etwa 10 min	Korona über Eruptionen; Quelle steigt nach oben	Plasmaschwingungen, angeregt durch Korpuskeln	Drift nach längeren Wellen
Bursts Typ IV	Beginn: Nach dem Abklingen des Typs II Dauer: Oft länger als der optische Flare	Korona über Eruptionen	Vermutlich Synchrotronstrahlung	

2. Alle Aktivitätserscheinungen sind mit starken lokalen Magnetfeldern auf der Sonnenoberfläche verknüpft, deren Häufigkeit in einem Zyklus von 2 mal 11 Jahren schwankt. (Die Häufigkeit der Felder schwankt in einem 11-jährigen Rhythmus, ihre Polarität ändert sich aber alle 11 Jahre.)

3. Die Sonnenflecken sind kühlere Stellen in der Photosphäre. Sie bestehen aus einem dunklen Kern, der Umbra, und der helleren, strahlenförmigen Penumbra. Ihr Auftreten erfolgt in einem 11-jährigen Zyklus in zwei Zonen symmetrisch zum Äquator, die sich im Verlauf des Zyklus von höheren zu niedrigeren Breiten verschieben. In der Regel treten sie in Gruppen auf, deren Hauptflecke mit den Polen eines bipolaren magnetischen Gebiets identisch sind.

4. Fackeln sind Gebiete mit verdichteter Materie in der Chromosphäre oberhalb von bipolaren magnetischen Regionen.

5. Protuberanzen sind Erscheinungen in der Korona. Sie können am Sonnenrand als helle, bogenförmige Strukturen oder auf der Sonnenscheibe als dunkle Filamente beobachtet werden. Ihre Gestalt ist außerordentlich vielfältig, ihr Verhalten sehr unterschiedlich; oft bleiben sie lange Zeit nahezu unverändert, und dann treten plötzlich wieder starke Bewegungen in der Protuberanz auf, die nicht selten mit sehr hohen Geschwindigkeiten ablaufen.

6. Eruptionen sind die heftigsten Erscheinungen der Sonnenaktivität. Es handelt sich um Ausbrüche von elektromagnetischer und korpuskularer Strahlung aus Aktivitätszentren auf der Sonne. Die elektromagnetische Strahlung tritt in den verschiedensten Wellenlängenbereichen auf; die Energie der Korpuskularstrahlung ist verschieden, kann aber bis zu Beträgen der Größenordnung 10^9 eV reichen. Beide Strahlungsarten erzeugen eine Reihe von Wirkungen auf der Erde, u.a. Störungen des Kurzwellenverkehrs, magnetische Stürme und starke Polarlichter.

Anhang

Die Gravitationskonstanten in der Physik und Astronomie und die Astronomische Einheit

Die heliozentrische Gravitationskonstante k^2

Die Gravitationskonstante ist der Proportionalitätsfaktor im Newtonschen Gesetz der Schwerkraft; sie wurde auf Seite 88 in Gleichung (2-9) eingeführt. Die Dimension dieser Konstante ist Länge$^3 \cdot$ Masse$^{-1} \cdot$ Zeit^{-2}; der Zahlenwert hängt von den Einheiten ab, in denen Länge, Masse und Zeit angegeben werden. Im Text zu Gl. (2-9) und bei der Herleitung des dritten Kepler-Gesetzes, Gl. (2-20) und (2-21), wurde die Labor-Gravitationskonstante G verwendet, um die Identität des auf der Erde und im Planetensystem geltenden Gravitationsgesetzes deutlich zu machen. G wird in der Regel in den Einheiten Meter, Kilogramm, Sekunde angegeben. In der Astronomie der Planetenbewegungen wird jedoch als Gravitationskonstante nicht die terrestrisch gemessene Konstante G, sondern eine Konstante verwendet, die sich von G nicht nur durch die Wahl der Einheiten, sondern insbesondere durch das Prinzip unterscheidet, nach dem diese Größe bestimmt wird. Diese astronomische Gravitationskonstante ist die Gaußsche Konstante k^2.

k^2 wird bestimmt mit Hilfe des dritten Keplerschen Gesetzes, angewandt auf das die Sonne umkreisende Massensystem Erde-Mond. Es ist (vgl. Gl. (2-21):

$$k^2 = \frac{4\pi^2}{T^2 m_\odot (1 + \mu)} \cdot a^3 \qquad (2\text{-}21^*)$$

a = große Halbachse der Ellipse, die der Schwerpunkt des Systems Erde-Mond um die Sonne beschreibt
T = siderische Umlaufdauer des Systems Erde-Mond um die Sonne
$m_\odot$ = Sonnenmasse
μ = Verhältnis der Gesamtmasse des Systems Erde $-$ Mond zur Sonnenmasse $m_\odot$.

Die Genauigkeit von k^2 hängt davon ab, wie genau a, T, $m_\odot$ und μ gemessen werden können. Weil T nach jahrhundertelangen Messungen sehr genau in Mittleren Sonnentagen angegeben werden kann (vgl. S. 82) und $\mu \approx 3 \cdot 10^{-6} \ll 1$ ist, hängt die Genauigkeit von k^2 insbesondere von den Werten von a und $m_\odot$ ab. Weder die große Halbachse der Erdbahn in Kilometern noch die Sonnenmasse in Kilogramm sind mit der wünschenswerten Exaktheit bekannt. Aus diesem Grunde wird in der Astronomie des Planetensystems ein besonderes System von Einheiten benutzt. Man verwendet als Massenheinheit die Sonnenmasse und als Längeneinheit die mittlere Entfernung Erde-Sonne, d.h. die Astronomische Einheit. k^2 wird also stets in den Einheiten Astronomische Einheit, Sonnenmasse und Tag angegeben.

Durch diese spezielle Wahl der Einheiten erreicht man für den Zahlenwert von k^2 eine Genauigkeit auf mindestens acht Ziffern. Für die Laborkonstante G sind dagegen nur drei Ziffern verbürgt. Der Grund für die niedrige Genauigkeit von G liegt in der Schwierigkeit der Experimente, mit denen die Konstante G – z.B. mit einer Drehwaage – bestimmt wird; die Gravitationswirkungen der bei den Versuchen verwendeten Massen sind sehr gering. Die hohe Sicherheit von k^2 wird in den Angaben der Abstände im Planetensystem wirksam; diese in Astronomischen Einheiten gemachten Entfernungsangaben haben eine Genauigkeit, die der Genauigkeit von k^2 nahe kommt.

Eine Umrechnung von k^2 in G ist nicht möglich; auf diesem Wege läßt sich die Genauigkeit des Zahlenwerts von G nicht verbessern. Der Umrechnungsfaktor der astronomischen Masseneinheit $1\,m_\odot$ in die terrestrische Masseneinheit 1 kg, der hierfür notwendig wäre, ist unbekannt. Es ist umgekehrt so, daß erst mit Kenntnis von G die Masseneinheit Sonnenmasse in Kilogramm umgerechnet werden kann; erst ein im Labor unabhängig von astronomischen Größen bestimmter Wert von G ergibt die Möglichkeit, die Massen der Sonne und der anderen Himmelskörper in kg auszudrücken. Es ist $1\,m_\odot = 1,99 \cdot 10^{30}\,\text{kg}$ (vgl. S. 189).

In Gl. (2-2) auf S. 81 wurde die Konstante

$$C = \frac{T^2}{a^3}$$

als Proportionalitätsfaktor des dritten Kepler-Gesetzes eingeführt. Bei den Planetenbewegungen wird C in den gleichen Einheiten gemessen wie k^2. Der Vergleich von (2-8) und (2-21*) zeigt, daß

$$C = \frac{4\pi^2}{m_\odot k^2}$$

ist. Der Zahlenwert von $m_\odot$ ist also hier ebenfalls gleich 1.

Die Astronomische Einheit

Die Astronomische Einheit, Symbol AE, ist die Entfernungseinheit für Abstände im Sonnensystem. Sie war ursprünglich definiert als der mittlere Abstand Erde-Sonne. Wie bei anderen Grundeinheiten, z.B. der Längeneinheit Meter und der Masseneinheit Kilogramm, so ersetzte man auch bei der Astronomischen Einheit die ursprüngliche Definition durch eine zweckmäßigere, die mit der Definition von k^2 zusammenhängt. Die Folge solcher Definitionsverbesserungen sind aber in der Regel

Diskrepanzen zwischen ursprünglicher und verbesserter Definition; so entspricht 1 Meter nicht mehr genau dem zehnmillionsten Teil eines Erdquadranten, 1 Kilogramm ist etwas mehr als die Masse eines Liters Wasser bei 4°C, und auch die Astronomische Einheit stimmt nicht genau mit dem mittleren Abstand a der Erde von der Sonne überein. Es ist $a = 1,00000003$ AE. Der Unterschied zwischen a und der Astronomischen Einheit ist also äußerst gering; bei allen in AE angegebenen Daten kann man sich stets unter der Längeneinheit einfach die große Halbachse der Erdbahn vorstellen. (s.a. [13], [14])

Um solche Längenangaben in einem irdischen Längenmaß ausdrücken zu können, braucht man die Kenntnis des Umrechnungsfaktors von AE in km. Dieser Faktor war in der Vor-Radar-Zeit mit ausgesprochen geringer Genauigkeit bekannt. Der Genauigkeitsgrad hat sich jetzt gehoben; er ist aber immer noch unbefriedigend wegen der Genauigkeitsgrenze im Wert der als Zwischenglied auftretenden Lichtgeschwindigkeit in km/s. In der Vor-Radar-Zeit konnten keine direkten Längenmessungen außerhalb der Erde vorgenommen werden; die Messungen, die zur Kenntnis von Entfernungen führten, waren Bestimmungen von Winkeln und Zeiten. Die Radar- und Radio-Experimente ermöglichen seit etwa 1960 direkte Entfernungsmessungen im Bereich der künstlichen Satelliten, des Erdmondes und der benachbarten Planeten. Die Abstände ergeben sich zunächst in Licht-Sekunden und werden mit Kenntnis der Lichtgeschwindigkeit in Kilometer-Entfernungsangaben umgerechnet.

Die Maßzahl, die 1 Astronomische Einheit in km ausdrückt, sei mit A^* bezeichnet, d.h. es sei 1 AE = A^* km. Die besten, aus Radarbeobachtungen abgeleiteten Werte liegen zwischen

$$A^* = 149\,597\,868$$

und $\qquad A^* = 149\,597\,872$

Als abgerundeter Wert wird, sowohl für die Astronomische Einheit als auch für die große Halbachse der Erdbahn, der Umrechnungsfaktor

$$A^* = 149\,600 \cdot 10^3$$

benutzt.

Exponentialgesetze

Es gibt in der Physik eine große Zahl von Gesetzmäßigkeiten, bei denen die relative Änderung einer Größe, bezogen auf die Längen- oder Zeiteinheit, konstant ist.

Beispiele:

1. Bei der Absorption elektromagnetischer Strahlung (z.B. Licht, Röntgenstrahlen usw.) tritt auf gleichen Wegstücken durch das absorbierende Medium der gleiche relative Intensitätsverlust auf.
2. Beim radioaktiven Zerfall ist der Bruchteil der in der Zeiteinheit zerfallenden Atome (beim gleichen Element) konstant.
3. Entlädt sich ein Kondensator, so ist (bei konstantem Widerstand) der relative Ladungsverlust in der Zeiteinheit konstant.
4. In einer isothermen Atmosphäre ist die relative Dichteabnahme je Längeneinheit in jeder Höhe gleich groß.

In allen Fällen läßt sich die Abhängigkeit des Zahlenwerts y einer Größe vom Zahlenwert x einer unabhängigen Größe (meist Weg oder Zeit) in der Form schreiben:

$$\frac{\Delta y}{\Delta x} = c_1 \cdot y \quad \text{oder genauer:} \quad \lim_{\Delta x \to 0} \frac{\Delta y}{\Delta x} = c_1 \cdot y$$

Setzt man $c_1 \cdot x = z$, so erhält man die Differentialgleichung:

$$\frac{\mathrm{d}y}{\mathrm{d}z} = y$$

Gesucht ist also eine Funktion $y(z)$, deren Ableitung gleich der Funktion selbst ist. In jeder Formelsammlung der Analysis findet man die Lösung:

$$y = e^z \quad \text{oder anders geschrieben:} \quad y - \exp(z)$$

Dies läßt sich noch verallgemeinern zu $y = c_2 \cdot e^z$ bzw. $y = c_2 \cdot \exp(z)$, so daß man schließlich die Lösung erhält:

$$y = c_2 \cdot e^{c_1 x}$$

Logarithmiert man beide Seiten, so ergibt sich:

$$\log y = c_1 x \cdot \log e + \log c_2$$

Eine graphische Darstellung von $\log y$ in Abhängigkeit von x ergibt also eine Gerade der Steigung $m = c_1 \cdot \log e$, die für $x = 0$, also im Schnittpunkt mit der $\log y$-Achse, den Wert $\log c_2$ liefert. Nimmt y mit zunehmendem x ab, so wird c_1 negativ.

Für die oben erwähnten Beispiele ergibt sich speziell:
1. Absorption elektromagnetischer Strahlung:
   Unter dem Strahlungsstrom (oder Energiestrom) Φ_e versteht man die in der Zeiteinheit in einen bestimmten Raumwinkel fließende Strahlungsenergie.

Nachdem die Strahlung den Weg s im absorbierenden Medium zurückgelegt hat, ist der ursprüngliche Strahlungsstrom $\Phi_e(0)$ auf den Betrag zurückgegangen:

$$\Phi_e(s) = \Phi_e(0) \cdot e^{-k \cdot s}$$

Dabei ist k eine Konstante, die im allgemeinen noch von der Wellenlänge der Strahlung abhängt.

2. Radioaktiver Zerfall:
   Die zur Zeit $t = 0$ vorhandene Anzahl $N(0)$ der radioaktiven Atome ist zur Zeit t gesunken auf die Anzahl

$$N(t) = N(0) \cdot e^{-\lambda t}$$

Die Zerfallskonstante λ hängt mit der Halbwertszeit τ, in der die Hälfte der Atome zerfallen ist, zusammen:

$$\lambda = \frac{\ln 2}{\tau}$$

3. Entladung eines Kondensators:
   Entlädt sich ein Kondensator mit der Kapazität C, der zur Zeit $t = 0$ die Ladung $Q(0)$ besitzt, über den ohmschen Widerstand R, so ist seine Ladung zur Zeit t:

$$Q(t) = Q(0) \cdot \exp\left(-\frac{1}{R \cdot C} \cdot t\right)$$

4. In einer isothermen Atmosphäre der Temperatur T, in der überall die Fallbeschleunigung g herrscht und die aus Teilchen mit der Masse m besteht, sei $\rho(0)$ die Dichte in der Höhe $h = 0$. Dann ist die Dichte in der Höhe h:

$$\rho(h) = \rho(0) \cdot \exp\left(-\frac{m \cdot g}{k \cdot T} \cdot h\right)$$

(k = Boltzmann-Konstante)
Gilt für das Atmosphärengas die Zustandsgleichung idealer Gase

$$p \cdot V = n \cdot R \cdot T \quad \text{oder} \quad \frac{p}{\rho} = \frac{k}{m} \cdot T,$$

so muß wegen T = const auch gelten:

$$p(h) = p(0) \cdot \exp\left(-\frac{m \cdot g}{k \cdot T} \cdot h\right)$$

Führt man die Teilchendichte $N = \rho/m$ ein, so erhält man weiter:

$$N(h) = N(0) \cdot \exp\left(-\frac{E_L}{k \cdot T}\right)$$

Dabei wurde die Lageenergie $E_L = m \cdot g \cdot h$ über $h = 0$ eingeführt.

Für das Verhältnis der Teilchendichten in den Höhen h_1 und h_2, in denen die Teilchen die Lageenergie E_1 bzw. E_2 haben, gilt demnach mit $\Delta E = E_2 - E_1$:

$$\frac{N_2}{N_1} = \exp\left(-\frac{\Delta E}{k \cdot T}\right)$$

Diese Beziehung gilt nicht nur für die Teilchendichten in der isothermen Atmosphäre, sondern gibt ganz allgemein das Verhältnis der Teilchenzahlen eines Gases oder anderen Systems von Teilchen, deren Energien sich in einem beliebigen Kraftfeld um den Energiebetrag ΔE unterscheiden (Boltzmannsches Theorem).

Mit Hilfe des Boltzmannschen Theorems läßt sich das Maxwellsche Gesetz für die Verteilung der Molekülgeschwindigkeiten in einem Gas herleiten, das sich im thermischen Gleichgewicht befindet. Für einatomige Gase ergibt sich für den Bruchteil der Atome, deren Geschwindigkeiten zwischen v und $v + \Delta v$ liegen:

$$\frac{\Delta N}{N} = \frac{4}{\sqrt{\pi}} \left(\frac{v}{v_w}\right)^2 \cdot \exp\left(-\frac{v^2}{v_w^2}\right) \cdot \Delta\left(\frac{v}{v_w}\right)$$

Dabei ist $v_w = \sqrt{2kT/m}$ die wahrscheinlichste Geschwindigkeit der Gasatome bei der Temperatur T.

Strahlungsgesetze

In der Nähe von Körpern, deren Temperatur wesentlich über unserer Körpertemperatur liegt, registriert der Wärmesinn, der seinen Sitz in unserer Haut hat, eine Wärmestrahlung. Es ist anzunehmen — und man kann dies durch Messungen nachweisen —, daß diese Strahlung nicht auf das Temperaturintervall beschränkt ist, in dem unser Wärmesinn arbeitet: Alle Körper senden eine Wärmestrahlung aus.

Da die Wärmestrahlung der Sonne durch den nahezu leeren Weltraum zu uns kommt, benötigt sie — wie das Licht — zur Ausbreitung keinen materiellen Träger.

Steigert man die Temperatur eines Wärmestrahlers bis über $500°C$, so beginnt er zu glühen, d.h. seine Strahlung kann man jetzt auch mit dem Auge wahrnehmen. Daraus muß man den Schluß ziehen, daß sich Wärme- und Lichtstrahlung nicht grundsätzlich unterscheiden: Es handelt sich in beiden Fällen um elektromagnetische Wellen. In der Tat beobachtet man bei jedem Körper, der elektromagnetische Wellen absorbiert, eine Temperatursteigerung, also eine Umwandlung von Strahlungsenergie in Wärme. Daß unser Wärmesinn tatsächlich nur diese Temperatursteigerung registriert — und nicht etwa eine besondere Strahlungsart —, folgt aus unserer Wärmeempfindung bei der Bestrahlung kranker Körperteile mit elektromagnetischen Wellen im Meterwellenbereich (Kurzwellentherapie); die Strahlenquelle selbst besitzt dabei nur Zimmertemperatur, kann also im allgemeinen Sprachgebrauch nicht als „Wärmequelle" bezeichnet werden. Wenn unser Wärmesinn oder unser Auge nur auf besondere Spektralbereiche elektromagnetischer Wellen anspricht, so liegt dies an der selektiven (= auswählenden) Wirksamkeit unserer Sinnesorgane und nicht an besonderen Eigenschaften der betreffenden Strahlung.

Im Folgenden soll jedoch insofern eine Auswahl aus den elektromagnetischen Wellen getroffen werden, als nur solche Strahlung betrachtet wird, deren Energie aus dem Wärmevorrat des Strahlers stammt, deren Eigenschaften also speziell von der Temperatur des Strahlers abhängen und die man deshalb als *Temperaturstrahlung* bezeichnet.

Da jeder Körper eine bestimmte Temperatur hat, gibt auch jeder Körper Temperaturstrahlung ab. Bei einer homogenen Körperoberfläche ist die gesamte Strahlungsleistung sicher proportional zur Oberfläche A des Körpers:

$$P_s = E \cdot A \tag{1}$$

Die Proportionalitätskonstante E wird als das Emissionsvermögen des Strahlers bezeichnet und gibt die Strahlungsleistung an, die aus der Oberflächeneinheit des Strahlers nach allen Richtungen (in den Halbraum) emittiert wird. E hängt außer von der Struktur der strahlenden Fläche insbesondere von ihrer Temperatur ab. Mißt man mit einem nichtselektiv arbeitenden Strahlungsmeßgerät (z.B. einem Thermoelement) die Intensität der spektral zerlegten Temperaturstrahlung etwa eines glühenden Drahtes in einem schmalen Spektralbereich, so stellt man fest, daß die Bestrahlungsstärke des Empfängers und damit auch das Emissionsvermögen des Temperaturstrahlers stark von der Stelle im Spektrum abhängt, an der gemessen wird.

Nun werden die verschiedenen Stellen im Spektrum — bei sichtbarem Licht also die verschiedenen Farben — entweder durch die Wellenlänge λ oder die Frequenz f der betreffenden Strahlungssorte bzw. Farbe gekennzeichnet. Zwischen diesen beiden Größen besteht der Zusammenhang $f \cdot \lambda = c$, wobei c die Lichtgeschwindigkeit bedeutet.

Normiert man das in einem bestimmten Spektralbereich der Bandbreite $\Delta\lambda$ oder Δf ermittelte Emissionsvermögen ΔE auf ein Einheitsintervall, so erhält man das spektrale Emissionsvermögen

$$E_\lambda = \frac{\Delta E}{\Delta\lambda} \quad (\Delta\lambda \ll \lambda) \quad \text{oder} \quad E_f = \frac{\Delta E}{\Delta f} \quad (\Delta_f \ll f) \tag{2}$$

Da sich mit Hilfe der Beziehungen $\Delta f = -(c/\lambda^2)\Delta\lambda$ oder $\Delta\lambda = -(c/f^2)\Delta f$ E_λ und E_f leicht ineinander umrechnen lassen, wird in den folgenden Herleitungen nur die Wellenlänge λ als unabhängige Veränderliche verwendet; nur die wichtigsten Gesetze werden auch in Abhängigkeit von der Frequenz f angegeben.

Die Wellenlängenabhängigkeit von E_λ beschreibt (für Temperaturstrahler) qualitativ die Abb. 1: Mit zunehmender Wellenlänge λ wächst E_λ bis zu einem Maximalwert und fällt dann asymptotisch gegen Null ab. Bei höherer Temperatur ist das Maximum nicht nur höher, sondern es verschiebt sich auch nach kürzeren Wellenlängen.

a) Das Kirchhoffsche Strahlungsgesetz

Da jeder Körper Temperaturstrahlung aussendet, ist ein temperaturstrahlungsfreier Raum nicht herstellbar; alle Körper empfangen daher Temperaturstrahlung aus ihrer Umgebung. Einen Teil dieser Strahlung reflektieren sie; der Rest wird absorbiert und in andere Energiearten (meist Wärmeenergie) umgewandelt. Wird bei der Wellenlänge λ der Bruchteil α_λ der auffallenden Strahlung absorbiert, so heißt α_λ das spektrale Absorptionsvermögen des Körpers. Erfahrungsgemäß hängt α_λ von der Struktur und der Temperatur der absorbierenden Fläche und von der Wellenlänge der einfallenden Strahlung ab.

Nun fand Kirchhoff 1859, daß das Verhältnis des spektralen Emissions- und Absorptionsvermögens bei einer bestimmten Wellenlänge und Temperatur für alle Körper den gleichen Wert hat:

$$\frac{E_\lambda}{\alpha_\lambda} = K(\lambda, T) \quad \text{bzw.} \quad \frac{E_f}{\alpha_f} = K'(f, T) \tag{3}$$

Die Kirchhoffsche Funktion $K(\lambda, T)$ hängt also z.B. nicht von der Oberflächenbeschaffenheit oder vom Material des Körpers ab. Qualitativ beobachtet man diese Gesetzmäßigkeit häufig. So erwärmen sich dunkle Asphaltstraßen bei Sonnenbestrahlung rascher als Beton, da sie die Temperaturstrahlung stärker absorbieren; sind sie bei Temperaturen um den Gefrierpunkt naß, so gefrieren sie aber bei klarem Himmel (Strahlungsfrost) auch früher als Betonoberflächen, da sie stärker strahlen.

b) Das Plancksche Strahlungsgesetz

Die Kirchhoffsche Funktion $K(\lambda, T)$ bzw. $K'(f, T)$ ist für die Physik der Temperaturstrahlung von fundamentaler Bedeutung. Deshalb wurde sie in der 2. Hälfte des

19. Jahrhunderts eingehenden experimentellen und theoretischen Untersuchungen unterzogen. Dazu wurde die Strahlung schwarzer Körper benutzt, also solcher Körper, die alle auftreffende Strahlung vollkommen absorbieren ($\alpha_\lambda \equiv 1$), denn deren spektrales Emissionsvermögen ist nach Gl. (3):

$$E_{\lambda s} = K(\lambda, T) \quad \text{bzw.} \quad E_{fs} = K'(f, T)$$

Die vollständige theoretische Lösung des Problems gelang schließlich Max Planck im Jahre 1900. Er fand die Funktion:

$$K(\lambda, T) = 2\pi \frac{c^2 h}{\lambda^5} \frac{1}{\exp\left(\dfrac{ch}{kT\lambda}\right) - 1}$$

bzw.

$$K'(f, T) = 2\pi \frac{h}{c^2} f^3 \cdot \frac{1}{\exp\left(\dfrac{hf}{kT}\right) - 1}$$

(4)

(c = Vakuumlichtgeschwindigkeit, h = Plancksches Wirkungsquantum, k = Boltzmannkonstante, T = absolute Temperatur)

Die Wellenlängenabhängigkeit der Funktion $K(\lambda, T)$ für verschiedene Werte des Parameters T gibt die Abb. 1.

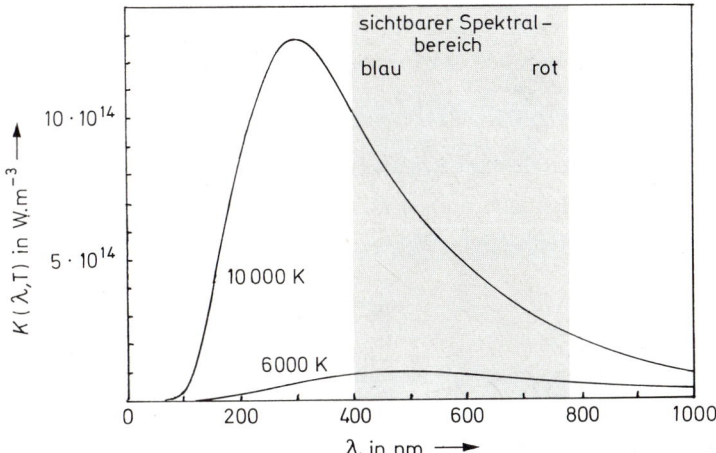

Abb. 1 Kirchhoffsche Funktion (spektrales Emissionsvermögen eines schwarzen Strahlers) in Abhängigkeit von der Wellenlänge für verschiedene Temperaturen

In der Astronomie sind besonders zwei Näherungsgleichungen für das Plancksche Strahlungsgesetz im Gebrauch.

So kann man für $ch/kT\lambda > 4$ bzw. $hf/kT > 4$ mit der für astronomische Zwecke meist ausreichenden Genauigkeit von etwa 2% im Nenner von Gl. (4) die 1 gegenüber der Exponentialfunktion vernachlässigen und erhält dann

$$K(\lambda, T) = 2\pi \frac{c^2 h}{\lambda^5} \exp\left(-\frac{ch}{kT\lambda}\right) \quad \text{bzw.} \quad K'(f, T) = 2\pi \frac{hf^3}{c^2} \exp\left(-\frac{hf}{kT}\right)$$
(5)

Diese Näherungsgleichung wurde bereits 1893 von W. Wien gefunden.

Ist dagegen $ch/kT\lambda \ll 1$ bzw. $hf/kT \ll 1$, so kann man von der Näherungsgleichung $e^x = 1 + x$ Gebrauch machen und erhält dann

$$K(\lambda, T) = 2\pi \frac{c}{\lambda^4} kT \quad \text{bzw.} \quad K'(f, T) = 2\pi \frac{f^2}{c^2} kT$$
(6)

Diese Näherungsgleichung wurde ebenfalls schon vor Plancks Entdeckung durch Rayleigh und Jeans hergeleitet.

Für die Herleitung der beiden folgenden Gesetze ist es zweckmäßig, in Gl. (4) die Abkürzung $\frac{ch}{kT\lambda} = x$ einzuführen. Dann ergibt sich:

$$K(x, T) = 2\pi c^2 h \left(\frac{kT}{ch}\right)^5 \frac{x^5}{e^x - 1}$$
(7)

c) Das Strahlungsgesetz von Stefan und Boltzmann

Für das gesamte Emissionsvermögen eines schwarzen Strahlers erhält man aus (4) bzw. (7) durch Integration über alle Wellenlängen:

$$E_s = \int\limits_0^\infty K(\lambda, T)\mathrm{d}\lambda \quad \text{oder mit} \quad \frac{\mathrm{d}x}{\mathrm{d}\lambda} = -\frac{kT}{ch} x^2 :$$

$$E_s = 2\pi c^2 h \left(\frac{kT}{ch}\right)^4 \int\limits_0^\infty \frac{x^3}{e^x - 1} \mathrm{d}x$$

Berechnet man das Integral, so erhält man irgendeinen Zahlenwert, d.h. es gilt jedenfalls $E_s \sim T^4$ oder, wenn man die Proportionalitätskonstante mit σ bezeichnet:

$$E_s = \sigma T^4$$
(8)

Für die Konstante dieses Gesetzes, das 1879 von Stefan als Vermutung formuliert und 1884 von Boltzmann hergeleitet wurde, ergibt sich $\sigma = 5{,}67 \cdot 10^{-8} \mathrm{W} \cdot \mathrm{m}^{-2} \cdot \mathrm{K}^{-4}$.

d) Das Wiensche Verschiebungsgesetz

Die Kirchhoffsche Funktion $K(\lambda, T)$ hat nach Abb. 1 für jede Temperatur T ein Maximum, dessen Lage im Spektrum aus $\dfrac{dK(\lambda, T)}{d\lambda} = 0$ berechnet werden kann. Nun gilt nach Gl. (7):

$$\frac{dK}{d\lambda} = \frac{dK}{dx} \cdot \frac{dx}{d\lambda} = -2\pi c^2 h \left(\frac{kT}{ch}\right)^5 \frac{d}{dx}\left\{\frac{x^5}{e^x - 1}\right\} \frac{ch}{kT\lambda^2}$$

Daraus folgt als Bedingung für das Maximum der Funktion $K(\lambda, T)$:

$$\frac{d}{dx}\left\{\frac{x^5}{e^x - 1}\right\} = 0$$

Die Lösung dieser transzendenten Gleichung sei x_m. Dann gilt für die Wellenlänge λ_m des Maximums:

$$\frac{ch}{kT\lambda_m} = x_m$$

oder mit $\dfrac{ch}{kx_m} = 2{,}898 \cdot 10^{-3}\,\text{m} \cdot \text{K}$:

$$\lambda_m T = 2{,}898 \cdot 10^{-3}\,\text{m} \cdot \text{K} \quad \text{bzw.} \quad f_m/T = 5{,}87 \cdot 10^{10}\,\text{Hz} \cdot \text{K}^{-1} \qquad (9)$$

Mit zunehmender Temperatur verschieben sich demnach die Intensitätsmaxima im Spektrum eines schwarzen Strahlers nach kürzeren Wellenlängen bzw. höheren Frequenzen. Dies beobachtet man qualitativ bei glühenden Körpern: Mit steigender Temperatur geht Rotglut in orangefarbenes, gelbes und schließlich weißes Leuchten über.

e) Der Strahlungsdruck

Für den Druck eines idealen Gases, das im Volumen V insgesamt N Moleküle der Masse m mit dem mittleren Geschwindigkeitsquadrat $\overline{v^2}$ enthält, liefert die kinetische Theorie der Gase (s. Physiklehrbuch):

$$p = \frac{1}{3} \cdot \frac{N}{V} \cdot m \cdot \overline{v^2}$$

Mit der Energiedichte $e = \dfrac{1}{2} \cdot \dfrac{N}{V} \cdot m \cdot \overline{v^2}$ kann man dafür schreiben:

$$p = \tfrac{2}{3} \cdot e \qquad (10)$$

Dabei wird vorausgesetzt, daß die Moleküle an der Wand vollkommen elastisch reflektiert werden. (Die Physik der Stoßprozesse zeigt, daß bei vollkommener Absorption der Gasdruck nur den halben Betrag hätte.)

Da auch elektromagnetische Wellen beim Auftreffen auf eine Wand auf diese eine Kraft ausüben, kann man der Strahlung ebenfalls einen Druck zuschreiben. Für diesen Strahlungsdruck gilt analog zu (10) bei vollkommener Absorption, wenn die Energiedichte der isotropen Strahlung (keine Vorzugsrichtung) vor der Wand e_s ist:

$$p_s = \tfrac{1}{3} \cdot e_s \tag{11}$$

Diese Gleichung gilt aber allgemein, denn wenn nur der Bruchteil α der einfallenden Strahlung absorbiert wird, so erhöht sich die Energiedichte vor der Wand um das $(1 - \alpha)$-fache, weil gerade dieser Bruchteil reflektiert wird. Aber da für den reflektierten Bruchteil auch der Strahlungsdruck verdoppelt wird, nimmt auch p_s um das $(1 - \alpha)$-fache zu, d.h. (11) bleibt gültig.

Zur Bestimmung der Energiedichte isotroper schwarzer Strahlung denkt man sich eine innen geschwärzte Hohlkugel vom Radius r und der Temperatur T. Ein gegenüber ihrer Oberfläche sehr kleines Flächenelement ΔA strahlt dann nach innen in den Halbraum nach (1) die Leistung $E \cdot \Delta A$ ab.

Befindet sich in der Entfernung r von ΔA eine kleines, senkrecht bestrahltes Flächenelement $\Delta A'$ eines Empfängers, so erhält dieses die Strahlungsleistung:

$$\Delta P = f(\alpha) \cdot \frac{\Delta A'}{2\pi r^2} \cdot E \cdot \Delta A$$

Die Funktion $f(\alpha)$ berücksichtigt die Erfahrungstatsache, daß das Flächenstück $\Delta A'$ umso weniger Strahlung erhält, je größer der Winkel α zwischen der Normalen des strahlenden Flächenstücks ΔA und der Richtung zum bestrahlten Flächenstück $\Delta A'$ ist (s. Abb. 2). Wäre ΔP unabhängig von α, so wäre $f(\alpha) \equiv 1$. Erfahrungsgemäß gibt

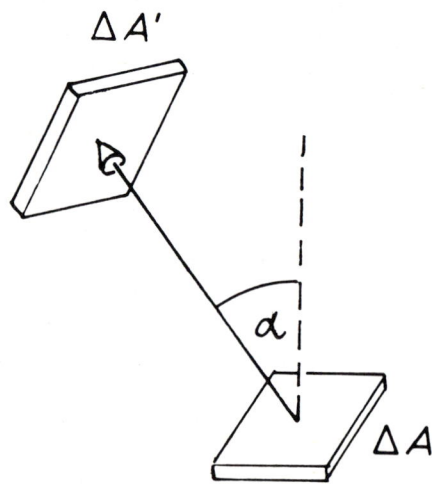

Abb. 2 Zum Lambertschen Kosinus-
gesetz

aber die strahlende Fläche für kleine α mehr Leistung ab, d.h. es gilt:

$f(\alpha) > 1$ für kleine α

$f(\alpha) < 1$ für große α

Nun wird die Richtungsabhängigkeit der Strahlungsintensität für jede vollkommen diffus strahlende Fläche durch das Lambertsche Gesetz beschrieben, nach dem $f(\alpha)$ proportional zu cos α ist:

$$f(\alpha) = \gamma \cdot \cos\alpha$$

Daß der Faktor $\gamma = 2$ sein muß, liefert folgende Überlegung: Denkt man sich über der strahlenden Fläche eine Halbkugel, so wird diese durch den Kegel, dessen Achse senkrecht auf der Fläche steht (vgl. Abb. 3) und dessen Öffnungswinkel $\alpha = 60°$ ist, in eine Kugelkappe und eine Kugelzone gleicher Flächeninhalte zerlegt. Die Vermutung liegt nahe, in der Kugelzone sei $f(\alpha) < 1$, in der Kugelkappe dagegen $f(\alpha) > 1$. Dann müßte aber $f(60°) = 1$ und damit $\gamma = 2$ sein.

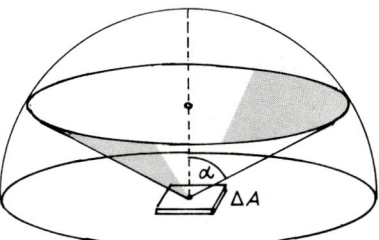

Abb. 3 Zur Strahlung des Flächenelements ΔA in den Halbraum

Befindet sich nun im Mittelpunkt der strahlenden Hohlkugel eine kleine Empfänger-kugel mit dem Radius $r' \ll r$, die vollkommen durchsichtig sein soll, so erhält ein Flächenelement $\Delta A'$, das vom Flächenstück ΔA senkrecht bestrahlt wird, die Strahlungsleistung:

$$\Delta P = 2 \cdot \frac{\Delta A'}{2\pi r^2} \cdot E \cdot \Delta A$$

Diese Strahlung durchsetzt die kleine Kugel in einer nahezu $2r'$ langen Säule und benötigt dazu die Zeit $t = 2r'/c$. Demnach enthält diese Säule die Energie:

$$\Delta W = \Delta P \cdot t$$

Dies entspricht einer von ΔA erzeugten Energiedichte:

$$\Delta e = \frac{\Delta W}{\Delta V} = \frac{\Delta P \cdot t}{2r \cdot \Delta A'}$$

oder

$$\Delta e = \frac{E \cdot \Delta A}{\pi \cdot r^2 \cdot c}$$

Die von der Strahlung der gesamten Hohlkugel erzeugte Energiedichte ergibt sich, wenn man deren Fläche statt ΔA einsetzt:

$$e = \frac{4E}{c} \tag{12}$$

Mit (8) erhält man dann schließlich die Energiedichte isotroper schwarzer Strahlung, die in (11) den Strahlungsdruck dieser Strahlung ergibt:

$$p_{\mathrm{s}} = \frac{4}{3} \cdot \frac{\sigma}{c} \cdot T^4 \tag{13}$$

Gravitationsenergie eines kugelsymmetrisch aufgebauten Körpers

Hilfssatz: Innerhalb einer Kugelschale konstanter Dichte ist kein Gravitationsfeld vorhanden.

Beweis: An einem Punkt P innerhalb der Kugelschale mit der Dichte ρ, dem Radius r und der Dicke d ($d \ll r$) befinde sich im Abstand r_{P} vom Zentrum M ein Massenpunkt der Masse m_0 (s. Abb. 4).

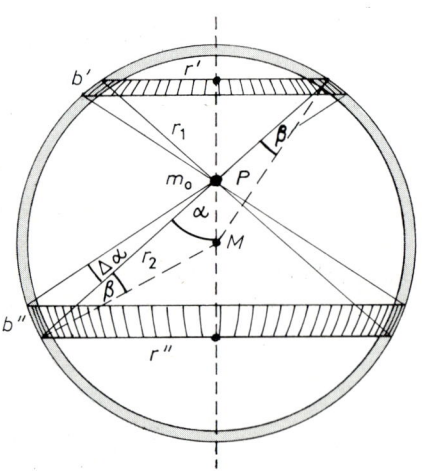

Abb. 4 Innerhalb einer Kugelschale konstanter Dichte ist kein Gravitationsfeld vorhanden

Legt man durch ihn zwei Doppelkegel mit den Öffnungswinkeln 2α bzw. $2(\alpha + \Delta\alpha)$, deren Achsen mit MP zusammenfallen, so schneiden diese aus der Kugelschale zwei Ringe aus mit den Radien $r' = r_1 \sin\alpha$ bzw. $r'' = r_2 \sin\alpha$ und den Breiten $b' = \dfrac{r_1 \Delta\alpha}{\cos\beta}$ bzw. $b'' = \dfrac{r_2 \Delta\alpha}{\cos\beta}$.

Die Massen dieser Ringe sind demnach

$$m' = 2\pi r' b' \rho d = \frac{2\pi\rho d \cdot r_1{}^2 \sin\alpha \, \Delta\alpha}{\cos\beta}$$

$$m'' = 2\pi r'' b'' \rho d = \frac{2\pi\rho d \cdot r_2{}^2 \sin\alpha \, \Delta\alpha}{\cos\beta}.$$

Die resultierenden Gravitationskräfte, die von den Ringmassen auf m_0 ausgeübt werden, müssen aus Symmetriegründen die Richtung der Kegelachse haben. Ihre Beträge sind daher

$$F' = G\frac{m \cdot m_0}{r_1{}^2} \cos\alpha = Gm_0 \frac{2\pi\rho d \sin\alpha \cdot \cos\alpha \, \Delta\alpha}{\cos\beta} = F''.$$

Da F' und F'' gleiche Beträge haben, aber entgegengesetzt gerichtet sind, ist m_0 kräftefrei, befindet sich also in keinem Gravitationsfeld.

Berechnung der Gravitationsenergie eines kugelsymmetrisch aufgebauten Körpers: Eine zum Mittelpunkt des Körpers konzentrische Kugelschale mit dem Radius r, der Dicke Δr und der Dichte $\rho(r)$ erfährt nach dem obigen Hilfssatz nur von der in ihrem Innern liegenden Masse $m(r)$ Gravitationskräfte. Um sie aus dem Unendlichen an ihren Ort im Körper zu bringen, ist also die Arbeit nötig:

$$\Delta W = -G\frac{m(r) \cdot 4\pi r^2 \Delta r \rho(r)}{r}$$

Für die Gesamtenergie der Kugel mit Radius R gilt demnach

$$E_{\text{pot}} = -4\pi G \int\limits_0^R m(r)\rho(r) r \mathrm{d}r$$

Spezialfälle:

1. Homogene Kugel ($\rho = \text{const}$):
Hier ist $m(r) = 4\pi r^3 \rho/3$, so daß man für die Gravitationsenergie der Kugel erhält:

$$E_{\text{pot}} = -4\pi G \int\limits_0^R \frac{4\pi}{3} r^4 \rho^2 \, \mathrm{d}r$$

$$= -\frac{16\pi^2}{15} G\rho^2 R^5$$

Ersetzt man hier die Dichte durch die Gesamtmasse $m = \dfrac{4\pi}{3} R^3 \rho$, so ergibt sich:

$$E_{\text{pot}} = -\frac{3}{5} G \frac{m^2}{R}$$

2. Zum Zentrum zunehmende Dichte ; Beispiel: $\rho = \rho_z \left(1 - \dfrac{r}{R} \right)^2$:

Die Gesamtmasse ist in diesem Fall

$$m = 4\pi\rho_z \int_0^R \left(1 - \frac{r}{R} \right)^2 r^2\, dr = \frac{2\pi}{15} \rho_z R^3$$

Die Berechnung der Gravitationsenergie mit Hilfe des oben angegebenen Integrals führt dann zu dem Ergebnis

$$E_{pot} = -\frac{2}{7} G \frac{m^2}{R}$$

In jedem Fall hat also die Gravitationsenergie eines kugelsymmetrisch aufgebauten Körpers die Gestalt

$$E_{pot} = -CG \frac{m^2}{R}$$

C ist dabei eine reine Zahl von der Größenordnung 1.

Der Virialsatz für Bewegungen eines Massenpunkts im Gravitationsfeld

Ein Massenpunkt der Masse m_0 befinde sich im Gravitationsfeld der kugelsymmetrisch aufgebauten Masse m. Seine Geschwindigkeit sei $\vec{v}$, der Radiusvektor vom Mittelpunkt des Zentralkörpers zum Massenpunkt sei $\vec{r}$.

Differenziert man die skalare Größe $S = m_0(\vec{v} \cdot \vec{r})$ nach der Zeit, so ergibt sich:

$$\frac{dS}{dt} = m_0(\vec{v} \cdot \vec{v}) + m_0(\vec{a} \cdot \vec{r})$$

Hier ist $m_0(\vec{v} \cdot \vec{v}) = m_0 v^2 = 2E_{kin}$ und $m_0\vec{a} = -G \cdot \dfrac{m \cdot m_0}{r^3} \cdot \vec{r}$ die Gravitationskraft, die der Massenpunkt erfährt. Damit ergibt sich:

$$m_0(\vec{a} \cdot \vec{r}) = -G \cdot \frac{m \cdot m_0}{r} = +E_{pot}$$

Setzt man eine periodische Bewegung voraus, bei der r und v nach der Umlaufszeit T wieder den gleichen Wert haben, so ist:

$$\frac{1}{T}\int_0^T \frac{\mathrm{d}S}{\mathrm{d}t}\cdot \mathrm{d}t = \frac{S(T)-S(0)}{T} = 0$$

oder
$$\frac{1}{T}\int_0^T (2E_{kin} + E_{pot})\mathrm{d}t = 0$$

Daraus folgt für die Zeitmittelwerte der kinetischen und potentiellen Energie über eine Periode der Bewegung:

$$\frac{1}{T}\int_0^T 2E_{kin}\,\mathrm{d}t = -\frac{1}{T}\int_0^T E_{pot}\,\mathrm{d}t$$

oder kürzer:
$$2\overline{E_{kin}} = -\overline{E_{pot}}$$

Diese Beziehung bezeichnet man als „Virialsatz". Da jedes Gravitationsfeld durch Überlagerung von Massenpunktfeldern dargestellt werden kann, gilt der Satz auch für die Bewegung eines Massenpunkts im Gravitationsfeld eines Massenpunktsystems und – wenn man über alle Massenpunkte des Systems summiert – auch für die Gesamtenergien des ganzen Systems.

Lösungen zu den Aufgaben

Kapitel 2:

S. 29f   2. Deneb $\alpha = 20\,h\,40\,m$; $\delta = +40,1°$;

Sirius $\alpha = 6\,h\,43\,m$; $\delta = -16,7°$

4. Die Dämmerung ist am kürzesten für $\varphi = 0°$ und für $\delta = 0°$, sie wächst mit größer werdender Breite und Deklination; für $\varphi = 90° - \delta - 6°$ dauert sie die ganze Nacht.

5. Sterne mit $|\delta| > 90° - |\varphi|$ (δ, φ gleiche Vorzeichen) sind zirkumpolar (z).

	Wega	Sirius	Kanopus
Kiel	z	nicht z	nie sichtbar
München	nicht z	nicht z	nie sichtbar
Melbourne	noch sichtbar	nicht z	z

S. 46   2. (a) $0,89''$;   (b) $0,021''$;   (c) $528'' = 8,8'$.
Auf fotografischen Aufnahmen sind Beugungsringe nicht zu erkennen.

S. 50   1. In einem Monat rücken alle Sternbilder um $30°$ nach rechts (nach Westen). Die Maske der drehbaren Sternkarte muß monatlich um 2 Stunden im Uhrzeigersinn gedreht werden.

2. Kulmination gegen $20\,h$ WOZ von Sirius am 27. Februar, von Arkturus am 24. Juni.
Aufgang (Untergang) gegen $20\,h$ WOZ auf $50°$ geographischer Breite von Sirius am 23. Dezember (13. Mai), von Arkturus am 25. Februar (23. Oktober).

S. 55   2. $\alpha = 18\,h$; $\delta = +66,5°$

S. 65   Zwischen Dezember und Juli muß die Maske der drehbaren Sternkarte monatlich um mehr als 2 Stunden im Uhrzeigersinn gedreht werden (zwischen August und November um weniger als 2 Stunden). Im Osten werden daher zwischen Dezember und Juli mehr Sternbilder sichtbar, im Westen verschwinden mehr Sternbilder als im Jahresdurchschnitt (zwischen August und November entsprechend weniger).

S. 70 (b) Untere Planeten: $\alpha_{\text{Planet}} = \alpha_{\text{Sonne}}$

Obere Planeten: $\alpha_{\text{Planet}} = \alpha_{\text{Sonne}} \pm 12\,\text{h}$

S. 86f 2. Maximum 47,3°; Anfang Januar (Erde im Perihel);
Minimum 45,3°; Anfang Juni (Erde im Aphel)

3. 4,57 a; 2,8 AE

4. 0,32 a; 1,60 a; 2,11 a; 1,04 a
a) $T_{\text{syn}} \to \infty$ für $a \to a_{\text{Erde}}$
b) $T_{\text{syn}} \to 1$ a für $a \to \infty$
c) $T_{\text{syn}} \to 0$ für $a \to 0$

5. (a) Abendstern; (b) Krebs; (c) Fische

6. 76,4 a

7. 64,5 d

8. Abb. A1

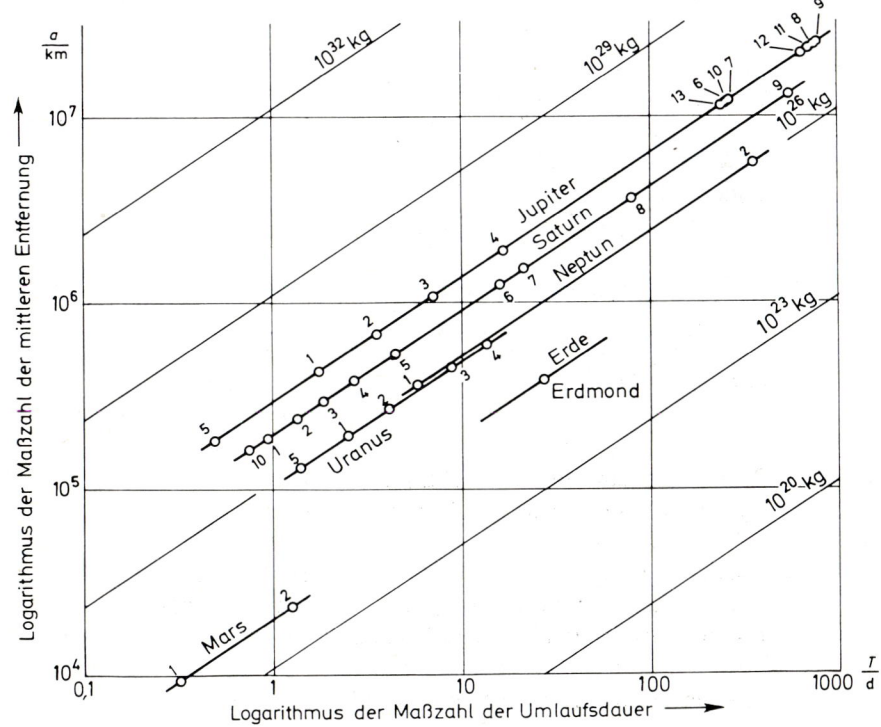

S. 94   1. $5{,}97 \cdot 10^{24}$ kg

2. $1{,}99 \cdot 10^{30}$ kg

3. siehe Abb. A 1

S. 104 $\dfrac{d_{1790}}{d_{1819}} \approx \dfrac{2{,}8}{1}$; $\dfrac{F_{1790}}{F_{1819}} \approx \dfrac{1}{8}$;

Kapitel 3:

S. 111   2. Abb. A2

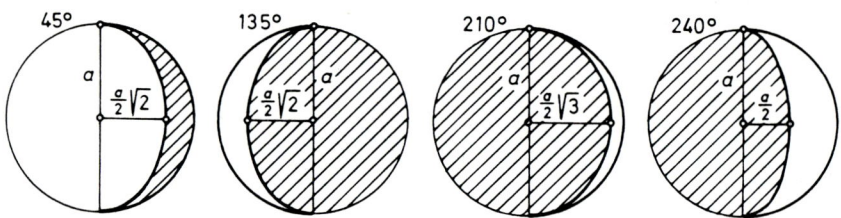

S. 115   1. Abb. A3

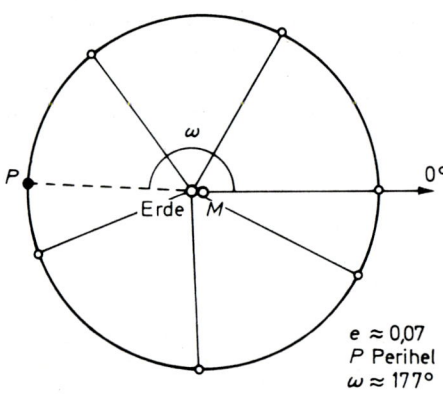

$e \approx 0{,}07$
P Perihel
$\omega \approx 177°$

2. Perigäum: Halbkreis nach rechts mit $r = 3$ cm;
   Apogäum: Halbkreis nach links mit $r = 2{,}63$ cm

3. Scheinbarer Durchmesser beim Aufgang $0{,}518°$, im Zenit $0{,}527°$. Der Mond ist im Zenit um $\frac{1}{59}$ größer als beim Aufgang (mittlere Entfernung Erdmittelpunkt-Mond etwa 60 Erdradien)

4. $h_K = 90° - \varphi \mp (23{,}5° + 5°)$

S. 119   1. a) Die Sonne. Beschleunigung $a_{\text{Sonne}} = 5,9 \cdot 10^{-3}\, \frac{\text{m}}{\text{s}^2}$,

$$a_{\text{Erde}} = 2,7 \cdot 10^{-3}\, \frac{\text{m}}{\text{s}^2} < \frac{1}{2}\, a_{\text{Sonne}} \cdot$$

b) $a_{\text{Sonne}} = 2,5 \cdot 10^{-3}\, \frac{\text{m}}{\text{s}^2}$, $a_{\text{Mars}} = 0,48\, \frac{\text{m}}{\text{s}^2} \approx 200\, a_{\text{Sonne}}$

2. a) $W_1 = F \cdot \Delta r = 6 \cdot 10^{18}$ J; $P_1 = 1,9 \cdot 10^{11}$ W

b) $W_2 = \frac{1}{2}\, W_1$; $P_2 \approx 10^{11}$ W $\approx \frac{1}{33,5}\, P_{\text{Gezeiten}}$

S. 128   2. 2880 km

3. Erde 4,5 km; Mond 2,4 km

4. Auf der Erde sieht man noch etwa 3000 m von den Wallbergen, auf dem Mond fast nichts mehr (ca. 20 m).

S. 140   1. a) 176 d

b) $S = 2\, T_u = 3\, T_r$; Ein Merkur-Tag dauert zwei Merkur-Jahre; es ist 1 Merkur-Jahr „Tag" und 1 Merkur-Jahr „Nacht".

c) Minimum 1,14°, Maximum 1,75° (3,5 fache scheinbare Größe der Sonne von der Erde aus)

2. 116,8 d. Die Tageslänge ist etwa halb so groß wie die Jahreslänge

S. 160   1. $a - b = 4516$ km; $(a - b)/a = 0,063$

2. $1,31\, \text{g} \cdot \text{cm}^{-3}$

3. a) $24,87\, \text{m} \cdot \text{s}^{-2}$; b) $12,7\, \text{km} \cdot \text{s}^{-1}$

c) $a_z = 2,25\, \text{m} \cdot \text{s}^{-2}$; $g_{\text{Jupiter}} = 22,62\, \text{m} \cdot \text{s}^{-2} = 2,3\, g_{\text{Erde}}$

4. 1 : 2

S. 167   1.

	Jupiter	Saturn	Uranus	Neptun	Pluto
a) Entfernung in m	91	227	1134	2269	22 690
b) Helligkeit	100	29,7	7,3	3,0	1,7

2. $T = 0,475$ d; $T_{\text{Mimas}} : T = 1,98 \approx 2$; $T_{\text{Enceladus}} : T = 2,88 \approx 3$; $T_{\text{Tethys}} : T = 3,97 \approx 4$

S. 174 1. Mittlere Sonnenentfernung a gemessen, A berechnet nach Titius-Bode

	Merkur	Venus	Erde	Mars	Planetoiden
n	$-\infty$	0	1	2	3
A/AE	0,4	0,7	1	1,6	2,8
a/AE	0,4	0,7	1,00	1,5	

	Jupiter	Saturn	Uranus	Neptun	Pluto
n	4	5	6	7	8
A/AE	5,2	10,0	19,6	38,8	77,2
a/AE	5,2	9,5	19,2	30,1	39,5

2. 4,7 a

3. 5,2 AE (Trojaner)

S. 179 1. a) 28,98 AE; b) $a + e_L = 57,21$; $e = 0,97$; $b = 6,55$ AE

2. a) $F_{Komet} : F_{Sonne} = 1 : 10^8$
   b) $2r \leqslant 4 \cdot 10^{-7}$ m = 400 nm (Wellenlänge des violetten Lichtes)

S. 185 1. 91,4 km

2. $5,5 \cdot 10^{12}$ a $\approx$ 1000 faches Erdalter

Kapitel 4:

S. 189 1. a) 274 m·s^{-2}; b) 618 km·s^{-1}; c) $15,5 \cdot 10^6$ K

2. $\dfrac{m_{\mars} + m_{\moon}}{m_{\odot} + m_{\mars} + m_{\moon}} \cdot a = 455$ km

S. 193 1. 2,0 km·s^{-1}

2. $3,15 \cdot 10^{10}$ m = 0,21 AE = 45,3 Sonnenradien

S. 197 1. 0,5%

2. a) Merkur: 9,08 kW·m^{-2} Pluto: 0,87 W·m^{-2}
   b) Merkur: 633 K   Pluto: 62,6 K

S. 203f 1. Mittlerer Abstand: $D = 3,3 \cdot 10^{-9}$ m, $d/D = 0,1 \gg (d/D)_\odot$

      2. $z_{max} \approx 12$

      3. $5,28 \cdot 10^{-4}$

S. 211   1. $r/R_\odot = 0,032; \bar{\rho} = 4,5 \cdot 10^4$ g·cm^{-3}

      2. $4 \cdot 10^{10}$ Jahre

S. 227   1. a) $2 \cdot 10^{24}$ W; b) 0,52%

      2. $0,63 \leqq E_{th} \leqq 0,95$ eV

S. 245   1. Oben etwa 245 mal kleinerer Elektronendruck als unten.

      2. 0,14% der Atome, 2,0% der Masse.

      3. a) $E_{ph} = 2,5$ eV; b) $T \approx 2 \cdot 10^4$ K

S. 258   1. a) $\chi_{0,2} = 20,85$ eV

        b) 0,1% bei $27,7 \cdot 10^3$ K; 1,0% bei $36,4 \cdot 10^3$ K

      2. 450 W·m^{-2}

      3. $4,8 \cdot 10^{-4} \leqq N_1/N \leqq 1 - 3,4 \cdot 10^{-5}$

S. 271   1. Rote Koronalinie: $T_{ion} = 1,8 \cdot 10^6$ K, $T_{dop} = 1,7 \cdot 10^6$ K
        Gelbe Koronalinie: $T_{ion} = 6,3 \cdot 10^6$ K, $T_{dop} = 3,7 \cdot 10^6$ K

      2. $\Delta E/\Delta t = 3,8 \cdot 10^{19}$ W; $\Delta m/\Delta t = 4,7 \cdot 10^8$ kg·s^{-1}; $t \approx 20$ d

      3. a) $E_k = 10^{25}$ J; b) $1,7 \cdot 10^5$ s = 2 d

S. 306   1. $3,6 \cdot 10^7$ eV

      2. 0,02 J·m^{-3}

Tabellen

Tab. 1 Die 88 Sternbilder

Die 53 in Mitteleuropa sichtbaren Sternbilder

Lateinischer Name	Deutscher Name	Zeit der besten Sichtbarkeit am Abendhimmel	Abkürzung	Lateinischer Genitiv
Andromeda	Andromeda	Oktober, November	And	Andromedae
Aquarius	Wassermann	September, Oktober	Aqr	Aquarii
Aquila	Adler	Juli, August	Aql	Aquilae
Aries	Widder	November, Dezember	Ari	Arietis
Auriga	Fuhrmann	Dezember, Januar	Aur	Aurigae
Bootes	Bootes	Mai, Juni	Boo	Bootis
Camelopardalis	Giraffe	immer	Cam	Camelopardalis
Cancer	Krebs	Februar, März	Cnc	Cancri
Canes Venatici	Jagdhunde	April, Mai	CVn	Canum Venaticorum
Canis Maior	Großer Hund	Januar, Februar	CMa	Canis Maioris
Canis Minor	Kleiner Hund	Januar, Februar	CMi	Canis Minoris
Capricornus	Steinbock	Juli, August	Cap	Capricorni
Cassiopeia	Kassiopeia	immer	Cas	Cassiopeiae
Cepheus	Kepheus	immer	Cep	Cephei
Cetus	Walfisch	November, Dezember	Cet	Ceti
Coma Berenices	Haupthaar der Berenike	April, Mai	Com	Comae Berenices
Corona Borealis	Krone	Mai, Juni	CrB	Coronae Borealis
Corvus	Rabe	April, Mai	Crv	Corvi
Crater	Becher	April, Mai	Crt	Crateris
Cygnus	Schwan	Juli, August	Cyg	Cygni
Delphinus	Delphin	Juli, August	Del	Delphini
Draco	Drache	immer	Dra	Draconis
Equuleus	Füllen	Juli, August	Equ	Equulei
Eridanus	Eridanus	Dezember, Januar	Eri	Eridani
Gemini	Zwillinge	Januar, Februar	Gem	Geminorum
Hercules	Herkules	Juni, Juli	Her	Herculis
Hydra	Wasserschlange	März, April	Hya	Hydrae
Lacerta	Eidechse	September, Oktober	Lac	Lacertae
Leo	Löwe	März, April	Leo	Leonis
Leo Minor	Kleiner Löwe	März, April	LMi	Leonis Minoris
Lepus	Hase	Dezember, Januar	Lep	Leporis
Libra	Waage	Mai, Juni	Lib	Librae
Lynx	Luchs	Dezember, Januar	Lyn	Lyncis
Lyra	Leier	Juli, August	Lyr	Lyrae
Monoceros	Einhorn	Januar, Februar	Mon	Monocerotis
Ophiuchus	Schlangenträger	Juni, Juli	Oph	Ophiuchi
Orion	Orion	Januar, Februar	Ori	Orionis
Pegasus	Pegasus	September, Oktober	Peg	Pegasi
Perseus	Perseus	November, Dezember	Per	Persei

Lateinischer Name	Deutscher Name	Zeit der besten Sichtbarkeit am Abendhimmel	Ab-kür-zung	Lateinischer Genitiv
Pisces	Fische	November, Dezember	Psc	Piscium
Piscis Austrinus	Südlicher Fisch	September, Oktober	PsA	Piscis Austrini
Sagitta	Pfeil	Juli, August	Sge	Sagittae
Sagittarius	Schütze	Juli, August	Sgr	Sagittarii
Scorpius	Skorpion	Juni, Juli	Sco	Scorpii
Scutum	Schild	Juli, August	Sct	Scuti
Serpens	Schlange	Juni, Juli	Ser	Serpentis
Sextans	Sextant	März, April	Sex	Sextantis
Taurus	Stier	Dezember, Januar	Tau	Tauri
Triangulum	Dreieck	November, Dezember	Tri	Trianguli
Ursa Maior	Großer Bär (Himmelswagen)	immer	UMa	Ursae Maioris
Ursa Minor	Kleiner Bär (Kleiner Wagen)	immer	UMi	Ursae Minoris
Virgo	Jungfrau	April, Mai	Vir	Virginis
Vulpecula	Fuchs	Juli, August	Vul	Vulpeculae

Die 35 Südsternbilder

Lateinischer Name	Deutscher Name	Ab-kürzung	Lateinischer Genitiv
Antlia	Luftpumpe	Ant	Antliae
Apus	Paradiesvogel	Aps	Apodis
Ara	Altar	Ara	Arae
Caelum	Grabstichel	Cae	Caeli
Carina	Kiel des Schiffes	Car	Carinae
Centaurus	Zentaur	Cen	Centauri
Chamaeleon	Chamäleon	Cha	Chamaeleontis
Circinus	Zirkel	Cir	Circini
Columba	Taube	Col	Columbae
Corona Australis	Südliche Krone	CrA	Coronae Australis
Crux	Kreuz des Südens	Cru	Crucis
Dorado	Schwertfisch	Dor	Doradus
Fornax	Chemischer Ofen	For	Fornacis
Grus	Kranich	Gru	Gruis
Horologium	Pendeluhr	Hor	Horologii
Hydrus	Südliche Wasserschlange	Hyi	Hydri
Indus	Inder	Ind	Indi
Lupus	Wolf	Lup	Lupi
Mensa	Tafelberg	Men	Mensae
Microscopium	Mikroskop	Mic	Microscopii
Musca	Fliege	Mus	Muscae
Norma	Winkelmaß	Nor	Normae
Octans	Oktant	Oct	Octantis
Pavo	Pfau	Pav	Pavonis
Phoenix	Phönix	Phe	Phoenicis

Lateinischer Name	Deutscher Name	Ab-kürzung	Lateinischer Genitiv
Pictor	Maler	Pic	Pictoris
Puppis	Achterdeck des Schiffes	Pup	Puppis
Pyxis	Kompaß	Pyx	Pyxidis
Reticulum	Fadennetz	Ret	Reticuli
Sculptor	Bildhauer	Scl	Sculptoris
Telescopium	Fernrohr	Tel	Telescopii
Triangulum Australe	Südliches Dreieck	TrA	Trianguli Australis
Tucana	Tukan	Tuc	Tucanae
Vela	Segel	Vel	Velorum
Volans	Fliegender Fisch	Vol	Volantis

Tab. 2 Die hellsten Fixsterne

Name	Eigen-name	1950,0 AR.	Dekl.	m_v mag	M_v mag	Spektrum		Ent-fernung in pc
α Eridani	Achernar	1 h 35,9 m	−57° 29′	0,5	−1,9	B 3	V	30
α Tauri	Aldebaran	4 33,0	+16 25	0,9	−0,7	K 5	III	21
β Orionis	Rigel	5 12,2	− 8 15	0,1	−7,1	B 8	Ia	275
α Aurigae	Kapella	5 13,0	+45 57	0,1	−0,6	G 8	III	14
γ Orionis	Bellatrix	5 22,5	+ 6 18	1,6	−3,6	B 2	III	110
β Tauri	−	5 23,1	+28 34	1,6	−1,6	B 7	III	45
α Orionis	Beteigeuze	5 52,5	+ 7 24	0,4	−5,6	M 2	Iab	160
α Carinae	Kanopus	6 22,8	−52 40	−0,7	−3,1	F 0	Ib-II	30
α Canis Ma.	Sirius	6 42,9	−16 39	−1,5	+1,4	A 1	V	2,7
ε Canis Ma.	−	6 56,7	−28 54	1,5	−4,8	B 2	II	180
α Geminorum A ⎫	Kastor	7 31,4	+32 0	2,0 ⎫ 1,6	+1,3	A 1	V	14
α Geminorum B ⎭		7 31,4	+32 0	3,0 ⎭	+2,3	A 5		14
α Canis Min.	Prokyon	7 36,7	+ 5 21	0,4	+2,7	F 5	IV-V	3,5
β Geminorum	Pollux	7 42,3	+28 9	1,2	+1,0	K 0	III	11
α Leonis	Regulus	10 5,7	+12 14	1,4	−0,7	B 7	V	26
α Crucis A	−	12 23,8	−62 49	1,4 ⎫ 0,9	−4,2	B 0,5	IV	130
α Crucis B	−	12 23,8	−62 49	1,9 ⎭	−3,7	B 1	V	130
γ Crucis		12 28,4	−56 50	1,7	−0,7	M 4	III	30
β Crucis	−	12 44,8	−59 25	1,3	−4,6	B 0,5	III	150
α Virginis	Spika	13 22,6	−10 54	0,9	−3,6	B 1	V	80
β Centauri	−	14 0,3	−60 8	0,6	−4,4	B 1	III	100
α Bootis	Arktur	14 13,4	+19 26	−0,1	−0,3	K 2	III	11
α Centauri A	−	14 36,2	−60 38	0,0 ⎫ −0,2	+4,4	G 2	V	1,3
α Centauri B	−	14 36,2	−60 38	1,4 ⎭	+5,8	K 1	V	1,3
α Scorpii	Antares	16 26,4	−26 19	0,9	−4,8	M 1	Ib	140
λ Scorpii	−	17 30,2	−37 4	1,6	−3,6	B 1	V	110
α Lyrae	Wega	18 35,2	+38 44	0,0	+0,5	A 0	V	8,0
α Aquilae	Atair	19 48,3	+ 8 44	0,8	+2,2	A 7	IV-V	5,1
α Cygni	Deneb	20 39,7	+45 6	1,3	−7,1	A 2	Ia	480
α Piscis Austr.	Fomalhaut	22 54,9	−29 53	1,2	+2,0	A 3	V	6,9

Die Koordinaten Rektaszension (AR.) und Deklination (Dekl.) sind auf die Lage von Himmelsäquator und Frühlingspunkt zum Beginn des Jahres 1950 bezogen.

m_v ist die scheinbare, M_v die absolute visuelle Helligkeit; Definitionen in 5.1.2 und 5.1.3. Die Grenzhelligkeit der Tabelle liegt bei $m_v = 1,6$ mag.

α Geminorum, α Crucis und α Centauri sind Doppelsterne. In der Spalte m_v sind die Helligkeiten der Komponenten A und B, die im Fernrohr getrennt gesehen werden, gegeben; dazu die Gesamthelligkeit, in der die Objekte dem bloßen Auge erscheinen.

Bei α Orionis ist die Helligkeit veränderlich; Amplitude 0,7 mag. In der Tabelle ist der mittlere Wert $m_v = 0,4$ mag gegeben.

Die Symbole der Spektral- und Leuchtkraftklassen sind in 5.1.4 und 5.2.3 erklärt.

Die Entfernungen der Sterne sind in parsec (pc) angegeben; siehe 5.1.1. Es ist 1 pc = 3,26 Lichtjahre = 206 265 Astronomische Einheiten. Die Entfernungen der Sterne näher als 30 pc sind trigonometrisch, die Abstände der weiter entfernten Sterne photometrisch bestimmt. Bei den photometrischen Entfernungsangaben sind einige Werte, wegen der schwierigen Eichung der Leuchtkraftkriterien, unsicher.

Tab. 3 Bahndaten der 9 Großen Planeten
(mit dem Erdmond zum Vergleich)

Name und Zeichen	Große Halbachse der Bahn a			Umlaufsdauer T	mittlere Umlaufsgeschwindigkeit in km s⁻¹	numerische Exzentrizität e	Bahnneigung i	Entfernung von der Erde	
	in AE	in 10⁶ km	in Lichtzeit t					kleinste in AE	größte in AE
Merkur ☿	0,39	57,9	3,2 min	88 d	47,9	0,206	7,0°	0,53	1,47
Venus ♀	0,72	108,2	6,0 min	225 d	35,0	0,007	3,4°	0,27	1,73
Erde ♁	1,00	149,6	8,3 min	1,00 a	29,8	0,017	–	–	–
Mars ♂	1,52	227,9	12,7 min	1,9 a	24,1	0,093	1,8°	0,38	2,67
Jupiter ♃	5,20	778,3	43,2 min	11,9 a	13,1	0,048	1,3°	3,95	6,45
Saturn ♄	9,54	1427	1,3 h	29,5 a	9,6	0,056	2,5°	8,01	11,07
Uranus ♅	19,18	2870	2,7 h	84 a	6,8	0,047	0,8°	17,29	21,07
Neptun ♆	30,06	4496	4,2 h	165 a	5,4	0,009	1,8°	28,80	31,33
Pluto ♇	39,46	5900	5,5 h	248 a	4,7	0,25	17,1°	28,7	50,3
Erdmond ☽	0,00257	0,384	1,3 s	27,32 d	1,02	0,055	5,1°	356 410 km	406 740 km

Tab. 4   Eigenschaften der Großen Planeten (zum Vergleich Mond und Sonne)

	Merkur ☿	Venus ♀	Erde ♁	Mars ♂	Jupiter ♃	Saturn ♄	Uranus ♅	Neptun ♆	Pluto ♇	Mond ☽	Sonne ☉
Äquatordurchmesser in km	4878	12104	12756	6794	142796	120000	51800	48600	≈ 3000	3476	1392000
Abplattung $\frac{a-b}{a}$ (a Äquator-, b Poldurchmesser)	0	0	$\frac{1}{298}$ = 0,0034	0,009	0,06	0,1	0,06	0,02	?	$5 \cdot 10^{-4}$	—
Masse in kg	$3{,}30 \cdot 10^{23}$	$4{,}87 \cdot 10^{24}$	$5{,}974 \cdot 10^{24}$	$6{,}42 \cdot 10^{23}$	$1{,}899 \cdot 10^{27}$	$5{,}69 \cdot 10^{26}$	$8{,}70 \cdot 10^{25}$	$1{,}03 \cdot 10^{26}$	$\approx 1 \cdot 10^{22}$	$7{,}35 \cdot 10^{22}$	$1{,}989 \cdot 10^{30}$
mittlere Dichte in g·cm⁻³	5,54	5,24	5,515	3,95	1,33	0,70	1,20	1,67	0,7	3,34	1,41
Fallbeschleunigung am Äquator in m·s⁻²	3,70	8,87	9,780	3,71	23,3	9,2	8,6	11,4	?	1,62	274,0
Entweichgeschwindigkeit in km·s⁻¹	4,25	10,4	11,17	5,02	57,7	33,2	20,8	23,5	?	2,38	618
Siderische Rotationsdauer	58,646 d	243,1 d rückläufig	23 h 56 m 4 s	24 h 37 m 23 s	9 h 50 m 30 s (Äquator)	10 h 14 m	10,8 h rückläufig	15,8 h	6 d 9 h	27 d 7 h 43 m 12 s	25,380 d (Breite 16°)
Neigung des Äquators gegen die Bahnebene	< 28°	177°	23°27'	23°59'	3°05'	26°44'	98°	28°48'	?	6°41'	7° 15' (gegen die Ekliptik)
größte scheinbare Helligkeit in mag	−0,2	−4,08	—	−1,94	−2,4	+0,8	+5,8	+7,6	+14,7	Vollmond −12,55 (Mittel)	−26,78

Tab. 5 Volumen, Masse und Dichte der Planeten (sowie von Mond und Sonne), bezogen auf die entsprechenden Größen der Erde

	Volumen $\frac{V}{V_E}$	Masse $\frac{m}{m_E}$	Dichte $\frac{\rho}{\rho_E}$
Merkur ☿	0,055	0,0553	1,00
Venus ♀	0,884	0,815	0,95
Erde ♁	1,000	1,000	1,000
Mars ♂	0,150	0,107	0,72
Jupiter ♃	1316	317,9	0.24
Saturn ♄	755	95,2	0,13
Uranus ♅	67	14,6	0,22
Neptun ♆	57	17,2	0,30
Pluto ♇	$\approx 0,01$	$\approx 0,0017$	$\approx 0,13$
Mond ☾	$\frac{1}{49,26}$ = 0,0203	$\frac{1}{81,30}$ = 0,0123	0,606
Sonne ☉	$1,30 \cdot 10^6$	332946,0	0,255

Tab. 6 Die Monde der Großen Planeten

Planet Mond	a 10^3 km	T d
Erde		
Erdmond	384,4	27,322
Mars		
1 Phobos	9,38	0,319
2 Deimos	23,48	1,262
Jupiter		
5 Amalthea	181	0,498
1 Io	422	1,769
2 Europa	671	3,551
3 Ganymed	1071	7,155
4 Kallisto	1883	16,69
13 Leda	(11 100)	(240)
6 Himalia	11 478	250,6
10 Lysithea	11 720	260,0
7 Elara	11 737	260,1
12 Ananke	21 209	631,0
11 Carme	22 564	692,5
8 Pasiphae	23 457	743,7
9 Sinope	23 725	746,6
14 Hades	?	?
Saturn		
10 Janus	160	0,749
1 Mimas	186	0,942
2 Enceladus	238	1,370
3 Tethys	295	1,888
4 Dione	378	2,737
5 Rhea	527	4,518
6 Titan	1 222	15,95
7 Hyperion	1 483	21,28
8 Japetus	3 560	79,33
9 Phoebe	12 954	550,4
Uranus		
5 Miranda	130	1,41
1 Ariel	192	2,520
2 Umbriel	267	4,144
3 Titania	438	8,706
4 Oberon	586	13,46
Neptun		
1 Triton	355	5,877
2 Nereide	5 560	359,4
Pluto		
1978 P1	20	6,4

a mittlere Entfernung Planet-Mond
T siderische Umlaufsdauer

Literaturangaben

[1] Jauss, Zeitschr.f.d.phys.u.chem.Unterr. Springer, Berlin **51** (1938) S.149 u.188

[2] M.G.J. Minnaert, Practical Work in Elementary Astronomy, D. Reidel Publ. Comp. Dordrecht-Holland, S. 113

[3] M. Waldmeier, Ergebnisse und Probleme der Sonnenforschung, 2. Aufl. Akademische Verlagsgesellschaft Geest & Portig Leipzig, S.47 f

[4] M. Waldmeier a.a.O., S.42 ff

[5] O. Zimmermann, Astronomisches Praktikum, Bd.I, Bibliographisches Institut Mannheim, S.104 ff

[6] O. Zimmermann a.a.O., S.122 ff

[7] M.G.J. Minnaert a.a.O., S.117 ff

[8] R. Müller in Handbuch f.Sternfreunde 2.Aufl., Springer, Berlin, S.185 ff

[9] O. Zimmermann a.a.O. S.119 ff

[10] M.G.J. Minnaert a.a.O. S.120 ff

[11] A. Unsöld, Zeitschr.f.Astrophys. Springer, Berlin, **24** (1948), S.306

[12] H. Scheffler/H. Elsässer, Physik der Sterne und der Sonne, Bibliographisches Institut Mannheim, S.299 ff

[13] F. Gondolatsch, Sterne und Weltraum, Dr. H. Vehrenberg, Düsseldorf **11** (1972), S. 298

[14] F. Gondolatsch, Sterne und Weltraum, Dr. H. Vehrenberg, Düsseldorf **12** (1973), S.204

[15] H. Scheffler/H. Elsässer, a.a.O. S. 392

Weiterführende Literatur

A. Unsöld, Der neue Kosmos, 2.Aufl., Springer, Heidelberg, 1974

The Solar System, A Scientific American Book, Freeman, San Francisco, Ca., USA 1975

A. Danjon, Astronomie générale (Astronomie sphérique et éléments de mécanique céleste), Sennac, Paris, 2.Aufl. 1959

W. Kertz, Einführung in die Geophysik, Bd.I und II, Hochschultaschenbücher des Bibliographischen Instituts Mannheim, Band 275 (1969) und 535 (1971)

H. Scheffler/H. Elsässer, Physik der Sterne und der Sonne, Bibliographisches Institut Mannheim 1974

H.H. Voigt, Abriß der Astronomie, Bibliographisches Institut Mannheim 2.Aufl., 1975

Zeitschriften

Sterne und Weltraum, Astronomische Monatsschrift, Dr. Vehrenberg, Düsseldorf

Die Sterne, Zeitschrift für alle Gebiete der Himmelskunde, jährlich 4 Hefte, Johann Ambrosius Barth, Leipzig

Sky and Telescope, jährlich 12 Hefte, Sky Publishing Corporation, Cambridge, Mass., USA

Bildquellenverzeichnis

2.1 A. Baumann, Freiburg i.Br., 2.2 Nach Bayers Uranometria (1603); K. Schaifers, Bibliographisches Institut, Mannheim, 2.5 H. Vehrenberg, Sternwarte Falkau, 2.14 Deutsches Museum, München, 2.15a Carl Zeiss, Oberkochen, 2.15b S. Quandel, Oberkochen, 2.20 Hale Observatorien, Kalifornien, USA, 2.23 nach C. Hoffmeister, 2.25 Max Planck-Institut für Radioastronomie, Bonn, 2.45 Lowell Observatorium, Flagstaff, Arizona, USA, 2.56 nach T. Lederle, 2.57 nach J. Hoppe, 3.6, 3.8, 3.18, 3.19, 3.20, 3.29, 3.30, 3.31, 3.32 NASA-Aufnahmen, zur Verfügung gestellt durch das Max Planck-Institut für Kernphysik, Heidelberg, 3.9 Hale Observatorien, Kalifornien, USA, 3.10 E. Brüche und E. Dick, 1970, 3.11 Lick Observatorium, Kalifornien, USA, 3.13 nach R. H. Giese, Bochum, 3.15 nach E. Hantzsche, 3.21 Herder-Lexikon Weltraumphysik, 3.22, 3.23 Scientific American, März 1975, 3.24 Meyers Lexikon Technik und exakte Naturwissenschaften, S. 198, Bibliographisches Institut Mannheim, 1969, 3.26 W. Dieminger, Hohe Atmosphäre der Erde, Umschau-Verlag, Frankfurt 1968, 3.33, 3.35 Hale Observatorien, Kalifornien, USA, 3.36b W. Sinton, Mauna Kea Observatorium, Hawaii, 3.43 Hale Observatorien, Kalifornien, USA, 3.46 freigegeben vom Reg. Präsidium Nord-Württemberg Nr. 2/27814, Luftbild Albrecht Brugger, Stuttgart, 4.2 Sonnenobservatorium Wendelstein der Universitäts-Sternwarte München, 4.15 Hale Observatorien, Kalifornien, USA, 4.17 nach G. Abell, Exploration of the universe, 4.22 M. Schwarzschild und Mitarbeiter, aus dem Archiv der Zeitschrift „Sterne und Weltraum", 4.24 Fraunhofer-Institut, Freiburg, aus dem Archiv der Zeitschrift „Sterne und Weltraum", 4.26 Hale Observatorien, Kalifornien, USA, 4.31 nach H. Scheffler, H. Elsässer, Abb. IV. 13, 4.33 Sacramento Peak Observatorium, New Mexico, USA, 4.34 aufgenommen in Khartoum durch J. Houtgast und C. Zwaan, Sterrewacht Sonnenborgh, Utrecht, Niederlande, 4.36 Lick Observatorium, Kalifornien, USA, 4.37 Carl Zeiss, Oberkochen 4.39 Observatorium Anacapri des Fraunhofer-Instituts, Freiburg, 4.41, 4.42 M. Waldmeier, Eidgenössische Sternwarte, ETH, Zürich, 4.46 nach M. A. Ellison, The Sun and its influence, 4.48 nach M. Waldmeier, Eidgenössische Sternwarte, ETH, Zürich, 4.49 nach U. Becker, Freiburg, 4.50 M. Schwarzschild und R. E. Danielson, Princeton, New Jersey, USA, 4.51 M. Waldmeier, Zürich, 4.55 nach H. W. Babcock, 4.56 nach V. Bjerknes, 4.57 Fraunhofer-Institut, Freiburg, 4.58 Kitt Peak Observatorium, Arizona, USA; Sonnenobservatorium Anacapri des Fraunhofer-Instituts Freiburg; American Science and Engineering, Cambridge, Mass., 4.59 A. C. D. Crommelin; mit Genehmigung des Royal Greenwich Observatoriums aus dem Archiv Royal Astronomical Society, London, 4.60 Hale Observatorien, Kalifornien, USA, 4.61 Sacramento Peak Observatorium, New Mexico, USA, 4.62 A. Bruzek, Fraunhofer-Institut, Freiburg, 4.63 nach J. S. Hey, Das Radiouniversum; Verlag Chemie, Weinheim.

Register

Klett Studienbücher Mathematik

herausgegeben von
Prof. Arthur Engel, Prof. Dr. Karl-Peter Grotemeyer,
Prof. Dr. Günter Pickert, Prof. Dr. Hans Prade,
Prof. Dr. Ingo Weidig

Einführung in die Differential- und Integralrechnung
Von G. Pickert
Klettbuch 98312

Gruppen und ihre Graphen
Von I. Grossman und W. Magnus
Klettbuch 98313

Affine Geometrie der Ebene
Von A. Kirsch und F. Zech
Klettbuch 98314

Ein Weg zur modernen Mathematik
Von W. W. Sawyer
Klettbuch 98315

Wahrscheinlichkeitsrechnung und Statistik
Von A. Engel
Band 1, Klettbuch 98316
Band 2, Klettbuch 98317

Graphen und ihre Anwendung
Von O. Ore
Klettbuch 98318

Einführung in die formale Logik und Metamathematik
Von W. Markwald
Klettbuch 98319

Einführung in die Kombinatorik
Von M. Jeger
Band 1, Klettbuch 98320
Band 2, Klettbuch 98321

Ernst Klett Verlag Stuttgart

Mathematik als pädagogische Aufgabe
Von H. Freudenthal
Band 1, Klettbuch 98322
Band 2, Klettbuch 98323

Einführung in die Zahlentheorie
Von H. Scheid
Klettbuch 98324

Einführung in die endliche Geometrie
Von G. Pickert
Klettbuch 98325

Mathematik für Ingenieure und Physiker
Von K. Habetha
Band 1, Klettbuch 98326
Band 2, Klettbuch 98327
Band 3, Klettbuch 98328

Didaktik der Algebra
Von H. J. Vollrath
Klettbuch 98329

Grundbegriffe der Algebra
Von A. Schlette und I. Weidig
Klettbuch 98330

Aufgabensammlung zur Integral- und Differentialrechnung
Von U. Warnecke
Klettbuch 98331

Oberfläche
Von H. B. Griffiths
Klettbuch 98333

Elementarmathematik vom algorithmischen Standpunkt
Von A. Engel
Klettbuch 98334

Grundwissen Physik A/B

Ein Nachschlagewerk für Schüler und Studenten. Klettbuch 7771.

Die wichtigsten Formeln und Ergebnisse der Physik aus der Sekundarstufe I und II.

Rund 750 Stichworte, über 200 Abbildungen. Dieses Werk ist nicht nur eine Formelsammlung, es enthält in Stichworten – nach Sachgebieten geordnet – auch die wichtigsten Begriffe, Definitionen, Gesetze und Phänomene – zunächst beschreibend, dann in mathematischer Form präzise dargelegt.

Die neuen Vorschriften aus dem Gesetz für Einheiten im Meßwesen (Juli 1969) sind selbstverständlich berücksichtigt. Das Grundwissen Physik hat Taschenbuchformat und einen flexiblen Einband.

Ernst Klett Verlag, Postfach 809, 7000 Stuttgart 1

Klett